中国国家标准汇编

2008年修订-30

中国标准出版社　编

中国标准出版社
北京

图书在版编目（CIP）数据

中国国家标准汇编：2008年修订．30/中国标准出版社编．—北京：中国标准出版社，2009

ISBN 978-7-5066-5533-0

Ⅰ．中…　Ⅱ．中…　Ⅲ．国家标准-汇编-中国-2008　Ⅳ．T-652.1

中国版本图书馆CIP数据核字（2009）第186088号

中国标准出版社出版发行
北京复兴门外三里河北街16号
邮政编码：100045

网址 www.spc.net.cn
电话：68523946　68517548
中国标准出版社秦皇岛印刷厂印刷
各地新华书店经销

*

开本 880×1230　1/16　印张 37.5　字数 1 128 千字
2009年11月第一版　2009年11月第一次印刷

*

定价 200.00 元

ISBN 978-7-5066-5533-0

出 版 说 明

1.《中国国家标准汇编》是一部大型综合性国家标准全集。自1983年起，按国家标准顺序号以精装本、平装本两种装帧形式陆续分册汇编出版。它在一定程度上反映了我国建国以来标准化事业发展的基本情况和主要成就，是各级标准化管理机构，工矿企事业单位，农林牧副渔系统，科研、设计、教学等部门必不可少的工具书。

2.《中国国家标准汇编》收入我国每年正式发布的全部国家标准，分为“制定”卷和“修订”卷两种编辑版本。

“制定”卷收入上年度我国发布的、新制定的国家标准，顺延前年度标准编号分成若干分册，封面和书脊上注明“20××年制定”字样及分册号，分册号一直连续。各分册中的标准是按照标准编号顺序连续排列的，如有标准顺序号缺号的，除特殊情况注明外，暂为空号。

“修订”卷收入上年度我国发布的、被修订的国家标准，视篇幅分设若干分册，但与“制定”卷分册号无关联，仅在封面和书脊上注明“20××年修订-1，-2，-3，……”字样。“修订”卷各分册中的标准，仍按标准编号顺序排列(但不连续)；如有遗漏的，均在当年最后一分册中补齐。需提请读者注意的是，个别非顺延前年度标准编号的新制定的国家标准没有收入在“制定”卷中，而是收入在“修订”卷中。

读者配套购买《中国国家标准汇编》“制定”卷和“修订”卷则可收齐上一年度我国制定和修订的全部国家标准。

3. 由于读者需求的变化，自1996年起，《中国国家标准汇编》仅出版精装本。

4. 2008年制修订国家标准共5946项。本分册为“2008年修订-30”，收入新制修订的国家标准32项。

中国标准出版社

2009年10月

目　　录

ICS 77.150.10
H 61

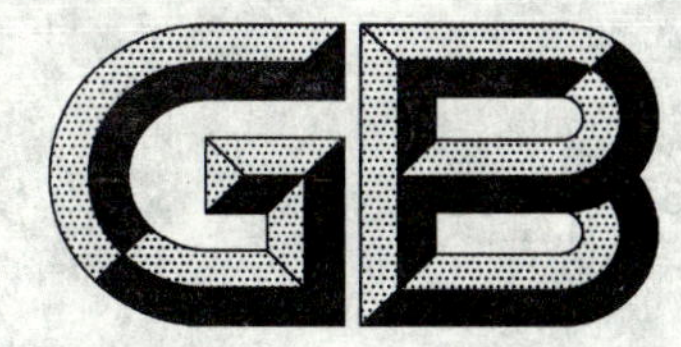

中华人民共和国国家标准

GB 5237.1—2008
代替 GB 5237.1—2004

铝合金建筑型材 第1部分:基材

**Aluminium alloy extruded profiles for architecture—
Part 1:Mill finish profiles**

2008-08-28 发布　　2009-09-01 实施

中华人民共和国国家质量监督检验检疫总局
中国国家标准化管理委员会　发布

前言

本部分第4.3条、第4.4.1.1.2条是强制性的，表3中公称壁厚为≤1.50 mm的型材壁厚偏差要求和第4.5条的拉伸性能要求是强制性的，其余内容是推荐性的。

GB 5237《铝合金建筑型材》分为六部分：

——第1部分：基材

——第2部分：阳极氧化型材

——第3部分：电泳涂漆型材

——第4部分：粉末喷涂型材

——第5部分：氟碳漆喷涂型材

——第6部分：隔热型材

本部分为GB 5237的第1部分。本部分主要作为GB 5237.2、GB 5237.3、GB 5237.4、GB 5237.5、GB 5237.6的基材标准。

本部分代替GB 5237.1—2004《铝合金建筑型材　第1部分：基材》。

本部分是参考欧盟EN 755.2—1997《铝及铝合金挤压棒、管、型　第2部分：力学性能》、EN 12020.2—2001《6060及6063铝及铝合金精密型材　第2部分：尺寸及外形允许偏差》和日本JIS H4100—1999《铝及铝合金挤压型材》以及美国ANSI H35.2—2006《铝加工产品的尺寸偏差》进行修订的。

本部分与GB 5237.1—2004的主要技术差异如下：

——增加了6005、6060、6463、6463A合金，并增加了6005-T5、6005-T6、6060-T5、6060-T6、6463-T5、6463-T6、6463A-T5和6463A-T6的力学性能要求，同时规定了断后伸长率A和$A_{50\ mm}$的性能值；

——增加了外接圆的定义；

——标记中将产品名称改为“基材”；

——规定了“除压条、压盖、扣板等需要弹性装配的型材之外，型材最小公称壁厚应不小于1.20 mm”；

——对尺寸允许偏差值进行了比较大的修改。

设计单位和使用单位使用本部分订购建筑门、窗型材时，应根据其门、窗所在地建筑技术需要和技术规范，正确选择型材壁厚尺寸。

本部分未包括的铝及铝合金型材，可执行GB/T 6892—2006《一般工业用铝及铝合金挤压型材》。

本部分由中国有色金属工业协会提出。

本部分由全国有色金属标准化技术委员会归口。

本部分主要起草单位：广东坚美铝型材厂有限公司、福建省南平铝业有限公司、福建省闽发铝业股份有限公司、中国有色金属工业标准计量质量研究所、广东兴发铝业有限公司。

本部分参加起草单位：国家有色金属质量监督检验中心、华南有色金属质量监督检验中心、四川广汉三星铝业有限公司、上海浙东建材有限公司、广亚铝业有限公司。

本部分主要起草人：卢继延、范顺科、戴悦星、朱玉华、何则济、黄长远、陈文泗、何耀祖、张中兴。

本部分所取代标准的历次版本发布情况为：

——GB/T 5237—1985、GB/T 5237—1993（未经表面处理的型材部分）、GB/T 5237.1—2000、GB 5237.1—2004。

铝合金建筑型材　第1部分:基材

1　范围

本部分规定了未经表面处理的铝合金建筑型材的要求、试验方法、检验规则、包装、标志、运输、贮存及合同(或订货单)内容。

本部分适用于表面未经处理的建筑用铝合金热挤压型材(以下简称型材)。

用途相同的热挤压管或其他行业用的热挤压型材也可参照采用。

2　规范性引用文件

下列文件中的条款通过本部分的引用而成为本部分的条款。凡是注日期的引用文件,其随后所有的修改单(不包括勘误的内容)或修订版均不适用于本部分,然而,鼓励根据本部分达成协议的各方研究是否可使用这些文件的最新版本。凡是不注日期的引用文件,其最新版本适用于本部分。

GB/T 228—2002　金属材料　室温拉伸试验方法

GB/T 3190　变形铝及铝合金化学成分

GB/T 3199　铝及铝合金加工产品　包装、标志、运输、贮存

GB/T 4340.1　金属维氏硬度试验　第1部分:试验方法

GB/T 16865　变形铝、镁及其合金加工制品拉伸试验用试样

GB/T 17432　变形铝及铝合金化学成分分析取样方法

GB/T 20975(所有部分)　铝及铝合金化学分析方法

YS/T 67　变形铝及铝合金圆铸锭

YS/T 420　铝合金韦氏硬度试验方法

YS/T 436　铝合金建筑型材图样图册

3　术语、定义

3.1

基材　mill finish profiles

基材是指表面未经处理的铝合金建筑型材。

3.2

装饰面　exposed surfaces

装饰面指型材经加工、制作并安装在建筑物上后,处于开启和关闭状态时,仍可看得见的表面。

3.3

外接圆　circumscribing circle

能够将型材横截面完全包围的最小的圆。如图1所示。

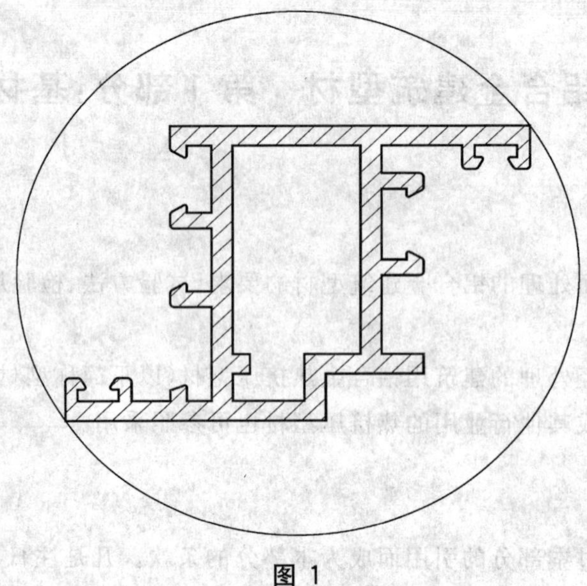

图 1

4 要求

4.1 产品分类

4.1.1 牌号、状态

合金牌号、供应状态应符合表 1 的规定。

表 1 合金牌号及供应状态

合金牌号	供应状态
6005、6060、6063、6063A、6463、6463A	T5、T6
6061	T4、T6
注 1：订购其他牌号或状态时，需供需双方协商。 注 2：如果同一建筑结构型材同时选用 6005、6060、6061、6063 等不同合金(或同一合金不同状态)，采用同一工艺进行阳极氧化，将难以获得颜色一致的阳极氧化表面，建议选用合金牌号和供应状态时，充分考虑颜色不一致性对建筑结构的影响。	

4.1.2 规格

型材的横截面规格应符合 YS/T 436 的规定或以供需双方签订的技术图样确定，且由供方给予命名；型材的长度由供需双方商定，并在合同中注明。

4.1.3 标记

型材标记按产品名称、合金牌号、供应状态、产品规格(由型材代号与定尺长度两部分组成)和本部分编号的顺序表示。标记示例如下：

用 6063 合金制造的，供应状态为 T5，型材代号为 421001、定尺长度为 6 000 mm 的铝型材，标记为：

基材 6063-T5 421001×6 000 GB 5237.1—2008

4.2 铸锭

制做型材用的铸锭应符合 YS/T 67 的规定。

4.3 化学成分

6463、6463A 牌号的化学成分应符合表 2 规定。其他牌号的化学成分应符合 GB/T 3190 的规定。

表 2　6463、6463A 合金牌号的化学成分

牌号	质量分数[a]/%								
	Si	Fe	Cu	Mn	Mg	Zn	其他杂质		Al
							单个	合计	
6463	0.20～0.60	≤0.15	≤0.20	≤0.05	0.45～0.90	≤0.05	≤0.05	≤0.15	余量
6463A	0.20～0.60	≤0.15	≤0.25	≤0.05	0.30～0.90	≤0.05	≤0.05	≤0.15	余量

[a] 含量有上下限者为合金元素；含量为单个数值者，铝为最低限。“其他杂质”一栏系指未列出或未规定数值的金属元素。铝含量应由计算确定，即由 100.00% 减去所有含量不小于 0.010% 的元素总和的差值而得，求和前各元素数值要表示到 0.0×%。

4.4　尺寸偏差

4.4.1　横截面尺寸

4.4.1.1　壁厚(*A*、*B*、*C*)尺寸

4.4.1.1.1　壁厚尺寸分为 A、B、C 三组，如图 2 所示。

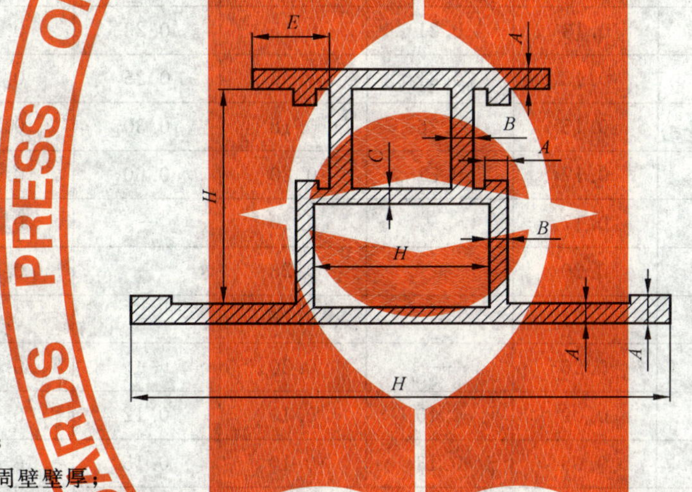

A——翅壁壁厚；

B——封闭空腔周壁壁厚；

C——两个封闭空腔间的隔断壁厚；

H——非壁厚尺寸；

E——对开口部位的 *H* 尺寸偏差有重要影响的基准尺寸。

图 2

4.4.1.1.2　除压条、压盖、扣板等需要弹性装配的型材之外，型材最小公称壁厚应不小于 1.20 mm。

4.4.1.1.3　型材壁厚偏差应符合表 3 的规定。

4.4.1.1.4　壁厚偏差等级由供需双方商定，但有装配关系的 6060-T5、6063-T5、6063A-T5、6463-T5、6463A-T5 型材壁厚偏差，应选择表 3 的高精级或超高精级。

4.4.1.1.5　壁厚偏差选择高精级或超高精级时，其允许偏差值应在型材图样中注明，图样中不注明允许偏差值，但可以直接测量的壁厚，其偏差按普通级执行。

4.4.1.1.6　壁厚公称尺寸及允许偏差相同的各个面的壁厚差应不大于相应的壁厚公差之半。

4.4.1.2　非壁厚尺寸(*H*)

4.4.1.2.1　非壁厚尺寸(如图 3～图 14 所示型材的 H、H_1、H_2 等 H 尺寸)偏差分为普通级、高精级和超高精级，如表 4、表 5、表 6 所示。偏差等级由供需双方商定，但有装配关系的 6060-T5、6063-T5、6063A-T5、6463-T5、6463A-T5 型材尺寸偏差，应选择高精级或超高精级。选择高精级或超高精级时，其允许偏差值应在型材图样中注明，图样中未注明允许偏差值，但可以直接测量的部位的尺寸，其偏差按普通级执行。经供需双方商定，可供应严于超高精级的型材，但其允许偏差应在合同或图样中注明。

4.4.1.2.2 由两个以上的分尺寸组成一个尺寸时，该尺寸的允许偏差为各分尺寸允许偏差之和。

表 3 壁厚允许偏差

级别	公称壁厚/mm	对应于下列外接圆直径的型材壁厚尺寸允许偏差/mm[a,b,c,d]					
		≤100		>100～250		>250～350	
		A	*B*、*C*	*A*	*B*、*C*	*A*	*B*、*C*
普通级	≤1.50	0.15	0.23	0.20	0.30	0.38	0.45
	>1.50～3.00	0.15	0.25	0.23	0.38	0.54	0.57
	>3.00～6.00	0.18	0.30	0.27	0.45	0.57	0.60
	>6.00～10.00	0.20	0.60	0.30	0.90	0.62	1.20
	>10.00～15.00	0.20	—	0.30	—	0.62	—
	>15.00～20.00	0.23	—	0.35	—	0.65	—
	>20.00～30.00	0.25	—	0.38	—	0.69	—
	>30.00～40.00	0.30	—	0.45	—	0.72	—
高精级	≤1.50	0.13	0.21	0.15	0.23	0.30	0.35
	>1.50～3.00	0.13	0.21	0.15	0.25	0.36	0.38
	>3.00～6.00	0.15	0.26	0.18	0.30	0.38	0.45
	>6.00～10.00	0.17	0.51	0.20	0.60	0.41	0.90
	>10.00～15.00	0.17	—	0.20	—	0.41	—
	>15.00～20.00	0.20	—	0.23	—	0.43	—
	>20.00～30.00	0.21	—	0.25	—	0.46	—
	>30.00～40.00	0.26	—	0.30	—	0.48	—
超高精级	≤1.50	0.09	0.10	0.10	0.12	0.15	0.25
	>1.50～3.00	0.09	0.13	0.10	0.15	0.15	0.25
	>3.00～6.00	0.10	0.21	0.12	0.25	0.18	0.35
	>6.00～10.00	0.11	0.34	0.13	0.40	0.20	0.70
	>10.00～15.00	0.12	—	0.14	—	0.22	—
	>15.00～20.00	0.13	—	0.15	—	0.23	—
	>20.00～30.00	0.15	—	0.17	—	0.25	—
	>30.00～40.00	0.17	—	0.20	—	0.30	—

a 表中无数值处表示偏差不要求。

b 含封闭空腔的空心型材(如图 3～图 5 所示型材)，或含不完全封闭空腔、但所包围空腔截面积不小于豁口尺寸平方的 2 倍的空心型材(如图 6、图 7 所示型材，$S \geqslant 2H_1^2$)，当空腔某一边的壁厚大于或等于其对边壁厚的 3 倍时，其壁厚允许偏差由供需双方协商；当空腔对边壁厚不相等，且厚边壁厚小于其对边壁厚的 3 倍时，其任一边壁厚的允许偏差均应采用两对边平均壁厚对应的 B 组允许偏差值。

c 图 6、图 7 所示的型材，当型材所包围的空腔截面积(S)不小于 70 mm²，且大于等于豁口尺寸(H_1)平方的 2 倍时(如图 6，$S \geqslant 2H_1^2$)，未封闭的空腔周壁壁厚允许偏差采用 B 组壁厚允许偏差。

d 含封闭空腔的空心型材(如图 3～图 5 所示型材)，所包围的空腔截面积(S)小于 70 mm² 时，其空腔周壁壁厚允许偏差采用 A 组壁厚允许偏差。

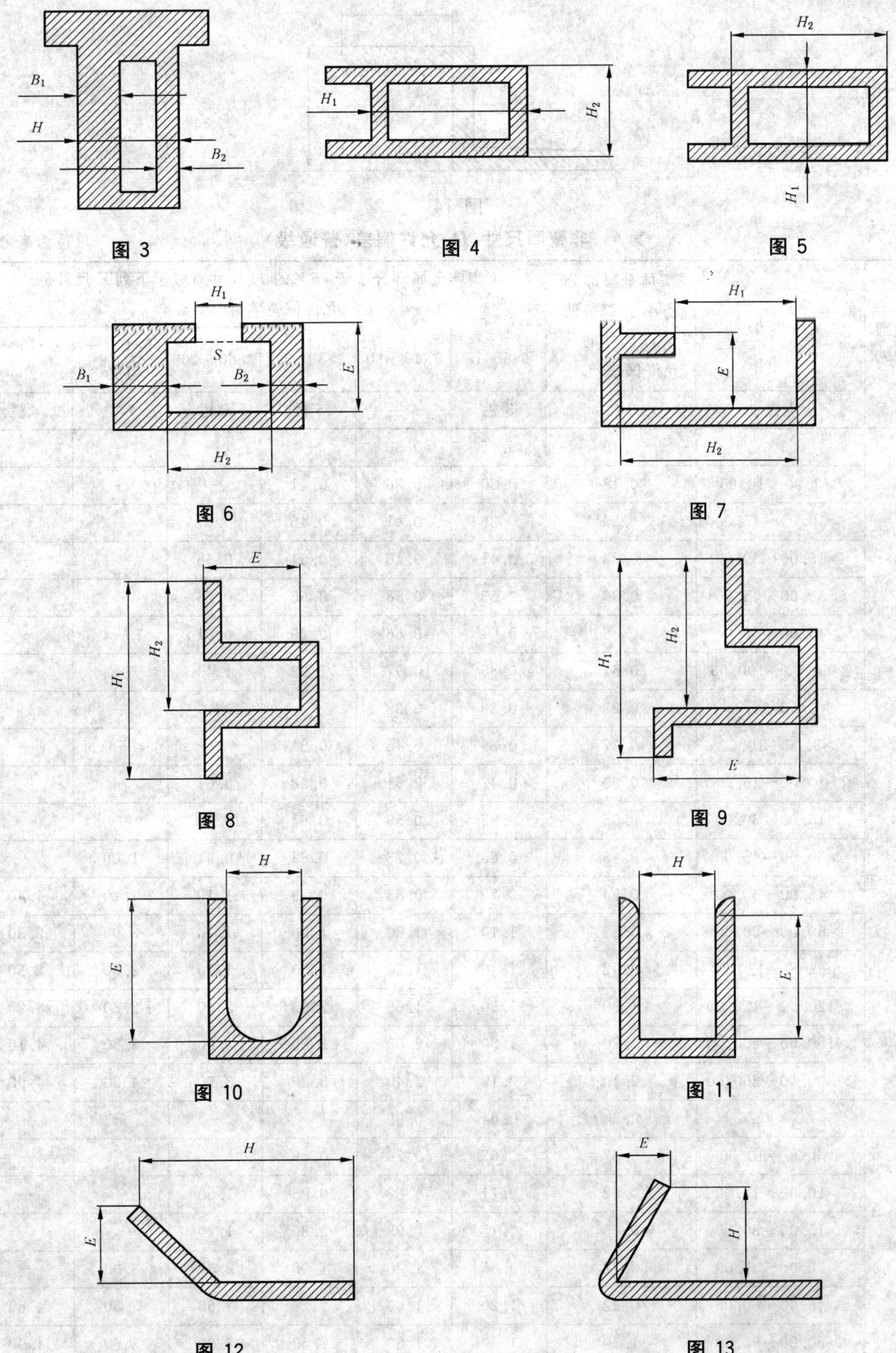

图 3

图 4

图 5

图 6

图 7

图 8

图 9

图 10

图 11

图 12

图 13

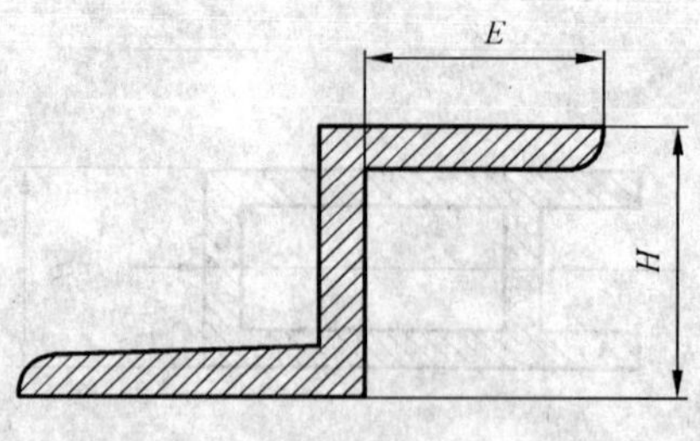

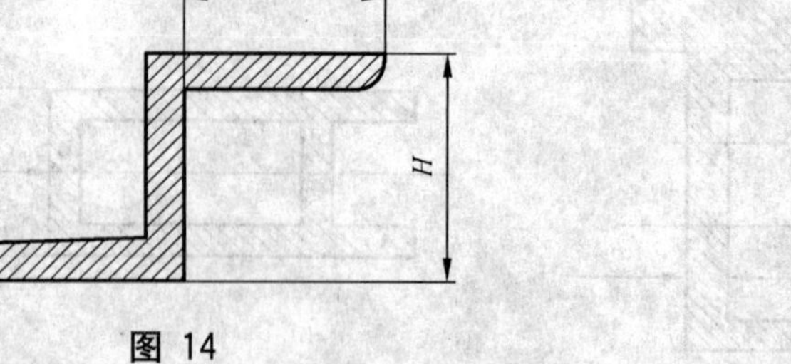

图 14

表 4 非壁厚尺寸（H）允许偏差（普通级）

单位为毫米

外接圆直径	H 尺寸	实体金属部分不小于 75% 的 H 尺寸的允许偏差[g,h]，±	实体金属部分小于 75% 的 H 尺寸对应于下列 E 尺寸的允许偏差[a,b,c,d,e,f]，±					
			>6～15	>15～30	>30～60	>60～100	>100～150	>150～200
	1 栏	2 栏	3 栏	4 栏	5 栏	6 栏	7 栏	8 栏
≤100	≤3.00	0.15	0.25	0.30	—	—	—	—
	>3.00～10.00	0.18	0.30	0.36	0.41	—	—	—
	>10.00～15.00	0.20	0.36	0.41	0.46	0.51	—	—
	>15.00～30.00	0.23	0.41	0.46	0.51	0.56	—	—
	>30.00～45.00	0.30	0.53	0.58	0.66	0.76	—	—
	>45.00～60.00	0.36	0.61	0.66	0.79	0.91	—	—
	>60.00～100.00	0.61	0.86	0.97	1.22	1.45	—	—
>100～250	≤3.00	0.23	0.33	0.38	—	—	—	—
	>3.00～10.00	0.27	0.39	0.45	0.51	—	—	—
	>10.00～15.00	0.30	0.47	0.51	0.58	0.61	—	—
	>15.00～30.00	0.35	0.53	0.58	0.64	0.67	—	—
	>30.00～45.00	0.45	0.69	0.73	0.83	0.91	1.00	—
	>45.00～60.00	0.54	0.79	0.83	0.99	1.10	1.20	1.40
	>60.00～90.00	0.92	1.10	1.20	1.50	1.70	2.00	2.30
	>90.00～120.00	0.92	1.10	1.20	1.50	1.70	2.00	2.30
	>120.00～150.00	1.30	1.50	1.60	2.00	2.40	2.80	3.20
	>150.00～200.00	1.70	1.80	2.00	2.60	3.00	3.60	4.10
	>200.00～250.00	2.10	2.10	2.40	3.20	3.70	4.30	4.90
>250～350	≤3.00	0.54	0.64	0.69	—	—	—	—
	>3.00～10.00	0.57	0.67	0.76	0.89	—	—	—
	>10.00～15.00	0.62	0.71	0.82	0.95	1.50	—	—
	>15.00～30.00	0.65	0.78	0.93	1.30	1.70	—	—
	>30.00～45.00	0.72	0.85	1.20	1.90	2.30	3.00	—
	>45.00～60.00	0.92	1.20	1.50	2.20	2.60	3.30	4.60
	>60.00～90.00	1.30	1.60	1.80	2.50	2.90	3.60	4.90

表 4（续） 单位为毫米

外接圆直径	H 尺寸	实体金属部分不小于 75%的 H 尺寸的允许偏差[g,h]，±	实体金属部分小于 75%的 H 尺寸对应于下列 E 尺寸的允许偏差[a,b,c,d,e,f]，±					
			>6～15	>15～30	>30～60	>60～100	>100～150	>150～200
	1 栏	2 栏	3 栏	4 栏	5 栏	6 栏	7 栏	8 栏
>250～350	>90.00～120.00	1.30	1.60	1.80	2.50	2.90	3.60	4.90
	>120.00～150.00	1.70	1.90	2.20	2.90	3.20	3.80	5.20
	>150.00～200.00	2.10	2.30	2.50	3.20	3.50	4.10	5.40
	>200.00～250.00	2.40	2.60	2.90	3.50	3.80	4.40	5.70
	>250.00～300.00	2.80	3.00	3.20	3.80	4.10	4.70	6.00
	>300.00～350.00	3.20	3.30	3.60	4.10	4.40	5.00	6.20

a 当偏差不采用对称的“±”偏差时，则正、负偏差的绝对值之和应为表中对应数值的两倍。

b 表中无数值处表示偏差不要求。

c 图 8～图 14 所示型材，尺寸 H（或 H_1、或 H_2）采用其对应 E 尺寸的允许偏差（3 栏～8 栏）。

d 图 6～图 7 所示型材，尺寸 H_1，采用以尺寸 H_2 作为 H 尺寸，对应 E 尺寸的允许偏差值（3 栏～8 栏）。

e 图 3 所示型材，H 尺寸的实体金属部分小于 H 的 75%时，采用其对应 3 栏的允许偏差值。

f 图 4、图 5 所示型材，尺寸 H_1，采用尺寸 H_2 对应 3 栏的允许偏差值，若此偏差值小于 H_1 对应 2 栏的偏差值时，则采用 H_1 对应 2 栏的允许偏差值。

g 图 3 所示型材，H 尺寸的实体金属部分不小于 H 的 75%时，采用其对应 2 栏的允许偏差值。

h 图 8、图 9 所示型材，即使尺寸 H_1、H_2 包含的实体金属部分不小于 75%，也不采用其对应 2 栏的允许偏差，而是采用其对应 E 尺寸的允许偏差（3 栏～8 栏）。

表 5 非壁厚尺寸（H）允许偏差（高精级） 单位为毫米

外接圆直径	H 尺寸	实体金属部分不小于 75%的 H 尺寸的允许偏差[g,h]，±	实体金属部分小于 75%的 H 尺寸对应于下列 E 尺寸的允许偏差[a,b,c,d,e,f]，±					
			>6～15	>15～30	>30～60	>60～100	>100～150	>150～200
	1 栏	2 栏	3 栏	4 栏	5 栏	6 栏	7 栏	8 栏
≤100	≤3.00	0.13	0.21	0.25	—		—	—
	>3.00～10.00	0.15	0.26	0.31	0.35	—	—	—
	>10.00～15.00	0.17	0.31	0.35	0.39	0.43	—	—
	>15.00～30.00	0.21	0.35	0.39	0.43	0.48	—	—
	>30.00～45.00	0.26	0.45	0.49	0.56	0.65	—	—
	>45.00～60.00	0.31	0.52	0.56	0.67	0.77	—	—
	>60.00～100.00	0.52	0.73	0.82	1.04	1.23	—	—
>100～250	≤3.00	0.15	0.25	0.30	—	—	—	—
	>3.00～10.00	0.18	0.30	0.36	0.41	—	—	—
	>10.00～15.00	0.20	0.36	0.41	0.46	0.51	—	—
	>15.00～30.00	0.23	0.41	0.46	0.51	0.56	—	—

表 5（续）

单位为毫米

外接圆直径	H 尺寸	实体金属部分不小于 75% 的 H 尺寸的允许偏差[g,h]，±	实体金属部分小于 75% 的 H 尺寸对应于下列 E 尺寸的允许偏差[a,b,c,d,e,f]，±					
			＞6～15	＞15～30	＞30～60	＞60～100	＞100～150	＞150～200
	1 栏	2 栏	3 栏	4 栏	5 栏	6 栏	7 栏	8 栏
＞100～250	＞30.00～45.00	0.30	0.53	0.58	0.66	0.76	0.89	—
	＞45.00～60.00	0.36	0.61	0.66	0.79	0.91	1.07	1.27
	＞60.00～90.00	0.61	0.86	0.97	1.22	1.45	1.73	2.03
	＞90.00～120.00	0.61	0.86	0.97	1.22	1.45	1.73	2.03
	＞120.00～150.00	0.86	1.12	1.27	1.63	1.98	2.39	2.79
	＞150.00～200.00	1.12	1.37	1.57	2.08	2.51	3.05	3.56
	＞200.00～250.00	1.37	1.63	1.88	2.54	3.05	3.68	4.32
＞250～350	≤3.00	0.36	0.46	0.51	—	—	—	—
	＞3.00～10.00	0.38	0.48	0.56	0.71	—	—	—
	＞10.00～15.00	0.41	0.51	0.61	0.76	1.27	—	—
	＞15.00～30.00	0.43	0.56	0.69	1.02	1.52	—	—
	＞30.00～45.00	0.48	0.61	0.86	1.52	2.03	2.54	—
	＞45.00～60.00	0.61	0.86	1.12	1.78	2.29	2.79	4.32
	＞60.00～90.00	0.86	1.12	1.37	2.03	2.54	3.05	4.57
	＞90.00～120.00	0.86	1.12	1.37	2.03	2.54	3.05	4.57
	＞120.00～150.00	1.12	1.37	1.63	2.29	2.79	3.30	4.83
	＞150.00～200.00	1.37	1.63	1.88	2.54	3.05	3.56	5.08
	＞200.00～250.00	1.63	1.88	2.13	2.79	3.30	3.81	5.33
	＞250.00～300.00	1.88	2.13	2.39	3.05	3.56	4.06	5.59
	＞300.00～350.00	2.13	2.39	2.64	3.30	3.81	4.32	5.84

a 当偏差不采用对称的“±”偏差时，则正、负偏差的绝对值之和应为表中对应数值的两倍。

b 表中无数值处表示偏差不要求。

c 图 8～图 14 所示型材，尺寸 H（或 H_1、或 H_2）采用其对应 E 尺寸的允许偏差（3 栏～8 栏）。

d 图 6～图 7 所示型材，尺寸 H_1，采用以尺寸 H_2 作为 H 尺寸，对应 E 尺寸的允许偏差值（3 栏～8 栏）。

e 图 3 所示型材，H 尺寸的实体金属部分小于 H 的 75% 时，采用其对应 3 栏的允许偏差值。

f 图 4、图 5 所示型材，尺寸 H_1，采用尺寸 H_2 对应 3 栏的允许偏差值，若此偏差值小于 H_1 对应 2 栏的偏差值时，则采用 H_1 对应 2 栏的允许偏差值。

g 图 3 所示型材，H 尺寸的实体金属部分不小于 H 的 75% 时，采用其对应 2 栏的允许偏差值。

h 图 8、图 9 所示型材，即使尺寸 H_1、H_2 包含的实体金属部分不小于 75%，也不采用其对应 2 栏的允许偏差，而是采用其对应 E 尺寸的允许偏差（3 栏～8 栏）。

表 6 非壁厚尺寸(*H* 尺寸)允许偏差(超高精级)

单位为毫米

外接圆直径	*H* 尺寸	实体金属部分不小于 75% 的 *H* 尺寸的允许偏差[g,h],±	实体金属部分小于 75% 的 *H* 尺寸对应于下列 *E* 尺寸的允许偏差[a,b,c,d,e,f],±		
			>6~15	>15~60	>60~120
	1 栏	2 栏	3 栏	4 栏	5 栏
≤100	≤3.00	0.11	0.14	0.14	
	>3.00~10.00	0.11	0.14	0.14	—
	>10.00~15.00	0.14	0.18	0.18	—
	>15.00~30.00	0.15	0.22	0.22	—
	>30.00~45.00	0.18	0.27	0.27	0.41
	>45.00~60.00	0.27	0.36	0.36	0.50
	>60.00~100.00	0.37	0.41	0.41	0.59
>100~350	≤3.00	0.12	0.15	0.15	—
	>3.00~10.00	0.12	0.15	0.15	—
	>10.00~15.00	0.15	0.20	0.20	—
	>15.00~30.00	0.17	0.25	0.25	—
	>30.00~45.00	0.20	0.30	0.30	0.45
	>45.00~60.00	0.30	0.40	0.40	0.55
	>60.00~90.00	0.41	0.45	0.45	0.65
	>90.00~120.00	0.45	0.60	0.60	0.80
	>120.00~150.00	0.57	0.80	0.80	1.00
	>150.00~200.00	0.75	1.00	1.00	1.30
	>200.00~250.00	0.91	1.20	1.20	1.50
	>250.00~300.00	1.30	1.50	1.50	1.80
	>300.00~350.00	1.56	1.73	1.73	2.16

a 当偏差不采用对称的"±"偏差时,则正、负偏差的绝对值之和应为表中对应数值的两倍。

b 表中无数值处表示偏差不要求。

c 图 8~图 14 所示型材,尺寸 H(或 H_1、或 H_2)采用其对应 E 尺寸的允许偏差(3 栏~5 栏)。

d 图 6~图 7 所示型材,尺寸 H_1,采用以尺寸 H_2 作为 H 尺寸,对应 E 尺寸的允许偏差值(3 栏~5 栏)。

e 图 3 所示型材,H 尺寸的实体金属部分小于 H 的 75% 时,采用其对应 3 栏的允许偏差值。

f 图 4、图 5 所示型材,尺寸 H_1,采用尺寸 H_2 对应 3 栏的允许偏差值,若此偏差值小于 H_1 对应 2 栏的偏差值时,则采用 H_1 对应 2 栏的允许偏差值。

g 图 3 所示型材,H 尺寸的实体金属部分不小于 H 的 75% 时,采用其对应 2 栏的允许偏差值。

h 图 8、图 9 所示型材,即使尺寸 H_1、H_2 包含的实体金属部分不小于 75%,也不采用其对应 2 栏的允许偏差,而是采用其对应 E 尺寸的允许偏差(3 栏~5 栏)。

4.4.1.3 角度

图样上有标注,且能直接测量的角度,其角度偏差应符合表 7 的规定,精度等级需在图样或合同中注明,未注明时,6060-T5、6063-T5、6063A-T5、6463-T5、6463A-T5 型材角度偏差按高精级执行,其他型材按普通级执行。不采用对称的"±"偏差时,正、负偏差的绝对值之和应为表中对应数值的两倍。

表 7 横截面的角度允许偏差

级 别	允许偏差/(°)
普通级	±1.5
高精级	±1.0
超高精级	±0.5

4.4.1.4 倒角半径(*r*)及圆角半径(*R*)

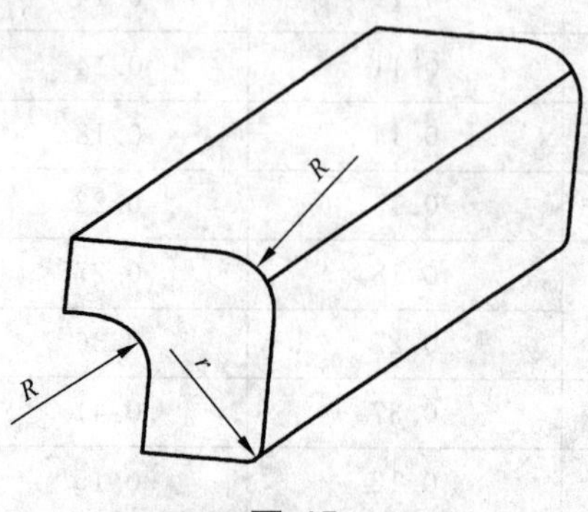

图 15

4.4.1.4.1 型材横截面上的倒角(或过渡圆角)半径(*r*)及圆角半径(*R*)如图 15 所示。

4.4.1.4.2 型材图样上标注有倒角半径"*r*"字样时,倒角半径(*r*)应不大于 0.5 mm。要求倒角半径为其他数值时,应将该数值标注在图样上。

4.4.1.4.3 型材图样上标注有圆角半径(*R*)值时,圆角半径(*R*)的允许偏差应符合表 8 的规定。不同于表 8 规定时,应将偏差值标注在图样上。不采用对称的"±"偏差时,正、负偏差的绝对值之和应为表中对应数值的两倍。

表 8 圆角半径允许偏差

单位为毫米

圆角半径(*R*)	圆角半径的允许偏差
≤5.0	±0.5
>5.0	±0.1*R*

4.4.1.5 曲面间隙

对曲面间隙有要求时,应双方协商曲面弧样板。任意 25 mm 弦长上的圆弧曲面间隙不超过 0.13 mm。当横截面圆弧部分的圆心角不大于 90°时,曲面间隙不超过 0.13×弦长/25 mm ,弦长不足 25 mm 时,按 25 mm 计算;当横截面圆弧部分的圆心角大于 90°时,型材的曲面间隙不超过:0.13×(90°圆心角对应弦长+其余数圆心角对应弦长)/25 mm,弦长不足 25 mm 时,按 25 mm 计算。

4.4.1.6 平面间隙

型材的平面间隙应符合表 9 的规定,精度等级需在图样或合同中注明,未注明时 6060-T5、6063-T5、6063A-T5、6463-T5、6463A-T5 型材平面间隙按高精级执行,其他型材按普通级执行。

表 9 允许的平面间隙

单位为毫米

型材公称宽度(*W*)	平面间隙,不大于		
	普通级	高精级	超高精级
≤25	0.20	0.15	0.10
>25~100	0.80%×*W*	0.60%×*W*	0.40%×*W*
>100~350	0.80%×*W*	0.60%×*W*	0.33%×*W*
任意 25 mm 宽度上	0.20	0.15	0.10

4.4.2 **弯曲度**

弯曲度应符合表10的规定，精度等级需在图样或合同中注明，未注明时，6060-T5、6063-T5、6063A-T5、6463-T5、6463A-T5型材按高精级执行，其他型材按普通级执行。

表10 允许的弯曲度

单位为毫米

外接圆直径	最小壁厚	弯曲度，不大于					
		普通级		高精级		超高精级	
		任意300 mm长度上 h_s	全长 L 米 h_t	任意300 mm长度上 h_s	全长 L 米 h_t	任意300 mm长度上 h_s	全长 L 米 h_t
≤38	≤2.4	1.5	4×L	1.3	3×L	0.3	0.6×L
	>2.4	0.5	2×L	0.3	1×L	0.3	0.6×L
>38	—	0.5	1.5×L	0.3	0.8×L	0.3	0.5×L

4.4.3 **扭拧度**

公称长度小于等于7 m的型材，扭拧度应符合表11规定。公称长度大于7 m时，型材扭拧度由供需双方协商。扭拧度精度等级需在图样或合同中注明，未注明精度等级时，6060-T5、6063-T5、6063A-T5、6463-T5、6463A-T5型材按高精级执行，其他型材按普通级执行。

表11 允许的扭拧度

精度等级	公称宽度(W)/mm	下列长度(L米)上的扭拧度/mm					
		≤1 m	>1 m～2 m	>2 m～3 m	>3 m～4 m	>4 m～5 m	>5 m～7 m
		不大于					
普通级	≤25.00	1.30	2.00	2.30	3.10	3.30	3.90
	>25.00～50.00	1.80	2.60	3.90	4.20	4.70	5.50
	>50.00～75.00	2.10	3.40	5.20	5.80	6.30	6.80
	>75.00～100.00	2.30	3.50	6.20	6.60	7.00	7.40
	>100.00～125.00	3.00	4.50	7.80	8.20	8.40	8.60
	>125.00～150.00	3.60	5.50	9.80	9.90	10.10	10.30
	>150.00～200.00	4.40	6.60	11.70	11.90	12.10	12.30
	>200.00～350.00	5.50	8.20	15.60	15.80	16.00	16.20
高精级	≤25.00	1.20	1.80	2.10	2.60	2.60	3.00
	>25.00～50.00	1.30	2.00	2.60	3.20	3.70	3.90
	>50.00～75.00	1.60	2.30	3.90	4.10	4.30	4.70
	>75.00～100.00	1.70	2.60	4.00	4.40	4.70	5.20
	>100.00～125.00	2.00	2.90	5.10	5.50	5.70	6.00
	>125.00～150.00	2.40	3.60	6.40	6.70	7.00	7.20
	>150.00～200.00	2.90	4.30	7.60	7.90	8.10	8.30
	>200.00～350.00	3.60	5.40	10.20	10.40	10.70	10.90
超高精级	≤25.00	1.00	1.50	1.50	2.00	2.00	2.00
	>25.00～50.00	1.00	1.20	1.50	1.80	2.00	2.00
	>50.00～75.00	1.00	1.20	1.20	1.50	2.00	2.00

表 11（续）

精度等级	公称宽度（W）/mm	下列长度（L 米）上的扭拧度/mm					
		≤1 m	>1 m～2 m	>2 m～3 m	>3 m～4 m	>4 m～5 m	>5 m～7 m
		不大于					
超高精级	>75.00～100.00	1.00	1.20	1.50	2.00	2.20	2.50
	>100.00～125.00	1.00	1.50	1.80	2.20	2.50	3.00
	>125.00～150.00	1.20	1.50	1.80	2.20	2.50	3.00
	>150.00～200.00	1.50	1.80	2.20	2.60	3.00	3.50
	>200.00～350.00	1.80	2.50	3.00	3.50	4.00	4.50

4.4.4　长度

4.4.4.1　要求定尺时，应在合同中注明，公称长度小于或等于 6 m 时，允许偏差为＋15 mm；长度大于 6 m 时，允许偏差由双方协商确定。

4.4.4.2　以倍尺交货的型材，其总长度允许偏差为＋20 mm，需要加锯口余量时，应在合同中注明。

4.4.5　端头切斜度

端头切斜度不应超过 2°。

4.5　力学性能

4.5.1　室温力学性能应符合表 12 的规定。

4.5.2　取样部位的公称壁厚小于 1.20 mm 时，不测定断后伸长率。

表 12　室温力学性能

合金牌号	供应状态		壁厚/mm	拉伸性能				硬度[a]		
				抗拉强度（R_m）/（N/mm²）	规定非比例延伸强度（$R_{p0.2}$）/（N/mm²）	断后伸长率/%		试样厚度/mm	维氏硬度 HV	韦氏硬度 HW
						A	$A_{50\ mm}$			
				不小于						
6005	T5		≤6.3	260	240	—	8	—	—	—
	T6	实心型材	≤5	270	225	—	6	—	—	—
			>5～10	260	215	—	6	—	—	—
			>10～25	250	200	8	6	—	—	—
		空心型材	≤5	255	215	—	6	—	—	—
			>5～15	250	200	8	6	—	—	—
6060	T5		≤5	160	120	—	6	—	—	—
			>5～25	140	100	8	6	—	—	—
	T6		≤3	190	150	—	6	—	—	—
			>3～25	170	140	8	6	—	—	—
6061	T4		所有	180	110	16	16	—	—	—
	T6		所有	265	245	8	8	—	—	—
6063	T5		所有	160	110	8	8	0.8	58	8
	T6		所有	205	180	8	8	—	—	—

表 12（续）

合金牌号	供应状态	壁厚/mm	拉伸性能				硬度[a]		
			抗拉强度(R_m)/(N/mm²)	规定非比例延伸强度($R_{p0.2}$)/(N/mm²)	断后伸长率/%		试样厚度/mm	维氏硬度HV	韦氏硬度HW
					A	$A_{50\ mm}$			
			不小于						
6063A	T5	≤10	200	160	—	5	0.8	65	10
		>10	190	150	5	5	0.8	65	10
	T6	≤10	230	190	—	5	—	—	—
		>10	220	180	4	4	—	—	—
6463	T5	≤50	150	110	8	6	—	—	—
	T6	≤50	195	160	10	8	—	—	—
6463A	T5	≤12	150	110	—	6	—	—	—
	T6	≤3	205	170	—	6	—	—	—
		>3～12	205	170	—	8	—	—	—

a 硬度仅作参考。

4.6 外观质量

4.6.1 型材表面应整洁，不允许有裂纹、起皮、腐蚀和气泡等缺陷存在。

4.6.2 型材表面上允许有轻微的压坑、碰伤、擦伤存在，其允许深度见表 13；模具挤压痕的深度见表 14。装饰面要在图纸中注明，未注明时按非装饰面执行。

表 13 型材表面缺陷允许深度

单位为毫米

状态	缺陷允许深度，不大于	
	装饰面	非装饰面
T5	0.03	0.07
T4、T6	0.06	0.10

表 14 模具挤压痕的允许深度

单位为毫米

合金牌号	模具挤压痕深度，不大于
6005、6061	0.06
6060、6063、6063A、6463、6463A	0.03

4.6.3 型材端头允许有因锯切产生的局部变形，其纵向长度不应超过 10 mm。

5 试验方法

5.1 化学成分

化学成分分析可采用化学分析法和仪器分析法等方法进行，化学成分仲裁分析按 GB/T 20975 规定的方法进行。

5.2 力学性能

拉伸试验按 GB/T 228—2002 规定的方法进行，断后伸长率按 GB/T 228—2002 中 11.1 仲裁；维氏硬度试验按 GB/T 4340.1 规定的方法进行；韦氏硬度试验按 YS/T 420 规定的方法进行。

5.3 尺寸偏差

5.3.1 壁厚、非壁厚尺寸、角度、倒角半径及圆角半径

采用相应精度的卡尺、千分尺、R 规等测量工具或专用仪器测量。

5.3.2 曲面间隙

如图 16 所示，将标准弧样板紧贴在型材的曲面上，测量型材曲面与标准弧样板之间的最大间隙值(X)，该值(X)即为型材的曲面间隙。

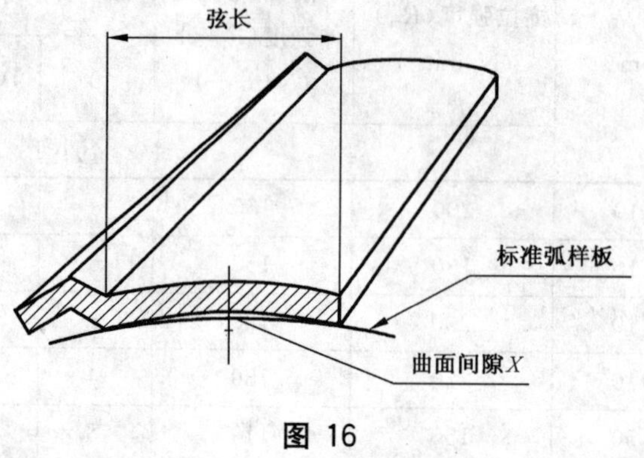

图 16

5.3.3 平面间隙

将 25 mm 长的直尺沿宽度方向靠在型材的凹面上，测量直尺与型材凹面间的最大间隙值(F_1)，该值(F_1)即为型材任意 25 mm 宽度上的平面间隙；将长度大于型材宽度的直尺靠在型材的凹面上，测量直尺与型材之间的最大间隙值(F)，如图 17 所示，该值(F)即为型材在其整个宽度上的平面间隙。

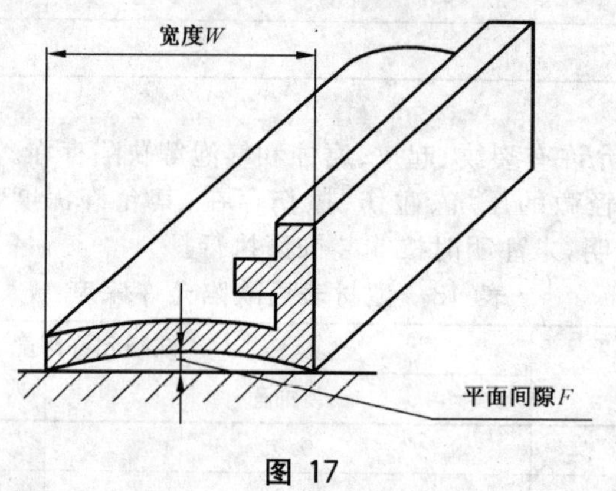

图 17

5.3.4 弯曲度

如图 18 所示，将型材放在平台上，借自重达到稳定时，沿型材长度方向测量型材底面与平台间的最大间隙值(h_t)，该值(h_t)即为型材全长(L)上的弯曲度；将 300 mm 长的直尺，沿型材长度方向靠在型材的表面上，测量型材与直尺之间的最大间隙值(即 h_s)，该值(h_s)即为型材任意 300 mm 长度上的弯曲度。

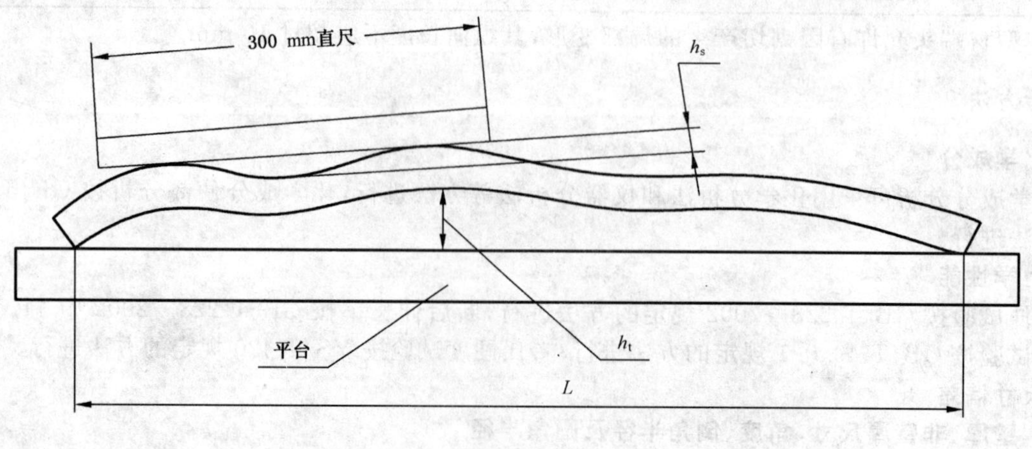

图 18

5.3.5 扭拧度

将型材置于平台上，并使其一端紧贴平台。型材借自重达到稳定时，测量型材翘起端的两侧端点与平台间的间隙值 T_1 和 T_2，如图 19 所示，T_2 与 T_1 的差值即为型材的扭拧度。

图 19

5.3.6 长度、切斜度

采用相应精度的测量工具或专用仪器测量。

5.4 外观质量

在自然散射光下，以正常视力（不使用放大器）检查型材外观。对缺陷深度不能确定时，可采用打磨法测量。

6 检验规则

6.1 检查和验收

6.1.1 型材由供方进行检验，保证型材质量符合本部分（或合同）要求，并填写质量证明书。

6.1.2 需方可对收到的型材按本部分的规定进行检验，当检验结果与本部分或合同的规定不符时，应按本部分的有关规定向供方提出，由供需双方协商解决。属于外观质量及尺寸偏差的异议，应在收到型材之日起 15 天内提出，属于其他性能的异议，可在收到型材之日起一个月内提出。如需仲裁，仲裁取样在需方，由供需双方共同进行。

6.2 组批

型材应成批提交验收，每批应由同一合金牌号、供货状态、规格的型材组成，批重不限。

6.3 检验项目

每批型材均应进行化学成分、尺寸偏差、力学性能、外观质量的检查。

6.4 取样

型材的取样应符合表 15 的规定。

表 15　取样位置和取样数量

检验项目	取样规定	要求的章条号	检验的章条号
化学成分	符合 GB/T 17432 的规定	4.3	5.1
力学性能	每批(炉)取 2 根型材,从每根型材上切取 1 个试样,其他要求应符合 GB/T 16865 的规定	4.5	5.2
尺寸偏差	每批取型材根数的 1%,不少于 10 根	4.4	5.3
外观质量	逐根	4.6	5.4

6.5　检验结果的判定及处理

6.5.1　化学成分不合格时,判该批不合格。

6.5.2　尺寸偏差不合格时,判该批不合格。但允许逐根检验,合格者交货。

6.5.3　外观质量不合格时,判该件不合格。

6.5.4　力学性能试验结果有任一试样不合格时,应从该批(炉)型材(包括原不合格的型材)中重取双倍数量的试样重复试验,重复试验结果全部合格,则判整批型材合格。若重复试验结果仍有试样不合格时,则判该批型材不合格,或进行重复热处理,重新取样。

7　标志、包装、运输、贮存

7.1　在检验合格的型材上应有如下内容的标签(或合格证):

a)　供方名称和地址;

b)　供方质检部门的检印;

c)　合金牌号和状态;

d)　产品的名称和规格;

e)　生产日期或批号;

f)　本部分编号;

g)　生产许可证编号和 QS 标识。

7.2　型材包装箱标志应符合 GB/T 3199 的规定。

7.3　型材不涂油,其包装、运输和贮存按 GB/T 3199 执行。包装方式应在合同中注明。

7.4　每批型材均应附有符合本部分要求的质量证明书,其上注明:

a)　供方名称;

b)　产品名称;

c)　合金牌号和状态;

d)　规格;

e)　重量或件数;

f)　批号或生产日期;

g)　力学性能检验结果;

h)　本部分编号;

i)　供方技术监督部门印记;

j)　生产许可证的编号。

8　合同(或订货单)内容

订购本部分所列材料的合同(或订货单)应包括下列内容:

a)　产品名称;

b)　合金牌号、状态;

c) 规格；

d) 尺寸允许偏差精度等级；

e) 重量或件数；

f) 本部分编号；

g) 其他特殊要求。

ICS 77.150.10
H 61

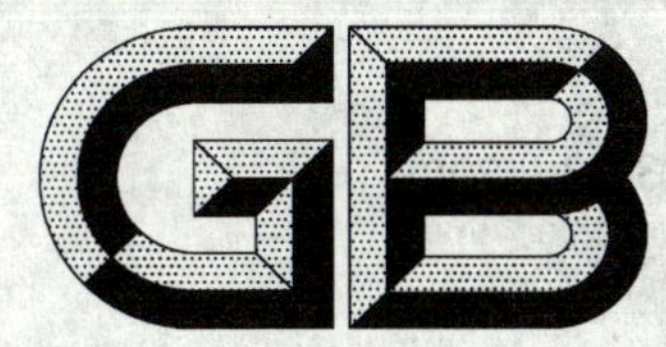

中华人民共和国国家标准

GB 5237.2—2008
代替 GB 5237.2—2004

铝合金建筑型材 第2部分:阳极氧化型材

Wrought aluminium alloy extruded profiles for architecture—Part 2: Anodized profiles

2008-08-28 发布　　　　2009-09-01 实施

中华人民共和国国家质量监督检验检疫总局
中国国家标准化管理委员会　发布

前　言

本部分 4.4.1、4.4.2 是强制性的，其余条款是推荐性的。

GB 5237《铝合金建筑型材》分为六部分：

——第 1 部分：基材；

——第 2 部分：阳极氧化型材；

——第 3 部分：电泳涂漆型材；

——第 4 部分：粉末喷涂型材；

——第 5 部分：氟碳漆喷涂型材；

——第 6 部分：隔热型材。

本部分是 GB 5237 的第 2 部分。

本部分代替 GB 5237.2—2004《铝合金建筑型材　第 2 部分：阳极氧化、着色型材》。

本部分参考 JIS H 8601—1999《铝及铝合金阳极氧化膜》进行修订的。

本部分与 GB 5237.2—2004 的主要技术差异如下：

——阳极氧化膜的封孔质量试验方法采用硝酸预浸的磷铬酸法；

——取消了阳极氧化膜的滴碱试验要求和试验方法。

本部分的附录 A 和附录 B 是资料性附录。

本部分由中国有色金属工业协会提出。

本部分由全国有色金属标准化技术委员会归口。

本部分主要起草单位：广东兴发铝业有限公司、福建省闽发铝业股份有限公司、广东坚美铝型材厂有限公司、福建省南平铝业有限公司、中国有色金属工业标准计量质量研究所。

本部分参加起草单位：国家有色金属质量监督检验中心、华南有色金属质量监督检验中心、佛山市罗南铝业有限公司、佛山市季华铝业公司、北京东亚铝业有限公司。

本部分主要起草人：吴锡坤、范顺科、陈文泗、朱祖芳、郑梅玉、戴悦星、吴世文、张中兴、章吉林。

本部分所代替标准的历次版本发布情况为：

——GB/T 5237—1985、GB/T 5237—1993（阳极氧化、着色型材部分）、GB/T 5237.2—2000、GB 5237.2—2004。

铝合金建筑型材
第2部分:阳极氧化型材

1 范围

本部分规定了阳极氧化铝合金建筑型材的要求、试验方法、检验规则和包装、标志、运输、贮存及合同(或订货单)内容。

本部分适用于表面经阳极氧化、电解着色或有机着色的,建筑用铝合金热挤压型材(以下简称型材)。

用途和表面处理方式相同的其他铝合金加工材也可参照采用。

2 规范性引用文件

下列文件中的条款通过本部分的引用而成为本部分的条款。凡是注日期的引用文件,其随后所有的修改单(不包括勘误的内容)或修订版均不适用于本部分,然而,鼓励根据本部分达成协议的各方研究是否可使用这些文件的最新版本。凡是不注日期的引用文件,其最新版本适用于本部分。

GB/T 228—2002 金属材料 室温拉伸试验方法

GB/T 1766 色漆和清漆 涂层老化的评级方法

GB/T 4957 非磁性基体金属上非导电覆盖层 覆盖层厚度测量 涡流方法

GB 5237.1 铝合金建筑型材 第1部分:基材

GB/T 6461 金属基体上金属和其他无机覆盖层经腐蚀试验后的试样和试件的评级

GB/T 6462 金属和氧化物覆盖层 厚度测量 显微镜法

GB/T 8013.1—2007 铝及铝合金阳极氧化膜与有机聚合物膜 第1部分:阳极氧化膜

GB/T 8014.1 铝及铝合金阳极氧化 氧化膜厚度的测量方法 第1部分:测量原则

GB/T 8753.2 铝及铝合金阳极氧化 氧化膜封孔质量的评定方法 第2部分:硝酸预浸的磷铬酸法

GB/T 9276 涂层自然气候曝露试验方法

GB/T 12967.3 铝及铝合金阳极氧化膜检测方法 第3部分:铜加速乙酸盐雾试验(CASS试验)

GB/T 12967.4 铝及铝合金阳极氧化 着色阳极氧化膜耐紫外光性能的测定

GB/T 14952.3 铝及铝合金阳极氧化 着色阳极氧化膜色差和外观质量检验方法 目视观察法

GB/T 20975(所有部分) 铝及铝合金化学分析方法

3 术语、定义

GB/T 8013.1—2007的术语和定义及以下定义适用于本部分。

3.1

装饰面 exposed surfaces

装饰面是指型材经加工、制作并安装上建筑物后,处于开启和关闭状态时,仍可看得见的表面。

3.2

局部膜厚 local thickness

在型材装饰面上某个面积不大于1 cm^2 的考察面内作若干次(不少于3次)膜厚测量所得的测量值的平均值。

3.3

平均膜厚　average thickness

在型材装饰面上测出的若干个(不少于5处)局部膜厚的平均值。

4　要求

4.1　产品分类

4.1.1　牌号、状态、规格

型材的合金牌号、供应状态和规格应符合GB 5237.1的规定。

4.1.2　阳极氧化膜膜厚级别、典型用途、表面处理方式

阳极氧化膜膜厚级别、典型用途、表面处理方式如表1所示。膜厚级别应在合同中注明,未注明膜厚级别时,按AA10供货。

表1

膜厚级别	典型用途	表面处理方式
AA10	室内、外建筑或车辆部件	阳极氧化 阳极氧化加电解着色 阳极氧化加有机着色
AA15	室外建筑或车辆部件	
AA20	室外苛刻环境下使用的建筑部件	
AA25		

4.1.3　标记

型材标记按产品名称、合金牌号、供应状态、产品规格(由型材代号与定尺长度两部分组成)、颜色、膜厚级别和本部分编号的顺序表示,标记示例如下:

用6063合金制造的,T5状态,型材代号为421001,定尺长度为3 000 mm,表面经阳极氧化电解着色处理,古铜色,膜厚级别为AA15的型材,标记为:

阳极氧化型材　6063-T5　421001×3000　古铜 AA15　GB 5237.2—2008。

4.2　化学成分、力学性能

型材的化学成分、力学性能应符合GB 5237.1的规定。

4.3　尺寸偏差

型材的尺寸偏差(包括氧化膜在内)应符合GB 5237.1的规定。

4.4　阳极氧化膜的性能

4.4.1　膜厚

阳极氧化膜平均膜厚、局部膜厚应符合表2规定。

表2

膜厚级别	平均膜厚/μm,不小于	局部膜厚/μm,不小于
AA10	10	8
AA15	15	12
AA20	20	16
AA25	25	20

4.4.2　封孔质量

阳极氧化膜经硝酸预浸的磷铬酸试验,其质量损失值应不大于30 mg/dm^2。

4.4.3　颜色和色差

阳极氧化膜的颜色应与供需双方商定的色板基本一致,或处在供需双方商定的上、下限色标所限定的颜色范围之内。若需方要求采用仪器法测定阳极氧化膜的颜色,允许色差值应由供需双方商定。

4.4.4 耐盐雾腐蚀性能

阳极氧化膜的CASS试验结果应符合表3的规定。

4.4.5 耐磨性

阳极氧化膜的落砂试验结果应符合表3的规定。

表3

膜厚级别	耐盐雾腐蚀性能		耐磨性
	CASS试验结果		落砂试验结果
	时间/h	级 别	磨耗系数(f)/(g/μm)
AA10	16	≥9	≥300
AA15	24	≥9	≥300
AA20	48	≥9	≥300
AA25	48	≥9	≥300

4.4.6 耐候性

4.4.6.1 加速耐候性

经313B荧光紫外灯人工加速老化试验后,电解着色膜变色程度应至少达到1级,有机着色膜变色程度应至少达到2级。具体色差级别应根据颜色的不同,由供需双方协商确定。

4.4.6.2 自然耐候性

需方要求自然耐候性能时,试验条件和验收标准由供需双方商定,并在合同中注明。

4.4.7 其他

4.4.7.1 当需方对阳极氧化膜的耐盐雾腐蚀性、耐磨性、耐候性有特殊要求时,供需双方可参照GB/T 8013.1—2007具体商定性能要求,并在合同中注明。

4.4.7.2 需方要求其他性能时,由供需双方参照GB/T 8013.1—2007具体商定。

4.5 外观质量

型材表面不允许有电灼伤、氧化膜脱落等影响使用的缺陷,但距型材端头80 mm以内允许局部无膜。

5 试验方法

5.1 化学成分

化学成分仲裁分析按GB/T 20975规定的方法进行。

5.2 力学性能

力学性能仲裁试验按GB/T 228—2002规定的方法进行,断后伸长率按GB/T 228—2002中11.1仲裁。

5.3 尺寸偏差

尺寸偏差按GB 5237.1规定的方法测量。

5.4 阳极氧化膜性能

5.4.1 膜厚

5.4.1.1 按GB/T 8014.1中规定的测量原则,采用GB/T 4957中的涡流测厚法或GB/T 6462中的横断面厚度显微镜法测量膜厚。仲裁测定按GB/T 6462。

5.4.1.2 平均膜厚和局部膜厚的测量说明参见GB/T 8013.1—2007附录D。

5.4.2 封孔质量

采用硝酸预浸的磷铬酸试验,按GB/T 8753.2规定的方法进行。

5.4.3 颜色和色差

5.4.3.1 对比着色试样时，应将试样放在同一平面上。在接近垂直试样的方位、于散射的日光下，沿试样的加工方向观察试样颜色。

5.4.3.2 照明的散射光源应位于观察者的上方和后面。光线照射的方向如下：在赤道北部，光线从北方照射；在赤道南部，光线从南方照射。

5.4.3.3 其他具体检查方法按 GB/T 14952.3 的规定执行。

5.4.4 耐盐雾腐蚀性能

采用 CASS 试验，试验按 GB/T 12967.3 规定的方法进行，按 GB/T 6461 进行腐蚀结果的评级，与不同总缺陷面积的百分比相对应的保护等级见表 4。

表 4

试验后缺陷面积比例/%	保护等级(R)	试验后缺陷面积比例/%	保护等级(R)
无	10	>0.05～0.07	9.3
≤0.02	9.8	>0.07～0.10	9
>0.02～0.05	9.5	>0.10～0.25	8

5.4.5 耐磨性

采用落砂试验，试验按 GB/T 8013.1—2007 中附录 A 规定的方法进行。

5.4.6 耐候性

5.4.6.1 加速耐候性

采用 313B 荧光紫外灯人工加速老化试验测试，试验按 GB/T 12967.4 规定的方法进行，连续照射时间为 300 h，按 GB/T 1766 评定氧化膜的变色程度。

5.4.6.2 自然耐候性

按 GB/T 9276 的规定执行。

注：中国大气腐蚀试验站中，大气条件与国际标准规定的佛罗里达比较接近的是海南省琼海大气腐蚀试验站。

5.4.7 其他

其他性能的检验按 GB/T 8013.1—2007 规定的方法或供需双方商定的方法进行。

5.5 外观质量

按 GB/T 14952.3 规定的方法检查外观。

6 检验规则

6.1 检查和验收

6.1.1 型材由供方进行检验，保证型材质量符合本部分要求，并填写质量证明书。

6.1.2 需方可对收到的型材按本部分的规定进行检验。当检验结果与本部分或合同的规定不符时，属于外观质量及尺寸偏差的异议，应在收到型材之日起一个月内提出；属于其他性能的异议，可在收到型材之日起三个月内提出，由供需双方协商解决。如需仲裁，仲裁取样在需方，由供需双方共同进行。

6.2 组批

型材应成批提交验收，每批由同一合金牌号、供货状态、规格、膜厚级别和同一表面处理方式的型材组成，批量不限。

6.3 检验项目

每批型材均应进行化学成分、力学性能、尺寸偏差、膜厚、封孔质量、颜色和色差及外观质量的检验。耐盐雾腐蚀性能、耐磨性、耐候性一般不检验(供方每年至少检验一次)，但供方应保证这些性能符合本部分的要求。需方要求对耐盐雾腐蚀性能、耐磨性、耐候性进行检验时，须在合同中注明。

6.4 取样

型材取样应符合表 5 的规定。

表 5

检验项目	取样规定	要求的章条号	试验方法的章条号
化学成分、力学性能、尺寸偏差、外观质量	按 GB 5237.1 的规定	4.2、4.3、4.5	5.1、5.2、5.3、5.5
膜厚	按表 6 取样	4.4.1	5.4.1
封孔质量	每批取 2 根型材，在型材封孔完毕 120 h 后从每根型材上切取 1 个试样	4.4.2	5.4.2
颜色、色差	按 GB/T 14952.3 的规定	4.4.3	5.4.3
耐盐雾腐蚀性能、耐磨性	每批取 2 根型材/检验项目，在型材封孔完毕 120 h 后从每根型材上切取 1 个试样	4.4.4、4.4.5	5.4.4、5.4.5
耐候性	每批取 2 根型材，在型材封孔完毕 120 h 后从每根型材上切取 1 个试样	4.4.6	5.4.6
其他	按 GB/T 8013.1—2007 或供需双方商定	4.4.7	5.4.7

6.5 **检验结果的判定**

6.5.1 化学成分不合格时，判该批不合格。

6.5.2 当力学性能试验有任一试样不合格时，应从该批型材(包括原检验不合格型材)中重新取双倍数量的试样进行重复试验，重复试验结果全部合格，则判该批型材合格。若重复试验结果仍有试样不合格，则判该批型材不合格。

6.5.3 尺寸偏差不合格时，判该批不合格。但允许逐根检验，合格者交货。

6.5.4 膜厚不合格数量超出表 6 规定的不合格品数上限时，应另取双倍数量的型材进行重复试验。重复试验结果显示的不合格型材数量不超过表 6 允许不合格品数上限的双倍时，判全批合格，否则判全批不合格，但可由供方逐根检验，合格者交货。

表 6

单位为根

批量范围	随机取样数	不合格品数上限
1～10	全部	0
11～200	10	1
201～300	15	1
301～500	20	2
501～800	30	3
800 以上	40	4

6.5.5 封孔质量、耐盐雾腐蚀性能、耐磨性、耐候性不合格时，判该批不合格。

6.5.6 颜色和色差不合格时，判该批不合格，但可由供方逐根检验，合格者交货。

6.5.7 外观质量不合格时，判该件不合格。

6.5.8 其他性能不合格时，供需双方协商。

7 标志、包装、运输、贮存

7.1 阳极氧化膜的维护参照附录 A 执行。

7.2 质量证明书应注明膜厚级别、颜色、相应的试验结果及 GB 5237.1 中规定的相应内容。

7.3 有关型材在运输、安装过程中的搬运和临时保护措施，要参照附录 B 的相应规定；关于型材包装箱、标志、包装、运输、贮存等其他内容要求按 GB 5237.1 的规定执行。

7.4 在检验合格的型材上应有如下内容的标签(或合格证)：

a) 供方名称和地址；
b) 供方质检部门的检印；
c) 合金牌号和状态；
d) 产品的名称和规格；
e) 膜厚级别和颜色；
f) 生产日期或批号；
g) 本部分编号；
h) 生产许可证编号和QS标识。

8 合同(或订货单)内容

订购本部分所列材料的合同(或订货单)应包括下列内容：

a) 产品名称；
b) 合金牌号、状态；
c) 规格；
d) 表面处理方式、颜色及膜厚级别；
e) 尺寸允许偏差精度等级；
f) 本部分编号；
g) 其他特殊要求。

附 录 A
（资料性附录）
阳极氧化膜的维护

A.1 表面尘垢沉积，氧化膜吸收水分，会导致氧化膜腐蚀，尤其当空气中含有硫化物时，氧化膜更易腐蚀。所以建筑型材在长期使用时必须按时把氧化膜表面清理干净，以延长使用寿命。

A.2 氧化膜定期清理的周期一般为半年。相隔时间可根据使用环境的污染程度而定。清理时注意既要清理表面污垢，又要不损坏阳极氧化膜。

A.3 氧化膜清理的方法可根据氧化膜可能发生被破坏的程度和规模而定。对于小型的工件通常用手进行轻轻擦拭，对于大型工件，就要求设法将粘滞的沉积物溶解掉。清理污垢一般采用含有适当润滑剂或中性的皂液的热水来清洗，也可使用纤维刷来除去附着的灰尘。不允许使用砂纸、钢丝刷或其他摩擦物，也不允许用酸或碱进行清理，以免破坏阳极氧化膜。在清洁处理后要用清水洗净，特别是有裂隙、污垢的地方，还要用软布沾上酒精来擦洗，最后用优质的蜡对阳极氧化膜作上光处理。

附　录　B
（资料性附录）
型材在运输和安装过程中的搬运和临时保护措施

B.1　为了避免氧化膜的损坏，铝合金建筑型材运输和安装过程中应避免相互摩擦、滑动。

B.2　为防止污水、冷凝物、水泥等其他污垢接触型材表面而造成腐蚀。铝合金建筑型材在运输、存贮和堆放过程中，应使用适当的盛装物仔细地保护，也可以采用某种清漆或易除去的蜡膜、塑料膜进行保护。

B.3　建议将铝合金建筑型材的安装安排在建筑施工的后期进行，并尽可能在交付给工地的建筑型材的包装件上贴上这样的标签："为了避免型材的阳极氧化膜的损坏，在每个搬运过程中都应特别小心。在存放和堆积时，不许接触水泥，灰浆等污染物，否则会造成氧化膜的损坏。"

ICS 77.150.10
H 61

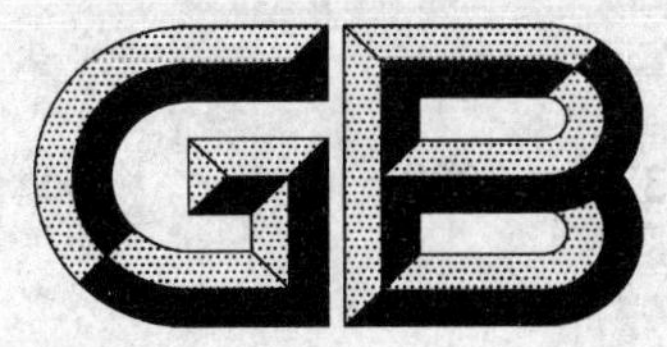

中华人民共和国国家标准

GB 5237.3—2008
代替 GB 5237.3—2004

铝合金建筑型材 第3部分:电泳涂漆型材

Wrought aluminium alloy extruded profiles for architecture—Part 3: Electrophoretic coating profiles

2008-08-28 发布　　　　2009-09-01 实施

中华人民共和国国家质量监督检验检疫总局
中国国家标准化管理委员会　发布

前　言

本部分第 4.4.4 条和表 2 中的复合膜局部膜厚要求是强制性的，其余内容是推荐性的。

GB 5237《铝合金建筑型材》分为六部分：

——第 1 部分：基材

——第 2 部分：阳极氧化型材

——第 3 部分：电泳涂漆型材

——第 4 部分：粉末喷涂型材

——第 5 部分：氟碳漆喷涂型材

——第 6 部分：隔热型材

本部分为 GB 5237 的第 3 部分。

本部分代替 GB 5237.3—2004《铝合金建筑型材　第 3 部分：电泳涂漆型材》。

本部分参考日本 JIS H 8602—1992《铝及铝合金阳极氧化涂装复合膜》和美国 AAMA 612—2002《建筑用铝表面阳极氧化复合膜的试验方法及性能要求技术规范》进行修订的。

本部分与 GB 5237.3—2004 的主要技术差异如下：

——吸纳了 YS/T 459—2003《有色电泳涂漆铝合金建筑型材》的内容，并对其进行了修改。

——删除了阳极氧化膜平均膜厚的要求，并将 A 级和 B 级阳极氧化膜的局部膜厚提高到“≥9 μm”。

——将 A 级、B 级和 S 级落砂试验耐磨性指标分别提高到 3 300 g、3 000 g 和 2 400 g。

——参照 AAMA 612 的规定，增加了耐盐酸性、耐灰浆性和耐湿热性要求。

——增加了耐洗涤剂、耐溶剂性要求。

——4.5 条将“但在型材端头 80 mm 范围内允许局部无漆膜”改为“但在型材端头 80 mm 范围内允许局部无膜”。

本部分由中国有色金属工业协会提出。

本部分由全国有色金属标准化技术委员会归口。

本部分主要起草单位：广东坚美铝型材厂有限公司、广东兴发铝业有限公司、中国有色金属工业标准计量质量研究所、福建省闽发铝业股份有限公司、福建省南平铝业有限公司。

本部分参加起草单位：国家有色金属质量监督检验中心、华南有色金属质量监督检验中心、佛山市新合铝业有限公司、佛山市南海华豪铝型材有限公司、广东凤铝铝业有限公司。

本部分主要起草人：卢继延、葛立新、戴悦星、朱祖芳、夏秀群、黄赐为、谢志军、詹浩、马存真。

本部分所代替标准的历次版本发布情况为：

——GB/T 5237.3—2000、GB 5237.3—2004。

铝合金建筑型材
第3部分:电泳涂漆型材

1 范围

本部分规定了电泳涂漆铝合金建筑型材的要求、试验方法、检验规则、包装、标志、运输、贮存及合同(或订货单)内容。

本部分适用于表面经阳极氧化和电泳涂漆(水溶性清漆或色漆)复合处理的建筑用铝合金热挤压型材(以下简称型材)。

用途和表面处理方式相同的其他铝合金加工材也可参照采用。

2 规范性引用文件

下列文件中的条款通过本部分的引用而成为本部分的条款。凡是注日期的引用文件,其随后所有的修改单(不包括勘误的内容)或修订版均不适用本部分,然而,鼓励根据本部分达成协议的各方面研究是否可使用这些文件的最新版本。凡是不注日期的引用文件,其最新版本适用于本部分。

GB/T 228—2002 金属材料 室温拉伸试验方法

GB/T 629 化学试剂 氢氧化钠

GB/T 1740 漆膜耐湿热测定法

GB/T 1766 色漆和清漆 涂层老化的评级方法

GB/T 1865—1997 色漆和清漆 人工气候老化和人工辐射暴露(滤过的氙弧辐射)

GB/T 3199 铝及铝合金加工产品 包装、标志、运输、贮存

GB/T 4957 非磁性基体金属上非导电覆盖层 覆盖层厚度测量 涡流法

GB 5237.1 铝合金建筑型材 第1部分:基材

GB 5237.2 铝合金建筑型材 第2部分:阳极氧化型材

GB/T 6461 金属基体上金属和其他无机覆盖层经腐蚀试验后的试样和试件的评级

GB/T 6462 金属和氧化物覆盖层 厚度测量 显微镜法

GB/T 6682 分析实验室用水规格和试验方法

GB/T 6739 色漆和清漆 铅笔法测定漆膜硬度

GB/T 8013.1—2007 铝及铝合金阳极氧化膜与有机聚合物膜 第1部分:阳极氧化膜

GB/T 8013.2—2007 铝及铝合金阳极氧化膜与有机聚合物膜 第2部分:阳极氧化复合膜

GB/T 8014.1 铝及铝合金阳极氧化 氧化膜厚度的测量方法 第1部分:测量原则

GB/T 9276 涂层自然气候曝露试验方法

GB/T 9286 色漆和清漆 漆膜的划格试验

GB/T 9754 色漆和清漆 不含金属颜料的色漆漆膜的20°、60°和85°镜面光泽的测定

GB/T 9761 色漆和清漆 色漆的目视比色

GB/T 9789 金属和其他非有机覆盖层 通常凝露条件下的二氧化硫腐蚀试验

GB/T 10125 人造气氛腐蚀试验 盐雾试验

GB/T 11186.2 涂膜颜色的测量方法 第二部分 颜色测量

GB/T 11186.3 涂膜颜色的测量方法 第三部分 色差计算

GB/T 12967.1 铝及铝合金阳极氧化膜检测方法 第1部分:用喷磨试验仪测定阳极氧化膜的平均耐磨性

GB/T 14952.3 铝及铝合金阳极氧化 着色阳极氧化膜色差和外观质量检验方法 目视观察法

GB/T 16585 硫化橡胶人工气候老化(荧光紫外灯)试验方法

GB/T 20975(所有部分) 铝及铝合金化学分析方法

JC/T 480 建筑生石灰粉

3 术语、定义

GB/T 8013.2—2007 的术语和定义及以下定义适用于本部分。

3.1

装饰面 exposed surfaces

装饰面指型材经加工、制作并安装在建筑物上后,处于开启和关闭状态时,仍可看得见的表面。

3.2

局部膜厚 local thickness

在型材装饰面上某个面积不大于 1 cm^2 的考察面内作若干次(不少于 3 次)膜厚测量所得的测量值的平均值。

4 要求

4.1 产品分类

4.1.1 合金牌号、状态和规格

合金牌号、供应状态和规格应符合 GB 5237.1 的规定。

4.1.2 阳极氧化复合膜膜厚级别、漆膜类型、典型用途

阳极氧化复合膜膜厚级别、漆膜类型、典型用途如表 1 所示。膜厚级别应在合同中注明,未注明膜厚级别时,按 B 级供货。

表 1

膜厚级别	表面漆膜类型	典型用途
A	有光或哑光透明漆	室外苛刻环境下使用的建筑部件
B		室外建筑或车辆部件
S	有光或哑光有色漆	室外建筑或车辆部件

4.1.3 标记

型材标记按产品名称、合金牌号、供应状态、产品规格(由型材代号与定尺长度两部分组成)、颜色、膜厚级别和本部分编号的顺序表示。标记示例如下:

示例 1:

用 6063 合金制造的,供应状态为 T5,型材代号为 421001、定尺长度为 6 000 mm,表面处理方式为阳极氧化电解着古铜色加电泳涂漆处理,膜厚级别为 A 的型材,标记为:

电泳型材 6063-T5 421001×6000 古铜 A GB 5237.3—2008

示例 2:

用 6063 合金制造的,供应状态为 T5,型材代号为 421001、定尺长度为 6 000 mm,表面处理方式为阳极氧化加白色电泳涂漆处理,膜厚级别为 S 的型材,标记为:

电泳型材 6063-T5 421001×6000 白 S GB 5237.3—2008

4.2 化学成分、力学性能

化学成分、室温力学性能应符合 GB 5237.1 的规定。

4.3 尺寸偏差

型材尺寸偏差(包括复合膜在内)应符合 GB 5237.1 的规定。

4.4 复合膜性能

4.4.1 颜色、色差

颜色应与供需双方商定的色板基本一致,或处在供需双方商定的上、下限色标所限定的颜色范围之内。若需方要求采用仪器法测定颜色,允许色差值应由供需双方商定。

4.4.2 膜厚

膜厚应符合表 2 的规定。表 2 中的复合膜局部膜厚指标为强制性要求。

表 2

膜厚级别	膜厚/μm		
	阳极氧化膜局部膜厚	漆膜局部膜厚	复合膜局部膜厚
A	⩾9	⩾12	⩾21
B	⩾9	⩾7	⩾16
S	⩾6	⩾15	⩾21

4.4.3 漆膜硬度

经铅笔划痕试验,A、B 级漆膜硬度⩾3H,S 级漆膜硬度⩾1H。

4.4.4 漆膜附着性

漆膜干附着性和湿附着性均达到 0 级。

4.4.5 耐沸水性

经耐沸水性试验后,漆膜应无皱纹、裂纹、气泡,并无脱落或变色现象。

4.4.6 耐磨性

耐磨性采用落砂试验,落砂试验结果应符合表 3 的规定。

表 3

膜厚级别	A	B	S
落砂量/g	⩾3 300	⩾3 000	⩾2 400

4.4.7 耐盐酸性

经耐盐酸性试验后,目视检查复合膜表面,不应有气泡及其他明显变化。

4.4.8 耐碱性

经耐碱性试验后,保护等级(R)⩾9.5 级。

4.4.9 耐砂浆性

经耐砂浆性试验后,目视检查复合膜表面,应无脱落或其他明显变化。

4.4.10 耐溶剂性

经耐溶剂性试验,铅笔硬度差值⩽1H。

4.4.11 耐洗涤剂性

经耐洗涤剂性试验后,复合膜表面不应有气泡、脱落或其他明显变化。

4.4.12 耐盐雾腐蚀性

铜加速乙酸盐雾(CASS)试验结果应符合表 4 的规定。

表 4

膜厚级别	试验时间/h	保护等级(R)
A、S	48	⩾9.5 级
B	24	⩾9.5 级

4.4.13 耐湿热性

复合膜经 4 000 h 湿热试验后，其变化≤1级。

4.4.14 耐候性

4.4.14.1 加速耐候性

加速耐候性按氙灯照射人工加速老化试验时间分为三个等级，见表 5。加速耐候性等级由需方选定，并在合同中注明，未注明时，按Ⅱ级供货。

表 5

耐候性等级	试验时间/h	试验结果		
		粉化程度	光泽保持率[a]/%	变色程度 ΔE_{ab}^{*}
Ⅳ	4 000	0 级	≥80	≤1 级
Ⅲ	2 000			
Ⅱ	1 000			

a 光泽保持率为漆膜试验后的光泽值相对于其试验前的光泽值的百分比。

4.4.14.2 自然耐候性

需方对自然耐候性有要求时，试验条件和验收标准由供需双方商定，并在合同中注明。

4.4.15 其他

4.4.15.1 需方对耐沸水性、耐磨性、耐碱性、耐盐雾腐蚀性、耐湿热性、耐候性有其他特殊要求时，供需双方可参照 GB/T 8013.2—2007 具体商定性能要求，并在合同中注明。

4.4.15.2 需方要求其他性能时，由供需双方参照 GB/T 8013.2—2007 具体商定。

4.5 外观质量

涂漆前型材的外观质量应符合 GB 5237.2 的有关规定。涂漆后的漆膜应均匀、整洁、不允许有皱纹、裂纹、气泡、流痕、夹杂物、发粘和漆膜脱落等影响使用的缺陷。但在型材端头 80 mm 范围内允许局部无膜。

5 试验方法

5.1 化学成分

化学成分仲裁分析按 GB/T 20975 规定的方法进行。

5.2 力学性能

力学性能仲裁试验按 GB/T 228—2002 规定的方法进行，断后伸长率按 GB/T 228—2002 中 11.1 仲裁。

5.3 尺寸偏差

尺寸偏差按 GB 5237.1 规定的方法测量。

5.4 复合膜性能

5.4.1 颜色、色差

5.4.1.1 目视测定法

按 GB/T 14952.3 的规定进行检查。

5.4.1.2 仪器测定法

按 GB/T 11186.2、GB/T 11186.3 的规定测定色差。

5.4.2 膜厚

5.4.2.1 阳极氧化膜、复合膜局部膜厚的测定

按 GB/T 8014.1 中规定的测量原则，采用 GB/T 4957 中的涡流测厚法或 GB/T 6462 中的横断面厚度显微镜法测量局部膜厚。仲裁测定按 GB/T 6462。

5.4.2.2 漆膜局部膜厚的测定

按 GB/T 8014.1 中规定的测量原则，采用 GB/T 4957 中的涡流测厚法或 GB/T 6462 中的横断面厚度显微镜法测定。仲裁测定按 GB/T 6462。采用涡流测厚法时，可按下述任一顺序进行：

a) 测出复合膜局部膜厚，然后减去按 5.4.2.1 测得的阳极氧化膜局部膜厚即为漆膜局部膜厚。

b) 测出复合膜局部膜厚，然后用剥离剂或有关器具除去表面漆膜，再测出阳极氧化膜局部膜厚，两者之差即为漆膜局部膜厚。

5.4.3 漆膜硬度

按 GB/T 6739 进行铅笔硬度试验，试验结果按表面漆膜划破情况评定。

5.4.4 漆膜附着性

5.4.4.1 干附着性

5.4.4.1.1 按 GB/T 9286 的规定划格，划格间距为 1 mm。

5.4.4.1.2 将粘着力大于 10 N/25 mm 的粘胶带[1)]覆盖在划格的漆膜上，压紧以排去粘胶带下的空气，以垂直于漆膜表面的角度快速拉起粘胶带，然后进行评级。

5.4.4.2 湿附着性

将试样按 5.4.4.1.1 的规定划格后，置于 38 ℃±5 ℃符合 GB/T 6682 规定的三级水中浸泡 24 h，取出并擦干试样，在 5 min 内按 5.4.4.1.2 试验并进行评级。

5.4.5 耐沸水性

5.4.5.1 将符合 GB/T 6682 规定的三级水注入烧杯至约 80 mm 深处，并在烧杯中放入 2 粒～3 粒清洁的碎瓷片。在烧杯底部加热至水沸腾。

5.4.5.2 将试样悬立于沸水中煮 5 h。试样应在水面 10 mm 以下，但不能接触容器底部。在试验过程中保持水温不低于 95 ℃，并随时向杯中补充煮沸的符合 GB/T 6682 规定的三级水，以保持水面高度不小于 80 mm。

5.4.5.3 取出并擦干试样，目视检查沸水试验后的漆膜表面（试样周边部分除外）。

5.4.6 耐磨性

按 GB/T 8013.1—2007 附录 A 的规定进行落砂试验。

5.4.7 耐盐酸性

用化学纯盐酸（ρ1.19 g/mL）和 GB/T 6682 规定的三级水配成盐酸试验溶液（1＋9）。在试样的漆膜表面滴上 10 滴盐酸试验溶液，用表面皿盖住，在 18 ℃～27 ℃的环境温度下放置 15 min 后，用自来水洗净、晾干。目视检查试验后的漆膜表面。

5.4.8 耐碱性

5.4.8.1 用酒精轻轻擦掉试样表面的污物，在有效面上用凡士林或石蜡把内径 32 mm、高 30 mm 的玻璃（或合成树脂）环固定，并密封其外周。

5.4.8.2 用 GB/T 629 规定的氢氧化钠和 GB/T 6682 规定的三级水配成浓度为 5 g/L 的氢氧化钠试验溶液。

---

1) Scotch 610 粘胶带或 Permacel 99 粘胶带是适合的市售产品的实例。给出这一信息是为了方便本部分的使用者，并不表示对这些产品的认可。

5.4.8.3　试样保持水平，在 20 ℃±2 ℃的试验温度下，将氢氧化钠试验溶液注入到环高的 1/2 处，用玻璃板或合成树脂板盖住。试验 24 h 后，取走玻璃环，用水轻轻洗净试样，在室内放置 1 h 后，在试样上画一个与环同心，直径为 30 mm 的圆。用 10 倍～15 倍放大镜观察圆圈内腐蚀情况，按照GB/T 6461 评级，不同总缺陷面积的百分比相对应的等级见表 6 中相应的规定。

5.4.9　耐砂浆性

5.4.9.1　取 JC/T 480 规定的石灰粉 75 g 和符合 GB 5237.4—2008 附录 A 中 A.5.2 规定的标准砂 225 g，再加入大约 100 g 符合 GB/T 6682 规定的三级水混合为糊状砂浆。

5.4.9.2　将糊状砂浆置于试样表面，堆成直径为 15 mm、厚度为 6 mm 的圆柱形。在 38 ℃±3 ℃、相对湿度 95%±5%的环境中放置 24 h。

5.4.9.3　去掉砂浆，用湿布擦掉表面残渣，晾干。目视检查漆膜表面。

5.4.10　耐溶剂性

5.4.10.1　首先按 GB/T 6739 进行铅笔硬度试验，试验结果按表面漆膜划破情况评定。在该试样未被铅笔划过的漆膜表面，放置饱浸二甲苯的棉条并保持 30 s。

5.4.10.2　取下棉条，随即将试样用自来水冲洗干净并抹干，在室温下放置 2 h，在棉条曾覆盖过的漆膜表面，按 GB/T 6739 进行铅笔硬度试验，试验结果按表面漆膜划破情况评定。

5.4.10.3　计算前后两次铅笔硬度的差值。

5.4.11　耐洗涤剂性

5.4.11.1　用洗涤剂(成分见表 6)和 GB/T 6682 规定的三级水配置成浓度为 30 g/L 的洗涤剂试验溶液。将试样置于 38 ℃±1 ℃的洗涤剂试验溶液中 72 h，取出并擦干试样。

5.4.11.2　立即将粘着力大于 10 N/25 mm 的粘胶带[1)] 覆盖在漆膜表面上，压紧以排去粘胶带下的空气，以垂直于漆膜表面的角度快速拉起粘胶带，目视检查漆膜表面。

表 6

成分	含量(质量分数)/%
无水焦磷酸(四)钠(Tetrasodium Pyrophosphate)	53
无水硫酸钠(Sodium Sulphate Anhydrous)	19
十二烷基磺酸钠(Sodium linear alkylarylsulfonate)	20
水合硅酸钠(Sodium Metasilicate Hydrated)	7
无水碳酸钠(Sodium Carbonate Anhydrous)	1
总计	100

5.4.12　耐盐雾腐蚀性

按 GB/T 10125 进行 CASS 试验，至规定的试验时间后，按 GB/T 6461 评定试验结果，不同总缺陷面积的百分比相对应的保护等级见表 7。

表 7

试验后缺陷面积比例/%	保护等级(R)	试验后缺陷面积比例/%	保护等级(R)
无	10	>0.05～0.07	9.3
≤0.02	9.8	>0.07～0.10	9
>0.02～0.05	9.5	>0.10～0.25	8

5.4.13　耐湿热性

按 GB/T 1740 的规定进行试验。试验温度 47 ℃±1 ℃。

5.4.14 耐候性

5.4.14.1 加速耐候性

按GB/T 1865—1997中方法1的规定进行氙灯加速耐候试验。按GB/T 9754测量光泽值，按GB/T 1766评定粉化程度和变色程度。

5.4.14.2 自然耐候性

按GB/T 9276的规定进行试验。

注：中国大气腐蚀试验站中，大气条件与国际标准规定的地点——佛罗里达比较接近的是海南省琼海大气腐蚀试验站。

5.4.15 其他

其他性能的检验按GB/T 8013.2—2007规定的方法或供需双方商定的方法进行。

5.5 外观质量

外观检验应在漫射日光[2]下，按GB/T 9761进行。人工照明时的照度要求在1 000 lx以上，光源为D65标准光源。背景要求无光泽的黑色、灰色，不能用彩色背景。

6 检验规则

6.1 检查和验收

6.1.1 型材应由供方进行检验，保证型材质量符合本部分(或订货合同)的规定，并填写质量证明书。

6.1.2 需方可对收到的型材按本部分的规定进行检验，如检验结果与本部分(或订货合同)的规定不符，可以书面形式向供方提出，由供需双方协商解决。属于外观质量及尺寸偏差的异议，应在收到型材之日起一个月内提出，属于其他性能的异议，可在收到型材之日起三个月内提出。如需仲裁，仲裁取样应在需方，由供需双方共同进行。

6.2 组批

型材应成批提交验收，每批应由同一合金、状态、规格和膜厚级别的型材组成，批重不限。

6.3 检验项目

每批型材出厂前均应进行化学成分、力学性能、尺寸偏差、颜色和色差、复合膜局部厚度、漆膜硬度、漆膜附着性以及外观质量的检查。其他性能一般不检验(但供方每三年至少检验一次)，但供方应保证这些性能符合本部分的要求。需方要求对这些性能进行检验时，须在合同中注明。

6.4 取样

型材取样应符合表8的规定。

表8

检验项目	取样规定	要求的章条号	试验方法的章条号
化学成分、力学性能、尺寸偏差	按GB 5237.1的规定	4.2,4.3	5.1,5.2,5.3
颜色、色差、外观质量	逐根检查	4.4.1,4.5	5.4.1,5.5
膜厚	按表9取样	4.4.2	5.4.2
漆膜硬度、附着性、耐沸水性、耐磨性、耐盐酸性、耐碱性、耐砂浆性、耐溶剂性、耐洗涤剂性、耐盐雾腐蚀性、耐湿热性和耐候性	每批取2根型材/检验项目，在漆膜固化并放置24 h以后，从每根型材上切取1个试样	4.4.3,4.4.4,4.4.5 4.4.6,4.4.7,4.4.8 4.4.9,4.4.10,4.4.11 4.4.12,4.4.13,4.4.14	5.4.3,5.4.4,5.4.5, 5.4.6,5.4.7,5.4.8, 5.4.9,5.4.10,5.4.11 5.4.12,5.4.13,5.4.14
其他	按GB/T 8013.2—2007或供需双方商定	4.4.15	5.4.15

2) 指日出3 h后和日落3 h前的日光。

6.5 检验结果的判定

6.5.1 化学成分不合格时，判该批不合格。

6.5.2 当力学性能试验有任一试样不合格时，应从该批型材(包括原检验不合格型材)中重取双倍数量的试样进行重复试验，重复试验结果全部合格，则判该批型材合格。若重复试验结果仍有试样不合格时，则判该批型材不合格。

6.5.3 尺寸偏差不合格时，判该批不合格。但允许逐根检验，合格者交货。

6.5.4 涂层的颜色、色差或外观质量不合格时，判该件不合格。

6.5.5 膜厚不合格数超出表9中允许的不合格品数上限时，判该批不合格。但允许供方逐根检验，合格者交货。

6.5.6 涂层其他性能检验结果有任一试样不合格时，判该批不合格。

表 9

单位为根

批量范围	随机取样数	不合格品数上限
1～10	全部	0
11～200	10	1
201～300	15	1
301～500	20	2
501～800	30	3
800 以上	40	4

7 标志、包装、运输、贮存

7.1 在检验合格的型材上应有如下内容的标签(或合格证)：

a) 供方名称和地址；

b) 供方质检部门的检印；

c) 合金牌号和状态；

d) 产品名称和规格；

e) 膜厚级别、颜色；

f) 生产日期或批号；

g) 本部分编号；

h) 生产许可证编号和 QS 标识。

7.2 型材的包装箱标志应符合 GB/T 3199 的规定。

7.3 型材应成捆用纸包装，其装饰面应垫纸或泡沫塑料加以保护。

7.4 型材的运输和贮存应符合 GB/T 3199 的规定。

7.5 每批型材应附有产品质量证明书，其上注明：

a) 供方名称；

b) 产品名称和规格；

c) 合金牌号和状态；

d) 膜厚级别、颜色和耐候性等级；

e) 批号或生产日期；

f) 重量或件数；

g) 本部分编号；

h) 各项分析检验结果和供方质检部门检印；

i) 生产许可证的编号；

j) 出厂日期(或包装日期)。

8 合同(或订货单)内容

订购本部分所列型材的合同(或订货单)应包括下列内容：

a) 产品名称；

b) 合金牌号；

c) 供应状态；

d) 产品规格；

c) 尺寸允许偏差精度等级；

f) 膜厚级别、颜色和耐候性等级；

g) 重量或件数；

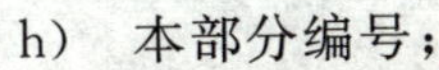

h) 本部分编号；

i) 其他要求。

ICS 77.150.10
H 61

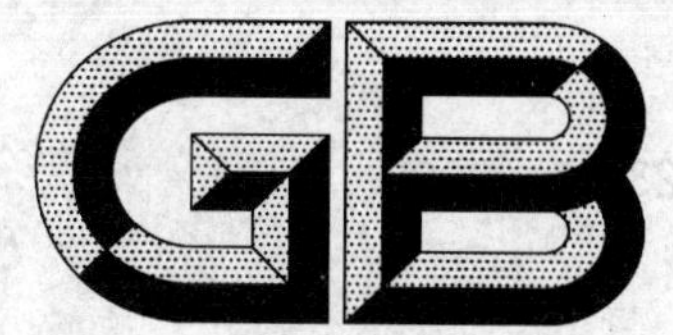

中华人民共和国国家标准

GB 5237.4—2008
代替 GB 5237.4—2004

铝合金建筑型材
第4部分：粉末喷涂型材

**Wrought aluminium alloy extruded profiles for architecture—
Part 4：Powder coating profiles**

2008-08-28 发布　　　　2009-09-01 实施

中华人民共和国国家质量监督检验检疫总局
中国国家标准化管理委员会　发布

前言

本部分第 4.5.3.1 条、第 4.5.5 条是强制性的，其余条款是推荐性的。

GB 5237《铝合金建筑型材》分为六部分：

——第 1 部分：基材

——第 2 部分：阳极氧化型材

——第 3 部分：电泳涂漆型材

——第 4 部分：粉末喷涂型材

——第 5 部分：氟碳漆喷涂型材

——第 6 部分：隔热型材

本部分为 GB 5237 的第 4 部分。

本部分代替 GB 5237.4—2004《铝合金建筑型材　第 4 部分：粉末喷涂型材》。

本部分是参考欧洲 Qualicoat 第 11 版《建筑用铝表面漆膜、粉层质量标志认证规范》、美国建筑制造业协会 AAMA 2603—2005《铝挤压材、板材的有机聚合物涂层的性能要求与试验方法》、AAMA 2604—2005《铝挤压材、板材的高性能有机聚合物涂层的性能要求与试验方法》、AAMA 2605—2005《铝挤压材、板材的超高性能有机聚合物涂层的性能要求与试验方法》、英国 BS 6496—1984《建筑外部件用铝表面有机粉末涂层》等标准进行修订的。

本部分与 GB 5237.4—2004 的主要技术差异如下：

——将涂层光泽分为 3 种类型；

——增加了涂层耐磨性；

——增加了涂层耐洗涤性；

——将粉末涂层耐候性分为Ⅰ级、Ⅱ级。

本部分附录 A、附录 B 为规范性附录。

本部分由中国有色金属工业协会提出。

本部分由全国有色金属标准化技术委员会归口。

本部分负责起草单位：福建省闽发铝业股份有限公司、广东兴发铝业有限公司、广东坚美铝型材厂有限公司、福建省南平铝业有限公司、中国有色金属工业标准计量质量研究所。

本部分参加起草单位：国家有色金属质量监督检验中心、华南有色金属质量监督检验中心、立邦圣联达粉末涂料有限公司、四川广汉三星铝业有限公司、佛山市南海华豪铝型材有限公司。

本部分主要起草人：陈素妹、吴锡坤、卢继延、冯东升、章吉林、朱耀辉、何耀祖、詹浩、马存真。

本部分所取代标准的历次版本发布情况为：

——GB/T 5237.4—2000、GB 5237.4—2004。

铝合金建筑型材
第4部分：粉末喷涂型材

1 范围

本部分规定了粉末静电喷涂铝合金建筑型材的要求、试验方法、检验规则、标志、包装、运输、贮存及合同(或订货单)内容。

本部分适用于以热固性有机聚合物粉末作涂层的建筑用铝合金热挤压型材(以下简称型材)。

用途和表面处理方式相同的其他铝合金加工材也可参照采用本部分。

2 规范性引用文件

下列文件中的条款通过本部分的引用而成为本部分的条款。凡是注日期的引用文件，其随后所有的修改单(不包括勘误的内容)或修改版均不适用于本部分，但鼓励根据本部分达成协议的各方研究是否可使用这些文件的最新版本。凡是不注日期的引用文件，其最新版本适用于本部分。

GB/T 228—2002 金属材料 室温拉伸试验方法

GB/T 1732 漆膜耐冲击性测定法

GB/T 1740 漆膜耐湿热测定法

GB/T 1766 色漆和清漆 涂层老化的评级方法

GB/T 1865—1997 色漆和清漆 人工气候老化和人工辐射暴露(滤过的氙弧辐射)

GB/T 3199 铝及铝合金加工产品 包装、标志、运输、贮存

GB/T 4957 非磁性基体金属上非导电覆盖层 覆盖层厚度测量 涡流法

GB 5237.1 铝合金建筑型材 第1部分：基材

GB/T 6461 金属基体上金属和其他无机覆盖层经腐蚀试验后的试样和试件的评级

GB/T 6682 分析实验室用水规格和试验方法

GB/T 6742 色漆和清漆 弯曲试验(圆柱轴)

GB/T 8013.3—2007 铝及铝合金阳极氧化膜与有机聚合物膜 第3部分：有机聚合物喷涂膜

GB/T 9275 色漆和清漆 巴克霍尔兹压痕试验

GB/T 9276 涂层自然气候曝露试验方法

GB/T 9286 色漆和清漆 漆膜的划格试验

GB/T 9753 色漆和清漆 杯突试验

GB/T 9754 色漆和清漆 不含金属颜料的色漆漆膜的20°、60°和85°镜面光泽的测定

GB/T 9761 色漆和清漆 色漆的目视比色

GB/T 10125 人造气氛腐蚀试验 盐雾试验

GB/T 11186.2 涂膜颜色的测量方法 第二部分 颜色测定

GB/T 11186.3 涂膜颜色的测量方法 第三部分 色差计算

GB/T 16585 硫化橡胶人工气候老化(荧光紫外灯)试验方法

GB/T 20975(所有部分) 铝及铝合金化学分析方法

JC/T 480 建筑生石灰粉

3 术语、定义

GB/T 8013.3—2007中术语、定义及以下术语、定义适用于本部分。

3.1

涂层 coating

喷涂在金属基体表面上经固化的热固性有机聚合物粉末覆盖层。

3.2

装饰面 exposed surfaces

装饰面指型材经加工、制作并安装在建筑物上后，处于开启和关闭状态时，仍可看得见的表面。

3.3

局部膜厚 local thickness

在型材装饰面上某个面积不大于 1 cm^2 的测量区内，作若干次（不少于 3 次）膜厚测量所得到的测量值的平均值。

3.4

最小局部膜厚 minimun local thickness

型材装饰面上测量的若干个局部膜厚中最小的 1 个。

4 要求

4.1 产品分类

4.1.1 牌号、状态、规格

合金牌号、供应状态和规格应符合 GB 5237.1 的规定。

4.1.2 标记

型材标记按产品名称、合金牌号、供应状态、产品规格（由型材代号与定尺长度两部分组成）、颜色代号和本部分编号的顺序表示。标记示例如下：

用 6063 合金制造的，供应状态为 T5，型材代号为 421001，定尺长度为 6 000 mm，颜色代号为 3003 的型材，标记为：

喷粉型材 6063-T5 421001×6000 色 3003 GB 5237.4—2008

4.2 预处理

型材的预处理应符合 GB/T 8013.3—2007 中第 5 章的规定。

4.3 化学成分、力学性能

化学成分、室温力学性能应符合 GB 5237.1 的规定。

4.4 尺寸偏差

型材去掉涂层后，尺寸偏差应符合 GB 5237.1 的规定。型材因涂层引起的尺寸变化应不影响其装配和使用。

4.5 涂层性能

4.5.1 光泽

涂层的 60°光泽值及其允许偏差应符合表 1 的规定。

表 1　　单位：光泽单位

光泽值范围	允许偏差
3～30	±5
31～70	±7
71～100	±10

4.5.2 颜色和色差

涂层颜色应与供需双方商定的样板基本一致。当使用色差仪测定时，单色涂层与样板间的色差 $\Delta E_{ab}{}^{*} \leqslant 1.5$，同一批（指交货批）型材之间的色差 $\Delta E_{ab}{}^{*} \leqslant 1.5$。

4.5.3 涂层厚度

4.5.3.1 装饰面上涂层最小局部厚度≥40 μm。

注：由于挤压型材横截面形状的复杂性，致使型材某些表面（如内角、横沟等）的涂层厚度低于规定值是允许的。

4.5.3.2 型材非装饰面如需喷涂，应在合同中注明。

4.5.4 压痕硬度

涂层抗压痕性≥80。

4.5.5 附着性

涂层的干附着性、湿附着性和沸水附着性均应达到0级。

4.5.6 耐冲击性

4.5.6.1 经冲击试验，涂层无开裂或脱落现象。

4.5.6.2 当供需双方商定采用具有某些特殊性能而耐冲击性稍差的涂层时，允许冲击试验后的涂层有轻微开裂现象，但采用粘胶带进一步检验时，涂层表面应无粘落现象。

4.5.7 抗杯突性

4.5.7.1 经杯突试验，涂层无开裂或脱落现象。

4.5.7.2 当供需双方商定采用具有某些特殊性能而抗杯突性能稍差的涂层时，允许杯突试验后的涂层有轻微开裂现象，但采用粘胶带进一步检验时，涂层表面应无粘落现象。

4.5.8 抗弯曲性

4.5.8.1 经抗弯曲试验，涂层表面无裂纹或脱落现象。

4.5.8.2 当供需双方商定采用具有某些特殊性能而抗弯曲性稍差的涂层时，允许抗弯曲试验后的涂层有轻微开裂现象，但采用粘胶带进一步检验时，涂层表面应无粘落现象。

4.5.9 耐磨性

经落砂试验，磨耗系数≥0.8 L/μm。

4.5.10 耐沸水性

经耐沸水性试验后，目视检查试验后的涂层表面，应无脱落、起皱等现象，但允许肉眼可见的、极分散的非常微小的气泡存在，并允许颜色和光泽稍有变化。

4.5.11 耐盐酸性

经耐盐酸性试验后，目视检查试验后的涂层表面，不应有气泡及其他明显变化。

4.5.12 耐砂浆性

经耐砂浆性试验后，目视检查试验后的涂层表面，不应有脱落或其他明显变化。

4.5.13 耐溶剂性

耐溶剂性试验结果宜为3级或4级。

4.5.14 耐洗涤剂性

经耐洗涤剂性试验后，目视检查试验后的涂层表面，应无起泡、脱落或其他明显变化。

4.5.15 耐盐雾腐蚀性

经1 000 h的乙酸盐雾试验后，目视检查试验后的涂层表面，应无起泡、脱落或其他明显变化，划线两侧膜下单边渗透腐蚀宽度应不超过4 mm。

4.5.16 耐湿热性

经1 000 h的湿热试验后，目视检查试验后的涂层表面，应无起泡、脱落或其他明显变化。

4.5.17 耐候性

4.5.17.1 加速耐候性

耐候性根据氙灯照射人工加速老化试验时间和试验结果，划分为两个等级，见表2。耐候性等级由需方选定，并在合同中注明，未注明时，按Ⅰ级供货。

表 2

耐候性等级	试验时间[a]	试验结果[a]	
		变色程度	光泽保持率[b]
Ⅰ	1 000 h	$\Delta E_{ab}^* \leqslant 5$	＞50％
Ⅱ	1 000 h	$\Delta E_{ab}^* \leqslant 2.5$	＞90％

a 黑色、黄色、橙色等鲜艳色涂层的试验时间和试验结果由供需双方商定，并在合同中注明。

b 光泽保持率为涂层试验后的光泽值相对于其试验前的光泽值的百分比。

4.5.17.2 **自然耐候性**

需方对自然耐候性有要求时，试验条件和验收标准由供需双方商定，并在合同中注明。

4.5.18 **其他**

4.5.18.1 需方对耐冲击性、耐磨性、耐沸水性、耐盐雾腐蚀性、耐湿热性、耐候性有其他特殊要求时，供需双方可参照 GB/T 8013.3—2007 具体商定性能要求，并在合同中注明。

4.5.18.2 需方要求其他性能时，由供需双方参照 GB/T 8013.3—2007 具体商定。

4.6 **外观质量**

型材装饰面上的涂层应平滑、均匀，不允许有皱纹、流痕、鼓泡、裂纹等影响使用的缺陷。允许有轻微的桔皮现象，其允许程度应由供需双方商定。

5 试验方法

5.1 化学成分

化学成分仲裁分析按 GB/T 20975 规定的方法进行。

5.2 力学性能

力学性能仲裁试验按 GB/T 228—2002 规定的方法进行，断后伸长率按 GB/T 228—2002 中 11.1 仲裁。

5.3 尺寸偏差

尺寸偏差按 GB 5237.1 规定的方法测量。

5.4 涂层性能

5.4.1 **光泽**

按 GB/T 9754 规定，采用光泽计在 60°入射角测定。

5.4.2 **颜色和色差**

5.4.2.1 **目视测定法**

按 GB/T 9761 的规定执行。

5.4.2.2 **仪器测定法**

单色涂层仲裁试验采用色差仪，按 GB/T 11186.2、GB/T 11186.3 规定的方法测量。

5.4.3 **涂层厚度**

5.4.3.1 涂层厚度按 GB/T 4957 规定的方法进行测量。

5.4.3.2 至少应选择 5 个合适的测量点(每点约 1 cm^2)测定待测涂层的厚度，每个测量点测 3 个～5 个读数。将平均值记为该点局部膜厚测量结果。

5.4.4 **压痕硬度**

按 GB/T 9275 规定的方法进行测量。

5.4.5 **附着性**

5.4.5.1 **干附着性**

5.4.5.1.1 按 GB/T 9286 的规定划格，划格间距为 2 mm。

5.4.5.1.2 将粘着力大于 10 N/25 mm 的粘胶带[1]覆盖在划格的涂层上，压紧以排去粘胶带下的空气，然后以垂直于涂层表面的角度快速拉起粘胶带，按 GB/T 9286 评级。

5.4.5.2 湿附着性

将试样按 5.4.5.1.1 条的规定划格后，置于 38 ℃±5 ℃、符合 GB/T 6682 规定的三级水中浸泡 24 h，取出并擦干试样，在 5 min 内按 5.4.5.1.2 进行试验、评级。

5.4.5.3 沸水附着性

5.4.5.3.1 将试样按 5.4.5.1.1 条的规定划格。

5.4.5.3.2 将符合 GB/T 6682 规定的三级水注入烧杯至约 80 mm 深处，并在烧杯中放入 2 粒～3 粒清洁的碎瓷片。在烧杯底部加热至水沸腾。

5.4.5.3.3 将试样悬立于沸水中煮 20 min。试样应在水面 10 mm 以下，但不能接触容器底部。在试验过程中保持水温不低于 95 ℃，并随时向杯中补充煮沸的符合 GB/T 6682 规定的三级水，以保持水面高度不小于 80 mm。

5.4.5.3.4 取出并擦干试样，在 5 min 内按 5.4.5.1.2 试验、评级。

5.4.6 耐冲击性

5.4.6.1 采用直径为 16 mm±0.3 mm 的冲头，参照 GB/T 1732 规定的方法进行冲出试验：将重锤(1 000 g±1 g)置于适当的高度自由落下冲击标准试板受检面的背面，冲出深度为 2.5 mm±0.3 mm 的凹坑，目视观察试验后的涂层表面漆膜变化情况。

5.4.6.2 对具有某些特殊性能，而耐冲击性稍差的涂层，应立即将粘着力大于 10 N/25 mm 的粘胶带[1]覆盖在冲击试验后的涂层表面上，压紧以排去粘胶带下的空气，然后以垂直于涂层表面的角度快速拉起粘胶带，目视检查涂层表面有无粘落现象。

5.4.7 抗杯突性

5.4.7.1 按 GB/T 9753 规定的方法，采用标准试板进行试验，压陷深度为 5 mm。

5.4.7.2 对具有某些特殊性能，而抗杯突性稍差的涂层，应立即将粘着力大于 10 N/25 mm 的粘胶带[1]覆盖在杯突试验后的涂层表面上，压紧以排去粘胶带下的空气，然后以垂直于涂层表面的角度快速拉起粘胶带，目视检查涂层表面有无粘落现象。

5.4.8 抗弯曲性

5.4.8.1 按 GB/T 6742 规定的方法，采用标准试板进行试验，曲率半径为 3 mm。

5.4.8.2 对具有某些特殊性能，而抗弯曲性稍差的涂层，应立即将粘着力大于 10 N/25 mm 的粘胶带[1]覆盖在弯曲试验后的涂层表面上，压紧以排去粘胶带下的空气，然后以垂直于涂层表面的角度快速拉起粘胶带，目视检查涂层表面有无粘落现象。

5.4.9 耐磨性

按附录 A 规定的方法进行落砂试验。

5.4.10 耐沸水性

5.4.10.1 将符合 GB/T 6682 规定的三级水注入烧杯至约 80 mm 深处，并在烧杯中放入 2 粒～3 粒清洁的碎瓷片。在烧杯底部加热至水沸腾。

5.4.10.2 将试样悬立于沸水中煮 2 h。试样应在水面 10 mm 以下，但不能接触容器底部。在试验过程中保持水温不低于 95 ℃，并随时向杯中补充煮沸的符合 GB/T 6682 规定的三级水，以保持水面高度不小于 80 mm。

5.4.10.3 取出并擦干试样，目视检查沸水试验后的涂层表面(试样周边部分除外)。

1) Scotch 610 粘胶带或 Permacel 99 粘胶带是适合的市售产品的实例。给出这一信息是为了方便本部分的使用者，并不表示对这些产品的认可。

5.4.11 耐盐酸性

用化学纯盐酸(ρ1.19 g/mL)和GB/T 6682规定的三级水配成盐酸试验溶液(1+9)。在试样的涂层表面滴上10滴盐酸试验溶液,用表面皿盖住,在18 ℃～27 ℃的环境温度下放置15 min后,用自来水洗净、晾干。目视检查试验后的涂层表面。

5.4.12 耐砂浆性

5.4.12.1 取JC/T 480规定的石灰粉75 g和符合附录A中A.5.2规定的标准砂225 g,再加入大约100 g符合GB/T 6682规定的三级水混合为糊状砂浆。

5.4.12.2 将糊状砂浆置于试样表面,堆成直径为15 mm、厚度为6 mm的圆柱形。在38 ℃±3 ℃、相对湿度95%±5%的环境中放置24 h。

5.4.12.3 去掉砂浆,用湿布擦掉表面残渣,晾干。目视检查试验后的涂层表面。

5.4.13 耐溶剂性

按附录B规定的方法进行耐溶剂性试验。

5.4.14 耐洗涤剂性

5.4.14.1 用洗涤剂(成分见表3)和GB/T 6682规定的三级水配置成浓度为30 g/L的洗涤剂试验溶液。至少取2个试样置于38 ℃试验液中72 h,取出并擦干试样,目视检查试验后的涂层表面。

表3

成　分	含量(质量分数)/%
无水焦磷酸(四)钠(Tetrasodium Pyrophosphate)	53
无水硫酸钠(Sodium Sulphate Anhydrous)	19
十二烷基磺酸钠(Sodium linear alkylarylsulfonate)	20
水合硅酸钠(Sodium Metasilicate Hydrated)	7
无水碳酸钠(Sodium Carbonate Anhydrous)	1
总计	100

5.4.14.2 立即将粘着力大于10 N/25 mm的粘胶带[1)]覆盖在试验后的涂层表面上,压紧以排去粘胶带下的空气,然后以垂直于涂层表面的角度快速拉起粘胶带,目视检查试验后的涂层表面。

5.4.15 耐盐雾腐蚀性

沿对角线在试样上划两条深至基材的交叉线,线段不贯穿试样对角,线段各端点与相应对角成等距离,然后按GB/T 10125进行乙酸盐雾试验,至规定的试验时间后,目视检查涂层表面,并检查膜下单边渗透的程度。

5.4.16 耐湿热性

按GB/T 1740的规定进行试验。试验温度47 ℃±1 ℃。

5.4.17 耐候性

5.4.17.1 加速耐候性

按GB/T 1865—1997中方法1的规定进行氙灯加速耐候试验。按GB/T 9754测量光泽值,按GB/T 1766评定变色程度。

5.4.17.2 自然耐候性

按GB/T 9276规定执行。

注:中国大气腐蚀试验站中,大气条件与国际标准规定的地点——佛罗里达比较接近的是海南省琼海大气腐蚀试验站。

5.4.18 其他

其他性能的检验按GB/T 8013.3—2007规定的方法或供需双方商定的方法进行。

5.5 外观质量

外观检验应在漫射日光[2]下，按 GB/T 9761 进行。人工照明时的照度要求在 1 000 lx 以上，光源为 D65 标准光源。背景要求无光泽的黑色、灰色，不能用彩色背景。观察距离为 3 m，观察角度为 90°。

6 检验规则

6.1 检查和验收

6.1.1 型材应由供方进行检验，保证型材质量符合本部分（或订货合同）的规定，并填写质量证明书。

6.1.2 需方可对收到的型材按本部分的规定进行检验。检验结果与本部分（或订货合同）的规定不符时，可以以书面形式向供方提出，由供需双方协商解决。属于外观质量及尺寸偏差的异议，应在收到型材之日起一个月内提出；属于其他性能异议时，可在收到型材之日起三个月内提出。如需仲裁，仲裁取样应在需方，由供需双方共同进行。

6.2 组批

型材应成批提交验收，每批应由同一合金牌号、状态、规格、颜色的型材组成，批重不限。

6.3 检验项目

每批型材出厂前均应进行化学成分、力学性能、尺寸偏差、光泽、颜色和色差、涂层厚度、压痕硬度、附着性、耐冲击性以及外观质量的检验。其他性能一般不检验（但供方每三年至少检验一次），但供方应保证这些性能符合本部分的要求。需方要求对这些性能进行检验时，须在合同中注明。

6.4 取样

型材取样应符合表 4 的规定。

表 4

检验项目	取样规定	要求的章条号	试验方法的章条号
化学成分、力学性能、尺寸偏差	按 GB 5237.1 的规定	4.3,4.4	5.1,5.2,5.3
涂层的颜色和色差 外观质量	逐根检查	4.5.2 4.6	5.4.2 5.5
涂层厚度	按表 5 取样	4.5.3	5.4.3
耐冲击性、抗杯突性、抗弯曲性	为每个检验项目制取 2 个标准试板。标准试板的制取方法：选取尺寸为 150 mm×75 mm×1.0 mm、状态为 H24 或 H14 的纯铝板，同该批型材采用同一工艺、在同一生产线上喷涂（膜厚宜保持在 60 μm～80 μm 的范围）、固化，随后放置 24 h	4.5.6, 4.5.7, 4.5.8	5.4.6, 5.4.7, 5.4.8
涂层的光泽、压痕硬度、附着性、耐磨性、耐沸水性、耐盐酸性、耐砂浆性、耐溶剂性、耐洗涤剂性、耐盐雾腐蚀性、耐湿热性、耐候性	每批取 2 根型材/检验项目，在涂层固化并放置 24 h 以后，从每根型材上切取 1 个试样	4.5.1, 4.5.4, 4.5.5,4.5.9, 4.5.10, 4.5.11, 4.5.12, 4.5.13, 4.5.14,4.5.15, 4.5.16,4.5.17	5.4.1, 5.4.4, 5.4.5, 5.4.9, 5.4.10, 5.4.11, 5.4.12, 5.4.13,5.4.14, 5.4.15,5.4.16, 5.4.17
其他	按 GB/T 8013.3—2007 或供需双方商定	4.5.18	5.4.18

2） 指日出 3 h 后和日落 3 h 前的日光。

6.5 检验结果的判定

6.5.1 化学成分不合格时，判该批不合格。

6.5.2 当力学性能试验有任一试样不合格时，应从该批型材（包括原检验不合格型材）中重取双倍数量的试样进行重复试验，重复试验结果全部合格，则判该批型材合格。若重复试验结果仍有试样不合格时，则判该批型材不合格。

6.5.3 颜色、色差、外观质量不合格时，判单件不合格。

6.5.4 尺寸偏差不合格时，判该批不合格。但允许逐根检验，合格者交货。

6.5.5 涂层厚度的不合格数超出表5中允许的不合格品数上限时，判该批不合格。但允许供方逐根检验，合格者交货。

表5

批量范围	随机取样数	不合格品数上限
1～10	全部	0
11～200	10	1
201～300	15	1
301～500	20	2
501～800	30	3
＞800	40	4

6.5.6 耐溶剂性试验结果仅供参考，不作为涂层质量是否合格的评判依据。

6.5.7 涂层其他性能检验结果有任一试样不合格时，判该批不合格。

7 标志、包装、运输、贮存

7.1 在检验合格的型材上应有如下内容的标签（或合格证）：

a) 供方名称和地址；

b) 供方质检部门的检印；

c) 合金牌号和状态；

d) 产品的名称和规格；

e) 生产日期或批号；

f) 颜色或编号；

g) 本部分编号；

h) 生产许可证编号和QS标识。

7.2 型材的包装箱标志应符合GB/T 3199的规定。

7.3 型材应成捆用纸包装，型材的装饰面应垫纸或泡沫塑料加以保护。

7.4 型材的运输和贮存应符合GB/T 3199的规定。

7.5 质量证明书

每批型材应附有产品质量证明书，其上注明：

a) 供方名称；

b) 产品名称和规格；

c) 合金牌号和供应状态；

d) 批号或生产日期；

e) 重量或件数；

f) 各项分析检验结果和供方质检部门印记；

g) 本部分编号；

h) 生产许可证的编号；

i) 出厂日期(或包装日期)。

8 合同(或订货单)内容

订购本部分所列型材的合同(或订货单)应包括下列内容：

a) 产品名称；

b) 合金牌号；

c) 供应状态；

d) 产品规格；

e) 尺寸及其允许偏差精度等级；

f) 涂层光泽值；

g) 涂层的颜色或色号、耐候性等级；

h) 重量或件数；

i) 本部分编号；

j) 其他要求。

附　录　A
（规范性附录）
落砂试验方法

A.1　范围

本附录规定了采用落砂试验测定粉末涂层耐磨性的方法。

本附录适用于铝合金基体上粉末涂层耐磨性的测试。

A.2　方法提要

使标准砂通过导管从规定的高度自由落下，冲刷试样表面的涂层，直到磨出基材为止。以单位涂层厚度所用的标准砂量评定该涂层的耐磨性。

A.3　试样

试样尺寸为 150 mm×75 mm，应从受检产品的装饰面上截取。当受检产品不具备适宜截取试样尺寸的装饰面时，应选择与受检产品相同牌号、相同加工方式和状态的平板试样与受检产品一同表面处理后，代表该批产品送检。

A.4　试验环境

A.4.1　试验应在室温下，相对湿度不大于80%的环境下进行。

A.4.2　试验时应注意避风。

A.5　试验用仪器及磨料

A.5.1　试验用仪器结构的示意图如下：

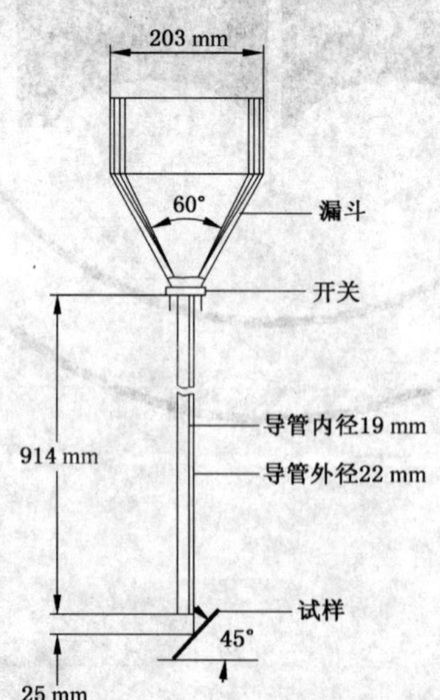

图 A.1　耐磨性仪器结构示意图

A.5.2　试验用磨料为标准砂（SiO_2 含量大于 96%、烧失量不超过 0.40%、含泥量（包括可溶性盐类）不超过 0.20%），其粒度符合表 A.1。

表 A.1

方孔筛孔径/mm	累计筛余量/%
0.65	<3
0.40	40±5
0.25	>94

A.6 试验步骤

A.6.1 在每个试样上划三个直径为25 mm的圆形区域，按照本部分5.4.3条的方法测出每个区域的涂层厚度并作记录。

A.6.2 将试样固定在试样支座上；调整试样，使圆形区域之一的中心正好处在导管的正下方，测试面与导管成45°角；倒入已知体积的标准砂，让砂自由落下，流量控制为：16 s～18 s内流出2 L。重复操作直至逐渐磨出直径为4 mm的基材。

A.6.3 依次磨耗试样上剩下的两个区域。

A.7 试验结果

A.7.1 分别按式(A.1)计算试样三个区域的磨耗系数(f)：

$$f = V/h_0 \qquad \text{(A.1)}$$

式中：

f——磨耗系数，单位为升每微米(L/μm)；

V——所消耗磨料的体积，单位为升(L)；

h_0——涂层厚度，单位为微米(μm)。

A.7.2 试验结果以三个磨耗系数的平均值表示，精确到0.1 L/μm。

附 录 B
（规范性附录）
耐溶剂性试验

B.1 范围

本附录规定了粉末涂层耐溶剂性试验方法。

本附录适用于铝合金基体上粉末涂层耐溶剂性的测试。

B.2 试验步骤

将一药棉签浸于二甲苯溶液中，使其饱和。然后将药棉在试样表面上沿同一直线路径，以每秒钟1次往返的速率，来回擦试涂层30次。取掉棉签，将试样用自来水冲洗干净、抹干，在室温下放置2 h后检查涂层表面。

B.3 结果表示

1级　涂层发暗且十分软；

2级　涂层十分暗以及手指甲划有划伤；

3级　涂层光泽变化（光泽降低小于5个光泽单位）；

4级　涂层无明显的变化，手指甲划无划伤。

ICS 77.150.10
H 61

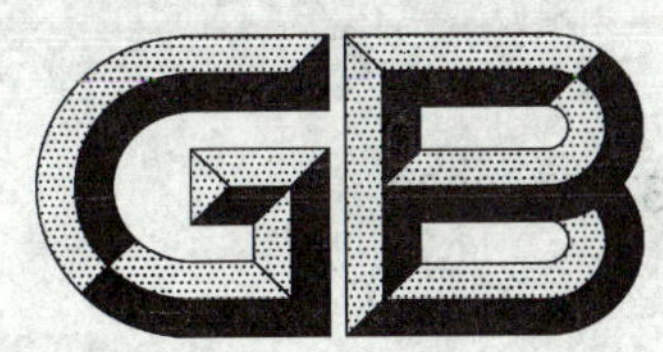

中华人民共和国国家标准

GB 5237.5—2008
代替 GB 5237.5—2004

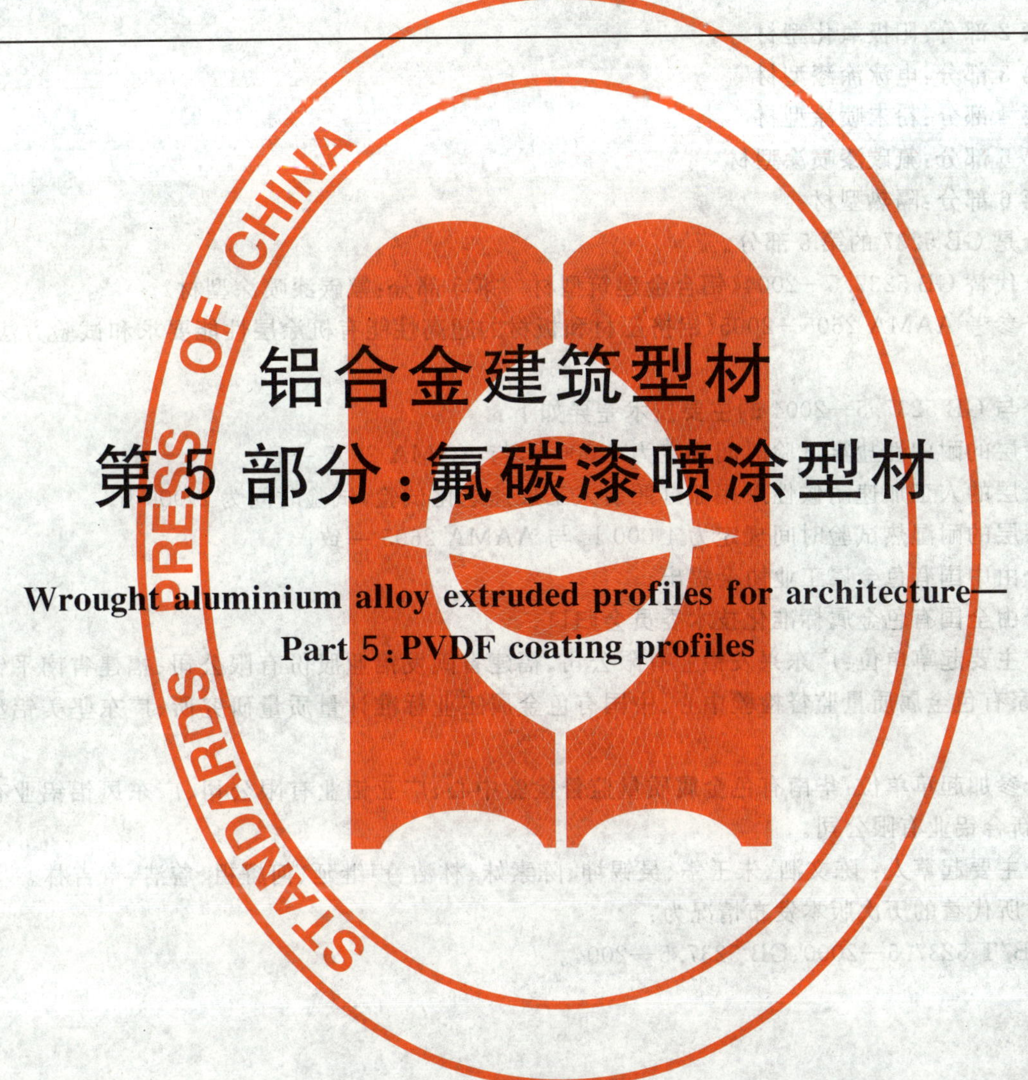

铝合金建筑型材 第5部分:氟碳漆喷涂型材

Wrought aluminium alloy extruded profiles for architecture— Part 5:PVDF coating profiles

2008-08-28 发布

2009-09-01 实施

中华人民共和国国家质量监督检验检疫总局
中国国家标准化管理委员会 发布

前　言

本部分第 4.5.3.1 条、第 4.5.5 条是强制性的，其余条款是推荐性的。

GB 5237《铝合金建筑型材》分为六部分：

——第 1 部分：基材

——第 2 部分：阳极氧化型材

——第 3 部分：电泳涂漆型材

——第 4 部分：粉末喷涂型材

——第 5 部分：氟碳漆喷涂型材

——第 6 部分：隔热型材

本部分是 GB 5237 的第 5 部分。

本部分代替 GB 5237.5—2004《铝合金建筑型材　第 5 部分：氟碳漆喷涂型材》。

本部分参考 AAMA 2605—2005《铝挤压材和板材的超高性能有机涂层性能要求和试验方法》进行修订的。

本部分与 GB 5237.5—2004 的主要技术差异如下：

——涂层的耐中性盐雾试验时间规定为 4 000 h，与 AAMA 2605 一致；

——涂层的人工加速耐候性采用氙灯照射人工加速老化试验，试验时间为 2 000 h；

——涂层的耐湿热试验时间规定为 4 000 h，与 AAMA 2605 一致。

本部分由中国有色金属工业协会提出。

本部分由全国有色金属标准化技术委员会归口。

本部分主要起草单位：广东兴发铝业有限公司、福建省闽发铝业股份有限公司、福建省南平铝业有限公司、国家有色金属质量监督检验中心、中国有色金属工业标准计量质量研究所、广东坚美铝型材厂有限公司。

本部分参加起草单位：华南有色金属质量监督检验中心、广亚铝业有限公司、广东凤铝铝业有限公司、佛山市新合铝业有限公司。

本部分主要起草人：陈文泗、朱玉华、吴锡坤、陈素妹、林洁、卢继延、何耀祖、詹浩、章吉林。

本部分所代替的历次版本发布情况为：

——GB/T 5237.5—2000、GB 5237.5—2004。

铝合金建筑型材
第5部分:氟碳漆喷涂型材

1 范围

本部分规定了氟碳漆静电喷涂铝合金建筑型材的要求、试验方法、检验规则和标志、包装、运输、贮存以及合同(或订货单)内容。

本部分适用于以聚偏二氟乙烯漆作涂层的建筑用铝合金热挤压型材(以下简称型材)。

用途和表面处理方式相同的其他铝合金加工材也可参照采用。

2 规范性引用文件

下列文件中的条款通过本部分的引用而成为本部分的条款。凡是注日期的引用文件,其随后所有的修改单(不包括勘误的内容)或修订版均不适用于本部分,然而,鼓励根据本部分达成协议的各方面研究是否可使用这些文件的最新版本。凡是不注日期的引用文件,其最新版本适用于本部分。

GB/T 228—2002 金属材料 室温拉伸试验方法

GB/T 1732 漆膜耐冲击性测定法

GB/T 1740 漆膜耐湿热测定法

GB/T 1766 色漆和清漆 涂层老化的评级方法

GB/T 1865—1997 色漆和清漆 人工气候老化和人工辐射暴露(滤过的氙弧辐射)

GB/T 3199 铝及铝合金加工产品 包装、标志、运输、贮存

GB/T 4957 非磁性基体金属上非导电覆盖层 覆盖层厚度测量 涡流法

GB 5237.1 铝合金建筑型材 第1部分 基材

GB 5237.4—2008 铝合金建筑型材 第4部分 粉末喷涂型材

GB/T 6461 金属基体上金属和其他无机覆盖层经腐蚀试验后的试样和试件的评级

GB/T 6682 分析实验室用水规格和试验方法

GB/T 6739 色漆和清漆 铅笔法测定漆膜硬度

GB/T 8013.3—2007 铝及铝合金阳极氧化膜与有机聚合物膜 第3部分:有机聚合物喷涂膜

GB/T 9276 涂层自然气候曝露试验方法

GB/T 9286 色漆和清漆 漆膜的划格试验

GB/T 9754 色漆和清漆 不含金属颜料的色漆漆膜的20°、60°和85°镜面光泽的测定

GB/T 9761 色漆和清漆 色漆的目视比色

GB/T 10125 人造气氛腐蚀试验 盐雾试验

GB/T 11186.2 涂膜颜色的测量方法 第二部分 颜色测定

GB/T 11186.3 涂膜颜色的测量方法 第三部分 色差计算

GB/T 16585 硫化橡胶人工气候老化(荧光紫外灯)试验方法

GB/T 20975(所有部分) 铝及铝合金化学分析方法

JC/T 480 建筑生石灰粉

3 术语和定义

GB/T 8013.3—2007的术语和定义及以下定义适用于本部分。

3.1

漆膜 film

漆膜指涂覆在金属基体表面上，经固化的氟碳漆的膜，也可称为涂层。

3.2

装饰面 exposed surfaces

装饰面指型材经加工、制作并安装在建筑物上后，处于开启和关闭状态时，仍可看得见的表面。

3.3

膜厚 thickness of coating

膜厚指涂覆在金属基体表面上，经固化的氟碳漆的厚度。

3.4

局部膜厚 local thickness

在型材装饰面上某个面积不大于 1 cm^2 的考察面内作若干次(不少于 3 次)膜厚测量所得的测量值的平均值。

3.5

最小局部膜厚 minimum local thickness

型材装饰面上测量的若干个局部膜厚中最小的一个。

3.6

平均膜厚 average thickness

平均膜厚是指在型材装饰面上测量的若干个(不少于 5 个)局部膜厚的平均值。

4 要求

4.1 产品分类

4.1.1 牌号、状态、规格和涂层种类

合金牌号、状态、规格应符合 GB 5237.1 的规定。涂层种类应符合表 1 的规定。

表 1

二涂层	三涂层	四涂层
底漆加面漆	底漆、面漆加清漆	底漆、阻挡漆、面漆加清漆

4.1.2 标记

型材标记按产品名称、合金牌号、供应状态、型材规格(由型材代号与定尺长度两部分组成)、颜色代号(用色 XXXX 表示)和本部分号的顺序表示。标记示例如下：

用 6063 合金制造的，供应状态为 T5，型材代号为 421001、定尺长度为 6 000 mm，涂层颜色为灰色(代号 8399)的型材，标记为：

氟碳喷涂型材 6063-T5 421001×6 000 色 8399 GB 5237.5—2008。

4.2 预处理

型材的预处理应符合 GB/T 8013.3—2007 中第 5 章的规定。

4.3 化学成分、力学性能

化学成分、力学性能应符合 GB 5237.1 的规定。

4.4 尺寸偏差

型材去掉漆膜后的尺寸允许偏差应符合 GB 5237.1 的规定。型材因涂层引起的尺寸变化应不影响装配和使用。

4.5 涂层性能

4.5.1 光泽

涂层的 60°光泽值应与合同规定一致，其允许偏差为±5 个光泽单位。

4.5.2 颜色和色差

涂层颜色应与供需双方商定的样板基本一致。使用色差仪测定时，单色涂层与样板间的色差 $\Delta E_{ab}^{*} \leqslant 1.5$，同一批（指交货批）型材之间的色差 $\Delta E_{ab}^{*} \leqslant 1.5$。

4.5.3 涂层厚度

4.5.3.1 装饰面上的漆膜厚度应符合表 2 的规定。

表 2

涂层种类	平均膜厚/μm	最小局部膜厚/μm
二涂	≥30	≥25
三涂	≥40	≥34
四涂	≥65	≥55
注：由于挤压型材横截面形状的复杂性，在型材某些表面（如内角、横沟等）的漆膜厚度允许低于表 2 的规定值，但不允许出现露底现象。		

4.5.3.2 非装饰面如需要喷漆应在合同中注明。

4.5.4 硬度

涂层经铅笔划痕试验，硬度≥1 H。

4.5.5 附着性

涂层的干、湿和沸水附着性均应达到 0 级。

4.5.6 耐冲击性

经冲击试验后，受冲击的涂层允许有微小裂纹，但粘胶带上不允许有粘落的涂层。

4.5.7 耐磨性

经落砂试验，磨耗系数≥1.6 L/μm。

4.5.8 耐盐酸性

经耐盐酸性试验后，目视检查试验后的涂层表面，不应有气泡及其他明显变化。

4.5.9 耐硝酸性

单色涂层经耐硝酸性试验后，颜色变化 $\Delta E_{ab}^{*} \leqslant 5$。

4.5.10 耐砂浆性

经耐砂浆性试验后，目视检查试验后的涂层表面，不应有脱落或其他明显变化。

4.5.11 耐溶剂性

经耐溶剂性试验后，涂层应无软化及其他明显变化。

4.5.12 耐洗涤剂性

经耐洗涤剂性试验后，目视检查试验后的涂层表面，应无起泡、脱落或其他明显变化。

4.5.13 耐盐雾腐蚀性

经 4 000 h 中性盐雾试验后，划线两侧膜下单边渗透腐蚀宽度应不超过 2 mm，划线两侧 2.0 mm 以外部分的涂层不应有腐蚀现象。

4.5.14 耐湿热性

涂层经 4 000 h 湿热试验后，其变化≤1 级。

4.5.15 耐候性

4.5.15.1 加速耐候性

涂层经 2 000 h 氙灯照射人工加速老化试验后，不应产生粉化现象（0 级），光泽保持率（涂层试验后的光泽值相对于其试验前的光泽值的百分比）≥85%，变色程度至少达到 1 级。

4.5.15.2 自然耐候性

需方对自然耐候性有要求时，试验条件和验收标准由供需双方商定，并在合同中注明。

4.5.16 其他

4.5.16.1 需方对耐冲击性、耐磨性、耐盐雾腐蚀性、耐湿热性、耐候性有其他特殊要求时，供需双方可参照 GB/T 8013.3—2007 具体商定性能要求，并在合同中注明。

4.5.16.2 需方要求其他性能时，由供需双方参照 GB/T 8013.3—2007 具体商定。

4.6 外观质量

型材装饰面上的涂层应平滑、均匀，不允许有流痕、皱纹、气泡、脱落及其他影响使用的缺陷。

5 试验方法

5.1 化学成分

化学成分仲裁分析按 GB/T 20975 规定的方法进行。

5.2 力学性能

力学性能仲裁试验按 GB/T 228—2002 规定的方法进行，断后伸长率按 GB/T 228—2002 中 11.1 仲裁。

5.3 尺寸偏差

尺寸偏差按 GB 5237.1 规定的方法测量。

5.4 涂层性能

5.4.1 光泽

按 GB/T 9754 规定，采用光泽计在 60°入射角测定。

5.4.2 颜色和色差

5.4.2.1 目视测定法

按 GB/T 9761 的规定执行。

5.4.2.2 仪器测定法

单色涂层仲裁试验采用色差仪，按 GB/T 11186.2、GB/T 11186.3 规定的方法测量。

5.4.3 涂层厚度

按 GB/T 4957 规定的方法测量涂层厚度。至少应选择 5 个合适的测量点(每点约 1 cm^2)测定待测涂层的厚度，每个测量点测 3 个～5 个读数。将平均值记为该点局部膜厚测量结果，各个测量点的局部膜厚测量结果的平均值记为待测涂层的平均膜厚测定值。

5.4.4 涂层硬度

按 GB/T 6739 进行铅笔硬度试验，试验结果按表面漆膜划伤情况评定。

5.4.5 附着性

5.4.5.1 干附着性

5.4.5.1.1 按 GB/T 9286 的规定划格，划格间距为 1 mm。

5.4.5.1.2 将粘着力大于 10 N/25 mm 的粘胶带[1)]覆盖在划格的涂层上，压紧以排去粘胶带下的空气，然后以垂直于涂层表面的角度快速拉起粘胶带，按 GB/T 9286 评级。

5.4.5.2 湿附着性

将试样按 5.4.5.1.1 的规定划格后，置于 38 ℃±5 ℃、符合 GB/T 6682 规定的三级水中浸泡 24 h，取出并擦干试样，在 5 min 内按 5.4.5.1.2 进行试验、评级。

5.4.5.3 沸水附着性

5.4.5.3.1 将试样按 5.4.5.1.1 的规定划格。

5.4.5.3.2 将符合 GB/T 6682 规定的三级水注入烧杯至约 80 mm 深处，并在烧杯中放入 2 粒～3 粒清洁的碎瓷片。在烧杯底部加热至水沸腾。

5.4.5.3.3 将试样悬立于沸水中煮 20 min。试样应在水面 10 mm 以下，但不能接触容器底部。在试验过程中保持水温不低于 95 ℃，并随时向杯中补充煮沸的符合 GB/T 6682 规定的三级水，以保持水面高度不小于 80 mm。

5.4.5.3.4 取出并擦干试样，在 5 min 内按 5.4.5.1.2 试验、评级。

5.4.6 耐冲击性

采用直径为 16 mm±0.3 mm 的冲头，参照 GB/T 1732 规定的方法进行冲出试验：将重锤(1 000 g±1 g)置于适当的高度自由落下直接冲击标准试板的涂层表面(正冲)，冲出深度为 2.5 mm±0.3 mm 的凹坑，在凹坑表面贴上 20 mm 宽的粘胶带[1)]，压紧以排去粘胶带下的空气，然后以垂直于涂层表面的角度快速拉起粘胶带，目视观察凹坑及周边的涂层变化情况。

5.4.7 耐磨性

按 GB 5237.4—2008 中附录 A 规定的方法进行耐磨性试验。

5.4.8 耐盐酸性

用化学纯盐酸(ρ 1.19 g/mL)和 GB/T 6682 规定的三级水配成盐酸试验溶液(1+9)。在试样的涂层表面滴上 10 滴盐酸试验溶液，用表面皿盖住，在 18 ℃～27 ℃的环境温度下放置 15 min 后取出，用自来水洗净、晾干。目视检查试验后的涂层表面。

5.4.9 耐硝酸性

将 100 mL 分析纯硝酸(ρ 1.40 g/mL)注入一个 200 mL 的大口瓶中，在 23 ℃±2 ℃温度下，将试样涂层面朝下盖在瓶口上，保持 30 min 后取下试样，用自来水冲洗干净并擦干，放置 1 h 后检查试验后的涂层表面。

5.4.10 耐砂浆性

取 JC/T 480 规定的石灰粉 75 g 和符合 GB 5237.4—2008 附录 A 中 A.5.2 规定的标准砂 225 g，再加入大约 100 g 符合 GB/T 6682 规定的三级水，混合为糊状砂浆。将糊状砂浆置于试样表面，堆成直径为 15 mm、厚度为 6 mm 的圆柱形。在 38 ℃±3 ℃、相对湿度 95%±5%的环境中放置 24 h。去掉砂浆，用湿布擦掉表面残渣，晾干。目视检查试验后的涂层表面。

5.4.11 耐溶剂性

将一药棉条浸于丁酮溶液中，使其饱和后置于试样上，并保持 30 s，然后取下棉条，将试样用自来水冲洗干净，抹干，在室温下放置 2 h 后，用手指甲作划痕试验，不应产生明显的划痕。

5.4.12 耐洗涤剂性

5.4.12.1 用洗涤剂(成分见表 3)和 GB/T 6682 规定的三级水配置成浓度为 30 g/L 的洗涤剂试验溶液。至少取 2 个试样置于 38 ℃试验液中 72 h，取出并擦干试样，目视检查试验后的涂层表面。

表 3

成　分	含量(质量分数)/%
无水焦磷酸(四)钠(Tetrasodium Pyrophosphate)	53
无水硫酸钠(Sodium Sulphate Anhydrous)	19
十二烷基磺酸钠(Sodium linear alkylarylsulfonate)	20
水合硅酸钠(Sodium Metasilicate Hydrated)	7
无水碳酸钠(Sodium Carbonate Anhydrous)	1
总计	100

---

1) Scotch 610 粘胶带或 Permacel 99 粘胶带是适合的市售产品的实例。给出这一信息是为了方便本部分的使用者，并不表示对这些产品的认可。

5.4.12.2 立即将粘着力大于 10 N/25 mm 的粘胶带[1]覆盖在试验后的涂层表面上，压紧以排去粘胶带下的空气，然后以垂直于涂层表面的角度快速拉起粘胶带，目视检查试验后的涂层表面。

5.4.13 耐盐雾性

5.4.13.1 在 150 mm×75 mm 的试样上，沿对角线划两条深至金属基体的交叉线，线段不贯穿对角，线段各端点与相应对角成等距离。然后按 GB/T 10125 规定的方法进行 4 000 h 中性盐雾试验。

5.4.13.2 测量划线两侧膜下单边渗透腐蚀宽度，检查划线两侧各 2.0 mm 以外部分的涂层表面有无腐蚀现象。

5.4.14 耐湿热性

按 GB/T 1740 的规定进行试验。试验温度 47 ℃±1 ℃。

5.4.15 耐候性

5.4.15.1 加速耐候性

按 GB/T 1865—1997 中方法 1 的规定进行氙灯加速耐候试验。按 GB/T 9754 测量光泽值，按 GB/T 1766 评定粉化程度和变色程度。

5.4.15.2 自然耐候性

按 GB/T 9276 规定的方法进行。

注：中国大气腐蚀试验站中，大气条件与国际标准规定的地点——佛罗里达比较接近的是海南省琼海大气腐蚀试验站。

5.4.16 其他

其他性能的检验按 GB/T 8013.3—2007 规定的方法或供需双方商定的方法进行。

5.5 外观质量

外观检验应在漫射日光[2]下，按 GB/T 9761 进行。人工照明时的照度要求在 1 000 lx 以上，光源为 D65 标准光源。背景要求无光泽的黑色、灰色，不能用彩色背景。观察距离为 3 m，观察角度为 90°。

6 检验规则

6.1 检查和验收

6.1.1 型材由供方进行检验，保证型材质量符合本部分(或订货合同)的规定，并填写质量证明书。

6.1.2 需方可对收到的型材按本部分的规定进行检验。检验结果与本部分(或订货合同)的规定不符时，可以以书面形式向供方提出，由供需双方协商解决。属于外观质量及尺寸偏差的异议，应在收到型材之日起一个月内提出；属于其他性能的异议，可在收到型材之日起三个月内提出。如需仲裁，仲裁取样应在需方，由供需双方共同进行。

6.2 组批

型材应成批提交验收，每批应由同一合金、状态、规格、颜色和涂层种类的型材组成，批重不限。

6.3 检验项目

每批型材均应进行化学成分、力学性能、尺寸偏差、颜色和色差、涂层厚度、光泽、外观质量、硬度、以及附着力和耐冲击性的检验。其他性能一般不检验(供方每三年至少检验一次)，但供方必须保证型材可达到相应质量要求，如用户要求做检测试验，应在合同中注明。

6.4 取样

型材取样应符合表 4 的规定。

---

2) 指日出 3 h 后和日落 3 h 前的日光。

表 4

检验项目	取样规定	要求的章条号	试验方法的章条号
化学成分、力学性能、尺寸偏差	按 GB 5237.1 规定	4.3、4.4	5.1、5.2、5.3
涂层颜色和色差	逐根检查	4.5.2	5.4.2
涂层厚度	按表 5 取样	4.5.3	5.4.3
涂层光泽	每批取 2 根型材/检验项目，在涂层固化并放置 24 h 以后，从每根型材上切取 1 个试样	4.5.1	5.4.1
涂层硬度		4.5.4	5.4.4
涂层附着力		4.5.5	5.4.5
涂层耐冲击性	制取 2 个标准试板。 标准试板的制取方法：选取尺寸为 150 mm×75 mm×1.0 mm、状态为 H24 或 H14 的纯铝板，同该批喷漆型材采用同一工艺、在同一生产线上喷涂、固化，随后放置 24 h	4.5.6	5.4.6
涂层耐磨性	每批取 2 根型材/检验项目，在涂层固化并放置 24 h 以后，从每根型材上切取 1 个试样	4.5.7	5.4.7
耐盐酸性		4.5.8	5.4.8
耐硝酸性		4.5.9	5.4.9
耐砂浆性		4.5.10	5.4.10
耐溶剂性		4.5.11	5.4.11
耐洗涤剂性		4.5.12	5.4.12
涂层耐盐雾性		4.5.13	5.4.13
涂层耐湿热性		4.5.14	5.4.14
涂层耐候性		4.5.15	5.4.15
外观质量	逐根检查	4.6	5.5

6.5 检验结果的判定

6.5.1 化学成分不合格时判该批不合格。

6.5.2 当力学性能试验有任一试样不合格时，应从该批型材(包括原检验不合格型材)中重取双倍数量的试样进行重复试验，重复试验结果全部合格，则判该批型材合格。若重复试验结果仍有试样不合格时，则判该批型材不合格。

6.5.3 涂层的颜色、色差、外观质量不合格时判单件不合格，允许逐根检验，合格者交货。

6.5.4 尺寸偏差不合格时，判该批不合格。但允许逐根检验，合格者交货。

6.5.5 涂层厚度的不合格数超出表 5 中规定的不合格品数上限时，判该批不合格。但允许供方逐根检验，合格者交货。

表 5

单位为根

批量范围	随机取样数	不合格品数上限
1～10	全部	0
11～200	10	1
201～300	15	1
301～500	20	2
501～800	30	3
800 以上	40	4

6.5.6 涂层其他性能检验结果有任一试样不合格时，判该批不合格。

7 标志、包装、运输、贮存

7.1 在检验合格的型材上，应有如下内容的标签（或合格证）：

a） 供方名称和地址；

b） 供方质检部门的检印；

c） 合金牌号和状态；

d） 型材的名称和规格；

e） 生产日期和批号；

f） 涂层的颜色或编号；

g） 本部分编号；

h） 生产许可证编号和 QS 标识。

7.2 型材的包装箱标志应符合 GB/T 3199 的规定。

7.3 型材应成捆用纸包装，型材的装饰面应垫纸或泡沫塑料加以保护。

7.4 型材的运输和贮存应符合 GB/T 3199 的规定。

7.5 质量证明书

每批型材应附有产品质量证明书，其上注明：

a） 供方名称；

b） 产品名称和规格；

c） 合金牌号和供应状态；

d） 涂层的颜色或编号；

e） 重量或件数；

f） 批号或生产日期；

g） 本部分编号；

h） 各项分析检验结果和供方质检部门印记；

i） 生产许可证的编号；

j） 出厂日期（或包装日期）。

8 合同（或订货单）内容

订购本部分所列型材的合同（或订货单）应包括下列内容：

a） 产品名称；

b） 合金牌号及供应状态；

c) 产品规格；
d) 尺寸偏差，精度等级；
e) 涂层光泽值，颜色及编号；
f) 重量或件数；
g) 本部分编号；
h) 其他要求。

ICS 77.040.20
H 26

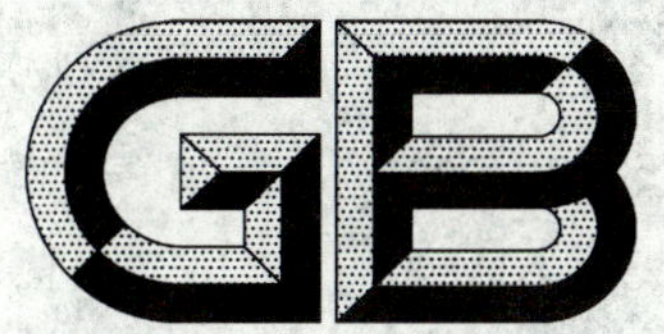

中华人民共和国国家标准

GB/T 5248—2008
代替 GB/T 5248—1998

铜及铜合金无缝管涡流探伤方法

Copper and copper alloy-seamless tubes
-eddy current testing method

2008-03-31 发布　　2008-09-01 实施

中华人民共和国国家质量监督检验检疫总局
中国国家标准化管理委员会　发布

前　言

本标准参照 ASTM E243-2004《铜及铜合金管电磁(涡流)检测》而编制的。

本标准代替 GB/T 5248—1998《铜及铜合金无缝管涡流探伤方法》。

本标准与 GB/T 5248—1998 相比，主要变化如下：

——增加了在线检测的涡流探伤的仪器、检测线圈和传动设备的主要功能和技术指标和样管的规定；

——增加了在线涡流探伤的相关定义；

——人工标准缺陷增加了纵长标准伤和平底孔；

——扩大了探伤管材规格范围，外径从 50 mm 扩大到 160 mm，壁厚从 3.0 mm 扩大到 6.0 mm。

本标准的附录 A、附录 B 为规范性附录，附录 C 为资料性附录。

本标准由中国有色金属工业协会提出。

本标准由全国有色金属标准化技术委员会归口。

本标准由中国有色金属工业无损检测中心、上海鑫申江铜业有限公司、中国有色金属工业标准计量质量研究所负责起草。

本标准由金龙精密铜管集团股份有限公司参加起草。

本标准主要起草人：张光济、黎晓桃、张火兴、张建国、杨利华、张瑛、刘爱奎。

本标准由全国有色金属标准化技术委员会负责解释。

本标准所代替的历次版本发布情况为：

——GB/T 5248—1985；

——GB/T 5248—1998。

铜及铜合金无缝管涡流探伤方法

1 范围

本标准规定了铜及铜合金圆形无缝管(以下简称管材)的涡流探伤方法。

本标准适用于外径为 ϕ3 mm～160 mm;壁厚为 0.20 mm～6.0 mm 的直管和盘管的涡流探伤。

本标准适用于穿过式涡流探伤方法和旋转式涡流探伤方法。

本标准检测的缺陷种类主要是管材的裂纹、夹杂、起皮、碰伤等破坏金属连续性的冶金和机械加工形成的缺陷。

注:铜管材涡流探伤应在传动装置上自动进行,如需采用手动涡流探伤,可由供需双方协商确定。

2 术语及定义

下列术语及定义适用于本标准。

2.1

涡流探伤法 eddy current testing

是指利用电磁感应在导电试件的表面和近表面产生涡流的原理来检测试件中是否存在缺陷的方法。

注:改写 GB/T 12604.6—1990,定义 4.1。

2.2

(铜管)在线涡流探伤方法 on-line eddy current testing

是指利用电磁感应在铜管表面和近表面产生涡流的原理,对生产过程中的硬态和半硬态成品管材进行连续探伤的方法。

2.3

(铜管)离线涡流探伤方法 off-line eddy current testing

是指利用电磁感应在铜管表面和近表面产生涡流的原理,对成品、半成品直条铜管单独设置探伤工序进行探伤的方法。

2.4

(铜管)在役涡流探伤方法 on service eddy current testing

是指对于已经安装在装置上的铜管,采用内通过式探头,进行涡流检测的方法。

2.5

检测线圈 testing coil

感应涡流信号的圆环状线圈及线圈组件,叫检测线圈(一般穿过式称作检测线圈,旋转式称作探头)。

注:改写 GB/T 12604.6—1990,定义 3.2。

2.6

激励频率 excitation frequency

是指提供给检测线圈中激励线圈的交流电基波频率。

注:改写 GB/T 12604.6—1990,定义 4.4。

2.7

相位分析法 phase analysis

是指根据检测信号相位角的不同来鉴别试件中各种变量的分析方法。

2.8

调制分析法　modulation analysis

是指利用载波信号上调制包络的调制频率的不同来鉴别试件中各种变量的分析方法。

注：改写 GB/T 12604.6—1990，定义 4.16。

2.9

信噪比　signal to noise ratio

是指在涡流探伤仪器输出端缺陷信号幅度与最大噪声幅度之比。

[GB/T 12604.6—1990，定义 4.8]

2.10

磁饱和　magnetic saturation

是指对试件的被检区域进行饱和磁化，从而抑制因试件磁导率不均匀而产生的噪声。

2.11

速度不敏感的仪器　speed-insensitive instrument

是指不会对速度变化产生信号响应的仪器。

2.12

端部效应　edge effect

是指当检测线圈处于管材端部时，由于涡流流动路径发生畸变所产生的干扰信号。

注：改写 GB/T 12604.6—1990 ，定义 2.7。

2.13

检测线圈的填充系数　fill factor

是一个尺寸因素。

$$\eta = (d/D)^2$$

式中：

η——检测线圈的填充系数；

d——管材外径；

D——检测线圈内径。

[GB/T 12604.6—1990，定义 4.10]

2.14

零电势　difference of induced-potential

是检测线圈采用差动连接而在绕组之间形成的感应电压之差。检测线圈内有试件时为有载零电势。检测线圈内无试件时为空载零电势。

2.15

穿过式涡流探伤方法　feed-through eddy current testing

采用穿过式涡流检测线圈进行涡流探伤的方法。

2.16

旋转式涡流探伤方法　rotating probe coil eddy current testing

采用旋转涡流点探头环绕铜管高速旋转进行涡流检测的方法。

2.17

组合式涡流检测方法　combined eddy current testing

采用旋转式＋穿过式涡流(＋其他方式)检测多通道组合进行检测的方法。

2.18

旋转通道最大漏检缺陷　missed maximum defect of rotating probe coil

指采用旋转式涡流探伤过程中，旋转头扫描的有效速度小于铜管探伤速度时，可能漏检的最大缺陷。

计算公式如下：

$$L=(V-N\cdot S\cdot B)/S+B$$

式中：

L——漏检最大缺陷长度，单位为毫米(mm)；

V——探伤速度，单位为毫米每分(mm/min)；

B——探头扫描宽度，单位为毫米(mm)；

S——旋转头转速，单位为转每分(r/min)；

N——旋转头通道数。

3 原理和方法概述

3.1 当带有交变磁场的检测线圈在接近被检管材时，在管材表面和近表面产生涡电流及相应的涡流磁场。涡流磁场的作用是削弱和抵消激励磁场。削弱和抵消的程度取决于被检管材的物理性能。管材中存在的缺陷会改变这些作用，引起检测线圈的阻抗变化。通过仪器的信号处理，能评定被检管材是否存在缺陷。

3.2 管材的涡流探伤通常是让被检管材沿其长度方向穿过一个或几个使用同一激励频率的检测线圈绕组来进行。其测量线圈绕组的阻抗因管材的规格、电导率、磁导率以及管材中破坏金属连续性的冶金或机械加工缺陷的变化而变化。当管材通过检测线圈时，管材的这些变量所引起的电磁感应的变化而产生的信号，经过仪器的相位分析、调制分析等信号处理，通过声、光报警、标记、打印等装置做出记录。

3.3 涡流探伤是产品的一种无损检验方法。涡流探伤的灵敏度是以标准样管上人工缺陷当量的大小来衡量的。但人工缺陷的尺寸不应解释为涡流探伤可以检测到缺陷的最小尺寸。由于探伤灵敏度与涡流密度有关，而涡流密度在管壁内部随着距管材外表面距离的增加而呈指数曲线下降，探伤灵敏度也随之下降。

3.4 本方法得到的某些信号可能与产品的质量无关。例如，对产品使用无影响的凹痕和工夹具痕迹所产生的信号。任何超过报警电平的报警信号，均按报警处理。

3.5 涡流探伤方法在管材的端部通过检测线圈时，会有端部效应。存在端部不可检测区（即盲区）。离线检测端部盲区≤100 mm，在线探伤尽可能减少端部盲区。

3.6 对于管材连续而缓慢变化的纵向缺陷，用穿过自比差动式线圈检测，其信号可能总是达不到报警电平。用旋转点探头可以检测，人工标准缺陷为纵长刻槽或平底孔。

3.7 含有磁性材料的管材（如铜镍合金管材），因其所固有的磁导率呈不均匀性，可能导致检测结果的不确切。通常可以采用饱和磁化技术加以消除。

4 仪器和设备

4.1 涡流探伤系统主要包括涡流探伤仪器、检测线圈和传动装置。还可包括检测线圈机座，电气控制系统，饱和磁化装置等。

4.2 涡流探伤仪器：涡流探伤仪器应具有激励、放大、信号处理（包括相位分析，调制分析等）、信号显示、声、光报警、端部信号消除、分选、标记、打印信号输出等单元或功能。采用计算机的在线探伤设备还应具备有事实电子文档、网络化功能等。

4.2.1 激励信号的输出频率应与仪器所显示的频率相一致。偏差不超过±5%。

4.2.2 信号显示可以是阻抗平面的矢量显示，也可以是单向或双向幅度显示。

4.2.3 增益器（或衰减器）对于相应的人工标准缺陷而言，应有足够的余量，不小于 10 dB。并且与波形显示器的垂直线性良好。

4.3 检测线圈：检测线圈一般由单个或多组测量线圈和激励线圈构成的差动式线圈组成。以单一频率激励。

4.3.1 检测线圈的内径与被检管材外径匹配，其填充系数不小于0.50。

4.3.2 检测线圈的空载与有载零电势应趋于相近。空载零电势和有载零电势之间的差值与空载零电势之比应不大于20%。

4.4 检测线圈机座的调节范围必须与被检管材的规格相适应。其精度应能满足涡流探伤设备综合性能的要求。

4.5 传动装置主要包括进、出料架、拨料装置、传动辊道、导向装置、成品分选等部分。各机构的动作应平稳，并且在最小振动条件下同心地使被检管材通过检测线圈。

4.6 传动装置应能可靠、平稳地传送被检管材，保持传送速度的平稳。如采用对速度敏感的涡流探伤仪器，传送速度的波动范围应不大于±5%。

4.7 饱和磁化装置应能在管材的被检区域产生足够的饱和磁化，消除其磁导率不均匀所引起的干扰信号。

4.8 涡流探伤设备在实际探伤过程中，不允许对被检管材造成机械损伤。

4.9 涡流探伤系统的综合性能指标(离线检测)应符合表1的规定。各指标测试方法按附录A进行。

表1 离线涡流探伤系统的综合性能指标

周向灵敏度差 Z	信噪比 (S/N)	端部不可检测(盲区)	人工缺陷大小分辨力 γ	人工缺陷漏报率 K_1	误报率 K_2	长时间稳定性
≤3 dB	≥10 dB	≤100 mm	≤0.2 mm	≤1%	≤3%	灵敏度dB值波动≤2 dB

4.10 涡流探伤系统的综合性能指标(在线检测)应符合表2的规定。各指标测试方法按附录B进行。

表2 在线涡流探伤系统的综合性能指标

短管检测					长管检测				
周向灵敏度差 Z	信噪比 (S/N)	人工缺陷大小分辨力 γ	长时间稳定性	检测能力(确保信噪比)	人工缺误报率 K_2	人工缺陷漏报率 K_1	间距分辨力	打标对应偏差	检测能力(确保信噪比)
≤3 dB	≥10 dB	≤0.2 mm	灵敏度波动值≤2 dB	能否检ϕ0.3 mm孔伤	≤3%	≤1%	≤20 mm	色带长度300 mm～800 mm 伤点偏离色带中心±50 mm	能否检ϕ0.3 mm孔伤

4.11 涡流探伤仪器与装置应周期定检。穿过式涡流探伤仪器与装置按本标准进行综合性能测试。

5 人工标准缺陷样管

5.1 人工标准缺陷样管，是经加工有人工标准缺陷，用于调节探伤灵敏度的样管。

5.2 人工标准缺陷样管的选择，必须是与被检管材的牌号、规格、表面状态、热处理状态相同，并且无自然缺陷的低噪声管材。

5.3 人工标准缺陷为垂直于管壁的径向圆形通孔、平底孔和纵向刻槽。

5.4 人工标准缺陷样管的孔径、纵长刻槽尺寸与被检管材的外径和壁厚的对应关系见表3、表4、表5、表6。

人工标准缺陷样管不应有加工毛刺和管壁的加工变形。圆形通孔的孔径和纵长刻槽的偏差应不大于±0.02 mm。

表 3　光管人工标准缺陷孔径尺寸

单位为毫米

管材外径	管材壁厚	人工标准缺陷孔径
3～6	<0.40	0.40
	≥0.40	0.50
>6～10	<0.40	0.50
	≥0.40	0.60
>10～16	<0.50	0.60
	≥0.50	0.70
>16～20	<0.50	0.70
	≥0.50	0.80
>20～30	—	0.90
>30～40	—	1.00
>40～50	—	1.10
>50～60	—	1.20
>60～80	—	1.30
>80～100	—	1.40
>100～120	—	1.50
>120～160	—	1.70

表 4　内螺纹管人工标准缺陷孔径尺寸

单位为毫米

管　材　外　径	人工标准缺陷孔径
3.00～9.00	0.30
>9.00～12.00	0.40
>12.00～16.00	0.50

表 5　人工标准缺陷纵长刻槽尺寸

单位为毫米

管材外径	管材壁厚	人工标准缺陷纵长刻槽($D\times W\times L$)		
		深度 D	宽度 W	长度 L
6.35(内螺纹)	0.2～0.25	0.05	0.05	20
7.00(内螺纹)	>0.25～0.30	0.06	0.1	
9.52(内螺纹)	>0.30～0.40	0.07	0.1	
9.52(内螺纹)	>0.40	0.08	0.1	
9.52(光管)	>0.50	0.08	0.1	
16(光管)	>0.55	0.09	0.1	
19(光管)	>0.55	0.10	0.1	

表6　人工标准缺陷平底孔推荐尺寸

单位为毫米

管材外径	管材壁厚	人工缺陷(平底孔直径×深度)	说明
＞50	＞5.0	(φ1.30～φ1.60)×(1～2)	内壁伤
3.00～9.00(内螺纹管)	—	φ0.60×0.25	内壁伤(深度＞齿高)
＞9.00～12.00(内螺纹管)	—	φ0.80×(0.25～0.30)	内壁伤(深度＞齿高)
＞12.00～16.00(内螺纹管)	—	φ1.00×(0.30～0.35)	内壁伤(深度＞齿高)
3.00～9.00(光亮盘管)	—	φ0.60×0.10	内壁伤
＞9.00～12.00(光亮盘管)	—	φ0.80×(0.10～0.20)	内壁伤
＞12.00～16.00(光亮盘管)	—	φ1.00×(0.20～0.25)	内壁伤

5.5　离线检测的人工标准缺陷样管长度应大于 2 000 mm,直度不大于 1.5 mm/m,轴向 5 个相同通孔,其中,2 个通孔分别距离管端 100 mm,中间 3 个通孔之间的距离为 500 mm,并沿圆周方向相隔 120°分布。可按照图 1(a)或图 1(b)、图 1(c)进行制作。

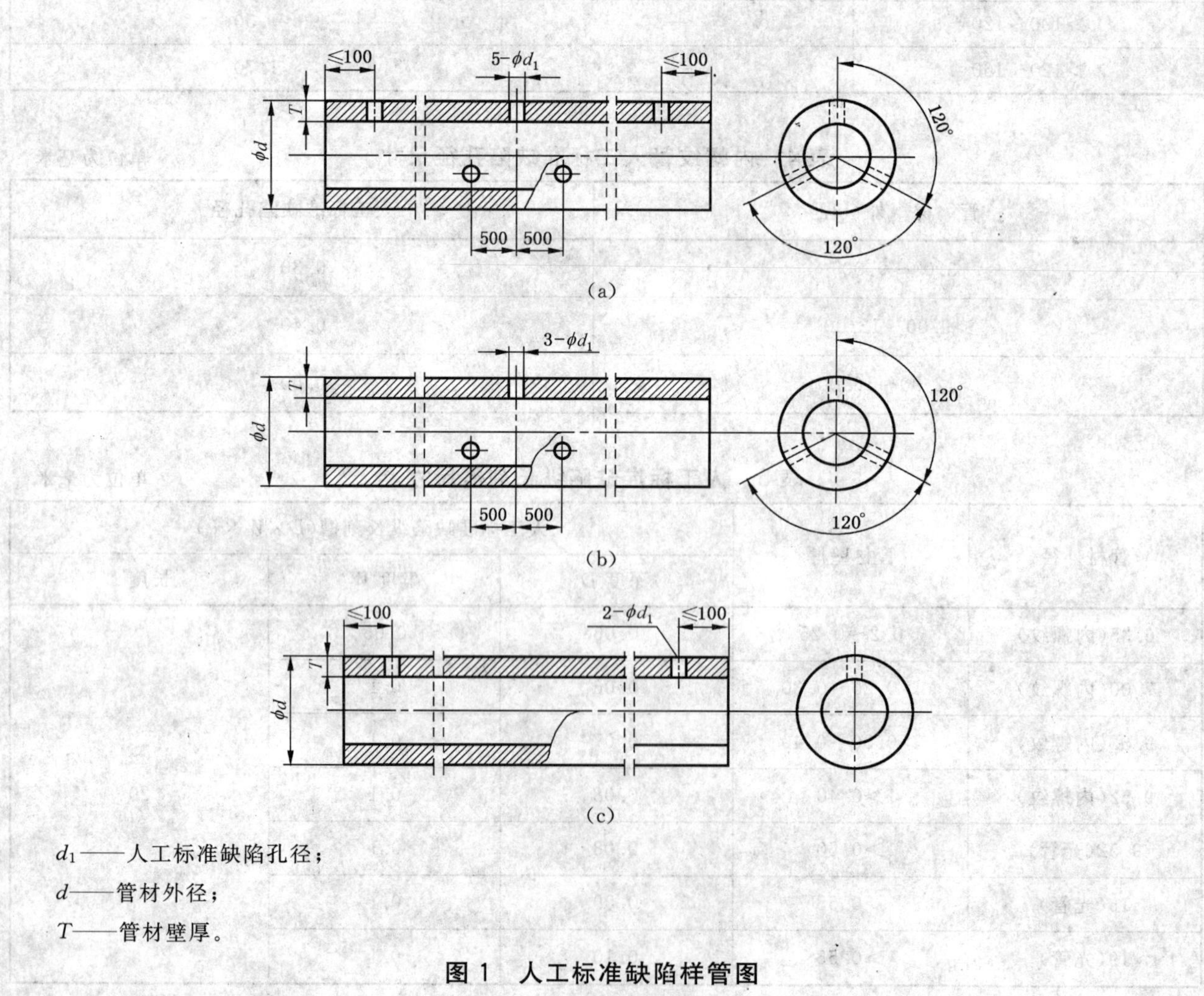

d_1——人工标准缺陷孔径;

d——管材外径;

T——管材壁厚。

图1　人工标准缺陷样管图

5.6 在在线探伤现场调节灵敏度时,采用 800 mm～1 000 mm 的短管。

5.7 在线检测的人工标准长样管的制作与要求可参照采用附录 C 的规定。

5.8 人工标准缺陷样管如产生非人工标准缺陷所产生的信号,应予更换。

5.9 如需采用其他形状或尺寸的人工标准缺陷,可由供需双方协商确定。

6 探伤步骤

6.1 管材在进行涡流探伤之前应进行外观尺寸和表面质量的检查。

6.2 管材涡流探伤仪器和设备应在预热稳定后,方可进行调试、探伤。

6.3 选择合适的激励频率调试涡流探伤仪器和设备的探伤灵敏度。

6.3.1 按照被检管材的规格,选择合适的检测线圈。

6.3.2 选择符合本标准第 5 章要求的人工标准缺陷样管。

6.3.3 涡流探伤仪器和设备在确定的探伤速度下正常运行,调试涡流探伤仪器使得人工标准缺陷信号刚好报警,并且信噪比不小于 10 dB。

6.4 确认探伤灵敏度值之后,方可对管材进行涡流探伤。

6.5 若有必要,可以使用饱和磁化装置,使其在被检区域达到磁饱和。

6.6 在开始进行探伤之前,要进行探伤灵敏度的校验。离线检测每隔 2 h 应按照 6.3.3 给出的要求调整探伤仪器的参数。

6.7 离线检测在校验时如发现灵敏度数据的变化大于 2 dB,应对上一次至本次校验之间的管材进行复探。

6.8 离线检测时探伤人员如对缺陷信号有疑问,应进行复探。

6.9 管材(盘管除外)的端部允许有不大于 100 mm 的不可探区(盲区)。

6.10 旋转式探伤设备参数的设置按照如下顺序进行。

6.10.1 旋转式涡流探伤激励频率选择控制在 100 kHz～300 kHz。

6.10.2 选择滤波宽带,使缺陷信号能够完整检测出来,最大限度提高信噪比。

6.10.3 选择合适的滤波补偿值,使缺陷信号位于中心频率。

6.10.4 适当调整灵敏度和报警电平,使缺陷信号能够检测出来。

6.10.5 优化间隙补偿值,使周向灵敏度误差小于 20%。

6.10.6 进一步调整灵敏度和报警电平,使缺陷信号能够检测出来。

7 探伤结果的评定

7.1 没有报警信号的管材均为涡流探伤合格。

7.2 对于直管,有报警信号的均为涡流探伤不合格。如对缺陷信号有疑问,应进行复探。

7.3 对于盘管,有缺陷点信号报警的部位均为涡流探伤不合格。可通过标记装置直接在管材上打印标记,标记长度由供需双方协商确定。对于探伤仪检测到的缺陷点,应对是否打印标记和探伤标记是否清晰进行验证。

8 涡流探伤人员的资格

涡流探伤人员必须经过专业培训、考核、持证上岗。出具探伤报告人员应具有涡流探伤Ⅱ级及其以上技术资格,仲裁人员应具有Ⅲ级资格证书。

9 涡流探伤报告

涡流探伤报告应包括以下内容:

a) 管材生产厂家,委托单位;

b） 探伤日期；

c） 被检管材牌号、规格、状态、批号；

d） 涡流探伤仪器名称，型号，主要参数，包括激励频率、相位、滤波等；

e） 检测线圈编号、内径；

f） 传动装置型号、编号；

g） 探伤速度；

h） 使用人工标准样管的编号、伤形与尺寸；

i） 执行涡流探伤标准（方法标准）；

j） 实际探伤数量，合格量和不合格量；

k） 探伤人员及其签章，并注明资格级别；

l） 探伤报告填报日期；

m） 如果采用旋转式＋穿过式探伤方法，探伤报告应增加旋转头激励频率、滤波带宽、滤波补偿值、探伤灵敏度、报警电平等；

n） 如使用饱和磁化，还应记录：磁化电流、磁化电压、剩磁检测值。

附 录 A
（规范性附录）
铜及铜合金无缝管涡流自动探伤设备离线检测综合性能测试方法

A.1 范围

本附录规定了离线检测铜及铜合金无缝管涡流自动探伤设备综合性能的测试条件、方法和测试项目，以及应达到的最低性能指标。

A.2 测试条件

A.2.1 涡流探伤仪器和设备应符合本标准第4章的规定。

A.2.2 测试时，应在50 m/min～60 m/min的探伤速度下进行。应如实记录激励频率、增益、相位、滤波、探伤速度、管材直径、检测线圈内径等参数。如采用饱和磁化，还应记录磁化电流、磁化电压、剩磁检测值。

A.3 人工标准缺陷样管

A.3.1 人工标准缺陷样管的制作应符合本标准第5章的规定。

A.3.2 测试用人工标准缺陷样管的外径应根据被测试设备常用产品的种类，以及该设备所能检测管材外径尺寸的上限规格制作。

A.4 测试项目和方法

A.4.1 周向灵敏度差

调节探伤的灵敏度，使人工标准缺陷样管中间的3个人工缺陷刚好报警，并且连续行走5次都报警。记下此时的增益值。

调节探伤的灵敏度，使人工标准缺陷样管中间的3个人工缺陷刚好不报警，并且连续行走5次都不报警。记下此时的增益值。

$$Z = Z_1 - Z_2 \quad \cdots\cdots\cdots\cdots (A.1)$$

式中：

Z——周向灵敏度差，单位为分贝(dB)；

Z_1——人工标准缺陷样管中间3个人工缺陷刚好报警的增益值，单位为分贝(dB)；

Z_2——人工标准缺陷样管中间3个人工缺陷刚好不报警的增益值，单位为分贝(dB)。

A.4.2 信噪比

调节探伤灵敏度的dB值，使噪声刚好报警。记下此时的增益值。连续测试5次。

$$S/N = Z_3 - Z_1 \quad \cdots\cdots\cdots\cdots (A.2)$$

式中：

S/N——信噪比，单位为分贝(dB)；

Z_1——标准人工缺陷样管中间3个人工缺陷刚好报警的增益值，单位为分贝(dB)；

Z_3——噪声刚好报警的增益值，单位为分贝(dB)。

A.4.3 漏报率

在Z_1的探伤灵敏度值的基础上提高灵敏度量2 dB，并且连续行走50次。记下漏报人工缺陷的次数。

$$K_1 = [N_1/(N_2 \times 50)] \times 100\% \quad \cdots\cdots\cdots\cdots (A.3)$$

式中：

K_1——漏报率，单位为百分数(%)；

N_1——漏报人工缺陷的个数；

N_2——人工标准缺陷样管中人工缺陷个数。

A.4.4 误报率

在 Z_1 的探伤灵敏度值的基础上提高灵敏度 2 dB，并且连续行走 50 次。记下超过人工缺陷报警数的误报次数。每次行走中，出现 1 次及 1 次以上的误报均记为误报 1 次。

$$K_2 = (N_3/50) \times 100\% \quad \cdots\cdots(A.4)$$

式中：

K_2——误报率，单位为百分数(%)；

N_3——误报次数。

A.4.5 端部不可检测区(盲区)

在 dB1 的探伤灵敏度值的基础上提高灵敏度 2dB，并且连续行走 3 次，在管材的端部效应被切除的前提下，使得人工标准缺陷样管两端的 2 个人工缺陷都报警。连续测试 3 次。

两端的人工缺陷与管端之间的距离即不可检测区的长度。

A.4.6 人工缺陷大小分辨力

按照图 A.1 制作样管。在相同的灵敏度 dB 值条件下，刚好报警的人工缺陷孔径与刚好不报警的人工缺陷孔径之间的差值即人工缺陷大小分辨力。连续测试 3 次。

$$\gamma = d_1 - d_2 \quad \cdots\cdots(A.5)$$

式中：

γ——人工缺陷大小分辨力，单位为毫米(mm)；

d_1——刚好报警的人工缺陷孔径，单位为毫米(mm)；

d_2——刚好不报警的人工缺陷孔径，单位为毫米(mm)。

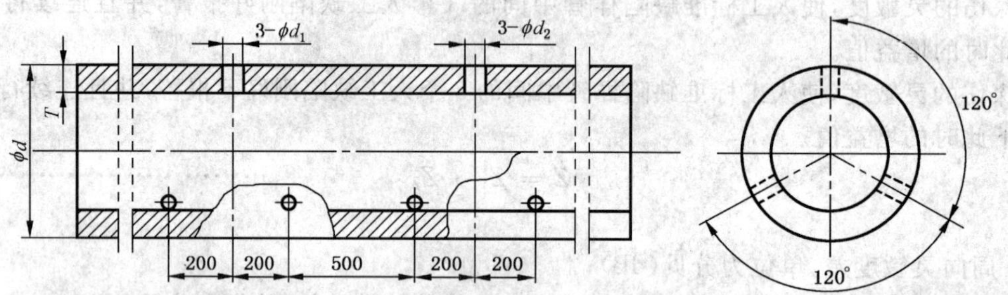

d_1——刚好报警的人工标准缺陷孔径；

$d_2 = d_1 - 0.2$ mm；

d——管材外径；

T——管材壁厚。

图 A.1 缺陷大小分辨力样管图

A.4.7 长时间稳定性

在探伤设备连续运行 2 h 之后，重新按照 A.4.1 和 A.4.2 分别测试周向灵敏度和信噪比。连续测试 3 次。

长时间稳定性应达到的最低指标为灵敏度 dB 值的波动不大于 2 dB，并且仍能满足 A.4.1 和 A.4.2的要求。

附　录　B
（规范性附录）
铜及铜合金无缝管涡流自动探伤设备在线检测综合性能测试方法

B.1　范围

本附录规定了在线检测铜及铜合金无缝管涡流自动探伤设备综合性能的测试条件、方法和测试项目，以及应达到的最低性能指标。

B.2　测试条件

B.2.1　涡流探伤仪器和设备应符合本标准第4章的规定。

B.2.2　测试时，应在200 m/min～400 m/min（尽量结合生产时的实际探伤速度）的探伤速度下进行。应如实记录激励频率、增益、相位、滤波、探伤速度、管材直径、检测线圈内径、导套等参数。如采用饱和磁化，还应记录磁化电流、磁化电压、剩磁检测值。

B.3　人工标准缺陷样管

B.3.1　人工标准缺陷样管：支管的制作应符合本标准第5章的规定；长管的制作可参照附录C的规定。

B.3.2　测试用人工标准缺陷样管的外径应根据被测试设备常用产品的种类，以及该设备所能检测管材外径尺寸的上限规格制作。

B.4　测试项目和方法

B.4.1　短管检查

B.4.1.1　周向灵敏度差、信噪比、人工缺陷大小分辨力、长时间稳定性按照本标准附录A的规定进行。

B.4.1.2　检测能力，在确保信噪比条件下（≥10 dB），检测该仪器能否检 φ0.3 mm 的孔径。

B.4.2　长管检查

B.4.2.1　误报率、漏报率、间距分辨力、打标对应偏差、检测能力，一次性由长管通过缠绕装置获得，认真检查显示屏记数（或听报警声）。如有异议，应与实际调试样管进行复查。

打标对应偏差也应对已生产产品进行测量检查。

B.4.2.2　长管测试后，检查打印记录，检查报警与打标喷墨的一致性，可进一步判别有无漏、误报、有无自然伤，或打标装置与报警装置的信号输出是否一致。

附 录 C
（资料性附录）
穿过式涡流探伤仪器与装置周期定检用长样管的制作与要求

C.1 范围

本附录规定了在线检测穿过式涡流探伤仪器与装置周期定检（综合性能测试指标）时采用的长样管的制作与要求。

C.2 人工标准长样管的制作

取约 80 m 未经缠绕的盘管，距头部 8 m 起打孔，轴向 35 个通孔（通孔尺寸按第 5 章规定），间距为 1.5 m，第 36 个孔距前孔 20 mm（测间距分辨率）；此外，长管的尾部再钻一个 ϕ0.3 mm 孔以测试检测能力。

C.3 用塞规或量针对长管的人工孔伤进行校验，允许偏差为±0.02 mm。

ICS 83.120
Q 23

中华人民共和国国家标准

GB/T 5258—2008
代替 GB/T 5258—1995

纤维增强塑料面内压缩性能试验方法

**Fibre-reinforced plastic composites—
Determination of compressive properties in the in-plane direction**

(ISO 14126:1999,MOD)

2008-06-30 发布 2009-04-01 实施

中华人民共和国国家质量监督检验检疫总局
中国国家标准化管理委员会 发布

前　言

本标准修改采用 ISO 14126:1999(E)《纤维增强塑料面内压缩性能试验方法》,与 ISO 14126:1999(E)相比主要差异如下:

——将 ISO 14126 中所列的夹具分为 A、B、C 三种类型;

——ISO 14126 规定了两种试验方法,本标准对应于三种夹具及其适用材料将试验方法分为三种;

——按照汉语习惯对一些编排格式进行了修改。

本标准与 ISO 14126:1999(E)的结构差异见附录 A。

本标准代替 GB/T 5258—1995《纤维增强塑料薄层板压缩性能试验方法》。

本标准与 GB/T 5258—1995 相比主要变化如下:

——标准名称由《纤维增强塑料薄层板压缩性能试验方法》改为《纤维增强塑料面内压缩性能试验方法》;

——修改加载夹具,按被测材料性能的高低分为 3 类(GB/T 5258—1995 中的 5.2,本标准的 5.4);

——修改试样尺寸和形状(GB/T 5258—1995 中的 6.1,本标准的 6.1);

——对试样两侧应变读数的一致性程度作出量化规定(见 8.4);

——增加与 ISO 14126 标准结构差异对照表(见附录 A)。

本标准的附录 A 为资料性附录。

本标准由中国建筑材料联合会提出。

本标准由全国纤维增强塑料标准化技术委员会归口。

本标准主要起草单位:上海玻璃钢研究院。

本标准参加起草单位:航天材料及工艺研究所。

本标准主要起草人:张汝光、姚辉、王立平、朱军辉、张旭、黄刘立。

本标准于 1985 年首次发布,1995 年第一次修订,本次为第二次修订。

纤维增强塑料面内压缩性能试验方法

1 范围

本标准规定了纤维增强塑料的面内压缩性能试验方法的原理、试验设备、试样、环境条件、试验步骤、结果计算及试验报告等。

本标准适用于测定纤维增强塑料的面内压缩强度、压缩弹性模量、压缩割线模量、最大压缩应变、压缩应力-应变曲线。

2 规范性引用文件

下列文件中的条款通过本标准的引用而成为本标准的条款。凡是注日期的引用文件，其随后所有的修改单(不包括勘误的内容)或修订版均不适用于本标准，然而，鼓励根据本标准达成协议的各方研究是否可使用这些文件的最新版本。凡是不注日期的引用文件，其最新版本适用于本标准。

GB/T 1446—2005 纤维增强塑料性能试验方法总则

3 术语和定义

下列术语和定义适用于本标准。

3.1

压缩强度 compressive strength

试样可承受的最大压缩应力。

3.2

最大压缩应变 maximum compressive failure strain

压缩破坏时的应变，以百分率表示。

3.3

压缩弹性模量 modulus of elasticity in compression

压缩应力-应变曲线在比例极限内直线段的斜率。

3.4

压缩割线模量 modulus of secant in compression

压缩应力-应变曲线上原点与某特定的点之间连线的斜率，称为该点的压缩割线模量。

4 原理

通过能避免试样失稳、防止试样偏心和端部挤压破坏的压缩夹具对试样施加轴向载荷，使试样在工作段内压缩破坏，记录试验区的载荷和应变(或变形)，即可求出需要的压缩性能。

5 试验设备

5.1 试验机

按 GB/T 1446—2005 第 5 章规定。

5.2 应变测量装置

通过应变片或引伸仪测量应变。应变片的丝栅长度不能超过 3 mm。应变显示相对误差不能超过 ±1%，要配有应变记录装置。

5.3 量具

量具的精度至少要达到0.01 mm。

5.4 加载夹具

5.4.1 总体要求

只要保证满足8.4和8.8的要求，任何形式的夹具均可使用。根据材料压缩性能的高低，规定了三种加载方式和三种试样形状，这些方法和试样的其他组合也可接受。不同夹具和试样得到的数据可能有所差别，报告中应注明所用夹具和试样类型。

5.4.2 剪切加载方式

载荷通过加强片的剪切应力传递到被测试样，试样尺寸采用表1中的试样1。本法适用于高性能材料，如单向纤维增强塑料的纤维方向压缩，也可用于其他类型的纤维增强塑料。剪切加载的压缩试验A型夹具图见图1、图2。

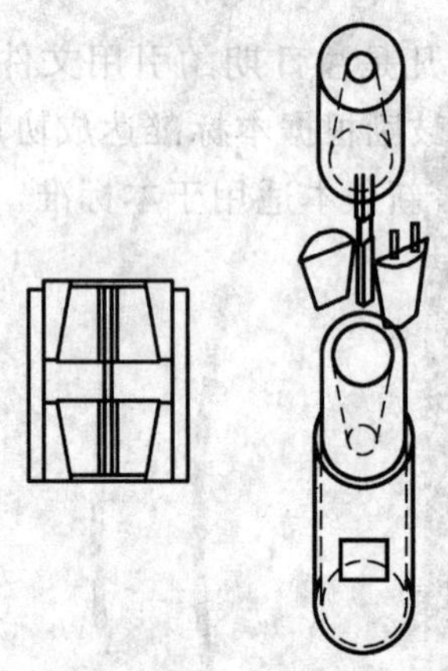

图1 A1型夹具(剪切加载方式)

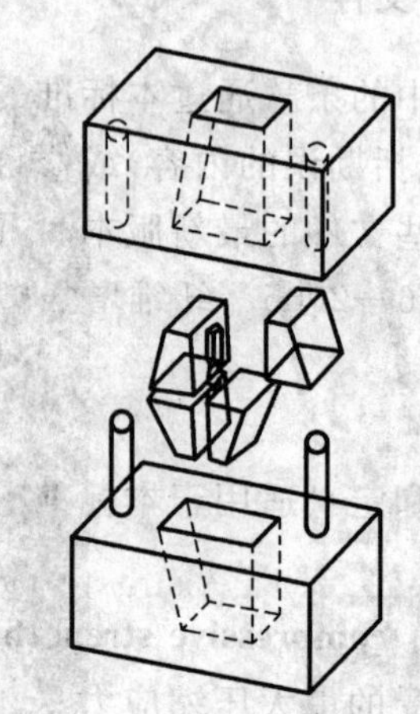

图2 A2型夹具(剪切加载方式)

5.4.3 联合加载方式

载荷由端部和剪切共同施加于被测试样，试样尺寸采用表1中的试样2。本法适用于性能较高的材料，如连续纤维织物增强塑料的较强方向。联合加载的压缩试验B型夹具图见图3。

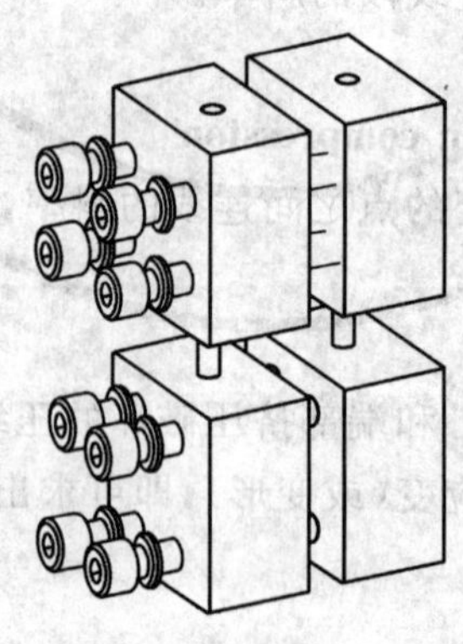

图3 B型夹具

5.4.4 端部加载方式

载荷直接施加在试样端部，试样尺寸采用表1中的试样3。本法适用于低性能的材料，如毡增强塑料，或连续纤维织物增强塑料的较弱方向。端部加载的压缩试验C型夹具图见图4。

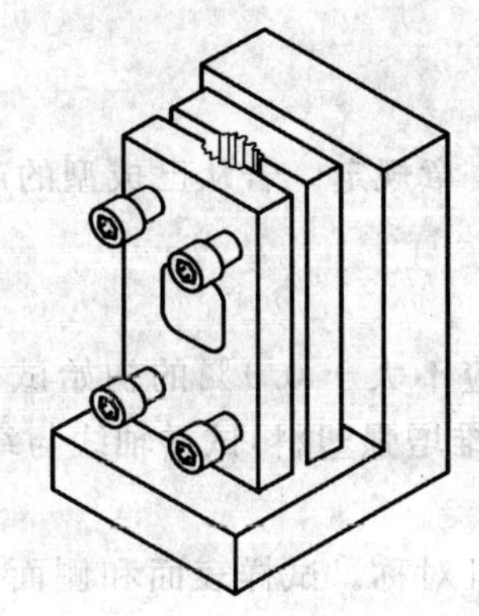

图 4　C 型夹具

6　试样

6.1　试样尺寸和形状

试样形状如图 5 所示，尺寸如表 1 所示。

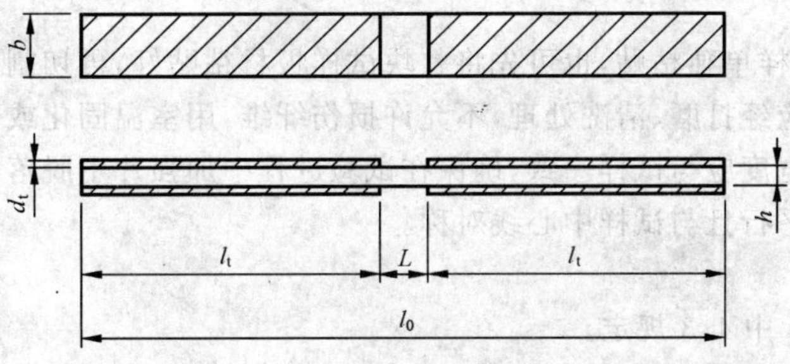

图 5　试样形状和尺寸示意图

6.1.1　试样 1

试样 1 为矩形截面的直条试样，必须贴加强片。

6.1.2　试样 2

试样 2 为矩形截面的直条试样，必要时可以贴加强片以防止端部压坏。

6.1.3　试样 3

试样 3 为矩形截面的直条试样，不贴加强片。

表 1　试样尺寸

单位为毫米

尺　　寸	符号	试样 1	试样 2	试样 3
总长	l_0	110±1	110±1	125±1
厚度	h	2±0.2	(2～10)±0.2	≥4
宽度	b	10±0.5	10±0.5	25±0.5
加强片/夹头间距离	L	10	10	25
加强片长度	l_t	50	50(若用)	—
加强片厚度	d_t	1	0.5～2(若用)	—
注：使用 C 型夹具和试样 3 进行试验时，应保证试样上端伸出夹具的长度不小于材料的最大压缩变形。				

6.2 试样制备

6.2.1 总则

试样制备按 GB/T 1446—2005 第 4 章规定。若从已成型的产品上取样(例如生产中或发货前的质量检验),必须取自厚度均匀的平板处。

6.2.2 试样加工

试样两个端面应相互平行,平行度应不大于 0.1%的初始试样高度,并与试样轴线垂直,垂直度不大于 0.1%的初始试样高度。对单向纤维增强塑料,试样轴线与纤维方向偏差不能超过 0.5°。

6.2.3 试样检查

试样应无扭曲,各相对平面应平行且对称。试样表面和侧面应无刮痕、无凹坑、毛刺。试样应通过目测来检查直边、平板的质量,通过测微尺来检查尺寸误差。检查有任何一项不满足要求的试样即作废,或通过加工使其满足要求。

6.2.4 加强片材料

试样的端部必须加强时,加强片推荐采用 0/90°正交铺设的或玻璃纤维织物/树脂形成的材料,且加强片纤维方向与试样的轴向成±45°。加强片厚度应在 0.5 mm～2 mm。如果在较大端部载荷下加强片发生破坏,则可把加强片角度调整为 0/90°。

加强片可用铝板,或强度和刚度均不小于推荐的加强片材料的其他适当材料。

6.2.5 加强片的粘贴

加强片可以对单根试样单独粘贴,也可先将整块试样板材粘贴好,再切割成试样。

加强片、试样粘接面应经打磨、清洗处理,不允许损伤纤维,用室温固化或低于材料固化温度的胶粘剂粘接。加强片的端头、宽度应与试样一致,确保在试验过程中加强片不脱落。加强片与试样间应胶结密实,并保证加强片相互平行且与试样中心线对称。

6.3 试样数量

按 GB/T 1446—2005 中 4.3 规定。

7 环境条件

按 GB/T 1446—2005 第 3 章规定,仲裁试验应满足 GB/T 1446—2005 中 3.1 的规定。

8 试验步骤

8.1 按第 7 章规定对试样进行环境调节。

8.2 将合格的试样编号,并测量试验工作段任意 3 处的宽度和厚度,取算术平均值。结果精确至 0.01 mm。

8.3 贴好应变片或安装引伸仪,为保证弯曲不超过规定,需要在试样两面对称点上测量应变。

8.4 把试样装载到压缩夹具上。调整夹具和试样进行试加载,直至满足初始弹性段两面应变读数基本一致。对于仲裁试验,应满足式(1)的要求:

$$\left|\frac{\varepsilon_b-\varepsilon_a}{\varepsilon_b+\varepsilon_a}\right| \leqslant 0.1 \quad \cdots\cdots(1)$$

其中,ε_a 和 ε_b 分别为同一时刻试样两面对称点测得的应变。

8.5 以(1±0.5) mm/min 速度进行加载,直至破坏。

8.6 连续记录载荷和应变(或变形)。若无自动记录,以预估破坏载荷的 5%为级差进行分级加载。

8.7 记录试验过程中出现的最大载荷。

8.8 检查试验的有效性。以下两种情况的试验数据应作废:

a) 试样在夹持区内破坏,且数据低于正常破坏数据的平均值;

b) 采用方法 3 时,试样端部出现破坏。

8.9 记录破坏模式。试样的破坏模式分为 A 型～F 型六种，见图 6。

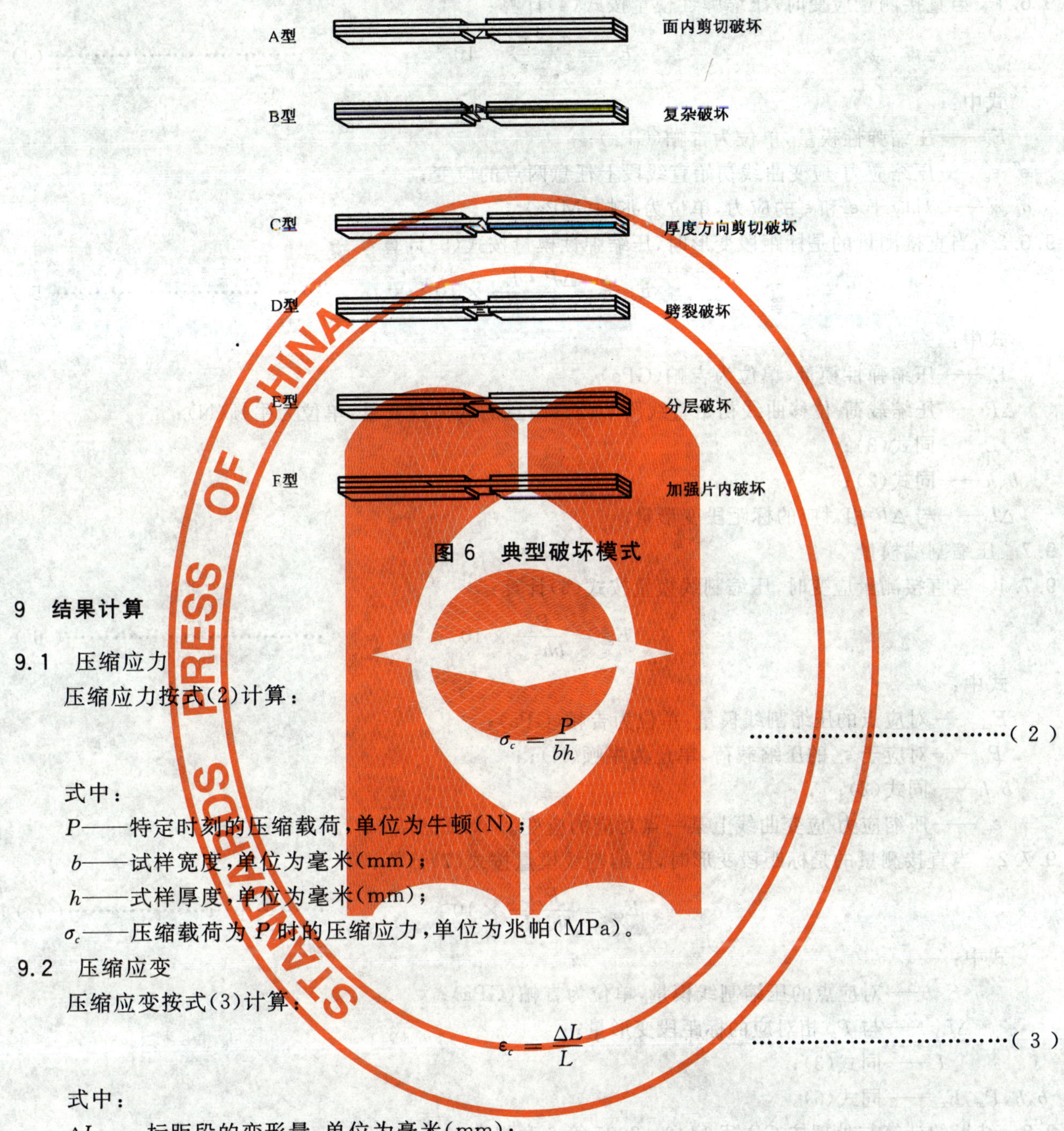

图 6 典型破坏模式

9 结果计算

9.1 压缩应力

压缩应力按式(2)计算：

$$\sigma_c = \frac{P}{bh} \qquad \cdots\cdots(2)$$

式中：

P——特定时刻的压缩载荷，单位为牛顿(N)；

b——试样宽度，单位为毫米(mm)；

h——式样厚度，单位为毫米(mm)；

σ_c——压缩载荷为 P 时的压缩应力，单位为兆帕(MPa)。

9.2 压缩应变

压缩应变按式(3)计算：

$$\varepsilon_c = \frac{\Delta L}{L} \qquad \cdots\cdots(3)$$

式中：

ΔL——标距段的变形量，单位为毫米(mm)；

L——标距，单位为毫米(mm)；

ε_c——对应于 ΔL 的应变量。

当用应变片直接测量应变时，则可直接读取。所有变形量或应变值，都取试样两面测得的平均值，下同。

9.3 绘制应力-应变或载荷-变形曲线。若有自动记录装置，则可直接读取。

9.4 压缩强度

用最大载荷(P_{max})代替式(2)中的 P，得到的应力即为压缩强度 σ_{cM}。

9.5 最大压缩应变

用标距段的最大变形量(ΔL_{max})代替式(3)中的 ΔL，得到的应变即为最大压缩应变 ε_{cM}。

9.6 压缩弹性模量

9.6.1 当直接测量应变时，压缩弹性模量按式(4)计算：

$$E_c = \frac{\sigma''_c - \sigma'_c}{\varepsilon''_c - \varepsilon'_c} \times 10^{-3} \quad \cdots\cdots(4)$$

式中：

E_c——压缩弹性模量，单位为吉帕(GPa)；

ε''_c、ε'_c——压缩应力-应变曲线初始直线段上任意两点的应变；

σ''_c、σ'_c——对应于ε''_c和ε'_c的应力，单位为兆帕(MPa)。

9.6.2 当直接测量的是标距段变形时，压缩弹性模量按式(5)计算：

$$E_c = \frac{\Delta P \cdot L}{b \cdot h \cdot \Delta L} \times 10^{-3} \quad \cdots\cdots(5)$$

式中：

E_c——压缩弹性模量，单位为吉帕(GPa)；

ΔP——压缩载荷-位移曲线初始直线段上任意两点的载荷改变量，单位为牛顿(N)；

L——同式(3)；

b、h——同式(2)；

ΔL——与ΔP相对应的标距段变形量。

9.7 压缩割线模量

9.7.1 当直接测量应变时，压缩割线模量按式(6)计算：

$$E_{cx} = \frac{P_x}{bh\varepsilon_{cx}} \times 10^{-3} \quad \cdots\cdots(6)$$

式中：

E_{cx}——对应点的压缩割线模量，单位为吉帕(GPa)；

P_x——对应于ε_{cx}的压缩载荷，单位为牛顿(N)；

b、h——同式(2)；

ε_{cx}——压缩应力-应变曲线上某一点对应的应变。

9.7.2 当直接测量的是标距段变形时，压缩割线模量按式(7)计算：

$$E_{cx} = \frac{P_x L}{bh\Delta L_x} \times 10^{-3} \quad \cdots\cdots(7)$$

式中：

E_{cx}——对应点的压缩割线模量，单位为吉帕(GPa)；

ΔL_x——与P_x相对应的标距段变形量；

L——同式(3)；

b,h,P_x,E_{cx}——同式(6)。

9.8 结果的计算与处理按 GB/T 1446—2005 第6章规定。

10 试验报告

10.1 总则

按 GB/T 1446—2005 第7章的规定。

10.2 除10.1要求外，还应包括以下内容：

a) 所用加载方法和试验夹具的描述；

b) 试样类型和尺寸；

c) 破坏模式。

附 录 A
（资料性附录）
本标准与ISO 14126:1999(E)结构、内容对照

表A.1给出了本标准章条编号与ISO 14126:1999(E)章条编号、内容对照一览表。

表A.1 本标准与与ISO 14126:1999(E)结构、内容对照表

<table>
<tr><th colspan="2">本标准章条编号</th><th colspan="2">ISO 14126:1999(E)章条编号</th></tr>
<tr><th>章 节</th><th>内 容</th><th>章 节</th><th>内 容</th></tr>
<tr><td rowspan="2">1 范围</td><td>规定了标准的使用范围</td><td rowspan="2">1 范围</td><td>规定了标准的使用范围</td></tr>
<tr><td>—</td><td>说明了所包含的2种试验方法和2种试样类型</td></tr>
<tr><td>2 规范性引用文件</td><td>引用GB GB/T 1446—2005</td><td>2 规范性引用文件</td><td>引用ISO 291等标准</td></tr>
<tr><td rowspan="2">3 术语和定义</td><td>增加了压缩割线模量的定义;取消压缩应力、压缩应变的定义;取消关于坐标轴的介绍</td><td rowspan="2">3 术语和定义</td><td>定义了压缩应力、压缩应变、压缩强度、压缩破坏应变,压缩弹性模量</td></tr>
<tr><td>模量单位为[MPa]</td><td>模量单位为[GPa]</td></tr>
<tr><td>4 原理</td><td>介绍了原理</td><td>4 原理</td><td>介绍了原理和两种试验方法</td></tr>
<tr><td rowspan="2">5 试验设备</td><td>给出了A1、A2、B、C三个夹具示意图</td><td rowspan="2">5 试验设备</td><td>给出了图2、图3、附录B和附录C等夹具示意图</td></tr>
<tr><td>细分为5.4.2,5.4.3,5.4.4三种方法</td><td>规定了5.4.2、5.4.3两种试验方法</td></tr>
<tr><td rowspan="5">6 试样</td><td>6.2.2 试样加工</td><td rowspan="4">6 试样</td><td>6.2.2 加强片材料</td></tr>
<tr><td>6.2.3 试样检查</td><td>6.2.3 加强片粘贴</td></tr>
<tr><td>6.2.4 加强片材料</td><td>6.2.4 试样加工</td></tr>
<tr><td>6.2.5 加强片粘贴</td><td>6.3 试样检查</td></tr>
<tr><td>6.3 试样数量</td><td>7 试样数量</td><td>试样数量</td></tr>
<tr><td>7 试验环境</td><td>试验环境</td><td>8 试验环境</td><td>试验环境</td></tr>
<tr><td>8 试验步骤</td><td>试验步骤</td><td>9 试验步骤</td><td>试验步骤</td></tr>
<tr><td rowspan="2">9 结果计算</td><td>增加了压缩应力、压缩应变、压缩割线模量等计算公式</td><td rowspan="2">10 结果计算</td><td rowspan="2">结果计算</td></tr>
<tr><td>针对试验中直接测量变形的情况,增加相应了计算公式</td></tr>
<tr><td>—</td><td>—</td><td>11 精确度</td><td>说明没有合适的精确度数据</td></tr>
<tr><td>10 试验报告</td><td>试验报告</td><td>12 试验报告</td><td>试验报告</td></tr>
<tr><td colspan="2" rowspan="3">放入正文5.4</td><td>附录A</td><td>样品制备和加工</td></tr>
<tr><td>附录B</td><td>剪切加载压缩夹具</td></tr>
<tr><td>附录C</td><td>端部加载压缩夹具</td></tr>
</table>

ICS 65.060
B 90

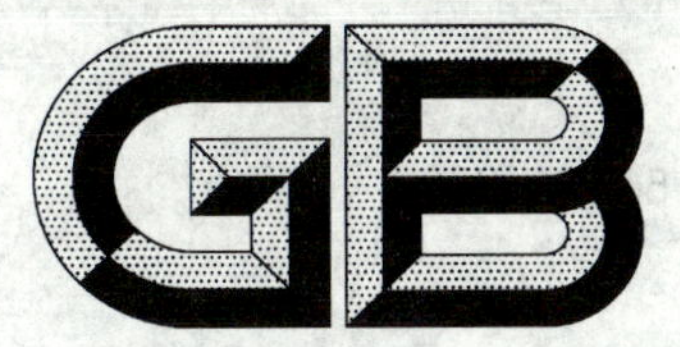

中华人民共和国国家标准

GB/T 5262—2008
代替 GB/T 5262—1985

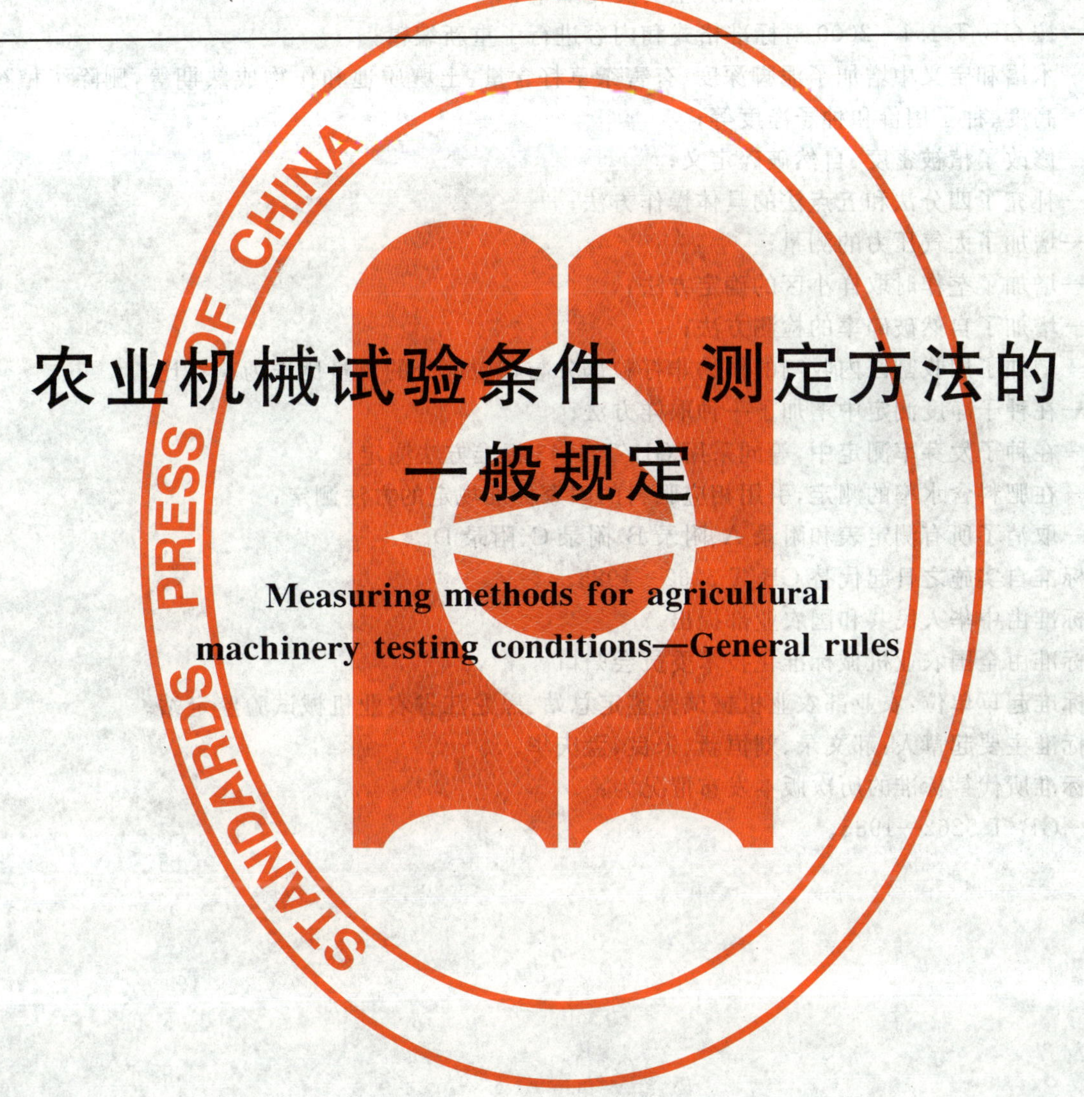

农业机械试验条件　测定方法的一般规定

Measuring methods for agricultural machinery testing conditions—General rules

2008-06-03 发布　　　　2009-01-01 实施

中华人民共和国国家质量监督检验检疫总局
中国国家标准化管理委员会　发布

前　言

本标准是对 GB/T 5262—1985《农业机械试验条件　测定方法的一般规定》的修订。

本标准与 GB/T 5262—1985 相比，主要变化如下：

——按 GB/T 1.1—2000 对标准格式和内容进行了重新编辑；

——术语和定义中增加了泥脚深度、有害杂草籽含量、土壤质地和作物成熟期等，删除了植被生长高度、种子用价和种子净度等；

——修改了植被密度、自然破碎定义；

——补充了四分法和五点法的具体操作方法；

——增加了大气压力的测量；

——增加了垄作时取样小区的确定方法；

——增加了自然破碎率的检测方法；

——增加了用收割区内收割的作物非籽粒部分与籽粒部分的重量比作为草谷比；

——在种子净度测定中增加了一种取样方法；

——在种子发芽率测定中，等同采用 GB/T 3543 标准方法测定；

——在肥料含水率的测定，引用相应肥料的国家标准规定的方法测定；

——取消了所有测定表和附录 A、附录 B、附录 C、附录 D。

本标准自实施之日起代替 GB/T 5262—1985。

本标准由中华人民共和国农业部提出。

本标准由全国农业机械标准化技术委员会归口。

本标准起草单位：农业部农业机械试验鉴定总站、黑龙江省农业机械试验鉴定站。

本标准主要起草人：郝文录、刘恒新、朱良、孟庆华。

本标准所代替标准的历次版本发布情况为：

——GB/T 5262—1985。

农业机械试验条件　测定方法的一般规定

1　范围

本标准规定了农业机械试验条件的一般测定方法。

本标准适用于田间和场上作业机具。

2　规范性引用文件

下列文件中的条款通过本标准的引用而成为本标准的条款。凡是注日期的引用文件，其随后所有的修改单(不包括勘误的内容)或修订版均不适用于本标准，然而，鼓励根据本标准达成协议的各方研究是否可使用这些文件的最新版本。凡是不注日期的引用文件，其最新版本适用于本标准。

GB 535—1995　硫酸铵

GB/T 2441.3　尿素测定方法　水分的测定　卡尔·费休法(GB/T 2441.3—2001，eqv ISO 2573：1991)

GB 2945—1989　硝酸铵

GB/T 2946—1992　氯化铵

GB/T 3543.2　农作物种子检验规程　扦样

GB/T 3543.3　农作物种子检验规程　净度分析

GB/T 3543.4　农作物种子检验规程　发芽试验

GB/T 3543.6　农作物种子检验规程　水分测定

GB 3559　农业用碳酸氢铵

GB/T 8570.5　液体无水氨　水分的测定　卡尔·费休法(GB/T 8570.5—1988，eqv ISO 7105：1985)

GB/T 8576　复混肥料中游离水含量的测定　真空烘箱法

GB/T 10209.3　磷酸一铵、磷酸二铵中水分的测定

GB/T 10514　硝酸磷肥中游离水含量的测定　烘箱法

3　术语和定义

下列术语和定义适用于本标准。

3.1

垄高　ridge height

垄顶至沟底的距离。

3.2

垄(行)距　ridge or row spacing

相临两垄(行)中心线的距离。

3.3

植被　vegetation

覆盖在地面上的植物，即作物、杂草、残茬和残株等。

3.4

植被自然高度　vegetation height

植被在自然状态下最高点至地面的距离。

3.5

植被密度　vegetation density

1 m^2 内的植被质量或株(丛)数。

3.6

土壤坚实度　compactness of soil

单位面积的土壤上所能承受的压力。

3.7

土壤质地　soil texture

根据土壤的颗粒组成划分的土壤类型,将颗粒组成相近而土壤性质相似的土壤划分为一类,一般分为砂土、壤土和黏土三类。

砂土的颗粒组成较粗,土质松散,无黏性,土粒互不黏结。通气透水能力强,保水保肥能力较差,不耐旱,耐涝。

壤土的质地均匀,土质松软,黏性适度,土粒黏结力适中,通气透水、保水保肥能力都较好,既耐旱又耐涝。

黏土的土质黏重,结构致密,土粒黏结力较大,保水保肥能力较强,通气透水性能差,干时坚硬,湿时黏成泥团,既不耐旱又不耐涝。

3.8

泥脚深度　plow pan depth

泥层表面至硬底层的距离。

3.9

水层深度　water depth

水面至泥层表面的距离。

3.10

作物成熟期　sort of crop maturation

作物成熟期分为乳熟期、蜡熟期、完熟期和枯熟期。

乳熟期作物的茎叶和谷壳仍为绿色,籽粒软嫩且含水率高,可以挤出乳状浆液。

蜡熟期作物的茎叶和谷壳转黄,籽粒变硬且呈现本品种固有的颜色,籽粒内含物呈蜡状。

完熟期作物的各部分均呈黄色或枯黄色,部分叶子脱落,籽粒坚硬。

枯熟期作物的茎叶干枯,并出现部分籽粒脱落、穗头掉落。

3.11

作物倒伏程度　degree of loding

作物穗头根部和茎秆基部联线与地面垂直线间的夹角为倒伏角。倒伏角在 0°～30°之间为不倒伏,倒伏角在 30°～60°之间为中等倒伏,倒伏角大于 60°为严重倒伏。

3.12

自然破碎　natural shred (breaking)

籽粒在收割前已有裂纹或破损,带壳(或荚、角)作物在收割前外壳(或荚、角)已开裂或籽粒已脱出者为自然破碎。

3.13

作物自然高度　crop height

作物在自然状态下,最高点(芒长除外)至地面(或垄顶)的距离。

3.14

最低结荚(或穗、角)高度 lowest height of spicas

植株最下面的一个荚(或穗、角)的荚(或穗、角)柄处至地面(或垄顶)的距离。

3.15

茎秆直径 halm diameter

作物茎秆的最大(有节作物为两节之间处)直径。

3.16

穗幅差 difference of spicas width

一束作物中最高和最低植株茎秆基部至穗尖(芒长除外)的长度差。

3.17

穗层宽度 spicas width

一束作物中作物最高穗尖(芒长除外)至最低穗根的距离。

3.18

草谷比(叶茎比或蔓果比) ratio between straw and grain

草谷比——作物收获时切割线以上茎秆(包括颖壳)质量与籽粒质量之比。

叶茎比——作物收获时切割线以上叶质量与茎秆质量之比(如甘蔗)。

蔓果比——作物收获时蔓叶质量与果实质量之比(如花生)。

3.19

收割后平均株长 average stem length after cutting

收获后植株被切割处至穗尖(芒长除外)的长度。

3.20

净种子 pure seed

不含杂质、废种子及其他作物种子的本作物好种子。

3.21

有害杂草籽含量 percentage of noxious weed seed

单位样品中危害作物的杂草籽粒数或质量。

4 试验样品的分取及试验区测量点的位置选择

4.1 四分法

对试验样品进行取样时用四分法。

将样品倒在光滑的平面上(当用分样器分样时,视同四分法分样),用分样板将样品先纵向混合,再横向混合,重复混合4～5次,然后将样品摊平成四方形,用分样板划两条对角线,使样品分成4个三角形区域,再取两个对顶三角形区域内的样品继续按上述方法分取,直到两个对顶三角形区域内的样品接近两份试验样品的要求为止(一份进行试验,另一份作为备用样品)。

4.2 五点法

在田间试验区内确定测量点或取样的位置时用五点法。

在四方形的试验区内找到两条对角线(非四方形试验区近似按四方形对待),两条对角线的交点作为一个取样点位,然后,在两条对角线上,距四个顶点距离约为对角线长的四分之一处取另外四个点作为取样点位进行取样或测量。

5 气象条件

进行天气情况测量时一般包含环境温度、环境相对湿度、大气压力、风向、风速等参数。

5.1 环境温度、环境相对湿度

测量时,应保证仪器与周围空气全面接触,避免阳光直射和其他因素的影响。

5.2 大气压力

测量时,将仪器置于符合要求的位置进行测量。

5.3 风向、风速

测量时,将风向、风速仪置于符合要求的位置进行测量。

6 地表条件

6.1 地表起伏状况、坡向、垄向(沟向)、前茬作物、植被、覆盖物状况和试验地形状实地调查后记录结果。

6.2 试验区面积

实测并记录结果。

6.3 地形坡度

在试验区内沿坡向选择具有代表性的最高点和最低点,各立一个标杆,用倾斜仪测量两标杆等高度处的连线与水平面构成的倾斜角度。

6.4 垄高

在试验区内用五点法确定测量点位,每点位在与垄向垂直的平面内连续测 10 个垄高,计算算术平均值。

6.5 垄(行)距

可与垄高同时测定。在试验区内用五点法确定测量点位,每点位在与垄向垂直的平面内连续测 10 个垄(行)距,计算算术平均值。

7 土壤条件

7.1 土壤质地

实地调查后记录土壤质地类型。

7.2 土壤绝对含水率、土壤坚实度、土壤容积质量

可同时测定。取样时应保持原来土壤的自然状态。

7.2.1 土壤绝对含水率

在试验区内用五点法确定取样点位,每点位在土壤表面以下分层取样。层数应根据不同机具的要求确定,层间隔原则上为 5 cm。每层取样应不少于 30 g(去掉石块或植物残体等杂质),装入干燥的样品盒内,立即称其质量,在 105℃±2℃恒温下干燥 6 h。亦可采用在 180℃±2℃恒温下干燥 4 h。然后取出放入密封的干燥器中冷却到常温,立即称其质量。再按以上方法进行干燥,每隔 30 min 取出冷却并称其质量,干燥至前后两次质量差不超过 0.005 g 为止。如后一次质量大于前一次质量,以前一次质量计算,按式(1)计算。

$$H_t = \frac{W_{ts} - W_{tg}}{W_{tg}} \times 100 \qquad \cdots\cdots(1)$$

式中:

H_t——土壤绝对含水率,%;

W_{ts}——土壤干燥前质量,单位为克(g);

W_{tg}——土壤干燥后质量,单位为克(g)。

也可以用其他土壤水分测定仪测定。

7.2.2 土壤坚实度

用土壤坚实度仪测定。在试验区内用五点法确定测量点位,每点位在土壤表面以下分层测量,层数

同 7.2.1。各层检测结果取算术平均值作为该点位的土壤坚实度，计算 5 点位的算术平均值。

7.2.3　土壤容积质量

在试验区内用五点法确定取样点位，用专用土壤取土器取样。取土器应垂直压入土中，不能压实土壤。在取出取土器之前先旋转几次，或将取土器带土挖出，清除取土器上附着的和露出取土器外的土壤。将取土器中的土壤取出按 7.2.1 干燥，按式(2)计算。

$$e = \frac{W_g}{V} \qquad \cdots\cdots(2)$$

式中：

e——土壤容积质量，单位为克每升(g/L)；

W_g——土壤干燥后质量，单位为克(g)；

V——取土器容积，单位为升(L)。

7.3　泥脚深度

在试验区内用五点法确定测量点位，每点位取样面积为 1 m^2，随机测 10 个值，计算算术平均值。

7.4　水层深度

可与 7.3 同时测量。在试验区内用五点法确定测量点位，每点位取样面积为 1 m^2，随机测 10 个值，计算算术平均值。

8　植被条件

8.1　植被种类

调查并记录试验区内的主要植被种类。

8.2　植被自然高度

在试验区内用五点法确定测量点位，每点位取样面积为 1 m^2，随机测 10 株(丛)，计算算术平均值。

8.3　植被密度

在试验区内用五点法确定取样点位，每点位取样面积为 1 m^2(垄作时，在相邻两条垄上割取，以两个垄距为宽，测取约 1 m^2 的面积)，记录植被株(丛)数或把植被沿地面割下并立即称其质量，计算算术平均值。

8.4　植被含水率

按 9.13 测量。

9　作物特征

9.1　作物种类、品种和成熟期

实地调查并记录。

9.2　株(穴)距

条(撒)播作物不测该项。在试验区内用五点法确定测量点位，每点位取样面积为 1 m^2(如测量数据不足，取样面积可以放大到 2 m^2)，连续测 10 个株(穴)距，计算算术平均值。

9.3　作物倒伏程度

在试验区内用五点法确定测量点位，每点位取样面积为 1 m^2(根据不同作物实际情况，取样面积可以放大到 2 m^2)，随机测 10 株(丛)，记录每一株(丛)的倒伏程度，并统计五个测量点位上测量结果分别为不倒伏、中等倒伏和严重倒伏的次数。当某种倒伏程度次数占全部测量次数的比例达到 50%及以上时，则以该种倒伏程度代表该试验区的作物倒伏程度。

9.4　自然落粒

可与 9.6 同时测定。在试验区内用五点法确定取样点位，每点位测定 1 m^2 面积内自然落粒及落穗的籽粒质量并计算算术平均值。

9.5　自然破碎率

可与 9.6 同时测定。在试验区内用五点法确定取样点位，每点位在 1 m^2 面积内随机取样，样品籽粒总质量不少于 50 g。割取植株，先分拣出自然破碎籽粒，再对植株进行脱粒，分别称其质量，按式(3)计算。

$$Z_s = \frac{W_{zp}}{W_{zp} + W_b} \times 100 \qquad \cdots\cdots(3)$$

式中：

Z_s——自然破碎率，%；

W_{zp}——样品中自然破碎籽粒质量，单位为克(g)；

W_b——样品中未破碎籽粒质量，单位为克(g)。

9.6　每平方米籽粒(牧草)质量

9.6.1　每平方米籽粒质量

在试验区内用五点法确定取样点位，条(撒)播作物，每点位割取 1 m^2 面积内的植株(垄作作物，取样同 8.3 垄作取样)。割下后，立即脱粒并称其质量，计算算术平均值。穴播作物每点位割取 5 行 5 穴，按式(4)计算。

$$W_z = \frac{W_x}{25ab} \times 10^4 \qquad \cdots\cdots(4)$$

式中：

W_z——每平方米籽粒质量，单位为克每平方米(g/m^2)；

W_x——25 穴籽粒质量，单位为克(g)；

a——行距，单位为厘米(cm)；

b——穴距，单位为厘米(cm)。

9.6.2　每平方米牧草质量

在试验区内用五点法确定取样点位，每点位割取 1 m^2 面积切割线以上的牧草，立即称其质量并计算算术平均值。

其他作物的类似产出物可参照本条执行。

9.7　千(百)粒质量

随机取样 3 次，用四分法进行分样。小麦、水稻等中小粒作物籽粒每次取 1 000 粒完整(好)籽粒，玉米、花生等大粒作物籽粒每次取 100 粒完整(好)籽粒，称其质量并计算算术平均值，按式(5)折算成标准含水率的千(百)粒质量。

$$W_{qb} = W_{qs} \times \frac{1 - H_z}{1 - H_{zb}} \qquad \cdots\cdots(5)$$

式中：

W_{qb}——千(百)粒质量，单位为克(g)，(应注明标准水分值)；

W_{qs}——实测千(百)粒质量，单位为克(g)；

H_z——实测籽粒含水率，%；

H_{zb}——籽粒标准含水率，%。

9.8　公顷产量

用 9.6 所测每平方米籽粒(牧草)质量，按式(6)计算公顷产量。

$$G_c = 10 \times W_z \times \left(\frac{1 - H_z}{1 - H_{zb}}\right) \qquad \cdots\cdots(6)$$

式中：

G_c——公顷产量，单位为千克每公顷(kg/hm^2)，(应注明标准水分值)。

9.9 作物自然高度

在试验区内用五点法确定测量点位，每点位取样面积为 1 m^2（根据不同作物实际情况，取样面积可以放大到 2 m^2），随机测 10 株（丛），计算算术平均值。

9.10 最低结荚（穗）高度

在试验区内用五点法确定测量点位，每点位取样面积为 1 m^2（根据不同作物实际情况，取样面积可以放大到 2 m^2），随机测 10 株（丛），计算算术平均值。

9.11 茎秆直径

可与 9.12 同时测定。在试验区内用五点法确定测量点位，每点位取样面积为 1 m^2（根据不同作物实际情况，取样面积可以放大到 2 m^2），随机测 10 株（丛），计算算术平均值。

9.12 草谷比（叶茎比或蔓果比）

可与 9.6 同时测定。在试验区内用五点法确定取样点位，条（撒）播作物，每点位测取 1 m^2 面积内的植株（垄作作物取样同 8.3）；穴播作物每点位割取 5 行 5 穴。切割高度应基本与试验机具实际切割高度相同。割下后，立即脱粒（分离叶茎或蔓果），并分别称其质量后计算。

9.13 茎秆（叶）含水率

可于 9.12 测定同时采样。在试验区内用五点法确定取样点位，每点位取样质量不少于 50 g，装入预先干燥好的样品盒内，立即称其质量，在 105℃±2℃恒温下干燥 5 h，然后取出放入密封的干燥器中冷却到常温，立即称其质量。再按以上方法进行干燥，每隔 30 min 取出冷却称其质量一次，干燥至前后两次质量差不超过 0.005 g 为止。如后一次质量大于前一次质量，以前一次质量计算，按式(7)计算。

$$H_j = \frac{W_{js} - W_{jg}}{W_{js}} \times 100 \qquad \cdots\cdots(7)$$

式中：

H_j——茎秆（叶）含水率，%；

W_{js}——茎秆（叶）干燥前质量，单位为克（g）；

W_{jg}——茎秆（叶）干燥后质量，单位为克（g）。

9.14 籽粒含水率

用五点法确定取样点位，每点位取样约 30 g，除去矿物质、霉变籽粒等杂质并粉碎，使粉碎后通过 1.5 mm（大豆 2 mm）筛孔的样品不少于 90%。

把粉碎的样品混合搅拌均匀，用预先干燥至恒重的样品盒称取试样 3 g～5 g，在 105℃±2℃的恒温下干燥 4 h，或者在 130℃±2℃恒温下干燥 45 min 后取出样品盒，加盖，放入密封的干燥器内冷却至室温，称其质量。按以上方法进行再次干燥，每隔 30 min 取出冷却称其质量一次，干燥至前后两次质量差不超过 0.005 g 为止。如后一次质量大于前一次质量，以前一次质量为准，按式(8)计算。

$$H_z = \frac{W_{zs} - W_{zg}}{W_{zs}} \times 100 \qquad \cdots\cdots(8)$$

式中：

H_z——籽粒含水率，%；

W_{zs}——粉碎籽粒干燥前质量，单位为克（g）；

W_{zg}——粉碎籽粒干燥后质量，单位为克（g）。

籽粒含水率大于 18%时，采取两次干燥法，用上述取样方法每点位分取约 30 g 样品，在 105℃±2℃恒温下干燥 30 min～60 min，放入密封的干燥器中冷却至常温称其质量，然后再按上述方法进行测定，按式(9)计算。

$$H_z = \frac{W_{zs1} \times W_{zs} - W_{zg1} \times W_{zg}}{W_{zs1} \times W_{zs}} \times 100 \qquad \cdots\cdots(9)$$

式中：

H_z——籽粒含水率，%；

W_{zs1}——整粒籽粒干燥前质量，单位为克(g)；

W_{zg1}——整粒籽粒干燥后质量，单位为克(g)。

也可用其他水分测试仪器测定(对结果有异议时，以干燥法为准)。

9.15 穗幅差

在试验区内用五点法确定取样点位，每点位取样面积为 1 m^2(根据不同作物实际情况，取样面积可以放大到 2 m^2)，随机测 10 束(丛)，计算算术平均值。

9.16 收割后平均株长

随机取样 5 束，每束随机测量 10 株的切割后株长，计算算术平均值。

9.17 穗层宽度

随机取样 10 点，测量每点位的穗层宽度。计算算术平均值。

10 种子特征

10.1 种子容积质量

将种子倒入底部带拉板的漏斗中，在漏斗下放一个 1 L 的量筒，量筒距漏斗下口 5 cm，打开拉板使种子自然流入量筒中，待种子溢出后刮平并称其质量，测定 3 次，计算算术平均值。

10.2 种子千(百)粒质量

按 9.7 测量。

10.3 种子净度

在种子堆(袋)内分点，按 GB/T 3543.2 进行扦样、分样，按 GB/T 3543.3 进行试验，按式(10)计算。或在机器喂入口处随机取样 3 次，每次取样 1 000 g～2 000 g，用四分法或分样器分样，按 GB/T 3543.3 进行试验，按式(10)计算。

$$J_d = \frac{W_j}{W_{y1}} \times 100 \qquad \cdots\cdots(10)$$

式中：

J_d——种子净度，%；

W_j——净种子质量，单位为克(g)；

W_{y1}——净度分析样品质量，单位为克(g)。

10.4 种子破碎率

可与 10.3 同时测量。按 GB/T 3543.2 进行分样，从样品中拣出破碎的种子籽粒并称其质量，按式(11)计算。

$$Z_p = \frac{W_p}{W_y} \times 100 \qquad \cdots\cdots(11)$$

式中：

Z_p——种子破碎率，%；

W_p——破碎籽粒质量，单位为克(g)；

W_y——样品质量，单位为克(g)。

10.5 有害杂草籽含量

可与 10.3 同时测量。按 GB/T 3543.2 进行分样，从样品中拣出有害杂草籽，数出其粒数或称其质量，按式(12)计算。

$$Z_c = \frac{L}{W_y} \qquad \cdots\cdots(12)$$

式中：

Z_c——有害杂草籽含量，单位为粒每千克或克每千克(g/kg)；

L——有害杂草籽粒数，单位为粒或克(g)；

W_y——样品质量，单位为千克(kg)。

10.6 休止角

将约 1 000 g 种子放入漏斗内，漏斗下口距水平面上平放的方格纸 20 cm，使种子自然下落，在平面的方格纸上形成一个圆锥体，测量锥体母线与平面构成的夹角，测 3 次，计算算术平均值。

10.7 种子尺寸

用四分法对种子进行分样，取 50 粒种子，分别测量其长、宽和厚度(或粒径)，计算算术平均值。

10.8 种子含水率

按 GB/T 3543.6 进行。

10.9 种子发芽率

按 GB/T 3543.4 进行。

11 肥料特性

11.1 肥料种类和形状

观测后记录结果。

11.2 肥料容积质量

按 10.1 测量。

11.3 肥料休止角

按 10.6 测量。

11.4 肥料颗粒尺寸

用四分法对颗粒肥料进行分样，取 30 粒测其直径，计算算术平均值。

11.5 肥料含水率

硫酸铵含水率按 GB 535—1995 中 4.4 进行。

尿素含水率按 GB/T 2441.3 进行。

硝酸铵含水率按 GB 2945—1989 中 4.3 或 4.4 进行。

氯化铵含水率按 GB/T 2946—1992 中 5.3 进行。

农业用碳酸氢铵含水率按 GB 3559 进行。

液体无水氨含水率按 GB/T 8570.5 进行。

复混肥料含水率按 GB/T 8576 进行。

磷酸一铵、磷酸二铵含水率按 GB/T 10209.3 进行。

硝酸磷肥含水率按 GB/T 10514 进行。

ICS 21.060.01;25.220.40
J 13

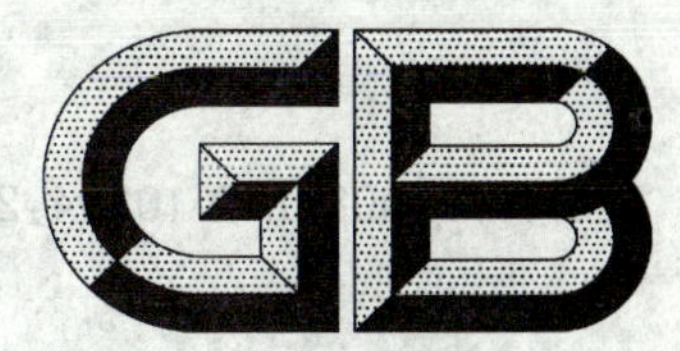

中华人民共和国国家标准

GB/T 5267.3—2008/ISO 10684:2004

紧固件 热浸镀锌层

Fasteners—Hot dip galvanized coatings

(ISO 10684:2004,IDT)

2008-08-25 发布　　2009-02-01 实施

中华人民共和国国家质量监督检验检疫总局
中国国家标准化管理委员会 发布

前言

本部分是国家标准"紧固件表面处理"系列标准之一。该系列包括：

——GB/T 5267.1—2002 紧固件 电镀层；

——GB/T 5267.2—2002 紧固件 非电解锌片涂层；

——GB/T 5267.3—2008 紧固件 热浸镀锌层。

本部分是GB/T 5267的第3部分。

本部分等同采用ISO 10684:2004《紧固件 热浸镀锌层》(英文版)，主要差异如下：

——在引用文件中，用我国标准代替国际标准(第2章)。

本部分的附录A、附录B和附录E为规范性附录，附录C、附录D和附录F为资料性附录。

本部分由中国机械工业联合会提出。

本部分由全国紧固件标准化技术委员会(SAC/TC 85)归口。

本部分负责起草单位：中机生产力促进中心。

本部分参加起草单位：浙江海力集团有限公司、宁波市鄞州计氏金属表面处理厂、晋亿实业股份有限公司、浙江泽恩标准件有限公司和浙江高强度紧固件厂。

本部分由全国紧固件标准化技术委员会秘书处负责解释。

本部分系首次发布。

紧固件　热浸镀锌层

1　范围

本部分规定了M8～M64钢制粗牙螺纹紧固件、性能等级至10.9级螺栓、螺钉和螺柱，以及性能等级至12级螺母的热浸镀锌层的材料、工艺、尺寸和某些特性。对规格小于M8和(或)螺距小于1.25 mm的螺纹紧固件，不推荐采用热浸镀锌。

注：在附录A中规定的M8和M10的加大攻丝尺寸的螺母保证载荷与保证应力，以及M8和M10的标准螺纹的螺栓、螺钉的最小拉力载荷与保证载荷，与GB/T 3098.2和GB/T 3098.1中规定的数值相比，均有所降低。

本部分主要用于钢制螺纹紧固件的热浸镀锌，但也适用于其他钢制螺纹零件。

本部分给出的技术条件也适用于钢制非螺纹零件，如垫圈。

2　规范性引用文件

下列文件中的条款通过本部分的引用而成为本部分的条款。凡是注日期的引用文件，其随后所有的修改单(不包括勘误的内容)或修订版均不适用于本部分，然而，鼓励根据本部分达成协议的各方研究是否可使用这些文件的最新版本。凡是不注日期的引用文件，其最新版本适用于本部分。

GB/T 197　普通螺纹　公差(GB/T 197—2003，ISO 965-1:1998，ISO general purpose metric screw threads—Tolerances—Part 1:Principles and basic data，MOD)

GB/T 1237　紧固件标记方法(GB/T 1237—2000，eqv ISO 8991:1986)

GB/T 2516　普通螺纹　极限偏差(GB/T 2516—2003，ISO 965-3:1998，ISO general purpose metric screw threads—Tolerances—Part 3:Deviations for constructional screw threads，MOD)

GB/T 3098.1　紧固件机械性能　螺栓、螺钉和螺柱(GB/T 3098.1—2000，idt ISO 898-1:1999)

GB/T 3098.2　紧固件机械性能　螺母　粗牙螺纹(GB/T 3098.2—2000，idt ISO 898-2:1992)

GB/T 4956　磁性基体上非磁性覆盖层　覆盖层厚度测量　磁性法(GB/T 4956—2003，ISO 2178:1982，IDT)

GB/T 9145　普通螺纹　中等精度、优选系列的极限尺寸(GB/T 9145—2003，ISO 965-2:1998，ISO general purpose metric screw threads—Tolerances—Part 2:Limits of sizes for general purpose external and internal screw threads—Medium quality，MOD)

GB/T 12334　金属和其他非有机覆盖层　关于厚度测量的定义和一般规则(GB/T 12334—2001，idt ISO 2064:1996)

GB/T 13825　金属覆盖层　黑色金属材料热镀锌层　单位面积质量　称量法(GB/T 13825—2008，ISO 1460:1992，IDT)

GB/T 13912　金属覆盖层　钢铁制件热浸镀锌层　技术要求及试验方法(GB/T 13912—2002，ISO 1461:1999，ISO Hot dip galvanized coatings on fabricated iron and steel articles—Specifications and test methods，MOD)

GB/T 22028　热镀锌螺纹　在内螺纹上容纳镀锌层(GB/T 22028—2008，ISO 965-5:1998，ISO general purpose metric screw threads—Tolerances—Part 5:Limits of sizes for internal screw threads to mate with hot-dip galvanized external screw threads with maximum size of tolerance position h before galvanizing，MOD)

GB/T 22029　热浸镀锌螺纹　在外螺纹上容纳镀锌层(GB/T 22029—2008，ISO 965-4:1998，ISO general purpose metric screw threads—Tolerances—Part 4:Limits of sizes for hot-dip galvanized external screw threads to mate with internal screw threads tapped with tolerance position H or G after galvanizing,MOD)

3 术语和定义

本部分给出的术语和定义应与 GB/T 12334(尤其是主要表面、测量面、局部厚度、最小局部厚度和平均厚度的定义)给出的术语和定义共同使用。

3.1

批 batch

同时进行表面清洗、活化、烘干等前处理,并在同一容器中进行热浸镀锌的相同型式与尺寸的零件数量。

3.2

生产批 production lot

连续地经过表面清洗、活化、烘干、浸入熔融锌液,并经过离心处理等工序,在温度和工艺成分配比一致,由相同的制造批生产的零件的数量(批)。

3.3

批平均厚度 batch average thickness

假定镀层是均匀分布在该批零件的表面,计算镀层的平均厚度。

3.4

烘干 baking

为使氢脆风险降到最小,在给定的温度和规定的时间内加热零件的过程。

3.5

消除应力 stress relief

为消除因加工硬化而形成的应力,在设定的温度和规定的时间内加热零件的过程。

3.6

紧固件的热浸镀锌 hot dip galvanizing of fasteners

将经过前处理的钢制紧固件浸入熔融的锌液中,在其表面形成锌和(或)锌-铁合金镀层的过程。

注:本过程包括将零件离心处理(或其他等效的方法),去除表面多余的锌。

4 材料

4.1 紧固件材料

4.1.1 化学成分

热浸镀锌紧固件的材料应符合 GB/T 3098.1 和 GB/T 3098.2 的规定。此外当磷和硅的总含量在 0.03%和 0.13%之间时,推荐采用高温(530℃~560℃)镀锌。

注:选材时应考虑热浸镀锌温度对产品性能的影响。

4.1.2 表面状态

在浸入锌液之前,紧固件表面应是清洁的,不应有任何污染物。否则,影响镀锌效果。

4.2 锌

本工艺使用的锌材料应符合 GB/T 13912 的规定。

5 热浸镀锌程序和预防措施

5.1 消除应力

对重要场合使用的紧固件,在酸洗和热浸镀锌之前,可以要求先消除应力。

5.2 表面清理

零件应进行表面清洗。在表面清洗过程中,酸洗时氢可能被钢基体吸收。氢不可能完全熔解到锌液中,因此可能导致氢脆断裂。除非另有协议,热处理或加工硬化的硬度大于或等于 320 HV 的零件应采用防腐蚀酸、碱性或机械方法进行清洗。浸入防腐蚀酸中的时间取决于接受表面可容纳的状态和最小持续时间。

注:合适的防腐酸可以减少对钢的侵蚀和氢的附着。

5.3 烘干

如进行烘干,应在表面活化处理之前实施。

5.4 溶剂处理(助镀)

零件应进行表面活化处理,必要时应进行干燥。

5.5 热浸镀锌

热浸镀锌一般在温度为 455℃～480℃的镀槽内进行。为获得光滑和较薄的锌层可采用高温热浸镀锌。高温热浸镀锌一般在温度为 530℃～560℃的镀槽内进行,获得的表面通常是无光泽的。为避免产生微小裂纹,规格在 M27 及其以上的、性能等级 10.9 级的螺栓、螺钉和螺柱,不宜采用高温镀锌工艺。应避免在温度为 480℃～530℃的镀槽中进行热浸镀锌。

5.6 离心和冷却

将零件从镀槽中取出应立即进行离心处理,然后在水中或空气中冷却(由规格大小确定)。

5.7 对螺母的特殊技术要求

螺母螺纹或其他内螺纹零件应在热浸镀锌后进行攻丝,不允许重复攻丝。

5.8 后处理

热浸镀锌零件大多数不要求后处理。当客户要求时,可能实施铬酸盐、磷酸盐等后处理工艺,以尽可能地防止潮湿环境贮存时产生白锈(白色腐蚀)或有利于镀后的喷涂工序。

6 螺纹公差的技术要求和附加标志

6.1 总则

对 M10～M64 螺纹紧固件镀前和镀后的极限尺寸,在 GB/T 197、GB/T 2516、GB/T 9145、GB/T 22028 和GB/T 22029 中规定。紧固件的其他尺寸与公差,均适用于热浸镀锌之前的尺寸与公差。对 M8 的内、外螺纹的极限尺寸:螺纹公差带 6AX 和 6AZ(内螺纹)和 6az(外螺纹)在附录 B 中规定。

注:采用酸洗剥去镀层,再用量规检验热浸镀锌零件的螺纹公差的方法是不可行的。因为在镀锌过程中,零件在清洗及浸锌中因化学反应而改变了螺纹尺寸。

6.2 热浸镀锌螺纹紧固件安装技术要求与措施

6.2.1 总则

本条仅适用于按 GB/T 197、GB/T 2516、GB/T 9145、GB/T 22028 和 GB/T 22029 规定的螺纹公差制造的、并符合 GB/T 3098.1 和 GB/T 3098.2 对紧固件规定的标志技术要求的产品。在 6.2.2 和 6.2.3 中规定的标志,比 GB/T 3098.1 和 GB/T 3098.2 的标志增加了标志内容。

热浸镀锌工艺的应用,出现了很厚的锌覆盖镀层(经常超过 40 μm)。因此,为容纳如此厚的镀层,对螺纹的制造还需要特殊的极限尺寸。

为容纳热浸镀锌层,规定了两种不同的方法和基本偏差:

第一种方法(见 6.2.2)是镀后用 6AZ 或 6AX(加大攻丝尺寸)的丝锥对螺母进行攻丝,以满足与镀前螺纹公差带位置为 g 或 h 的螺栓或螺钉的配合要求。

第二种方法(见 6.2.3)是镀前用 6az(减小螺纹尺寸)的螺栓或螺钉,以满足与镀后攻丝螺纹公差带位置为 H 或 G 的螺母的配合要求。

加大攻丝尺寸的螺母(用Z或X标志)绝不应与减小螺纹尺寸的螺栓或螺钉(用U标志)相配,因为这种组合将增大螺纹脱扣的概率。

当镀后攻丝螺纹公差带位置为H或G的热浸镀锌螺母,与镀前螺纹公差带位置为g或h的热浸镀锌螺栓或螺钉安装时,会发生螺纹干涉。

6.2.2 镀后攻丝到6AZ或6AX(加大攻丝尺寸)的螺母

当与热浸镀锌前,螺纹公差带位置为g或h的螺栓或螺钉或其他外螺纹件(GB/T 197、GB/T 2516和GB/T 9145)相配时,要求螺母或内螺纹件在热浸镀锌后攻丝,并达到6AZ或6AX(按GB/T 22028)的规定。

注:推荐采用6AZ基本偏差的内螺纹与镀后经过离心处理的热浸镀锌外螺纹配合;采用6AX基本偏差的内螺纹与镀后不经过离心处理的热浸镀锌外螺纹(厚度层)配合。

加大攻丝尺寸的螺母应在性能等级标志之后,标志字母Z(6AZ级)或X(6AX级),见图1。

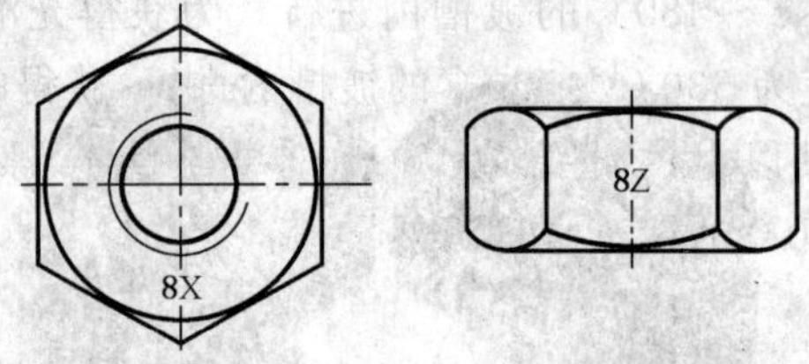

图1 加大攻丝尺寸螺母的性能等级标志示例

为降低安装过程中因热浸镀锌层而发生螺纹干涉的风险,相配的螺栓或螺钉或其他外螺纹件上的镀层厚度不应超过螺纹连接最小间隙的1/4。这些数值在表1中给出,供参考。

表1 基本偏差与加大攻丝尺寸螺母配件的最大镀层厚度 单位为微米

螺距 P/mm	螺纹公称直径 d/mm	基本偏差				螺纹连接的最小间隙与最大镀层厚度(供参考)							
		内螺纹		外螺纹		AZ/h		AZ/g		AX/h		AX/g	
		AZ	AX	h	g	最小间隙	最大镀层厚度	最小间隙	最大镀层厚度	最小间隙	最大镀层厚度	最小间隙	最大镀层厚度
1.25	8	+325[a]	+255[a]	0	−28	325	81	353	88	255	64	283	71
1.5	10	+330	+310	0	−32	330	83	362	91	310	78	342	86
1.75	12	+335	+365	0	−34	335	84	369	92	365	91	399	100
2	16(14)	+340	+420	0	−38	340	85	378	95	420	105	458	115
2.5	20(18、22)	+350	+530	0	−42	350	88	392	98	530	133	572	143
3	24(27)	+360	+640	0	−48	360	90	408	102	640	160	688	172
3.5	30(33)	+370	+750	0	−53	370	93	423	106	750	188	803	201
4	36(39)	+380	+860	0	−60	380	95	440	110	860	215	920	230
4.5	42(45)	+390	+970	0	−63	390	98	453	113	970	243	1 033	258
5	48(52)	+400	+1 080	0	−71	400	100	471	118	1 080	270	1 151	288
5.5	56(60)	+410	+1 190	0	−75	410	103	485	121	1 190	298	1 265	316
6	64	+420	+1 300	0	−80	420	105	500	125	1 300	325	1 380	345

[a] AZ和AX是按GB/T 22028附录B规定的螺纹基本尺寸的计算公式求出的。

6.2.3 镀前减小螺纹尺寸，螺纹为6az的螺栓和螺钉

当与热浸镀锌后攻丝、螺纹公差带位置为G或H的螺母或其他内螺纹件(GB/T 197、GB/T 2516和GB/T 9145)相配时，要求螺栓、螺钉和其他外螺纹件在热浸镀锌前达到6az(按GB/T 22029)的规定。

减小螺纹尺寸的螺栓和螺钉应在性能等级标志之后，标志字母U，见图2。

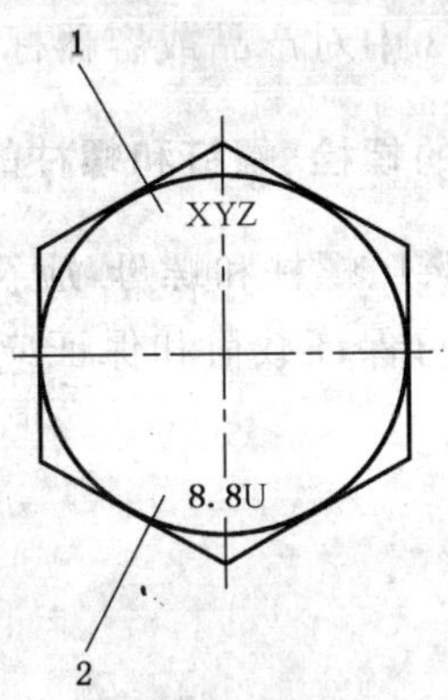

1——制造者的识别标志；

2——性能等级及附加标志。

图2 镀前6az螺纹热浸镀锌螺栓和螺钉的标志示例

为降低安装过程中因热浸镀锌层而发生螺纹干涉的风险，镀层厚度不应超过螺纹连接最小间隙的1/4。这些数值在表2中给出，供参考。

表2 基本偏差与减小螺纹尺寸的螺栓和螺钉配件的最大镀层厚度　　单位为微米

螺距 P/mm	螺纹公称直径 d/mm	基本偏差			螺纹连接的最小间隙与最大镀层厚度(供参考)			
		外螺纹	内螺纹		az/H		az/G	
		az	H	G	最小间隙	最大镀层厚度	最小间隙	最大镀层厚度
1.25	8	−325[a]	0	+28	325	81	353	88
1.5	10	−330	0	+32	330	83	362	91
1.75	12	−335	0	+34	335	84	369	92
2	16(14)	−340	0	+38	340	85	378	95
2.5	20(18、22)	−350	0	+42	350	88	392	98
3	24(27)	−360	0	+48	360	90	408	102
3.5	30(33)	−370	0	+53	370	93	423	106
4	36(39)	−380	0	+60	380	95	440	110
4.5	42(45)	−390	0	+63	390	98	453	113
5	48(52)	−400	0	+71	400	100	471	118
5.5	56(60)	−410	0	+75	410	103	485	121
6	64	−420	0	+80	420	105	500	125

[a] az是按GB/T 22029附录B规定的螺纹基本尺寸的计算公式求出的。

6.3 封装在同一容器中紧固件标志的特殊要求

如果热浸镀锌的螺栓或螺钉和与其相配的螺母一起包装在制造者封装的容器中，在6.2.2和6.2.3中对螺栓、螺钉或螺母规定的附加标志是非强制性的。但在该封装容器的标签上应按6.2.2和6.2.3的要求标明附加标志。

相关产品标准对热浸镀锌螺栓、螺钉、螺柱或螺母规定了螺纹公差(不允许制造者选择)，因此对紧固件标志有特殊要求时，在6.2.2和6.2.3中对产品或容器标签规定的附加标志是非强制性的。

7 加大攻丝尺寸的螺母和减小螺纹尺寸的螺栓、螺钉和螺柱的机械性能

对大于等于M12的热浸镀锌螺栓、螺钉、螺柱和螺母，应符合GB/T 3098.1或GB/T 3098.2的技术要求。附录A规定了M8和M10的螺母保证载荷和保证应力，以及螺栓、螺钉和螺柱的最小拉力载荷与保证载荷。

8 热浸镀锌层技术要求

8.1 热浸镀锌层的外观

热浸镀锌紧固件表面应光滑、无漏镀面、滴瘤、黑斑，无残留的溶剂渣、氧化皮夹杂物和损害零件预定使用性能的其他缺陷。外观无光泽不应成为拒收产品的理由。

8.2 对热浸镀锌垫圈需考虑的问题

热浸镀锌垫圈如按其他的合同与适合的验收规范，则应在定货时协议。

8.3 热浸镀锌层厚度

镀层局部厚度应不小于40 μm，镀层批平均厚度应不小于50 μm。镀层局部厚度的测量应在图3所示的测量面上进行。

应对每一生产批的产品按GB/T 4956规定的磁性法进行镀层局部厚度的检查。至少取5个测量点测厚，计算平均值即为镀层局部厚度。因几何形状的限制不允许测5个点的情况下，可以用5个试件的测厚平均值。如有争议，应采用GB/T 13825规定的称重法。为计算镀层批平均厚度，紧固件的表面积可按附录D估算。

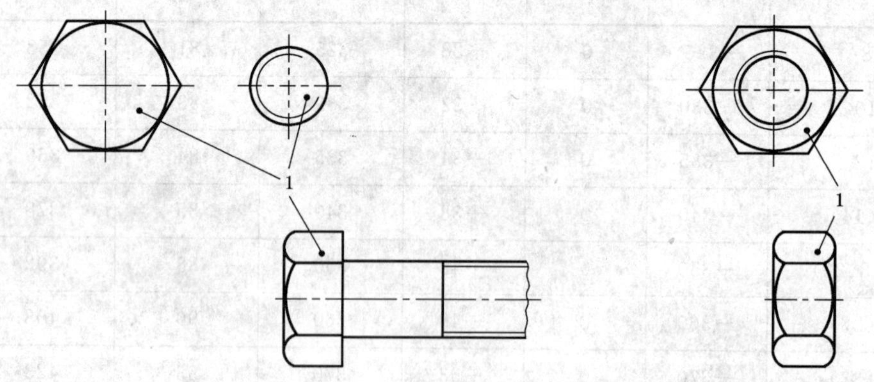

1——测量面。

图3 紧固件镀层局部厚度的测量面

8.4 热浸镀锌层的附着力

镀锌层应牢固地附着在基体金属的表面。附着力的测试方法在附录E中规定。

9 润滑剂

为提高安装的拧紧功效，螺母或螺栓、螺钉和螺柱的螺纹部分应涂润滑剂。

10 签订热浸镀锌的技术要求

按本部分要求订购热浸镀锌紧固件时，应对供方提供下列信息：

a) 引用本部分的标准编号及其镀层标记(见第11章)；

b) 零件材料、制造批的数量和零件状态，如热处理、硬度或其他在热浸镀锌过程中可能受影响的性能；

c) 是否要求特殊的镀层厚度；

d) 需要的附加试验；

e) 需要的附加处理，如涂润滑剂、铬酸盐处理。

11 标记

紧固件标记按相应的产品标准规定。表面镀层的标记应按 GB/T 1237 的规定增加到产品的标记中。热浸镀锌使用的代号为：tZn。

采用加大攻丝尺寸的螺母的螺栓-螺母组合示例，可参考6.2.2(见示例1)。

采用减小螺纹尺寸的螺栓或螺钉的螺栓-螺母组合示例，可参考6.2.3(见示例2)。

示例1：

GB/T 6170 M12、性能等级为8级、加大攻丝尺寸6AZ螺纹热浸镀锌1型六角螺母的标记：

六角螺母 GB/T 6170-M12-8Z-tZn

注：螺纹为6AX时，用8X替代8Z。

相配的GB/T 5782 M12×80、性能等级为8.8级、6g螺纹热浸镀锌六角头螺栓的标记：

六角螺栓 GB/T 5782-M12×80-8.8-tZn

示例2：

GB/T 5782 M12×80、性能等级为8.8级、6az螺纹热浸镀锌六角头螺栓的标记：

六角螺栓 GB/T 5782-M12×80-8.8U-tZn

相配的GB/T 6170 M12、性能等级为8级、6H螺纹热浸镀锌六角螺母的标记：

六角螺母 GB/T 6170-M12-8-tZn

附 录 A
（规范性附录）
M8 和 M10 的螺栓、螺钉和螺母的特殊技术要求

A.1 总则

考虑到按 6.2.2 和 6.2.3 加大了基本偏差，本附录规定的 M8 和 M10 的最小拉力载荷与保证载荷均低于 GB/T 3098.1 和 GB/T 3098.2 规定的数值。

加大攻丝尺寸的螺母，由于 M8 和 M10 螺纹啮合部分的减少，因此比 GB/T 3098.2 降低了保证载荷值。

减小螺纹尺寸的螺栓和螺钉，M8 和 M10 的螺纹应力截面积明显小于 GB/T 3098.1 的规定。

A.2 镀后，加大攻丝尺寸达到 6AZ 或 6AX 螺纹的螺母最小保证载荷

螺母按 6.2.2 可采用加大攻丝尺寸达到 6AZ 或 6AX 螺纹（GB/T 22028 和附录 B）。对 M8 和 M10 的 6AZ 螺纹给出了最大的基本偏差。为便于使用 M8 和 M10 的 6AZ 或 6AX 螺纹的基本偏差，表 A.1 给出了各种基本偏差对应的保证载荷。表 A.2 给出了保证应力。

GB/T 3098.2 给出的其他有关机械性能的要求，均应遵循。

试验方法见 GB/T 3098.2。

表 A.1 6AZ 和 6AX 螺纹的螺母保证载荷

螺纹规格 d	螺距 P/mm	标准试棒的公称应力截面积 A_s/mm^2	性能等级				
			5	6	8	9	10
			标志				
			5Z/5X	6Z/6X	8Z/8X	9Z/9X	10Z/10X
			保证载荷/N				
M8	1.25	36.6	17 300	20 000	25 500	27 600	30 600
M10	1.5	58.0	28 600	33 000	42 200	45 600	50 400

表 A.2 6AZ 和 6AX 螺纹的螺母保证应力

螺纹规格 d	性能等级				
	5	6	8	9	10
	标志				
	5Z/5X	6Z/6X	8Z/8X	9Z/9X	10Z/10X
	保证应力/（N/mm^2）				
M8	473	546	698	754	835
M10	493	569	728	786	870

A.3 镀前,减小螺纹尺寸达到6az螺纹的螺栓和螺钉最小拉力载荷与保证载荷

螺栓、螺钉和其他外螺纹件按6.2.3,可采用减小螺纹尺寸达到6az螺纹(GB/T 22029和附录B)。对M8和M10的6az螺纹给出了大的基本偏差,并减小了应力截面积。因此,降低了M8和M10的最小拉力载荷与保证载荷,计算方法见附录C。降低后的数值在表A.3和表A.4中给出。

GB/T 3098.1给出的其他有关机械性能的要求,均应遵循。

试验方法见GB/T 3098.1。

表A.3 6az螺纹的螺栓和螺钉最小拉力载荷

螺纹规格 d	应力截面积 A_{saz}/mm^2	性能等级			
		4.6	5.6	8.8	10.9
		标志			
		4.6U	5.6U	8.8U	10.9U
		最小拉力载荷($A_{saz}\times R_{m\ min}$)/N			
M8	33.2	13 300	16 600	26 600	34 500
M10	53.6	21 400	26 800	42 900	55 700

表A.4 6az螺纹的螺栓和螺钉保证载荷

螺纹规格 d	应力截面积 A_{saz}/mm^2	性能等级			
		4.6	5.6	8.8	10.9
		标志			
		4.6U	5.6U	8.8U	10.9U
		保证载荷($A_{saz}\times S_P$)/N			
M8	33.2	7 470	9 300	19 300	27 600
M10	53.6	12 100	15 000	31 100	44 500

附 录 B
（规范性附录）
M8 热浸镀锌内、外螺纹极限尺寸

B.1 总则

本附录给出了 M8 螺纹的极限尺寸，即：

a) 加大攻丝尺寸的 6AZ 和 6AX 内螺纹；

b) 减小螺纹尺寸的 6az 外螺纹。

B.2 M8 内螺纹的极限尺寸

表 B.1 给出了 M8 6AZ 和 6AX 内螺纹的极限尺寸。

公差精度：中等

螺纹旋合长度组：中等

公差带：6AZ 和 6AX

表 B.1 M8 6AZ 和 6AX 内螺纹的极限尺寸

单位为毫米

螺纹规格 d	螺纹旋合长度		公差带	大径[a] D	中径[a] D_2		小径[b] D_1	
	>	≤		min[c]	max	min	max	min
M8	4	12	6AZ	8.325	7.673	7.513	7.237	6.972
			6AX	8.255	7.603	7.443	7.167	6.902

a 适用于镀锌后加大攻丝的内螺纹尺寸。

b 适用于镀锌前或镀锌后去除锌的碎屑的内螺纹尺寸。

c 系指通过不考虑牙侧间断的直线度的点假想的同轴圆柱。

B.3 M8 外螺纹的极限尺寸

表 B.2 给出了 M8 6az 外螺纹的极限尺寸。

公差精度：中等

螺纹旋合长度组：中等

公差带：6az

表 B.2 M8 6az 外螺纹的极限尺寸

单位为毫米

螺纹规格 d	螺纹旋合长度		大径 d		中径 d_2		小径（用于强度计算） d_3	牙底圆弧半径
	>	≤	max	min	max	min	max	min
M8	4	12	7.675	7.463	6.863	6.745	6.142	0.156

附　录　C
（资料性附录）
6az 螺纹 M8 和 M10 螺栓和螺钉的最小拉力载荷与保证载荷的计算

表 A.3 中给出的最小拉力载荷与表 A.4 中给出的最小保证载荷（符合 GB/T 3098.1 的规定）是用最小抗拉强度（R_m）或保证应力（S_P）分别与应力截面积（A_{saz}）的乘积。M10 的应力截面积（A_{saz}）是根据螺纹直径由 GB/T 22029 查得数据，按下式求得；而 M8 的则由附录 B 查得数据按下式求得：

$$A_{saz}=\frac{\pi}{4}\left(\frac{d_2+d_3}{2}\right)^2$$

式中：

d_2——螺纹最大中径；

d_3——螺纹最大小径。

附 录 D
（资料性附录）
螺栓、螺钉和螺母的表面积

D.1 总则

按 8.3 测量批平均厚度时，需要求出螺栓、螺钉和螺母的表面积估算值，本附录给出了指导性意见。

注：在表 D.1 和表 D.2 给出的表面积，仅适用于有关各方意见一致的情况。

D.2 螺栓和螺钉

为求得螺栓或螺钉的总表面积，需要下列参数值（见图 D.1）：

——螺栓或螺钉每毫米长度的螺纹杆部的表面积（A_1）；

——螺栓或螺钉每毫米长度的无螺纹杆部的表面积（A_2）；

——头部（含末端表面）的表面积（A_3）。

总表面积（A）按下式计算：

$$A = A_1 \times \text{螺纹长度} + A_2 \times \text{无螺纹杆部长度} + A_3$$

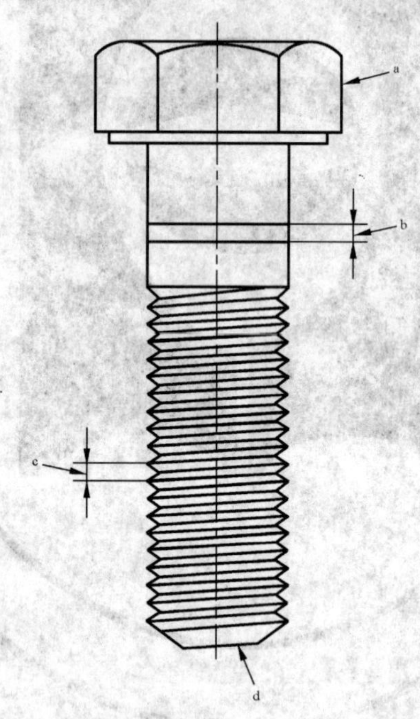

a 头部总表面积（包括末端表面积，见[d]）；

b 每毫米长度的无螺纹杆部的表面积；

c 每毫米长度的螺纹杆部的表面积；

d 包括在头部表面积中的末端表面积（A_3）。

图 D.1 表面积

切制螺纹，无螺纹杆部近似等于螺纹基本大径（公称直径）。辗制螺纹，无螺纹杆径近似等于中径（细杆）或基本大径（标准杆或等粗杆）。

表 D.1 给出六角头和不同杆部型式的表面积值 A_1、A_2 和 A_3。

表 D.1 螺栓和螺钉的表面积

螺纹规格（粗牙螺纹）	每毫米长度的表面积/mm²			头部表面积 A_3/mm²
	螺纹杆部 A_1（粗牙螺纹）	无螺纹杆部 A_2		六角头
		标准杆	细杆（粗牙螺纹）	
M8	38.48	25.15	22.43	541.3
M10	48.31	31.42	28.17	905.8
M12	58.14	37.63	33.98	1 151
M14	67.97	43.99	39.45	1 523
M16	78.69	50.27	45.67	1 830
M18	87.63	56.54	50.88	2 385
注：对螺纹规格＞M18 的或细牙螺纹的螺栓或螺钉，暂未提供数值，应采用适当的方法计算。				

D.3 螺母

表 D.2 给出 1 型六角螺母的表面积。

注：热浸镀锌螺母是在镀后攻丝的，因此表面积的估算中，未考虑螺纹的表面积。

表 D.2 1型六角螺母的表面积

螺纹规格	表面积 A/mm²
M8	536
M10	892
M12	1 169
M14	1 522
M16	1 877
M18	2 424
注：对螺母规格＞M18 的和 2 型螺母，暂未提供数值，应采用适当的方法计算。	

附 录 E
（规范性附录）
热浸镀锌层的附着力

为测定镀锌层与基体金属表面的附着力，应使用坚硬的刀尖施加足够的压力，削或撬开镀锌层。

如果锌层仅是分层或表层的剥落，则应继续进刀直至露出基体金属。

测定锌层附着力，不应在棱边或尖角处（锌层附着力最低的点）实施。

采用切片或削的方法仅能去除小部分锌层，而未使锌层脱离金属基体，则不应拒收。

附 录 F
（资料性附录）
热浸镀锌螺栓或螺钉和螺母连接副的强度

对螺栓、螺钉和螺母，要么对螺栓和螺钉螺纹按 GB/T 22029 的规定减小螺纹尺寸，要么对螺母螺纹按 GB/T 22028 的规定加大攻丝尺寸，即使达到尺寸公差和机械性能的要求，但与规定相配的元件组装时，也可能达不到预期的连接副强度。

连接副强度的降低是由于修整螺纹降低了剪切强度；可参考阿莱克斯特[1]（Alexander）关于螺纹强度方面的研究工作。

下列建议的方法，当使用修整螺纹连接时，也可能达到 6g/6H 连接副的强度要求。

a） 螺栓和螺钉按 GB/T 22029 加工 6az 螺纹

螺栓或螺钉的抗拉强度（R_m）不能低于 GB/T 3098.1 规定的最小抗拉强度。

应当注意，对 8.8 级的螺栓和螺钉不能超过 8.8 级规定的最大硬度，因为有氢脆风险。

b） 螺母按 GB/T 22028 加工 6AZ 螺纹

为使 6AZ 螺纹的螺母连接副的强度达到要求，有两种方案：

1） 用较高性能等级的螺母与螺栓和螺钉相配，如 8.8 级的螺栓或螺钉配 10 级螺母等。

2） 用相同性能等级，但以 2 型代替 1 型的螺母与螺栓或螺钉相配。

c） 螺母按 GB/T 22028 加工 6AX 螺纹

对大于 M10 的规格，为使 6AX 螺纹的螺母连接副的强度达到要求，应使用比 6AZ 螺纹的性能等级还要高的螺母。在普遍使用这种螺纹公差的某些国家中，国家标准要求使用高两个性能等级的螺母。

1） E. M. ALEXANDER, Analysis and design of ehreaded assemblies SAE Transactions, Section 3—Volume 86.

ICS 21.220.30
J 18

中华人民共和国国家标准

GB/T 5269—2008/ISO 1275:2006
代替 GB/T 5269—1999

传动与输送用双节距精密滚子链、附件和链轮

Double-pitch precision roller chains, attachments and associated chain sprockets for transmission and conveyors

(ISO 1275:2006,IDT)

2008-07-01 发布 2009-02-01 实施

中华人民共和国国家质量监督检验检疫总局
中国国家标准化管理委员会 发布

前　言

本标准等同采用 ISO 1275:2006《传动与输送用双节距精密滚子链、附件和链轮》(英文版)。

本标准等同翻译 ISO 1275:2006。

为便于使用,本标准做了下列编辑性修改:

——“本国际标准”一词改为“本标准”;

——用小数点“.”代替作为小数点的逗号“,”。

采标过程中,还纠正了 ISO 1275:2006 中“5.2.3.2 最小齿槽形状”和“5.2.3.3 最大齿槽形状”计算公式的错误。将 5.2.3.2 中的“$r_{e\,min}=0.12d_1(z+2)$”改为“$r_{e\,max}=0.12d_1(z+2)$”;将 5.2.3.3“$r_{e\,max}=0.008d_1(z^2+180)$”改为“$r_{e\,min}=0.008d_1(z^2+180)$”。

本标准是对 GB/T 5269—1999《传动与输送用双节距精密滚子链、附件和链轮》的修订。

本标准与 GB/T 5269—1999 相比主要技术内容变化如下:

——增加了图 1d)带卡簧的连接链节;

——对 3.4 做了技术修订,调整了部分内容;

——对 3.5 做了技术修订,将原来的预拉载荷值为最小抗拉强度的 1/3 调整为 30%;

——对原表 1～表 3 中的部分数据进行了调整;

——新增了 M1、M2 型附件,X 和 Y 型加长销轴及所对应的图(图 6～图 9)与表(表 4～表 6);

——调整了 4.5 的规定,将带有附件的链长公差由原来的 $^{+0.25}_{\ \ 0}$% 调整为 $^{+0.30}_{\ \ 0}$%,同时增加了对平行传动链条链长精度的选配要求;

——新增了 4.7.5 对附板制造的要求;

——新增了 5.6 对链轮孔径公差的要求;

——将原标准 5.6 对齿数范围的规定移至第 1 章适用范围。

本标准的附录 A 为规范性附录。

本标准由中国机械工业联合会提出。

本标准由全国链传动标准化技术委员会归口。

本标准负责起草单位:吉林大学。

本标准参加起草单位:浙江恒久机械集团有限公司、杭州东华链条集团有限公司、青岛征和工业有限公司、杭州西林链条制造有限公司、江苏双菱链传动有限公司、杭州永利百合实业有限公司、常州骏安工程机械部件有限公司。

本标准主要起草人:孟祥宾、寿飞峰、叶斌、金玉谟、马锦华、谈光成、曹永年、王亚香。

本标准参加起草人:孟丹红、张春生、付振明、汪志军、李奇伟、冯鑫、吕少亮。

本标准所代替标准的历次版本发布情况为:

——GB 5269—85、GB/T 5269—1999。

ISO 引言

本国际标准包括了在世界上大多数国家使用的链条规格范围。并对现有各国家标准中的尺寸、强度与其他数据进行了统一。

本国际标准规定的双节距链条的特点主要是由 ISO 606 标准链派生出来的，是在原链节的基础上使标准节距增加一倍。

本国际标准采用了来自 ANSI、BS 和 DIN 的双节距链条系列。链条的节距范围从 25.4 mm 到 101.6 mm，其种类包括标准链板、加厚链板、大滚子、小滚子、附板以及链轮的内容。

标准规定的链条尺寸可使链节完全互换，链轮尺寸也能与具有相同节距的链条完全互换(适用于 A 或 B 系列)。

传动与输送用双节距
精密滚子链、附件和链轮

1 范围

本标准规定了适用于机械动力传动和输送用双节距精密滚子链条及配用链轮的技术要求，内容包括尺寸、公差、长度测量、预拉和最小抗拉强度。

双节距链条是由 GB/T 1243 传动用短节距精密滚子链派生出来的，节距是其两倍，其余互换性尺寸相同。

本标准规定的链条应用于传递的功率和速度比派生出它的基本链条相对要低一些的场合。

本标准规定的链轮齿数应用范围为 5～75 齿(包括中间值，从 5½ 到 74½)。

优选齿数为:7、9、10、11、13、19、27、38 和 57。

2 规范性引用文件

下列文件中的条款通过本标准的引用而成为本标准的条款。凡是注日期的引用文件，其随后所有的修改单(不包括勘误的内容)或修订版均不适用于本标准，然而，鼓励根据本标准达成协议的各方研究是否可使用这些文件的最新版本。凡是不注日期的引用文件，其最新版本适用于本标准。

GB/T 1800.3 极限与配合 基础 第 3 部分:标准公差和基本偏差数值表(GB/T 1800.3—1998,eqv ISO 286-1:1988);

GB/T 1243 传动用短节距精密滚子链、套筒链、附件和链轮(GB/T 1243—2006,ISO 606:2004,IDT)

3 传动链条

3.1 链条及其零部件术语

链条及其零部件的名词术语见图 1 和图 2。

注：图 1 和图 2 并不是对链板实际形状的规定。

图 1 传动链

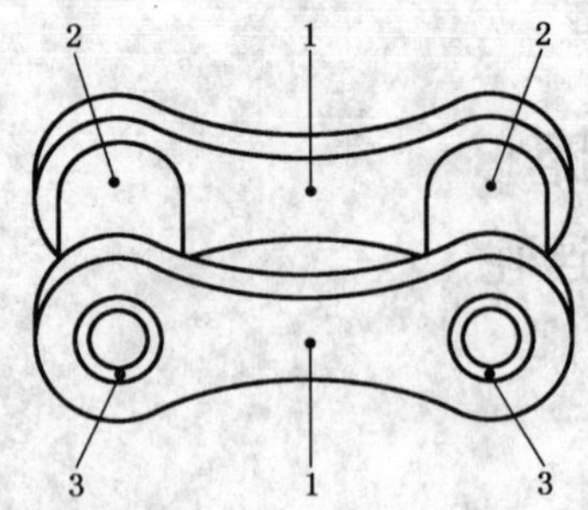

1——内链板；
2——滚子；
3——套筒。

a) 内链节

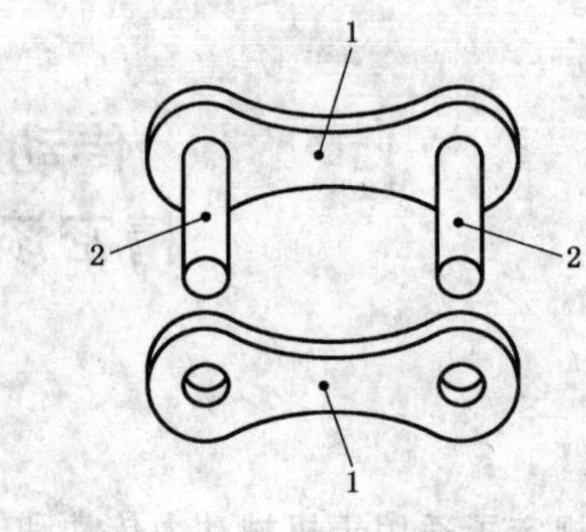

1——外链板；
2——销轴。

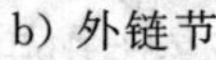

b) 外链节

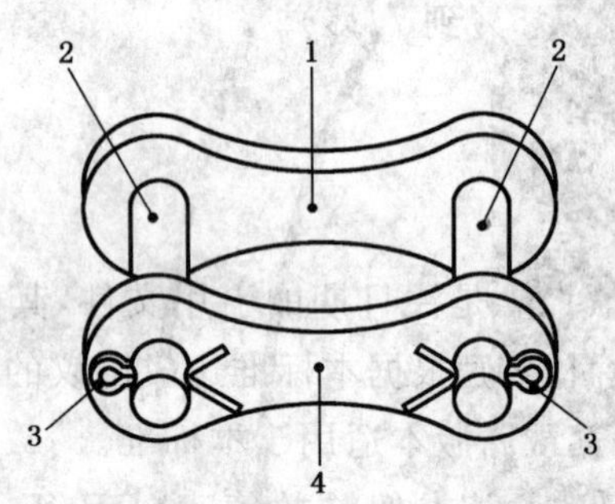

1——外链板；
2——带孔连接销轴；
3——开口销；
4——连接链板。

c) 带开口销的连接链节

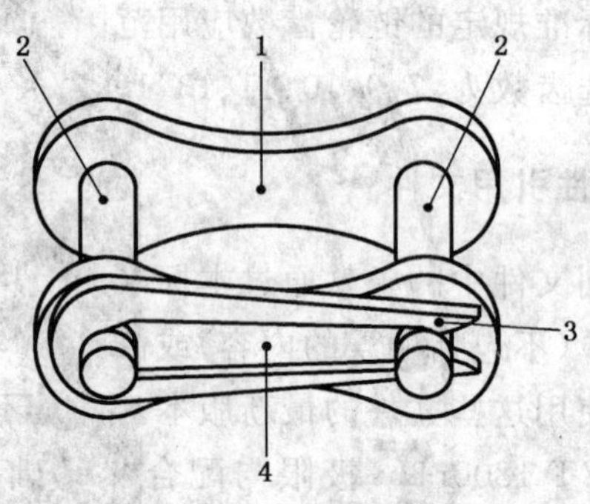

1——外链板；
2——带槽连接销轴；
3——卡簧；
4——连接链板。

d) 带卡簧的连接链节

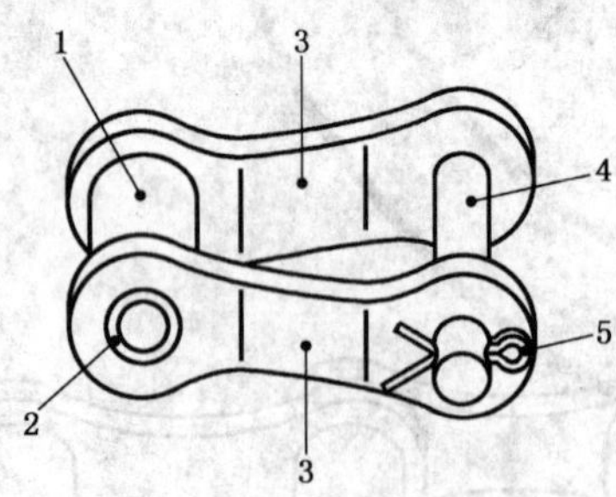

1——滚子；
2——套筒；
3——过渡链板；
4——过渡销轴；
5——开口销。

e) 单节过渡链节

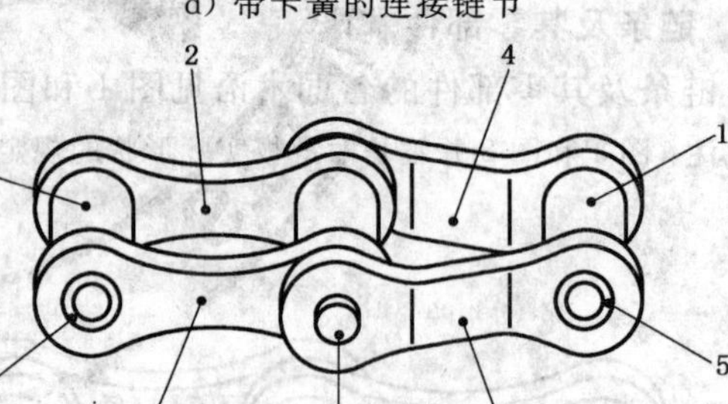

1——滚子；
2——内链板；
3——销轴；
4——过渡链板；
5——套筒。

f) 复合过渡链节

注 1：链板尺寸规定于表 1。

注 2：止锁件可以有多种形式，图示仅为示例。

图 2　链节的型式

3.2　标号

传动用双节距精密滚子链应按表 1 中的标准链号标号。这些链号是在基本链号(见 GB/T 1243)的前面加上数字“2”组成的。

举例：链条　GB/T 5269-208B

3.3　尺寸

链条尺寸应符合图3和表1的规定，标准中规定的最大和最小尺寸是为保证由不同制造厂家生产的链节具有互换性，这是对链条互换性所作的限制，并不是链条的制造公差。

本标准只给出了单排双节距链条的尺寸。

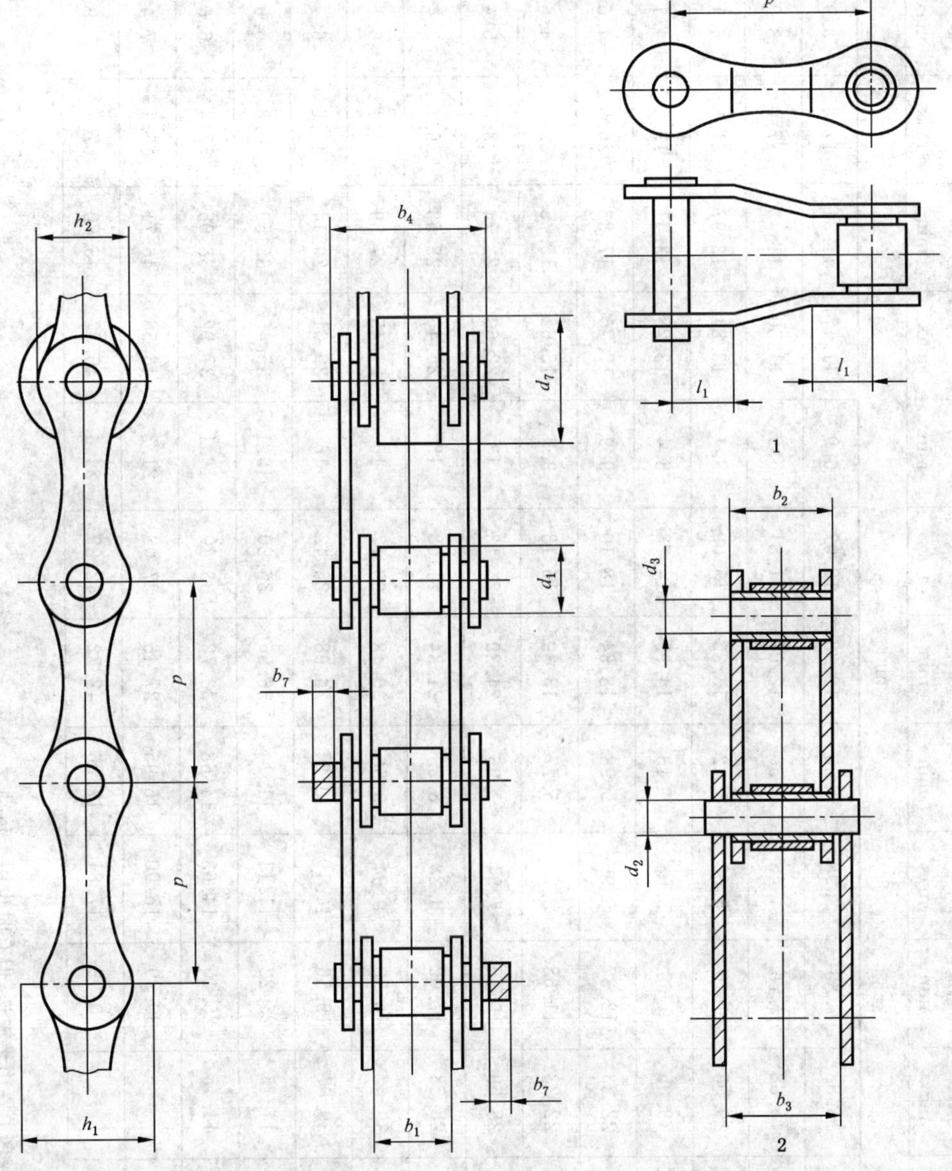

1——过渡链节；

2——链条剖面图。

链条通道高度 h_1 是装配完成的小滚子系列链条所能通过的最小高度。

带有止锁件的链条全宽为：

铆头销轴、一侧带有止锁件：b_4+b_7；

带头部的销轴、一侧带有止锁件：$b_4+1.6b_7$；

两侧均带止锁件：b_4+2b_7。

图3　传动链条

表 1　传动链条主要尺寸、测量力和抗拉强度(见图 3)

链号	节距 p	小滚子直径[a] d_1 max	大滚子直径[a] d_7 max	内链节内宽 b_1 min	销轴直径 d_2 max	套筒内径 d_3 min	链条通道高度 h_1 min	链板高度 h_2 max	过渡链板尺寸[b] l_1 min	内链节外宽 b_2 max	外链节内宽 b_3 min	销轴长度 b_4 max	销轴止锁端加长量[c] b_7 max	测量力	抗拉强度 min
	mm													N	kN
208A	25.4	7.92	15.88	7.85	3.98	4.00	12.33	12.07	6.9	11.17	11.31	17.8	3.9	120	13.9
208B	25.4	8.51	15.88	7.75	4.45	4.50	12.07	11.81	6.9	11.30	11.43	17.0	3.9	120	17.8
210A	31.75	10.16	19.05	9.40	5.09	5.12	15.35	15.09	8.4	13.84	13.97	21.8	4.1	200	21.8
210B	31.75	10.16	19.05	9.65	5.08	5.13	14.99	14.73	8.4	13.28	13.41	19.6	4.1	200	22.2
212A	38.1	11.91	22.23	12.57	5.96	5.98	18.34	18.10	9.9	17.75	17.88	26.9	4.6	280	31.3
212B	38.1	12.07	22.23	11.68	5.72	5.77	16.39	16.13	9.9	15.62	15.75	22.7	4.6	280	28.9
216A	50.8	15.88	28.58	15.75	7.94	7.96	24.39	24.13	13	22.60	22.74	33.5	5.4	500	55.6
216B	50.8	15.88	28.58	17.02	8.28	8.33	21.34	21.08	13	25.45	25.58	36.1	5.4	500	60.0
220A	63.5	19.05	39.67	18.90	9.54	9.56	30.48	30.17	16	27.45	27.59	41.1	6.1	780	87.0
220B	63.5	19.05	39.67	19.56	10.19	10.24	26.68	26.42	16	29.01	29.14	43.2	6.1	780	95.0
224A	76.2	22.23	44.45	25.22	11.11	11.14	36.55	36.20	19.1	35.45	35.59	50.8	6.6	1 110	125.0
224B	76.2	25.4	44.45	25.40	14.63	14.68	33.73	33.40	19.1	37.92	38.05	53.4	6.6	1 110	160.0
228B	88.9	27.94	—	30.99	15.90	15.95	37.46	37.08	21.3	46.58	46.71	65.1	7.4	1 510	200.0
232B	101.6	29.21	—	30.99	17.81	17.86	42.72	42.29	24.4	45.57	45.70	67.4	7.9	2 000	250.0

[a] 大滚子链条在链号后加 L,它主要用于输送,但有时也用于传动。

[b] 对繁重的工况不推荐使用过渡链节。

[c] 实际尺寸取决于止锁件的形式,但不得超过所给尺寸,详细资料应从链条制造商得到。

3.4 抗拉试验

3.4.1 概述

最小抗拉强度是试验链条在拉伸载荷作用下发生破坏时应该超过的最低强度值。这个最低强度值不是工作载荷，它主要是用来对不同结构的链条作比较用的数值。

这些试验要求不适用于过渡链节、连接链节或带附件的链节，这些链节的抗拉强度应该减低。

3.4.2 试验

拉伸载荷应缓慢地施加在链段的两端，链段至少应包含5个自由链节，用允许在链条铰链的法平面以及链条中心线的两侧自由运动的夹头连接。

链条破坏是发生在当链条伸长增加而不再伴随着载荷增加的第一点上，即“载荷-拉伸”图的顶点。其值不得低于表1中的规定。

若破坏发生在与夹头连接处时，则认为该试验无效。

拉伸试验是破坏性的试验，即使链条在经受了等于最小抗拉强度的载荷作用后，可能没有产生明显损坏，但是链条所受应力已超过了其屈服极限，所以经过拉伸试验的链条不能再使用。

3.5 预拉

推荐对所有链条都应进行预拉，预拉载荷值应为表1中规定的最小抗拉强度的30%。

3.6 链长精度

装配好的链条应在经受预拉之后，在加润滑油之前，进行长度测量。

测量的标准长度至少为：

a) 链号范围从208A至210B，为610 mm；

b) 链号范围从212A至232B，为1 220 mm；

被测链条应在整个长度内得到支撑，并施加表1中规定的测量力。

链长公差为其公称长度值的$^{+0.15}_{\ 0}$%。

在平行工作条件下使用的链条的链长精度可以按较接近的公差进行选配。

3.7 标记

链条应标有制造厂名或商标的标记。

表1中给出的链号应标记在链条上。

4 输送链条

4.1 概述

除了以下说明，输送链条与链轮的形状、尺寸和检验项目应分别符合本标准第3章和第5章中的相应规定，同时相应以表2代替表1。

输送用链条一般采用直边(无腰部的)链板，另外还可以采用大直径滚子(d_7)。这些特点见图4。

4.2 术语

图2中的术语也可应用于输送链，图2和图4并不是对链板实际形状的规定。

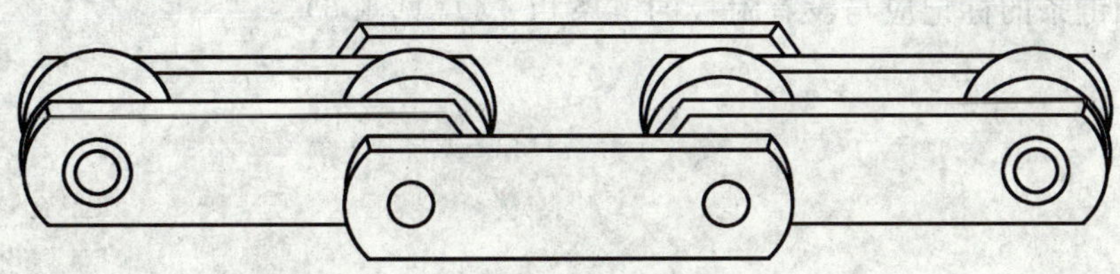

图4 大滚子输送链条

4.3 标号

输送用双节距精密滚子链，当采用如图 4 所示的直边链板时，则在原标号前加字母 C；当采用大直径滚子(d_7)时，则在原标号后加字尾 L。如有必要区分链条所用滚子的大小，则对小滚子链条，在原标号后加字尾 S。

4.4 尺寸

当采用大滚子时，链轮计算公式中的 d_1 须改用 d_7 代替(齿顶圆直径除外)，尺寸则按表 2 的规定。

4.5 链长精度

链长公差为其公称长度值的 $^{+0.30}_{\ \ 0}$ %；

必须平行工作的链条，其链长精度可以按较接近的公差进行选配。

4.6 标记

链条应标记有制造厂名或商标，表 2 中的链号应标在链条上。

4.7 附件

4.7.1 概述

除了以下说明，对带有附件的链条，其尺寸和检验要求应符合第 3 章的规定。

4.7.2 术语

链条附件的术语见图 5～图 9。

4.7.3 标号

本标准规定了具有共同基本尺寸链条的三种附件形式，他们分别列于表 3～表 6。他们的标号及区别特征如下：

a) K 型附板(见图 5)

K1 型附板：在每块附板中间开一个孔；

K2 型附板：沿附板纵向开两个孔。

b) M 型附板(见图 6 和图 7)

M1 型附板：在每块附板中间开一个孔；

M2 型附板：沿附板纵向开两个孔。

c) 加长销轴(见图 8 和图 9)

在链条的一侧加长销轴。

4.7.4 尺寸

附板的尺寸应符合表 3～表 6 的规定。

4.7.5 制造

附板的实际形状由制造厂确定。

附板的长度也由制造厂确定，但是须能足够容纳附板的两个纵向孔。对于 K2 型附板，不得对相邻链节的工作发生干涉。对于具有一个孔或两个孔的附板来说，通常采用相同的长度。

4.7.6 标记

对 K 型和 M 型附板的标记一般不做要求；

对带加长销轴链条的标记应与没有附板的链条相一致(见 4.6)。

表 2 输送链条主要尺寸、测量力和抗拉强度

链号[a]	节距 p	小滚子直径 d_1 max	大滚子直径 d_7 max	内链节内宽 b_1 min	销轴直径 d_2 max	套筒内径 d_3 min	链条通道高度 h_1 min	链板高度 h_2 max	过渡链板尺寸[b] l_1 min	内链节外宽 b_2 max	外链节内宽 b_3 min	销轴长度 b_4 max	销轴止锁端加长量[c] b_7 max	测量力	抗拉强度 min
	mm													N	kN
C208A	25.4	7.92	15.88	7.85	3.98	4.00	12.33	12.07	6.9	11.17	11.31	17.8	3.9	120	13.9
C208B	25.4	8.51	15.88	7.75	4.45	4.50	12.07	11.81	6.9	11.30	11.43	17.0	3.9	120	17.8
C210A	31.75	10.16	19.05	9.40	5.09	5.12	15.35	15.09	8.4	13.84	13.97	21.8	4.1	200	21.8
C210B	31.75	10.16	19.05	9.65	5.08	5.13	14.99	14.73	8.4	13.28	13.41	19.6	4.1	200	22.2
C212A	38.1	11.91	22.23	12.57	5.96	5.98	18.34	18.10	9.9	17.75	17.88	26.9	4.6	280	31.3
C212A-H	38.1	11.91	22.23	12.57	5.96	5.98	18.34	18.10	9.9	19.43	19.56	30.2	4.6	280	31.3
C212B	38.1	12.07	22.23	11.68	5.72	5.77	16.39	16.13	9.9	15.62	15.75	22.7	4.6	280	28.9
C216A	50.8	15.88	28.58	15.75	7.94	7.96	24.39	24.13	13	22.60	22.74	33.5	5.4	500	55.6
C216A-H	50.8	15.88	28.58	15.75	7.94	7.96	24.39	24.13	13	24.28	24.41	37.4	5.4	500	55.6
C216B	50.8	15.88	28.58	17.02	8.28	8.33	21.34	21.08	13	25.45	25.58	36.1	5.4	500	60.0
C220A	63.5	19.05	39.67	18.90	9.54	9.56	30.48	30.17	16	27.45	27.59	41.1	6.1	780	87.0
C220A-H	63.5	19.05	39.67	18.90	9.54	9.56	30.48	30.17	16	29.11	29.24	44.5	6.1	780	87.0
C220B	63.5	19.05	39.67	19.56	10.19	10.24	26.68	26.42	16	29.01	29.14	43.2	6.1	780	95.0
C224A	76.2	22.23	44.45	25.22	11.11	11.14	36.55	36.20	19.1	35.45	35.59	50.8	6.6	1 110	125.0
C224A-H	76.2	22.23	44.45	25.22	11.11	11.14	36.55	36.20	19.1	37.18	37.31	55.0	6.6	1 110	125.0
C224B	76.2	25.4	44.45	25.40	14.63	14.68	33.73	33.40	19.1	37.92	38.05	53.4	6.6	1 110	160.0
C232A-H	101.6	28.58	57.15	31.55	14.29	14.31	48.74	48.26	25.2	46.88	47.02	69.4	7.9	2 000	222.4

注：带大滚子链条的基本尺寸与表 1 相同，其链板通常是直边的(不是曲边的)。

[a] 链号是从表 1 中的基本链号派生出来的，前缀加字母 C 表示输送链，字尾加 S 表示小滚子链、L 表示大滚子链、加 H 表示重载链条。

[b] 重载应用场合，不推荐使用过渡链节。

[c] 实际尺寸取决于止锁件的形式，但不得超过所给尺寸。详细资料应从链条制造商得到。

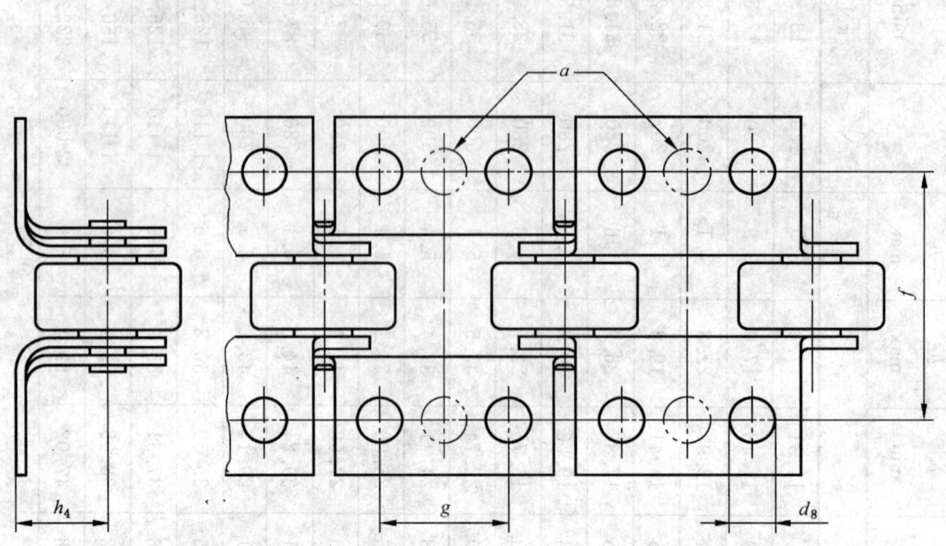

a K2 型附板带有两个孔；K1 附板只在中间开一个孔(见 4.7.3)。

图 5 K 型附板

表 3 K 型附板尺寸(见图 5)

单位为毫米

链 号[a]	附板平台高度 h_4	附板孔中心线之间横向距离 f	最小孔径 d_8	附板孔中心线之间纵向距离 g
C208A	9.1	25.4	3.3	9.5
C208B	9.1	25.4	4.3	12.7
C210A	11.1	31.8	5.1	11.9
C210B	11.1	31.8	5.3	15.9
C212A	14.7	42.9	5.1	14.3
C212A-H	14.7	42.9	5.1	14.3
C212B	14.7	38.1	6.4	19.1
C216A	19.1	55.6	6.6	19.1
C216A-H	19.1	55.6	6.6	19.1
C216B	19.1	50.8	6.4	25.4
C220A	23.4	66.6	8.2	23.8
C220A-H	23.4	66.6	8.2	23.8
C220B	23.4	63.5	8.4	31.8
C224A	27.8	79.3	9.8	28.6
C224A-H	27.8	79.3	9.8	28.6
C224B	27.8	76.2	10.5	38.1
C232A-H	36.5	104.7	13.1	38.1

a 重载链条标以后缀 H。

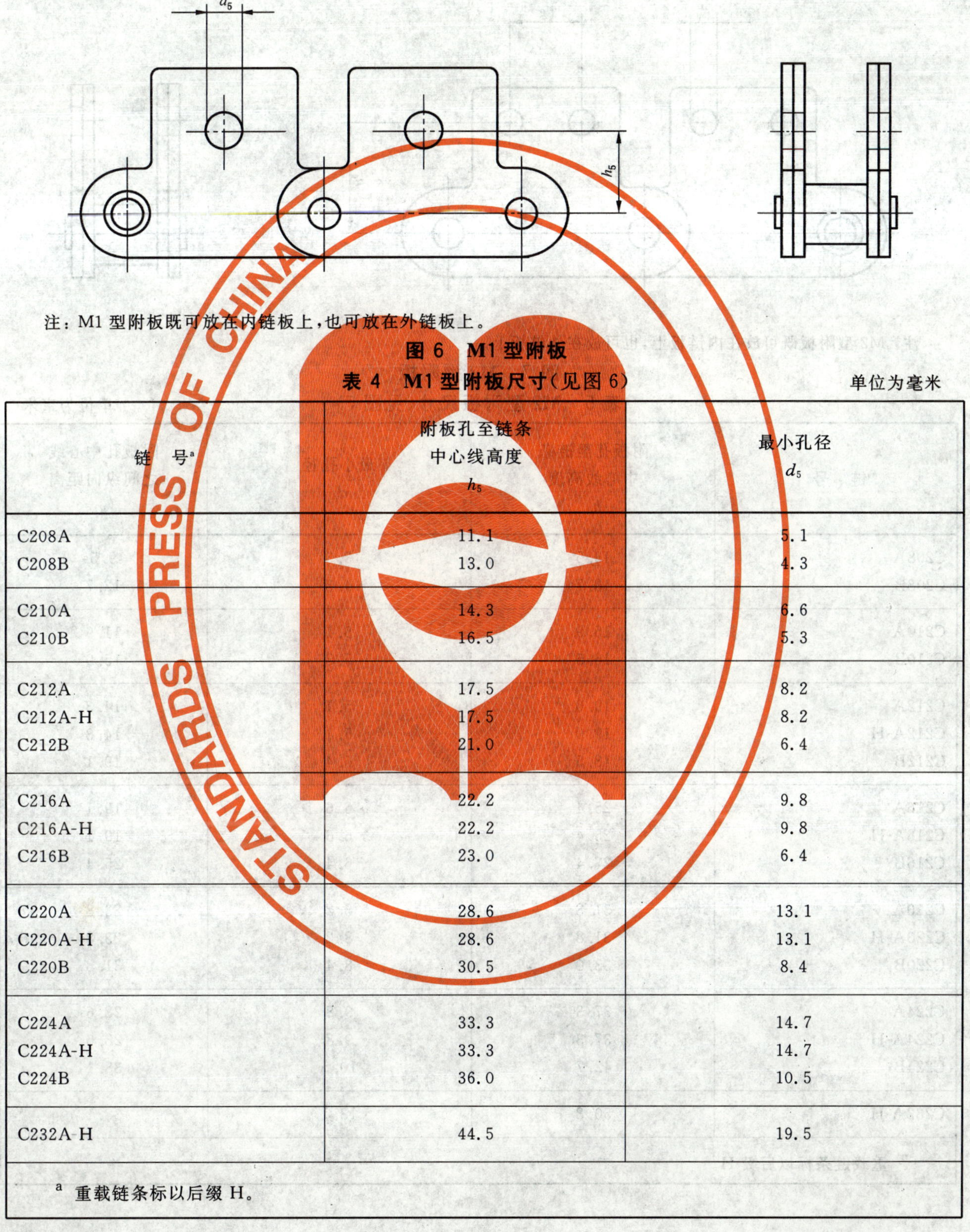

注：M1 型附板既可放在内链板上，也可放在外链板上。

图 6　M1 型附板

表 4　M1 型附板尺寸(见图 6)

单位为毫米

链　号[a]	附板孔至链条中心线高度 h_5	最小孔径 d_5
C208A C208B	11.1 13.0	5.1 4.3
C210A C210B	14.3 16.5	6.6 5.3
C212A C212A-H C212B	17.5 17.5 21.0	8.2 8.2 6.4
C216A C216A-H C216B	22.2 22.2 23.0	9.8 9.8 6.4
C220A C220A-H C220B	28.6 28.6 30.5	13.1 13.1 8.4
C224A C224A-H C224B	33.3 33.3 36.0	14.7 14.7 10.5
C232A-H	44.5	19.5

[a] 重载链条标以后缀 H。

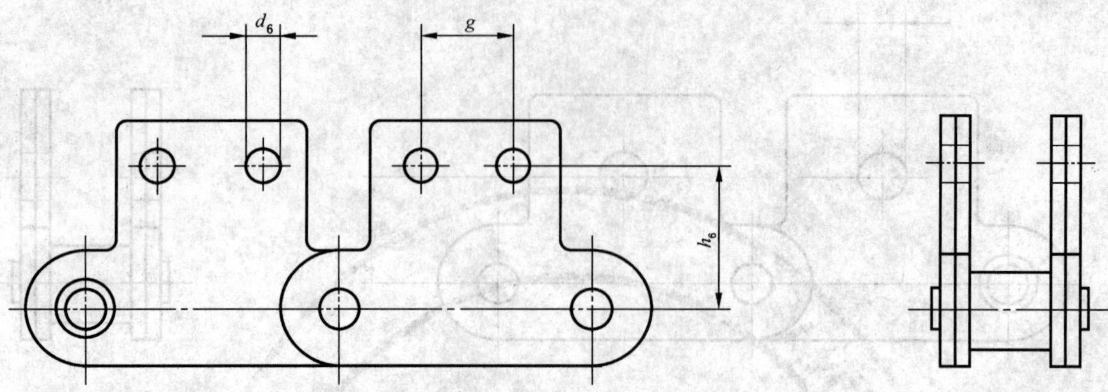

注：M2 型附板既可放在内链板上，也可放在外链板上。

图 7　M2 型附板

表 5　M2 型附板尺寸(见图 7)

单位为毫米

链　号[a]	附板孔至链条中心线高度 h_6	最小孔径 d_6	附板孔中心线之间纵向距离 g
C208A	13.5	3.3	9.5
C208B	13.7	4.3	12.7
C210A	15.9	5.1	11.9
C210B	16.5	5.3	15.9
C212A	19.0	5.1	14.3
C212A-H	19.0	5.1	14.3
C212B	18.5	6.4	19.1
C216A	25.4	6.6	19.1
C216A-H	25.4	6.6	19.1
C216B	27.4	6.4	25.4
C220A	31.8	8.2	23.8
C220A-H	31.8	8.2	23.8
C220B	33.0	8.4	31.8
C224A	37.3	9.8	28.6
C224A-H	37.3	9.8	28.6
C224B	42.7	10.5	38.1
C232A-H	50.8	13.1	38.1

[a] 重载链条标以后缀 H。

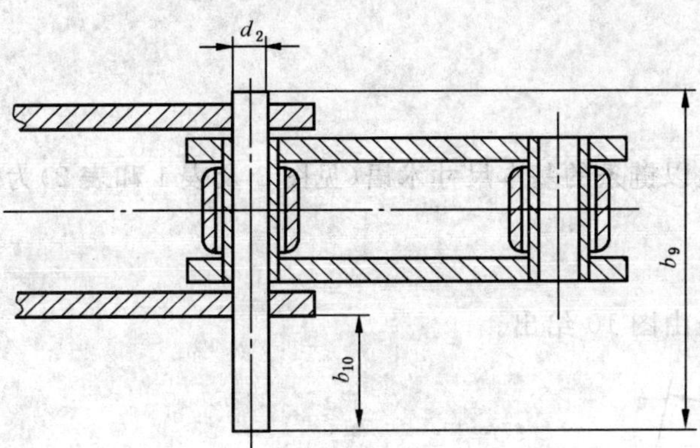

图 8　X 型加长销轴(双排链销轴)

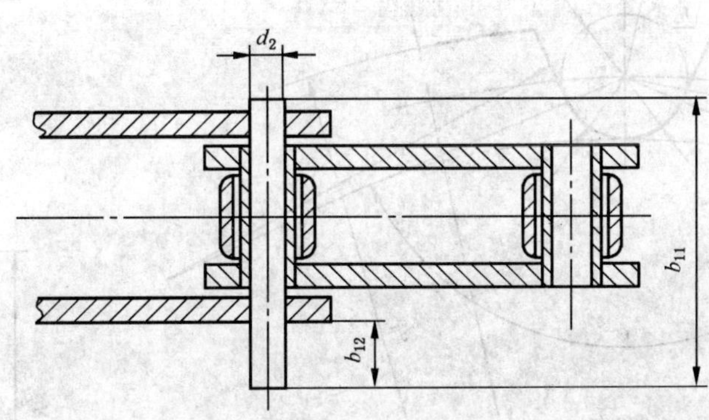

图 9　Y 型加长销轴(通常用于 A 系列链条)

表 6　加长销轴尺寸(见图 8 和图 9)　　单位为毫米

链　号[a]	X 型销轴加长量		Y 型销轴加长量		销轴直径
	b_{10} max	b_9 max	b_{12} max	b_{11} max	d_2 max
C208A	—	—	10.2	26.3	3.98
C208B	15.5	31.0	—	—	4.45
C210A	—	—	12.7	32.6	5.09
C210B	18.5	36.2	—	—	5.08
C212A	—	—	15.2	40.0	5.96
C212A-H	—	—	15.2	43.3	5.96
C212B	21.5	42.2	—	—	5.72
C216A	—	—	20.3	51.7	7.94
C216A-H	—	—	20.3	55.3	7.94
C216B	34.5	68.0	—	—	8.28
C220A	—	—	25.4	63.8	9.54
C220A-H	—	—	25.4	67.2	9.54
C220B	39.4	79.7	—	—	10.19
C224A	—	—	30.5	78.6	11.11
C224A-H	—	—	30.5	82.4	11.11
C224B	51.4	101.8	—	—	14.63
C232A-H	—	—	40.6	106.3	14.29

[a] 重载链条标以后缀 H。

5 链轮

5.1 术语

链轮全部参数的术语是以链条的基本尺寸术语(见图 3 及表 1 和表 2)为依据。

5.2 直径尺寸与齿形

5.2.1 术语

直径尺寸与齿形的术语由图 10 给出。

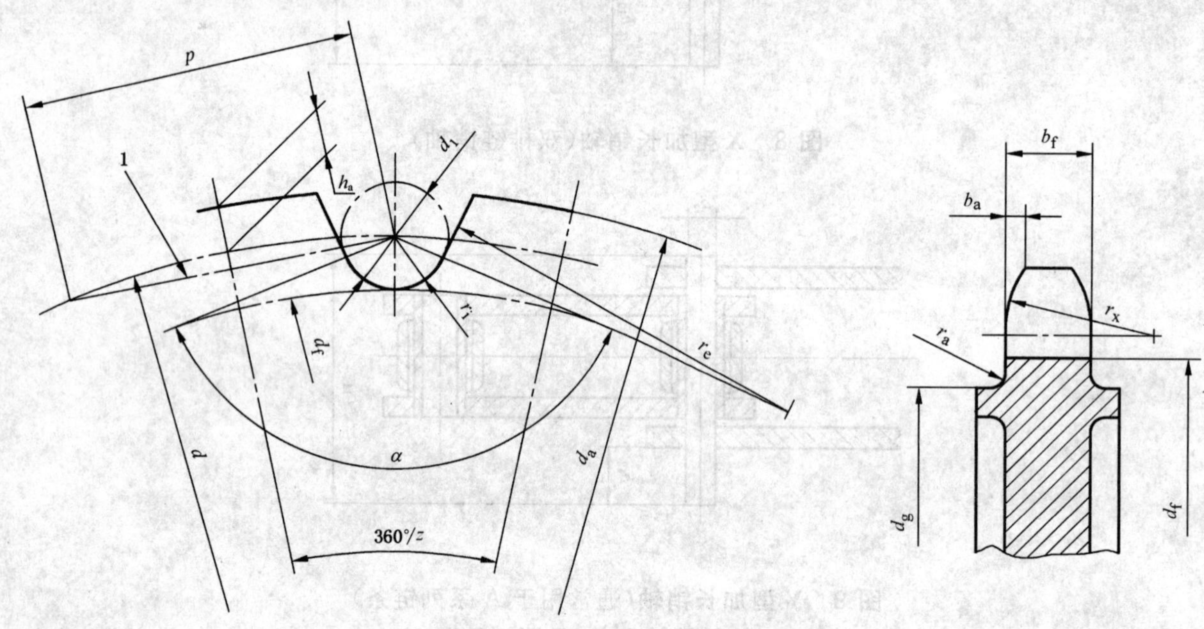

1——弦节距；
b_a——齿侧倒角宽；
b_f——齿宽；
d——分度圆直径；
d_a——齿顶圆直径；
d_f——齿根圆直径；
d_g——最大齿侧凸缘直径；
d_1——最大滚子直径；
h_a——分度圆弦齿高；
h_2——最大链板高度；
p——弦节距，等于链条节距；
r_a——齿侧凸缘圆角半径；
r_e——齿廓圆弧半径；
r_i——滚子定位圆弧半径；
r_x——齿侧半径；
z——有效围链齿数；
z_1——双切齿链轮齿数$=2z$；
α——滚子定位角。

图 10 直径尺寸与齿形

5.2.2 直径尺寸

5.2.2.1 分度圆直径 d

$$d = \frac{p}{\sin \frac{180^\circ}{z}}$$

附录 A 中按齿数给出了单位节距的分度圆直径。

5.2.2.2 量柱直径 d_R(见图 11)

$$d_R = d_1{}^{+0.01}_{\ 0}\ \mathrm{mm}$$

5.2.2.3 齿根圆直径 d_f

$$d_f = d - d_1$$

表 7 给出了齿根圆直径极限偏差。

表 7　齿根圆直径极限偏差　　单位为毫米

齿根圆直径 d_f	上　偏　差	下　偏　差
$d_f \leqslant 127$	0	−0.25
$127 < d_f \leqslant 250$	0	−0.30
$d_f > 250$	h11[a]	

[a] 见 GB/T 1800.3。

5.2.2.4　**跨柱测量距**(见图 11)

对偶数齿链轮:

$$M_R = d + d_{R\,min}$$

对奇数齿的单切齿链轮:

$$M_R = d\cos\frac{90^\circ}{z} + d_{R\,min}$$

对奇数齿的双切齿链轮:

$$M_R = d\cos\frac{90^\circ}{z_1} + d_{R\,min}$$

偶数齿　　奇数齿　　单切齿(实线)和双切齿(点画线)

d——分度圆直径;

d_f——齿根圆直径;

d_R——量柱直径;

M_R——量柱测量距;

p——弦节距,等于链条节距。

图 11　跨柱测量距

测量偶数齿的量柱距离,须将两个量柱放在相对称的两个齿槽中;

测量奇数齿的量柱距离,须将两个量柱放在最接近于对称的两个齿槽中;

量柱测量距的极限偏差与齿根圆直径的极限偏差相同。

注 1:双节距链的链轮,既可用齿数为 z 的单切齿链轮,也可用双切齿链轮。双切齿链轮相当于在单切齿链轮的各齿中间位置上又切出一组齿。在后者情况下链轮的总齿数是 $z_1 = 2z$。

注 2:单切齿链轮的齿数必是整数;双切齿链轮的 z_1 为整数,但 z_1 取成奇数时,z 则为分数。

短节距链条不能用于与双节距链条配套的双切齿链轮,反之,双节距链条也不能与短节距基本链条配套的链轮配合使用。

5.2.2.5　**齿顶圆直径 d_a**

$$d_{a\,max} = d + 0.625p - d_1$$

$$d_{a\,min}=d+p\left(0.5-\frac{0.4}{z}\right)-d_1$$

必须注意 $d_{a\,max}$ 和 $d_{a\,min}$ 无论对最小或是最大的齿槽形状都可采用，其受到的限制是刀具受最大加工直径的限制。

为便于在图板上以较大的图样绘出齿槽形状，弦齿高可从下列公式求得：

$$h_{a\,max}=p\left(0.3125+\frac{0.8}{z}\right)-0.5d_1$$

$$h_{a\,min}=p\left(0.25+\frac{0.6}{z}\right)-0.5d_1$$

注：$h_{a\,max}$ 对应于 $d_{a\,max}$，$h_{a\,min}$ 对应于 $d_{a\,min}$。

5.2.3 齿槽形状

5.2.3.1 概述

用切削或等同方法加工而成的实际齿槽形状，其齿廓应位于最小齿廓半径和最大齿廓半径之间，并与链轮上的滚子定位齿沟圆弧曲线圆滑过渡连接。

5.2.3.2 最小齿槽形状

$$r_{e\,max}=0.12d_1(z+2)$$

$$r_{i\,min}=0.505d_1$$

$$\alpha_{max}=140°-\frac{90°}{z}$$

5.2.3.3 最大齿槽形状

$$r_{e\,min}=0.008d_1(z^2+180)$$

$$r_{i\,max}=0.505d_1+0.069\sqrt[3]{d_1}$$

$$\alpha_{min}=120°-\frac{90°}{z}$$

5.2.3.4 齿宽

$$b_f=0.95b_1\ :\ \mathrm{h14}^{1)}$$

注：经用户与制造厂协商也可用 $b_f=0.93b_1$ ：h14。

5.2.3.5 齿侧倒角

$$b_{a\,nom}=0.065p$$

5.2.3.6 最大齿侧凸缘直径

$$d_g=p\cot\frac{180°}{z}-1.05h_2-1-2r_a$$

5.2.3.7 齿侧倒角半径

$$r_{x\,nom}=0.5p$$

5.3 径向跳动

以轴孔和齿根圆作为参考，将链轮回转一周，测得的链轮径向跳动量不应超过下列两数值中的较大数值：

$(0.0008d_f+0.08)$ mm 或 0.15 mm，最大到 0.76 mm。

5.4 轴向跳动(摆动)

以轴孔和链轮齿侧平面部分作为参考，将链轮回转一周，测得的链轮轴向跳动量不应超过下列数值：

$(0.0009d_f+0.08)$ mm，最大到 1.14 mm。

对于装配(或焊接)结构的链轮，如上述公式的计算值较小，可以采用 0.25 mm 作为最小值。

5.5 轮齿的节距精度

轮齿的节距精度是重要的，详情要从制造厂取得。

5.6 孔径公差

除非用户与制造厂之间另有商议，孔径公差应为 H8[1]。

5.7 标记

链轮应作以下标记：

a） 制造厂名或商标；

b） 齿数；

c） 链条标号（链号或制造厂用标号）。

1） 见 GB/T 1800.3。

附 录 A
（规范性附录）
分度圆直径

表 A.1 给出了单位节距的链条所对应的链轮的正确分度圆直径。对应用于任意节距链条的链轮分度圆直径，其数值与链条节距直接成比例。

表 A.1 分度圆直径

单位为毫米

齿数 z	单位节距分度圆直径[a] d	齿数 z	单位节距分度圆直径[a] d	齿数 z	单位节距分度圆直径[a] d	齿数 z	单位节距分度圆直径[a] d
5	1.701 3	23	7.343 9	41	13.063 5	59	18.789 2
5½	1.849 6	23½	7.502 6	41½	13.222 5	59½	18.948 2
6	2	24	7.661 3	42	13.381 5	60	19.107 3
6½	2.151 9	24½	7.82	42½	13.540 5	60½	19.266 5
7	2.304 8	25	7.978 7	43	13.699 5	61	19.425 5
7½	2.458 6	25½	8.137 5	43½	13.858 5	61½	19.584 7
8	2.613 1	26	8.296 2	44	14.017 6	62	19.743 7
8½	2.768 2	26½	8.455	44½	14.176 5	62½	19.902 9
9	2.923 8	27	8.613 8	45	14.335 6	63	20.061 9
9½	3.079 8	27½	8.772 6	45½	14.494 6	63½	20.221
10	3.236 1	28	8.931 4	46	14.653 7	64	20.38
10½	3.392 7	28½	9.090 2	46½	14.812 7	64½	20.539 3
11	3.549 4	29	9.249 1	47	14.971 7	65	20.698 2
11½	3.706 5	29½	9.408 0	47½	15.130 8	65½	20.857 5
12	3.863 7	30	9.566 8	48	15.289 8	66	21.016 4
12½	4.021 1	30½	9.725 6	48½	15.448 8	66½	21.175 7
13	4.178 6	31	9.884 5	49	15.607 9	67	21.334 6
13½	4.336 2	31½	10.043 4	49½	15.766 9	67½	21.493 9
14	4.494	32	10.202 3	50	15.926	68	21.652 8
14½	4.651 8	32½	10.361 2	50½	16.085	68½	21.812 1
15	4.809 7	33	10.520 1	51	16.244 1	69	21.971
15½	4.967 7	33½	10.679	51½	16.403 1	69½	22.130 3
16	5.125 8	34	10.838	52	16.562 2	70	22.289 2
16½	5.284	34½	10.996 9	52½	16.721 2	70½	22.448 5
17	5.442 2	35	11.155 8	53	16.880 3	71	22.607 4
17½	5.600 5	35½	11.314 8	53½	17.039 3	71½	22.766 7
18	5.758 8	36	11.473 7	54	17.198 4	72	22.925 6
18½	5.917 1	36½	11.632 7	54½	17.357 5	72½	23.084 9
19	6.075 5	37	11.791 6	55	17.516 6	73	23.243 8
19½	6.234	37½	11.950 6	55½	17.675 6	73½	23.403 1
20	6.392 5	38	12.109 6	56	17.834 7	74	23.562
20½	6.550 9	38½	12.268 5	56½	17.993 8	74½	23.721 3
21	6.709 5	39	12.427 5	57	18.152 9	75	23.880 2
21½	6.868 1	39½	12.586 5	57½	18.311 9	—	—
22	7.026 6	40	12.745 5	58	18.471	—	—
22½	7.185 3	40½	12.904 5	58½	18.630 1	—	—

[a] 有时称为“单位分度圆直径”。

ICS 35.240.20
L 60

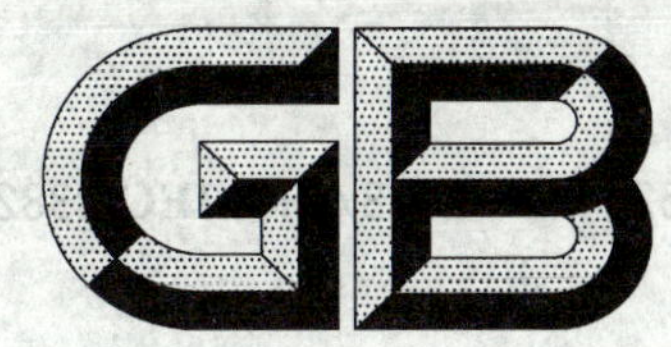

中华人民共和国国家标准

GB/T 5271.3—2008/ISO/IEC 2382-3:1987
代替 GB/T 5271.3—1987

信息技术 词汇 第3部分:设备技术

Information technology—Vocabulary—Part 3:Equipment technology

(ISO/IEC 2382-3:1987,IDT)

2008-07-18 发布

2008-12-01 实施

中华人民共和国国家质量监督检验检疫总局
中国国家标准化管理委员会 发布

前　言

GB/T 5271《信息技术　词汇》现有30部分：

——第1部分：基本术语；

——第2部分：算术和逻辑运算；

——第3部分：设备技术；

——第4部分：数据的组织；

——第5部分：数据表示；

——第6部分：数据的准备与处理；

——第7部分：计算机编程；

——第8部分：安全；

——第9部分：数据通信；

——第10部分：操作技术和设施；

……

——第29部分：人工智能　语音识别与合成；

——第31部分：人工智能　机器学习；

——第32部分：电子邮件；

——第34部分：人工智能　神经网络。

本部分是GB/T 5271的第3部分，等同采用ISO/IEC 2382-3:1987《信息技术　词汇　第3部分：设备技术》(英文版)。

本部分代替GB/T 5271.3—1987《数据处理词汇　3部分　设备技术》。

本部分与GB/T 5271.3—1987的主要差别是在前一版的基础上删去4条术语，合写1条术语，新增1条术语。

本部分由全国信息技术标准化技术委员会(SAC/TC 28)提出并归口。

本部分起草单位：中国电子技术标准化研究所。

本部分主要起草人：王静、向维良。

本部分于1987年首次发布。

信息技术 词汇
第3部分:设备技术

1 概述

1.1 范围

GB/T 5271 的本部分定义了电路与信号、运行模式的操作和处理及功能设计和逻辑器件的各种概念的术语和定义,并明确了这些条目之间的关系。GB/T 5271 的本部分便于关于设备技术概念的国内及国际间交流。

1.2 遵循的原则和规则

1.2.1 词条的定义

第2章包括许多词条。每个词条由几项必需的元素组成,包括索引号、一个术语或几个同义术语和定义一个概念的短语。另外,一个词条可包括举例、注解或便于理解概念的图解说明。

有时同一个术语可由不同的词条来定义,或一个词条可包括两个或两个以上的概念,描述分别见1.2.5和1.2.8。

GB/T 5271 的本部分使用的其他术语,例如词汇、概念、术语和定义,其意义在 GB/T 15237.1 中有定义。

1.2.2 词条的组成

每个词条包括1.2.1中规定的必需元素,如果需要,可增加一些元素。词条可以包括按以下次序出现的元素:

a) 索引号(对发布 GB/T 5271 本部分的所有语言是共同的);
b) 术语或语言中通常优选的术语。对语言中的概念若没有通常优选术语表示,则用五个点(组成)的符号(.....)表示;在术语中,一行点用来表示每个特定情况下所选的词;
c) 某个国家(根据 GB/T 2659 规则标识)通常优选的术语;
d) 术语的缩写;
e) 许可用的同义术语;
f) 定义的正文(见1.2.4);
g) 以"例"开头的一个或几个例子;
h) 以"注"开头的概念应用领域中规定特殊情况的一个或几个注解;
i) 几个词条共用的图片、图示或表格。

1.2.3 词条的分类

GB/T 5271 的每部分分配给一个两位的数字序列号,对于《基本术语》以01开始。

词条按组分类,每组分配给一个四位的数字序列号;前两位数字表示 GB/T 5271 的那些部分。

每个词条分配给一个六位数字的索引号;前四位数字表示 GB/T 5271 的那些部分和组。

1.2.4 术语的选择和定义的用语

术语的选择和定义的用语尽可能遵循已建立的用法。当出现矛盾时,寻求大多数同意的方法解决。

1.2.5 多义术语

在一种工作语言中,如果一个给定的术语有几种意义,每种意义则给出一个单独的词条,以便于翻译成其他的语言。

1.2.6 缩略语

如1.2.2中指示的,通行使用的缩略语指定给一些术语。这些缩略语不在定义、例子或注解的文本中使用。

1.2.7 圆括号的用法

在一些术语中,以黑体字印刷的一个或几个字词置于圆括号中。这些字词是完整术语的一部分。但是,当在技术文章中使用缩短的术语不引起误解时,则这些字词可以省略。在GB/T 5271的其他定义、例子或注解的正文中,只使用这些术语的完整形式。

在一些词条中,术语后面跟随正常字体的字词并放在圆括号中。这些字词不是术语的一部分,而是指明该术语使用的方向,如它的特殊应用领域,或它的语法形式。

1.2.8 方括号的用法

如果几个紧密相关的术语能由文本定义,只是几个字词的差别,这些术语及其定义归为一个词条。为表示不同意思的替换字词,按在术语和定义中相同的次序放在方括号中,即[.....]。为清楚标识被替换的字词,按上述规则放在方括号前面的最后一个字词可放在方括弧里面,并且每置换一次则重复一次。

1.2.9 定义中黑体术语的用法和星号的用法

术语在定义、例子或注解中用黑体字印刷时,则表示该术语已在本标准的其他词条中定义过。但是,只有当这些术语首次出现在每一个词条中时,该术语才印成黑体字的形式。

当黑体字印刷的两个术语涉及到分隔开的词条并且直接地彼此紧随时,则星号用于分隔黑体字的术语(或只由加标点的标记分隔)。

以正常字体印刷的字词或术语,按通行词典中或权威性技术词汇的定义理解。

1.2.10 索引表的编制

每部分的末尾编有按汉语拼音和英文字母排序的索引表。它包括在该部分定义的所有术语。

2 术语和定义

03 设备技术

03.01 电路与信号

03.01.01

触发电路 trigger circuit

一种具有若干稳态或非稳态(至少有一个稳态),并可通过施加适当的脉冲来初启所希望的(状态)转变的电路。

03.01.02

稳态 stable state

在触发电路中,施加适当的脉冲之前该电路一直保持的状态。

03.01.03

非稳态 unstable state

亚稳态 metastable state

准稳态 quasi stable state

在触发电路中,该电路保持一段有限时间,此时段结束时不用施加脉冲即返回某一稳态的状态。

03.01.04

双稳(触发)电路 bistable (trigger) circuit;flip-flop

一种具有两个稳态的触发电路。

03.01.05

单稳(触发)电路 monostable (trigger) circuit

一种具有一个稳态和一个非稳态的触发电路。

03.01.06

延迟元件 delay element

在给定的时段之后,产生与此前导入的输入信号实质上相似的输出 * 信号的器件。

03.01.07

延迟线(路) delay line

在信号传输中,一种为导入所希望的延迟而设计的线路或网络。

03.01.08

脉冲 pulse;impulse

对某一幅度的值,其终值和初值相同,相对于所关心的时间进度十分短暂的一次变化。

03.01.09

脉冲串 pulse train;pulse string

一种具有相似特性的脉冲的序列。

03.01.10

时钟信号 clock signal

时钟脉冲 clock pulse

一种用于各时段的同步或测量的周期信号。

03.01.11

信号变换 signal transformation

信号整形 signal shaping

修改信号的一个或几个特性(例如最大值、形状或定时)的行动。

03.01.12

信号再生 signal regeneration

复原某一信号使之符合其原有各特性的信号变换。

03.01.13

允许信号 enabling signal

一种使某一事件出现的信号。

03.01.14

禁止信号 inhibiting signal

一种不使某一事件出现的信号。

03.02 操作方式与处理方式

03.02.01

并行 parallel

修饰或说明某一过程:其中所有事件都发生在同一时段,但由相似的各功能单元分别处理。

例:计算机字中的各位,沿内部总线线束的并行传输。

03.02.02

串行 serial

修饰或说明某一过程:其中所有事件都一个跟着一个出现。

例:某字符中的各位,按 GB/T 3454—1982 协议进行的串行传输。

03.02.03

时序(的)　sequential

顺序(的)

修饰或说明某一过程:其中所有事件都一个紧接一个出现,其间没有任何时间间隔。

03.02.04

并发　concurrent

修饰或说明多个过程:都发生在共同时段之内,其间可能须以交替方式共享公共资源。

例:在单一指令控制器的计算机上,若干程序以多道程序设计方式执行时就是并发的。

03.02.05

同时　simultaneous

修饰或说明某一过程中的多个事件:出现在同一时段内,由各自的功能单元处置。

例:在一个或多个程序的执行期间,由各输入输出通道、各输入输出控制器和关联的外围设备处置的若干输入输出操作,相互之间以及与其处理机直接处置的其他操作之间,可以是同时的。

03.02.06

相继　consecutive

用于修饰或说明某一过程中两个事件:两者相随,其间不出现任何其他事件。

03.03　功能设计

03.03.01

功能设计　functional design

对某一系统中各组成部分的功能及其间的工作关系所作的规格说明。

03.03.02

逻辑设计　logic design

一种采用符号逻辑等形式描述方法的功能设计。

03.03.03

逻辑图　logic diagram

对逻辑设计的一种图形表示。

03.03.04

逻辑符号　logic symbol

一种表示某一算符、功能或功能关系的符号。

03.04　逻辑器件

03.04.01

逻辑器件　logic device

一种进行逻辑运算的器件。

03.04.02

时序电路　sequential circuit

一种逻辑器件:在给定时刻,其输出值取决于在该时刻的各输入值和内部状态,而其内部状态又取决于此前紧接的各输入值和前一内部状态。

注:时序电路能取有限个内部状态,因此,从抽象的角度可将其看成是一种有限自动机。

03.04.03

组合电路　combinational circuit

一种逻辑器件:在任意时刻,其输出值都取决于该时刻的各输入值。

注:组合电路是时序电路在不考虑其内部状态时的特例。

03.04.04

门　gate

逻辑元件　logic element

一种进行初等逻辑运算的组合电路。

注:"门"这一术语,一般涉及一个输出。

03.04.05

"非"门　NOT gate

"非"元件　NOT element

一种进行布尔"反"运算的门。

03.04.06

"禁止"门　NOT-IF-THEN gate

"禁止"元件　NOT-IF-THEN element

一种进行布尔"排除"运算的门。

03.04.07

"与"门　AND gate

"与"元件　AND element-

一种进行布尔"合取"运算的门。

03.04.08

"异或"门　EXCLUSIVE-OR gate

"异或"元件　EXCLUSIVE-OR element

一种进行布尔"非等价"运算的门。

03.04.09

"或"门　(INCLUSIVE-)OR gate

"或"元件　(INCLUSIVE-)OR element

一种进行布尔"析取"运算的门。

03.04.10

"或非"门　NOR gate

"或非"元件　NOR element

一种进行布尔"非析取"运算的门。

03.04.11

"等价"门　IF-AND-ONLY-IF gate

"等价"元件　IF-AND-ONLY-IF element

一种进行布尔"等价"运算的门。

03.04.12

"蕴涵"门　IF-THEN gate

"蕴涵"元件　IF-THEN element

一种进行布尔"蕴涵"运算的门。

03.04.13

"与非"门　NAND gate

"与非"元件　NAND element

一种进行布尔"非合取"运算的门。

03.04.14

“全同”门　identity gate

“全同”元件　identity element

一种进行布尔“全同”运算的门。

03.04.15

“阈”门　threshold gate

“阈”元件　threshold element

一种进行布尔“阈”运算的门。

03.04.16

“多数决定”门　majority gate

“多数决定”元件　majority element

一种进行布尔“多数决定”运算的门。

中 文 索 引

英 文 索 引

ICS 35.240.20
L 60

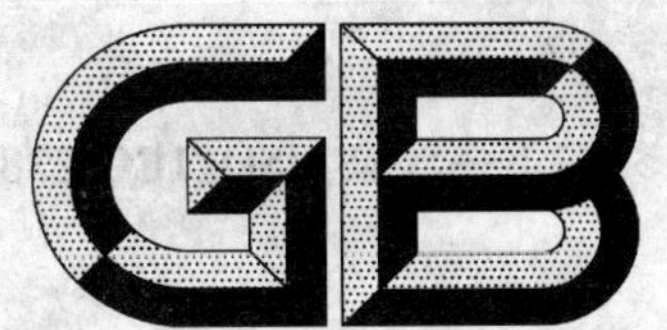

中华人民共和国国家标准

GB/T 5271.5—2008/ISO/IEC 2382-5:1999
代替 GB/T 5271.5—1987

信息技术 词汇
第5部分:数据表示

Information technology—Vocabulary—
Part 5: Representation of data

(ISO/IEC 2382-5:1999,IDT)

2008-07-18 发布 2008-12-01 实施

中华人民共和国国家质量监督检验检疫总局
中国国家标准化管理委员会 发布

前言

GB/T 5271《信息技术　词汇》共分30部分:

——第1部分:基本术语;

——第2部分:算术和逻辑运算;

——第3部分:设备技术;

——第4部分:数据的组织;

——第5部分:数据表示;

——第6部分:数据的准备与处理;

——第7部分:计算机编程;

——第8部分:安全;

——第9部分:数据通信;

——第10部分:操作技术和设施;

……

——第29部分:人工智能　语音识别与合成;

——第31部分:人工智能　机器学习;

——第32部分:电子邮件;

——第34部分:人工智能　神经网络。

本部分是GB/T 5271的第5部分,等同采用ISO/IEC 2382-5:1999《信息技术　词汇　第5部分:数据表示》(英文版)。

本部分代替GB/T 5271.5—1987《数据处理词汇　5部分　数据表示》。

本部分与GB/T 5271.5—1987的主要差异是在前一版的基础上将原来并写的4条术语改为分写的11条术语,增加“文字”一章。

本部分由全国信息技术标准化技术委员会(SAC/TC 28)提出并归口。

本部分起草单位:中国电子技术标准化研究所。

本部分主要起草人:王静、向维良。

本部分于1987年首次发布。

信息技术　词汇
第5部分:数据表示

1　概述

1.1　范围

GB/T 5271 的本部分方便信息技术的国际交流。本部分给出了与信息处理领域相关的概念的术语和定义,并明确了词条之间的关系。

GB/T 5271 的本部分定义了数据表示的各种概念,包括表示类型、文字、记数制和记法。

1.2　规范性引用文件

下列文件中的条款通过 GB/T 5271 的本部分的引用而成为本部分的条款。凡是注日期的引用文件,其随后所有的修改单(不包括勘误的内容)或修订版均不适用于本部分,然而,鼓励根据本部分达成协议的各方研究是否可使用这些文件的最新版本。凡是不注日期的引用文件,其最新版本适用于本部分。

GB/T 2659　世界各国和地区名称代码

GB/T 15237.1　术语工作　词汇　第1部分:理论与应用(GB/T 15237.1—2000,eqv ISO 1087-1:2000)

1.3　遵循的原则和规则

1.3.1　词条的定义

第2章包括许多词条。每个词条由几项必需的元素组成,包括索引号、一个术语或几个同义术语和定义一个概念的短语。另外,一个词条可包括举例、注解或便于理解概念的图解说明。

有时同一个术语可由不同的词条来定义,或一个词条可包括两个或两个以上的概念,描述分别见1.3.5和1.3.8。

GB/T 5271 的本部分使用的其他术语,例如词汇、概念、术语和定义,其意义在 GB/T 15237.1 中有定义。

1.3.2　词条的组成

每个词条包括1.3.1中规定的必需元素,如果需要,可增加一些元素。词条可以包括按以下次序出现的元素:

a)　索引号(对发布 GB/T 5271 本部分的所有语言是共同的);

b)　术语或语言中通常优选的术语。对语言中的概念若没有通常优选术语表示,则用五个点(组成)的符号(.....)表示;在术语中,一行点用来表示每个特定情况下所选的词;

c)　某个国家(根据 GB/T 2659 规则标识)通常优选的术语;

d)　术语的缩写;

e)　许可用的同义术语;

f)　定义的正文(见1.3.4);

g)　以"例"开头的一个或几个例子;

h)　以"注"开头的概念应用领域中规定特殊情况的一个或几个注解;

i)　几个词条共用的图片、图示或表格。

1.3.3　词条的分类

GB/T 5271 的每部分分配给一个两位的数字序列号,对于《基本术语》以01开始。

词条按组分类,每组分配给一个四位的数字序列号;前两位数字表示 GB/T 5271 的那些部分。

每个词条分配给一个六位数字的索引号;前四位数字表示 GB/T 5271 的那些部分和组。

1.3.4 术语的选择和定义的用语

术语的选择和定义的用语尽可能遵循已建立的用法。当出现矛盾时,寻求大多数同意的方法解决。

1.3.5 多义术语

在一种工作语言中,如果一个给定的术语有几种意义,每种意义则给出一个单独的词条,以便于翻译成其他的语言。

1.3.6 缩略语

如 1.3.2 中指示的,通行使用的缩略语指定给一些术语。这些缩略语不在定义、例子或注解的文本中使用。

1.3.7 圆括号的用法

在一些术语中,以黑体字印刷的一个或几个字词置于圆括号中。这些字词是完整术语的一部分。但是,当在技术文章中使用缩短的术语不引起误解时,则这些字词可以省略。在 GB/T 5271 的其他定义、例子或注解的正文中,只使用这些术语的完整形式。

在一些词条中,术语后面跟随正常字体的字词并放在圆括号中。这些字词不是术语的一部分,而是指明该术语使用的方向,如它的特殊应用领域,或它的语法形式。

1.3.8 方括号的用法

如果几个紧密相关的术语能由文本定义,只是几个字词的差别,这些术语及其定义归为一个词条。为表示不同意思的替换字词,按在术语和定义中相同的次序放在方括号中,即[.....]。为清楚标识被替换的字词,按上述规则放在方括号前面的最后一个字词可放在方括弧里面,并且每置换一次则重复一次。

1.3.9 定义中黑体术语的用法和星号的用法

术语在定义、例子或注解中用黑体字印刷时,则表示该术语已在本标准的其他词条中定义过。但是,只有当这些术语首次出现在每一个词条中时,该术语才印成黑体字的形式。

当黑体字印刷的两个术语涉及到分隔开的词条并且直接地彼此紧随时,则星号用于分隔黑体字的术语(或只由加标点的标记分隔)。

以正常字体印刷的字词或术语,按通行词典中或权威性技术词汇的定义理解。

1.3.10 索引表的编制

每部分的末尾编有按汉语拼音和英文字母排序的索引表。它包括在该部分定义的所有术语。

2 术语和定义

05 数据表示

05.01 数据表示的类型

05.01.01

记法 notation

用于表示数据的一套符号及使用这些符号的各项规则。

05.01.02

(记)数制 numeration system

数表示制 number representation system

用于表示数的的任何一种记法。

05.01.03

数表示 number representation

记数 numeration

一个数在某一记数制中的表示。

05.01.04

离散表示 discrete representation

对数据的一种字符表示:其中各可能值都由相异的某一字符或字符组表达。

注:与“模拟表示”相对。

05.01.05

离散数据 discrete data

由相异元素(例如字符)组成的数据,或者能由一个或多个可辨识的相异值(例如整数)表示的数据。

注1:离散数据在是否具备映射到整数集的能力上可有明显区别。

注2:与“模拟数据”相对。

05.01.06

数 numeral

对一个数的离散表示。

例:表示同一数“一打”的四种不同离散数字及所用方法如下:

十二　用汉文数词

12　用十进制

Ⅻ　用罗马数字

1100　用二进制

05.01.07

二进制数 binary numeral

二进制中的离散数字。

例:101是一个二进数字,其等价的罗马数字是V。

05.01.08

八进制数 octal numeral

八进制中的(离散)数字。

05.01.09

十进制数 decimal numeral

十进制中的数字。

05.01.10

十六进制数 hexadecimal numeral

十六进制中的数字。

05.01.11

数位表示 numeric representation

对数据以离散数字所作的表示。

05.01.12

(离散)数字数据 numeric data

以离散数字表示的数据。

05.01.13

数字表示 digital representation

以数字(可能带专用字符和间隔字符)对数所作的表示。

05.01.14

数字数据 digital data

以数字(可能带专用字符和间隔字符)表示的数据。

05.01.15

数字化数据　digitized data

经过量子化并适宜于数字表示的值。

05.01.16

字母数字数据　alphanumeric data

以字母及数字(可能带专用字符和间隔字符)所表示的数据。

05.01.17

模拟表示　analog representation

对变量的值，取认为是连续变化的某一物理量，以使其幅度与该变量(或其某一适宜函数)成正比的方式所作的表示。

注：与“离散表示”相对。

05.01.18

模拟数据　analog data

取认为是连续变化的某一物理量，以使其幅度与所指数据(或该数据的某一适宜函数)成正比的方式表示的数据。

注：与“离散数据”相对。

05.01.19

数字化　(to) digitize

对非离散数据，以某一数字形式表达或表示。

例：从某一物理量幅度的模拟表示得到该幅度的数字表示。

05.02 文字

05.02.01

文字(值)　literal

从句法观点看，一种代表自身的词汇标记。

例：在以下数据类型的定义中，JAN、FEB、MAR、…等名称都是文字：

Month-Type 是(JAN，FEB，MAR，APR，MAY，JUN，JUL，AUG，SEP，OCT，NOV，DEC)；

Month：Month_Type；

Month：＝APR.

05.02.02

数字文字　numeric literal

一种由数字及用于表示数的其他字符组成，并服从常规算术运算的文字。

05.02.03

整数文字　integer literal

用于表示某一整数的数字文字。

05.02.04

实数文字　real literal

用于表示某一实数的数字文字。

05.02.05

十进(制)文字　decimal literal

用于表示某一十进(制)数字的数字文字。

05.02.06

底数(式)文字　based literal

用于表示采用显式表达基数的形式的某数的数字文字。

例：在 Ada 语言中，16 ＃ F.FF ＃ E＋2 是一个十六进制实数文字，表示十进制文字 4095。

05.02.07

字符文字 character literal

一种由一个字符组成的文字。

注1:字符文字通常括在定界符内,以别于其他词汇标记。

注2:在程序设计语言中,字符文字与串文字通常使用不同的定界符。

注3:字符文字可以是长度为1的串文字。

05.02.08

串文字 string literal

串常数 string constant

一种由零个、一个或多个字符的序列组成,当作一个单位的文字。

例:"What is your name?"("你叫什么?")是由引号定界的串文字。

05.02.09

枚举文字 enumeration literal

一种作为枚举类型的一个实例的文字。

05.03 数制——一般概念

05.03.01

底(数) base

基数(在此意义下不推荐使用) **radix** (deprecated in this sense)

在某一数制中的一个数:该数乘方到指数所指出的幂,再乘以尾数,以确定所表示的数。

例:表达式 $3.15 \times 10^3 = 3\ 150$ 中的数10。

注:术语"基数"在此意义下不推荐使用,原因是基数记法(见05.04.10)中使用了此术语。

05.03.02

正负号位置 sign position

符号位置

正常情况下处于离散数字的一端,包含代表所表示的数的代数符号的指示符的位置。

05.03.03

正负号位 sign bit

符号位

占据正负号位置,指明所表示的数的代数符号的二进制位。

05.03.04

正负号字符 sign character

符号字符

占据正负号位置,指明所表示的数的代数符号的字符。

05.03.05

有效数字 significant digit

在离散数字中,为保持给定的准确度或精确度所需的数字。

05.04 位置表示制

05.04.01

位置记法 positional notation

位置数制 positional numeration system

一种通过一组有序数字表示数的数制:一个数字所贡献的值,取决所在位置以及其值。

05.04.02

位置表示　positional representation

在位置记法中对某数的表示。

05.04.03

数字位　digit place

数字位置　digit position

在位置记法中,可由一个数字占据,并由一个序数或等效符来标识的每一位置。

05.04.04

权(数)　weight

在位置记法中,与一个数位上的数字所表示的值相乘,即得该数字在数的表示中的加性贡献的因数。

05.04.05

最高有效数位　most significant digit

MSD(缩略语)

在位置记法中,具有最大权数的数位。

05.04.06

最高有效位　most significant bit

MSB(缩略语)

在位置记法中,具有最大权数的(二进制)位的位置。

05.04.07

最低有效数位　least significant digit

LSD(缩略语)

在位置记法中,所用权数最小的数位。

05.04.08

最低有效位　least significant bit

LSB(缩略语)

在位置记法中,所用权数最小的(二进制)位的位置。

05.04.09

基数记法　radix notation

任一数位的权数与具有下一低权的数位的权数之比都是一个正整数的位置记法。

注:任一数位上数字的允许值,范围从零到比该数位的基数小1的整数。

05.04.10

基数　radix

底(数)(在此意义下不推荐使用)　**base**(deprecated in this sense)

基数记法中的一个正整数:给定数位的权与之相乘,即得上一高权数位的权。

例1:在十进数制中,各数位的基数都是10。

例2:在二进数制中,各数位的基数都是2。

注:术语"底(数)"在此意义下不推荐使用,原因是该术语有其数学用法(见05.03.01)。

05.04.11

(基数)小数点　radix point

在以基数记法所表达的数的表示中,把与具整数部分关联的各数字和与其小数部分关联的各数字隔开的部位。

05.04.12

混合基数记法　mixed radix notation

各数位不必都具有同一基数的基数记法。

例：以三个相继数字分别表示小时数、10 分钟数与分钟数的数制；如果以 1 分钟为单位，则这三个数位的权分别为 60、10 与 1，第二和第三数位的基数分别为 6 与 10。

注：以一位或多位数字表示日数，两位数字表示小时数，这一对比数制不符合基数记法的定义，因为“日”和“10 小时”两数位的权数之比不总是整数。

05.04.13

固定基数记法　fixed radix notation

所有数位都具有同一基数(权数最高的数位也许除外)的基数记法。

注 1：相继数位的权，是单一基数的相继各整数次幂(各乘以同一因数)。基数的负整数次幂用于表示小数。

注 2：固定基数记法是混合基数记法的特例。

05.04.14

十进制　decimal system

十进数制　decimal numeration system

采用 0、1、2、3、4、5、6、7、8 和 9 这十个数字，基数固定为 10，最低整数权数为 1 的固定基数记法。

例：在十进制中，数字 576.2 表示

$5\times10^2+7\times10^1+6\times10^0+2\times10^{-1}$

05.04.15

十六进制　hexadecimal system

十六进数制　hexadecimal numeration system

采用 0、1、2、3、4、5、6、7、8、9、A、B、C、D、E 和 F 这十六个数字(其中 A、B、C、D、E 和 F 分别对应于数 10、11、12、13、14 和 15)，基数固定为 16，最低整数权是 1 的固定基数记法。

例：在十六进制中，数字 3E8 表示

$3\times16^2+14\times16^1+8\times16^0$，

等价于十进制数字 1 000。

05.04.16

八进制　octal system

八进数制　octal numeration system

采用 0、1、2、3、4、5、6 和 7 这八个数字，基数固定为 8，最低整数权为 1 的固定基数记法。

例：在八进制中，数字 1 750 表示

$1\times8^3+7\times8^2+5\times8^1+0\times8^0$，

等价于十进制数字 1 000。

05.04.17

二进制　binary system

二进数制　binary numeration system

采用两个数字 0 和 1，固定基数 2，最低整数权 1 的固定基数记法。

例：在二进制中，数字 110.01 表示

$1\times2^2+1\times2^1+1\times2^{-2}$，

等价于十进制数字 6.25。

05.04.18

十进(制)小数点　decimal point

十进制中的小数点。

注：根据约定的不同，十进制小数点可用逗号、下圆点或上下居中点来表示。国际标准中采用逗号。

05.04.19

定点表示制　fixed-point representation system

按照某种约定，小数点在一组数位中隐式固定的基数记法。

05.04.20

变点表示制　variable-point representation system

小数点由某一专用字符在相应位置显式指明的基数记法。

05.04.21

混合底(数)记法　mixed base notation

一种数制：将数表示为一系列项之和，各项都由一个尾数和一个底数组成，给定的项的底数对给定的应用是常数，但各项的底数之比不必都是整数。

例：以 b_3、b_2 与 b_1 为底数，并以 6、5 与 4 为尾数时，所表示的数为 $6b_3+5b_2+4b_1$。

05.05　浮点表示制

05.05.01

浮点表示制　floating-point representation system

一种数制：将实数表示为一对性质不同的离散数字，实数的值是其尾数(其中一个离散数字)与浮点底数的幂(其阶数由另一离散数字指明)之积。

注：在浮点表示制中，移动小数点并相应调整阶数，即得同一数的多种表示。

05.05.02

浮点表示　floating-point representation

实数在浮点表示制的表示。

例：数 0.000 123 4 的浮点表示之一是

0.123 4E−3，

其中 0.123 4 是尾数；−3 是由 E 指定的阶。

两个离散数字都以变点十进制表达；浮点底数是 10。

05.05.03

尾数(用于浮点表示)　**mantissa** (in a floating-point representation)

乘以阶数化的浮点底数后，即确定所表示实数的离散数字。

例：见 05.05.02 条目中的例子。

05.05.04

阶(数)(用于浮点表示)　**exponent** (in a floating-point representation)

在乘以尾数以确定所表示实数之前，代表浮点底数乘方次数(即"幂")的离散数字。

例：见 05.05.02 条目中的例子。

05.05.05

首数(用于浮点表示)　**characteristic** (in a floating-point representation)

在浮点表示中，内部表示阶数的离散数字。

注：首数与浮点表示中的阶数相差一个常数。假如阶数是 −3 而此常数是 64，则首数是 61。

05.05.06

浮点底(数)　floating-point base

浮点基数　floating-point radix

浮点表示制中的一个固定的正整数底数：大于 1，乘方到由阶数显式代表的幂后，再乘以尾数，即确定所表示的实数。

例：在 05.05.02 条目的例子中，浮点底数是 10。

05.05.07

规格化　to normalize

在浮点表示中，调整尾数并相应地调整阶，使尾数处于设定范围之内，而所表示的实数值保持不变。

注1：数“0”不能规格化。

注2：此定义对GB/T 5271.2中的定义作了改进。

05.05.08

规格化形式(用于浮点表示)　**normalized form** (in a floating-point representation)

标准形式(用于浮点表示)　**standard form** (in a floating-point representation)

实数经规格化后，其浮点表示所取的形式。

05.06　**用于离散数据表示的记法**

05.06.01

十元记法　decimal notation

十进记法

一种采用十个不同字符(通常是十进数字)的记法。

例：字符串199912312359可解读为表示2000年开始前一分钟的日期和时刻。

注：十元记法不限于十进制。

05.06.02

二元记法　binary notation

一种采用两个不同字符(通常是数字0与1)的记法。

例：T(真)或F(假)，Y(是)或N(否)。

注：二元记法不限于二进制。

05.06.03

(二元)位位置　bit position

(二进制)位位置

以二元记法所表示的字中的字符位置之一。

05.06.04

二元编码的记法　binary-coded notation

各字符都以二进数字表示的二元记法。

05.07　**用于十进数字表示的记法**

05.07.01

二-十进制记法　binary-coded decimal notation

BCD记法　BCD notation

二-十进制表示　binary-coded decimal representation

各十进数字都以二进数字分别表示的二进编码记法。

例：在所用权数为8-4-2-1的二-十进制记法中，十进数字23由0010 0011表示(比较其二进制表示10111)。

05.07.02

余三码　excess-three code

其中十进制数字n用等于数(n+3)的二进数字表示的二-十进制记法。

05.07.03

五中取二码　two-out-of-five code

一种二-十进制记法：其中各十进数字都由五位组成的二进制数字表示，这五位中的两位为一类，按惯例取1，其余三位为另一类，按惯例取0。

注：权数通常为6-3-2-1-0；但零除外，其表示取00110。

05.07.04

二-五进制码　biquinary code

一种记法:其中从 0 到 9 的各数 n 都由一对离散数字 a 和 b 来表示,此处 a 取 0 或 1,b 取 0、1、2、3 或 4,并使 5a+b 之和等于 n。

注:一般来说,a 和 b 都以二进制表示。

05.07.05

紧缩十进记法　packed decimal notation

其中两个相继的十进数字各有四位,共由一个字节表示的二-十进制记法。

05.07.06

未紧缩十进记法　unpacked decimal notation

其中各十进数字都由一个字节表示的二-十进制记法。

05.08　补码

05.08.01

补码　complement

从某一规定的数减去给定的数所导出的数。

例:在固定基数记法中,此规定的数通常是基数的一个幂,或比基数的给定幂小 1 的数。

注:一个数的负数常由其补码表示。

05.08.02

基数补码　radix complement

在固定基数记法中,一种能从基数的某一规定幂减去给定的数导出的补码。

例:在采用三个数字的十进制中,830 是 170 的基数补码,基数 10 的 3 次幂是 1 000(=10^3)。

注:基数补码可按如下方式求得:先导出基数反码,然后在此结果的最低有效数位上加 1 并进行所需的进位。

05.08.03

(对)十的补码　tens complement

十进制中的基数补码。

05.08.04

(对)二的补码　twos complement

二进制中的基数补码。

05.08.05

基数反码　diminished radix complement

基数减一的补码　radix-minus-one complement

在固定基数记法中,能从比基数的规定的幂小 1 的数中,减去给定的数导出的补码。

例:在采用三个数字的十进制中,829 是 170 的基数反码,基数的幂减 1 是 999(=10^3-1)。

注:基数反码可从比基数小 1 的数字中减去给定的数的每一数字得到。

05.08.06

(对)九的补码　nines complement

十进制中的基数反码。

05.08.07

(对)一的补码　ones complement

二进制中的基数反码。

中 文 索 引

S

W

Y

Z

英 文 索 引

ICS 35.020
L 70

中华人民共和国国家标准

GB/T 5271.7—2008/ISO/IEC 2382-7:2000
代替 GB/T 5271.7—1986

信息技术　词汇
第7部分:计算机编程

Information technology—Vocabulary
Part 7: Computer programming

(ISO/IEC 2382-7:2000, IDT)

2008-07-18 发布　　　　2008-12-01 实施

中华人民共和国国家质量监督检验检疫总局
中国国家标准化管理委员会　发布

前　言

GB/T 5271《信息技术　词汇》共分 30 部分：

——第 1 部分：基本术语

——第 2 部分：算术和逻辑运算

——第 3 部分：设备技术

——第 4 部分：数据的组织

——第 5 部分：数据表示

——第 6 部分：数据的准备与处理

——第 7 部分：计算机编程

——第 8 部分：安全

——第 9 部分：数据通信

——第 10 部分：操作技术和设施

……

——第 29 部分：人工智能　语音识别与合成

——第 31 部分：人工智能　机器学习

——第 32 部分：电子邮件

——第 34 部分：人工智能　神经网络

本部分等同采用了 ISO/IEC 2382-7:2000《信息技术　词汇　第 7 部分：计算机编程》(英文版)。

本部分是 GB/T 5271 的第 7 部分。

本部分代替 GB/T 5271.7—1986《数据处理词汇　07 部分　计算机编程》。

本部分与 GB/T 5271.7—1986 的主要差别是在前一版的基础上删去 15 条术语，新增 280 条术语，增加 6 章。

本部分由全国信息技术标准化技术委员会(SAC/TC 28)提出并归口。

本部分起草单位：中国电子技术标准化研究所。

本部分主要起草人：王静、向维良。

本部分所代替标准的历次版本发布情况为：

——GB/T 5271.7—1986。

信息技术　词汇
第7部分:计算机编程

1　概述

1.1　范围

GB/T 5271 的本部分是为了便于信息技术的国内或国际交流。它给出了有关信息技术领域选择的概念的术语和定义,并标识了这些词条之间的关系。

GB/T 5271 的本部分包含了(有关)计算机(编)编程,特别是程序的准备执行、调试和验证的通用和选择的术语。

1.2　规范性引用文件

下列文件中的条款通过 GB/T 5271 的本部分的引用而成为本部分的条款。凡是注日期的引用文件,其随后所有的修改单(不包括勘误的内容)或修订版均不适用于本部分,然而,鼓励根据本部分达成协议的各方研究是否可使用这些文件的最新版本。凡是不注日期的引用文件,其最新版本适用于本部分。

GB/T 2659　世界各国和地区名称代码(GB/T 2659—2000,eqv ISO 3316-1:1997)

GB/T 5271.6—2000　信息技术　词汇　第 6 部分:数据的准备与处理(eqv ISO/IEC 2382-6:1987)

GB/T 5271.10—1986　信息技术　词汇　第 10 部分:操作技术和设施(eqv ISO/IEC 2382-10:1979)

GB/T 5271.20—1994　信息技术　词汇　20 部分　系统开发(eqv ISO/IEC 2382-20:1990)

GB/T 5271.23—2000　信息技术　词汇　第 23 部分:文本处理(eqv ISO/IEC 2382-23:1994)

GB/T 15237.1　术语工作　词汇　第 1 部分:理论与应用(GB/T 15237.1—2000,eqv ISO 1087-1:2000)

1.3　遵循的原则和规则

1.3.1　词条的定义

第 2 章包括许多词条。每个词条由几项必需的元素组成,包括索引号,一个术语或几个同义术语和定义一个概念的短语。另外,一个词条可包括举例、注解或便于理解概念的图解说明。

有时同一个术语可由不同的词条来定义,或一个词条可包括两个或两个以上的概念,描述分别见 1.3.5 和 1.3.8。

GB/T 5271 的本部分使用的其他术语,例如词汇、概念、术语和定义,其意义在 GB/T 15237.1 中有定义。

1.3.2　词条的组成

每个词条包括 1.3.1 中规定的必需元素,如果需要,可增加一些元素。词条可以包括按以下次序出现的元素:

a)　索引号(对发布 GB/T 5271 本部分的所有语言是共同的);

b)　术语或语言中通常优选的术语。对语言中的概念若没有通常优选术语表示,则用五个点(组成)的符号(.....)表示;在术语中,一行点用来表示每个特定情况下所选的词;

c)　某个国家(根据 GB/T 2659 规则标识)通常优选的术语;

d)　术语的缩写;

e) 许可用的同义术语；

f) 定义的正文(见 1.3.4)；

g) 以“例”开头的一个或几个例子；

h) 以“注”开头的概念应用领域中规定特殊情况的一个或几个注解；

i) 几个词条共用的图片、图示或表格。

1.3.3 词条的分类

GB/T 5271 的每部分分配给一个两位的数字序列号，对于《基本术语》以 01 开始。

词条按组分类，每组分配给一个四位的数字序列号；前两位数字表示 GB/T 5271 的那些部分。

每个词条分配给一个六位数字的索引号；前四位数字表示 GB/T 5271 的那些部分和组。

1.3.4 术语的选择和定义的用语

术语的选择和定义的用语尽可能遵循已建立的用法。当出现矛盾时，寻求大多数同意的方法解决。

1.3.5 多义术语

在一种工作语言中，如果一个给定的术语有几种意义，每种意义则给出一个单独的词条，以便于翻译成其他的语言。

1.3.6 缩略语

如 1.3.2 中指示的，通行使用的缩略语指定给一些术语。这些缩略语不在定义、例子或注解的文本中使用。

1.3.7 圆括号的用法

在一些术语中，以黑体字印刷的一个或几个字词置于圆括号中。这些字词是完整术语的一部分。但是，当在技术文章中使用缩短的术语不引起误解时，则这些字词可以省略。在 GB/T 5271 的其他定义、例子或注解的正文中，只使用这些术语的完整形式。

在一些词条中，术语后面跟随正常字体的字词并放在圆括号中。这些字词不是术语的一部分，而是指明该术语使用的方向，如它的特殊应用领域，或它的语法形式。

1.3.8 方括号的用法

如果几个紧密相关的术语能由文本定义，只是几个字词的差别，这些术语及其定义归为一个词条。为表示不同意思的替换字词，按在术语和定义中相同的次序放在方括号中，即[.....]。为清楚标识被替换的字词，按上述规则放在方括号前面的最后一个字词可放在方括弧里面，并且每置换一次则重复一次。

1.3.9 定义中黑体术语的用法和星号的用法

术语在定义、例子或注解中用黑体字印刷时，则表示该术语已在本标准的其他词条中定义过。但是，只有当这些术语首次出现在每一个词条中时，该术语才印成黑体字的形式。

当黑体字印刷的两个术语涉及到分隔开的词条并且直接地彼此紧随时，则星号用于分隔黑体字的术语(或只由加标点的标记分隔)。

以正常字体印刷的字词或术语，按通行词典中或权威性技术词汇的定义理解。

1.3.10 索引表的编制

每部分的末尾编有按汉语拼音和英文字母排序的索引表。它包括在该部分定义的所有术语。

2 术语和定义

07 计算机编程

07.01 语言的种类

07.01.01

元语言 metalanguage

一种用于规定另一语言并可能规定自身的某些方面或所有方面的语言。

例:巴克斯-诺尔形式。

07.01.02

算法语言　algorithmic language

一种用于表达算法的人工语言。

07.01.03 (01.05.10)

编程语言　programming language

程序设计语言

一种用于表达程序的人工语言。

07.01.04

机器语言　machine language

一种仅由特定的某一计算机或某类计算机的机器指令组成的人工语言。

07.01.05

面向机器的语言　machine-oriented language

面向计算机的语言　computer-oriented language

一种编程语言:其简单语句与特定的某一计算机或某类计算机的机器指令具有相同的或相似的结构。

07.01.06

汇编语言　assembly language

对操作、存储部位和其他特征(例如宏指令)提供符号命名的面向机器的语言。

07.01.07

第一代语言　first-generation language

1GL(缩略语)

一种与汇编语言十分相似,并极其依赖于某一计算机的机器语言的编程语言。

07.01.08

高级语言　high-level language

高阶语言　high-order language

一种主要用于并在句法上面向特殊类别的问题,实质上独立于特定的某一计算机或某类计算机的结构的编程语言。

例:Ada、COBOL、Fortran 和 Pascal 四种语言。

07.01.09

符号语言　symbolic language

一种以符号形式对操作、地址、操作数和结果进行命名的编程语言。

例:汇编语言,高级语言。

07.01.10

第二代语言　second-generation language

2GL(缩略语)

一种将第一代语言扩展,使之包括高级语言构造(例如宏指令)的编程语言。

07.01.11

第三代语言　third-generation language

3GL(缩略语)

一种高级语言:对简单语句的机器指令率高,并将程序员的抽象层次提升,使其注意力集中在待解决的问题,而不在熟知特别的计算机如何工作。

例:Ada、Basic、Fortran、Modula-2 和 Pascal 五种语言。

07.01.12

第四代语言　fourth-generation language

4GL(缩略语)

一种高级语言:让用户(不必是程序员)能以准自然语言编写语句,对简单语句的机器指令率远高于第三代语言,并将抽象层次提升到用户可在超越前几代编程语言的高度上工作。

例1:在第四代语言中,可以将顾客列表归类表达为"按顾客名称升序将顾客列表归类"。用户无需知道任何归类算法。

例2:dBASE是一种第四代语言。

07.01.13

可扩展语言　extensible language

一种能予以更改或自行更改,以便由程序员补加用户规定的能力的编程语言。

例:Ada、C++、FORTH、LISP、LOGO、Prolog和Smalltalk七种语言。

07.01.14

代数语言　algebraic language

一种允许构建类似于代数表达式语句的编程语言。

例:Ada、Fortran和Pascal三种语言。

07.01.15

面向问题的语言　problem-oriented language

面向应用的语言　application-oriented language

一种反映特别应用领域的各种概念的编程语言。

例:针对数据库应用的SQL语言,针对商务应用的COBOL语言。

07.01.16

面向对象的语言　object-oriented language

一种支持面向对象的概念的编程语言。

例:Eiffel语言和Smalltalk语言。

07.01.17

祈使语言　imperative language

一种通过赋值改变变量的状态,以此达到其主要效果的编程语言。

例:Eiffel语言和Smalltalk语言。

07.01.18

过程语言　procedural language

面向过程的语言　procedure-oriented language

一种以特定序列给出待执行的特定语句或指令的方式,提供手段来陈述由数据处理系统的动作所获得的结果的编程语言。

例:Ada、BASIC、COBOL、Fortran和Pascal五种语言。

07.01.19

非过程语言　nonprocedural language

一种无需以特定序列给出待执行的特定的语句或指令的方式,提供手段来陈述由数据处理系统的动作所获得的结果的编程语言。

07.01.20

函数语言　functional language

一种仅通过函数调用的方式,提供手段来陈述由数据处理系统的动作所获得的结果的编程语言。

例:FORTH、LISP、ML、Miranda和Postscript五种语言。

07.01.21

结构化编程语言　structured programming language

结构(式)编程语言

一种为结构式编程(2)提供语言构造的编程语言。

07.01.22

分程序结构语言　block-structured language

一种支持使用分程序语句的编程语言。

例:Ada、ALGOL、C、Pascal 和 PL/1 五种语言。

07.01.23

通用语言　general-purpose language

一种适宜于在范围广泛的应用系统中使用的高级语言。

07.01.24

专用语言　special-purpose language

一种其能力集中在特别种类的应用的编程语言。

例:填表语言;Postscript 语言。

07.01.25

交互式语言　interactive language

会话语言　conversational language

一种支持用户与数据处理系统之间以会话方式通信的编程语言。

07.01.26

(列)表处理语言　list processing language

一种为操纵以列表形式或以字符串形式表达的数据而设计的编程语言。

例:LISP 语言。

07.01.27

表达式语言　expression language

一种其赋值能在表达式语境中进行的编程语言。

例:C 语言。

注:表达式"if (x=y<0)..."在 C 语言中合法,但在 Ada 语言中就不合法。

07.01.28

文本格式化语言　text-formatting language

一种为指明文本宜按何种方式格式化而设计的面向问题的语言。

例:HTML 语言和 nroff 语言。

07.01.29

置标语言　markup language

一种旨在通过在原始文本中插入过程性和描述性的置标,而将其变换为结构式文档的文本格式化语言。

注:此条目是对 GB/T 5271.23—2000 中的条目 23.06.33 的修改。

07.01.30

页面描述语言　page description language

PDL(缩略语)

一种用于逐页规定文档中打印的或显示的图象的文本格式化语言。

例:HPGL 语言和 Postscript 语言。

07.01.31

编著语言　authoring language

一种为开发计算机辅助教学所用的课件而设计的面向问题的语言。

07.01.32

宏语言(1)　macrolanguage (1)

一种为定义宏定义和宏指令而设计的编程语言。

07.01.33

宏语言(2)　macrolanguage (2)

一种包括宏定义和宏指令的编程语言。

07.01.34

规格说明语言　specification language

一种面向问题的语言:综合了自然语言与人工语言,通常可由计算机处理;用于表达某一系统或构件的需求、设计、行为或其他特性;并提供专用语言构造,有时还提供验证协议,供开发、分析所规定的实体并为其编制文档使用。

07.01.35

需求规格说明语言　requirement specification language

一种规格说明语言:具有专用语言构造,有时还具有验证协议,用于开发和分析硬件的、软件的或硬软件的需求,或者为其编制文档。

07.01.36

设计语言　design language

一种规格说明语言:具有专用语言构造,有时还具有验证协议,用于开发和分析硬件的或软件的设计,并为其编制文档。

07.01.37

硬件设计语言　hardware design language

HDL(缩略语)

一种设计语言:具有专用语言构造,有时还具有验证协议,用于开发和分析硬件设计,并为其编制文档。

07.01.38

程序的设计语言　program design language

一种设计语言:具有专用语言构造和验证协议,用于对程序的设计进行开发和分析,并为其编制文档。

07.01.39

伪(代)码　pseudocode

出自编程语言的与出自自然语言的两种语言构造的组合:计算机未必可处理,但旨在使设计的程序让人阅读时清楚明白。

例:IF 数据来得比预期的快,

　　THEN 拒绝第三次输入。

　　ELSE 处理收到的所有数据。

ENDIF.

07.01.40

编译程序规格说明语言　compiler specification language

一种用于开发编译程序的规格说明语言。

07.01.41

测试语言　test language

一种提供手段供测试硬件构件或软件构件使用的面向问题的语言。

例:ATLAS、ATOLL、DETOL 和 DMAD 四种语言。

07.02　方法、技术与程序结构

07.02.01

结构(化)编程(1)　structured programming (1)

一种仅采用具有单入口点和单出口点的层次安排的构造,用于构建程序的方法。

注:结构式编程中所用的控制流有三种:顺序的、条件的和迭代的。

07.02.02

结构(化)编程(2)　structured programming (2)

包括结构式设计,以开发结构式程序为目的的任何软件开发技术。

07.02.03

结构化程序　structured program

按结构式编程(1)各项原则构建的程序。

07.02.04

结构化设计　structured design

软件设计的训练有素的任何一种办法:坚持规定的各项规则,这些规则基于对数据、对系统构造和对处理步骤的原则,例如模块化度、自顶向下设计和逐步求精。

07.02.05

逐步求精　stepwise refinement

一种软件开发技术:其中的处理步骤和数据先概括地加以定义,然后不断增添细节精化定义。

07.02.06

嵌套　to nest

把属于一类的一个或多个结构并入同一类的一个结构中去。

例:把一个循环("被嵌套循环"或"内循环")嵌入进另一循环("嵌套循环"或"外循环");把一个子程序嵌入进另一子程序。

07.02.07

函数编程　functional programming

一种用于将程序结构化为主要由可能嵌套的函数调用组成的序列的方法。

07.02.08

模块(化)编程　modular programming

将软件作为各种模块的汇集研制出来的软件开发技术。

07.02.09

逻辑编程　logic programming

一种将程序结构化为若干组逻辑规则,各带有预定义的算法,用于按该程序的规则处理其输入数据的方法。

07.02.10

跳(转)　jump

指令或语句脱离正常顺序执行的情况。

注:跳转由适当的指令或语句引起,这不同于异步中断或由异常造成的中断(此时将控制转移给异常处理程序)。

07.02.11

跳(转) to jump

使指令或语句脱离正在执行的隐式的或声明的次序。

07.02.12

指示符 indicator

指示器

一种能基于过程的结果或规定条件的出现设定到某一设置状态的器件或变量。

例:旗标,信号灯。

07.02.13

旗标 flag

指明某一条件的状态的变量。

07.02.14

开关 switch

从由旗标控制的供选择的各跳转中,选出其一的执行方式。

07.02.15

工作空间 working space;work space

工作区 working area;work area

在存储器中,由某一程序用于暂时保有数据的部分。

07.02.16

互斥 mutual exclusion

一项原则:在给定时刻,要求仅有一个异步过程可以访问同一共享变量,或执行一组临界区的若干区。

07.02.17

同步(化) synchronization

在开始执行多个异步过程时,维持共同定时和协调的动作。

07.02.18

散列 hashing

散列寻址 hash addressing

为存储和检索数据而将搜索键转换为地址的方法。

注:此方法常用于将"搜索用时"降至最短。

07.02.19

散列函数(用于散列法) **hash function** (in hashing)

在由项组成的集合中,一种用于确定给定项位置的函数。

注:散列函数在各项的选定的字段(即键码)上运算,并用于将键码集映射列通常小得多的存储位置集上;因此,这种映射通常是多对一的。

07.02.20

散列值 hash value

为指明给定项在存储器中的位置而由散列函数生成的数。

07.02.21

冲突(用于散列法) **collision** (in hashing)

散列相撞 hash clash

出现同一散列值对不同的多个键码的情况。

07.02.22

冲突消解(用于散列法) **collision resolution** (in hashing)

通过进一步计算或其他手段来解决冲突的过程。

07.02.23

共享变量 **shared variable**

一种能由多个异步过程或并发执行的程序来访问的变量。

07.02.24

捆绑 **to bind**

将程序中的一个标识符与另一对象联系起来。

例:将一个标识符与一个值、一个地址或另一标识符联系起来,或者,将形参与实质关联起来。

07.02.25

绑定 **binding**

将程序中的一个标识符与另一对象联系起来的过程。

07.02.26

绑定时刻 **binding time**

绑定发生的瞬间。

注:为提高执行效率并增加灵活性而设计的编程语言(例如 Ada、PL/1 和 C++)提供多重选项,允许对绑定时刻有多种选择。

07.02.27

静态绑定 **static binding**

在程序执行之前进行,在执行期间不作改变的绑定。

07.02.28

动态绑定 **dynamic binding**

在程序的执行期间进行的绑定。

07.02.29

早(期)绑定 **early binding**

对某些编程语言,通常为获得所需的执行效率而将大多数绑定放在翻译期间进行的特性。

例:COBOL、Fortran 和 Pascal 三种语言。

07.02.30

晚(期)绑定 **late binding**

对某些编程语言,通常为获得所需的灵活性而将大多数绑定放在执行期间进行的特性。

例:dBASE 语言,Smalltalk 语言。

07.02.31

堆 **heap**

在内部存储器中,用于动态构建或删除数据对象,而在此处使用数据对象的次序未予定义的部分。

07.02.32

数据流 **data flow**

在进行特定工作的历程中,数据通过数据处理系统现用各部分的运动。

07.03 迭代与递归

07.03.01

迭代 **iteration**

重复进行某一步骤序列的过程。

07.03.02

迭代步　iteration step

迭代步骤序列的单次执行。

07.03.03

循环　loop

在某一条件成立时，一种可迭代执行的语句的或指令的序列。

注：在某些实现中，在循环已经执行一次之后，才进行测试，以查明此条件是否成立。

07.03.04

无限循环　infinite loop

闭循环　closed loop

其执行只有通过外部干预才能终止的循环。

07.03.05

循环断言　loop assertion

规定一个或多个条件，对循环的特别部分的每次执行，这些条件都必须满足的逻辑表达式。

07.03.06

循环体　loop body

循环中达到其主要目的的部分。

07.03.07

循环控制　loop control

一种包括某一测试，以确定循环中的迭代是否予以执行的语言构造。

07.03.08

循环控制变量　loop-control variable

循环参数　loop parameter

一种用于确定是否从循环中退出的数据对象。

07.03.09

迭代方案　iteration scheme

在循环控制中，用于确定是否从循环中退出的方法。

例："(做)循环……当"("do…while")子句。

07.03.10

固定计数迭代　fixed-count iteration

在迭代到特定次数后而不是待到特定条件出现时终止循环执行的迭代方案。

07.03.11

终止测试　termination test

在循环控制中，其中的"真"条件指明迭代应予暂停的测试。

例：在 Pascal 语言中，终止测试所用的循环控制变量冠以"直到"("until")子句。

07.03.12

继续测试　continuation test

在循环控制中，其中的"真"条件指明迭代应予继续，"假"条件指明迭代应予终止的测试。

例：在 Pascal 语言中，继续测试所用的循环控制变量在"当"("while")子句内。

07.03.13

预测试循环　pretest loop

在进入循环体之前进行测试的循环控制。

例:Ada语言中的"for"循环。

注:通常偏爱采用预测试循环,原因是后测试循环在首次进行测试之前允许循环执行一次。

07.03.14

后测试循环　posttest loop

在循环体之后进行测试的循环控制。

例:Pascal语言中的"repeat…until"("重复……直到")构造。

07.03.15

内测试循环　in-test loop

在循环体中段某处进行测试的循环控制。

例:Ada语言中的退出语句。

07.03.16

递归　recursion

一种过程:其中的子程序或则包含一个对自身的子程序调用,或则调用另一子程序,该另一子程序调用原有子程序或进一步初启某一子程序调用链,此链最终引回至原子程序的一个子程序调用。

07.03.17

直接递归　directly recursive

修饰或说明子程序:包含对自身的调用。

07.03.18

间接递归　indirectly recursive

修饰或说明子程序:调用另一子程序,该另一子程序调用原有子程序或进一步初启某一子程序调用链,此链最终引回至原子程序的一个子程序调用。

07.03.19

互递归　mutual recursion

两个子程序互相调用的情况。

07.03.20

重入　reentrant

修饰或说明可执行版本的程序或程序的一部分:可重复进入,或可在前几次执行完成之前进入,这种程序的每次执行都独立于其他各次执行。

07.04　**程序准备**

07.04.01

程序员　programmer

设计、编写或测试程序的个人。

07.04.02

环境　environment

支持一个或多个阶段软件开发的硬件工具与软件工具的汇集。

07.04.03

编程环境　programming environment

编程支持环境　programming support environment

支持程序准备的硬件工具与软件工具的汇集。

07.04.04

集成式编程环境　integrated programming environment

IPE(缩略语)

在公共用户接口(常常是图形接口)下,支持软件开发的硬件工具与软件工具的集成式汇集。

07.04.05

翻译　to translate

在对程序的原有意义不作任何修改的前提下，将以某一编程语言表达的程序的全部或部分变换为另一编程语言(所表达的程序)。

注：本条目是对 GB/T 5271.6—2000 中 06.03.05 一条的修改版本。

07.04.06

翻译　translation

进行翻译的过程或结果。

07.04.07

翻译器　translator

翻译程序　translation program

能进行翻译的一个或多个程序。

07.04.08

汇编　to assemble

从汇编语言程序翻译成对象语言程序。

07.04.09

汇编器　assembler

一种能进行汇编的翻译器。

07.04.10

绝对汇编器　absolute assembler

一种产生绝对代码的汇编器。

07.04.11

(代)码(用于计算机编程)　**code** (in computer programming)

以编程语言表达的，或者以汇编器、编译器或其他翻译器产生的形式表达的一段程序文本。

07.04.12

编码(用于计算机编程)　**coding** (in computer programming)

以编程语言表达程序的过程。

07.04.13

绝对(代)码　absolute code

其中所有地址都是绝对地址的代码。

07.04.14

汇编(代)码　assembly code

以能加以识别并能由汇编器处理的形式表达的代码。

07.04.15

装配原点　assembled origin

由汇编器、编译器或链接编辑器分派给程序的全部或部分的初始存储部位的地址。

07.04.16

交叉汇编器　cross-assembler

利用计算机将程序汇编成不同的另一计算机上的对象语言(所表达的程序)的汇编器。

07.04.17

重定位汇编器　relocating assembler

其“产品”可重定位的汇编器。

07.04.18

汇编并执行　assemble-and-go

在程序的汇编、链接、装入与执行之间均无停顿的操作技术。

07.04.19

编译　to compile

将以高级语言表达的程序的全部或部分，翻译成以中间语言、汇编语言或机器语言所表达的程序。

07.04.20

编译器　compiler

一种能进行编译的翻译器。

07.04.21

编译　compilation

进行编译的过程或结果。

07.04.22

编译单元　compilation unit

对待进行的编译足够完备，以高级语言表达的程序的全部或部分。

07.04.23

编译器(代)码　compiler code

以能由编译器识别并处理的形式表达的代码。

07.04.24

编译(程序)生成器　compiler generator

编译(程序)编译器　compiler compiler

元编译器　metacompiler

一种用于规定并构建编译器的全部或部分的翻译器或解释器。

07.04.25

交叉编译器　cross-compiler

利用计算机将程序编译成不同的另一计算机上的对象语言(所表达的程序)的编译器。

07.04.26

编译并执行　compiler-and-go

在程序的编译、链接、装入与执行之间，均无停顿的操作技术。

07.04.27

反汇编　to disassemble

将目标代码翻译成汇编语言表示。

07.04.28

反编译　to decompile

对经编译的程序，从其机器语言版本翻译成可类似于采用高级语言的原有程序的形成。

注：解编译的程序宜重新编译成其原有的机器语言版本。

07.04.29

反编译器　decompiler

对程序进行解编译的软件工具。

07.04.30

解释　to interpret

在处理下一语句之前，分析、翻译并执行源程序中的每一语句或语言构造。

07.04.31

解释器 interpreter

解释程序 interpreter program

一种能进行解释的程序。

07.04.32

解释器(代)码 interpreter code

以能由解释器识别并处理的形式所表达的代码。

07.04.33

机器(代)码 machine code

以能由计算机的处理器识别并执行的形式所表达的代码。

07.04.34

源语言 source language

在源程序中使用的编程语言。

07.04.35

依赖于机器 machine-dependent

说明或修饰软件:依靠特别种类计算机的独有特征,因而只可在此种计算机上执行。

07.04.36

独立于机器 machine-independent

修饰或说明软件:不依靠特别种类计算机的独有特征,因而可在多种计算机上执行。

07.04.37

源程序 source program

一种能被特定翻译器接受的程序。

07.04.38

源(代)码 source code

以适宜于汇编器、编译器或其他翻译器作为输入的形式所表达的代码。

07.04.39

源模块 source module

编译单元(在此意义下不推荐使用) compilation unit (deprecated in this sense)

对翻译足够完备的源程序的全部或一部分。

07.04.40

中间语言 intermediate language

在进一步翻译或解释之前,由采用源语言的源程序的全部或部分或者单个语句翻译而成的目标语言。

注:对于进一步的翻译,中间语言可当作源语言使用。

07.04.41

根编译器 root compiler

一种仅编译到中间语言的编译器。

注:根编译器与代码生成器组合之后,即组成完整的编译器。

07.04.42

代码生成器 code generator

一种将采用某一中间语言的程序的全部或部分转换成对象语言(所表达的程序),常常是编译器组成部分的子程序。

07.04.43

源(代)码生成器　source code generator

一种将程序的设计或要求作为输入,以此产生实现该设计或要求的源代码的软件工具。

07.04.44

语法分析　to parse

通过将语言构造分解成若干词汇标记并建立其间的联系,来确定该构造的句法结构。

例:将块句法分析成语句,将语句分析成表达式,将表达式分析成运算符和运算数。

07.04.45

语法分析器　parser

常作为汇编、编译、解释或分析的第一步对程序或其他文本进行句法分析的软件工具。

07.04.46

应用生成器　application generator

产生各种程序来解决特别应用领域中一个或多个问题的源代码生成器。

07.04.47

软件工具　software tool

用于开发、测试、分析或维护程序,或者为其编制文档的软件。

例:交叉引用生成器,解编译器,驱动程序,编辑器,流程图器,(软件式)执行监视器,测试用例生成器,定时分析器。

07.04.48

目标语言　target language

一种以翻译器表达其结果的语言。

07.04.49

目标机(1)　target machine (1)

用来在其上执行程序的计算机。

注:见"宿主机(1)"。

07.04.50

目标机(2)　target machine (2)

一种正在被另一计算机仿真的计算机。

注:见"宿主机(2)"。

07.04.51

目标程序　target program

源程序经翻译后的版本。

07.04.52

宿主语言　host language

一种嵌入了数据操纵语言语句的编程语言。

07.04.53

宿主机(1)　host machine (1)

一种用于开发供另一计算机使用的软件的计算机。

注:见"目标机(1)"。

07.04.54

宿主机(2)　host machine (2)

一种用于仿真另一计算机的计算机。

注:见"目标机(2)"。

07.04.55

宿主机(3)　host machine (3)

其上安装程序或文件的计算机。

07.04.56

对象语言　object language

一种用于表达对象程序的目标语言。

07.04.57

对象(代)码　object code

代码在执行前的最终版本。

注：对象程序由对象代码组成。

07.04.58

对象模块　object module

对进行链接足够完备的对象程序的全部或部分。

注1：汇编器和编译器通常都产生对象模块。

注2：本条目是对 GB/T 5271.10—1986 中的 10.02.10 一条的修改版本。

07.04.59

对象程序　object program

在能由特定计算机执行之前，于必要时必须加以链接的目标程序。

07.04.60

翻译时间(1)　translation time (1)

翻译发生的任一瞬时。

07.04.61

编译时间(1)　compilation time (1)

编译发生的任一瞬时。

07.04.62

汇编时间(1)　assembly time (1)

汇编发生的任一瞬时。

07.04.63

翻译期　translation duration

翻译时间　translation time (2)

翻译某一程序所需的总时间。

07.04.64

编译期　compilation duration

编译时间(2)　compilation time (2)

编译某一程序所需的总时间。

07.04.65

汇编期　assembly duration

汇编时间(2)　assembly time (2)

汇编某一程序所需的总时间。

07.04.66

翻译控令　translator directive

一种用于对程序的翻译进行控制的语言构造。

07.04.67

汇编控令　assembler directive

一种用于对程序的汇编进行控制的语言构造。

07.04.68

编译控令　compiler directive

一种用于对程序的编译进行控制的语言构造。

07.04.69

解释控令　interpreter directive

一种用于对程序的解释进行控制的语言构造。

07.04.70

分别编译　separate compilation

相依编译　dependent compilation

对某一源模块，利用表示各有关源模块接口的和语境联系的数据所作的编译。

注：接口和语境数据由编译器使用，以便检验有效性并分解引用。

07.04.71

独立编译　independent compilation

分别编译(在此意义下不推荐使用)　separate compilation (deprecated in this sense)

对某一源模块，不利用表示各有关源模块接口的和语境联系的数据所作的编译。

注：当独立编译的各单元最终组合时，有可能必须就有效性对接口的和语境的数据进行检验。

07.04.72

类属单元　generic unit

对在翻译时间(1)从中导出正常语言构造的某一语言构造的有可能经参数化的模型。

07.04.73

宏生成器　macrogenerator

一种以符合对应宏定义的适当代码代替源程序中的各宏指令或宏调用，常常是汇编器或编译器的组成部分的模块。

07.04.74

宏处理器　macroprocessor

一种在某些汇编器与编译器中提供，用以支持宏定义的子程序。

07.04.75

宏编程　macroprogramming

采用宏定义和宏指令或宏调用的编程。

07.04.76

宏库　macro library

宏调用、宏指令及其由宏生成器使用的宏定义变量的汇集。

07.04.77

宏汇编器　macroassembler

一种包括或承当宏生成器功能的汇编器。

07.04.78

程序生成器　program generator

一种能产生其他程序的程序。

07.04.79

预处理器　preprocessor

在主过程之前，实施某些处理步的程序或子程序。

07.04.80

预处理 preprocessing

在主过程之前进行的处理。

例:从嵌入式数据库语言的语句(例如 SQL)到宿主语言的翻译。

07.04.81

语言预处理器 language preprocessor

一种对程序进行预备性处理的功能单元。

例:宏生成器可用作翻译器的语言预处理器。

07.05 链接与装入

07.05.01

链接 to link

通过建立指针将数据对象互连,或者,通过提供链接将一个或多个程序的若干部分互连。

例:通过链接编辑器将若干对象程序链接。

07.05.02

链接 link;linkage

在某一程序中,在其分隔的各模块之间传递控制,并可能传递参数,常常由单个指令或地址组成的部分。

07.05.03

链接编辑器 linkage editor

链接器 linker

一种程序:在处理一个或多个独立翻译的对象模块或装入模块时,分解这些模块间的交叉引用,提供其间的链接,建立可重定位元素,并于必要时调整地址,以此创建新的装入模块。

注:这一条目是对 GB/T 5271.10—1986 中 10.02.12 一条的修改版本。

07.05.04

装入器 loader

一种程序:将其他程序由外存储器拷贝到内存储器,或者,将数据由外存储器拷贝到内存储器或由内存储器拷贝到寄存器。

07.05.05

装入(用于计算机编程) to load (in computer programming)

执行某一装入程序。

07.05.06

绝对装入器 absolute loader

一种程序:将所有地址都是绝对地址的装入模块,由外存储器拷贝到内存储器,因而不必调整地址。

07.05.07

链接装入器 linking loader

一种将链接编辑器与装入器两者的功能组合为一的程序。

07.05.08

装入模块 load module

适宜于装入并执行的程序的全部或部分。

注 1:装入模块通常是应用链接编辑器的结果。

注 2:这一条目是对 GB/T 5271.10—1986 中的 10.02.11 一条的修改版本。

07.05.09

装入并执行 load-and-go

在程序的装入与执行之间没有停顿的操作技术。

07.05.10

装(入)后原点　loaded origin

装(入)后起点

已经装入主存储器的程序的初始存储部位的地址。

07.05.11

装入映像　load map

一种标识驻留在内存中的程序或数据的全部或选出的各部分的存储部位或大小,由计算机生成的列表。

07.05.12

重定位　to relocate

在地址空间移动对象程序的全部或部分,并作出必要的地址调整,以使由这一变换而来的对应的程序各部分能在新的部位执行。

07.05.13

可重定位程序　relocatable program

一种采用可重定位形式的对象程序。

07.05.14

可重定位　relocatable

修饰和说明某一对象程序的全部或部分:能将其装入主存储器内任何部分。

注:起始地址由装入器建立,然后以此调整反映已经装入的程序各部分的存储部位的地址。

07.05.15

重定位装入器　relocating loader

一种处理可重定位程序或可重定位模块的装入器。

07.05.16

重定位字典　relocating dictionary

在对象模块或装入模块中,标识在重定位时必须加以调整的地址的部分。

07.05.17

重定位偏移　relocation offset

某一程序的装后原点与汇编原点之差。

07.05.18

地址偏移　address offset

一个必须将其加到相对地址上,以确定待存取的存储部位的地址的数。

07.05.19

分段　segmentation

一种当需要时将程序的各部分由辅存储器装入主存储器的存储器分配技术。

07.05.20

段(用于计算机编程)　segment (in computer programming)

在某一程序中,在整个程序并未驻留于主存储器时可予以执行的一部分。

07.05.21

覆盖段　overlay segment

在某一程序的若干程序段中,执行时一次一段占据主存储器的同一区域的任一段。

07.05.22

覆盖　to overlay

以将程序的其他部分盖写的方式,从辅存储器装入一覆盖段。

07.05.23

覆盖监管程序　overlay supervisor

控制各覆盖段的定序和定位的子程序。

07.05.24

驻留　resident

修饰或说明程序、程序的若干部分或数据:正保留在主存储器中。

注:此条目是对 GB/T 5271.10—1986 中 10.02.16 一条的修改版本。

07.05.25

驻留程序　resident program

一种保留在主存储器特别区域中的程序。

译注:原文释义中的“storage device”应为“main storage (device)”。

07.05.26

活动记录　activation record

表示某一任务或子程序的实例,并包含该实例的数据值和进程状态数据的数据对象。

注:活动记录可包含参数、结果、局部数据等。

07.06　程序执行

07.06.01

语言处理器　language processor

一种用于翻译并执行以规定的编程语言编写的程序的功能单元。

例:LISP 机。

07.06.02

执行时间　execution time

运行时间　run time

特别程序执行进行中的任一瞬时。

07.06.03

执行期　execution duration

运行期　run duration

运行时间　running time

执行特定程序所需的总时间。

注:执行期可以是“经历时间”或“处理器用时”。

07.06.04

(经)历时(间)　elapsed time

执行某一程序从开始到结束实际经历的时间跨度。

注:与“处理器用时”相对。

07.06.05

处理器时间　processor time

处理器实际执行某一程序的各时段之和。

注:与“经历时间”相对。

07.06.06

执行轮廓　execution profile

执行简档

一种对指令的或程序语句的绝对或相对执行频次或者执行期的表示。

07.06.07

(踪)迹　trace

对程序的全部或部分,一种表明所执行的指令或语句的顺序、所涉及的操作数及其名称、结果的执行记录。

07.06.08

跟踪　to trace

产生一个踪迹。

07.06.09

执行踪迹　execution trace

控制流踪迹　control-flow trace;code trace (US)

在程序执行期间,所执行指令顺序的记录。

07.06.10

追溯踪迹　retrospective trace

在某一程序的执行已经结束之后,根据执行期间记录的历史数据产生的踪迹。

注:"回溯踪迹"不同于"执行踪迹",后者在执行期间累积产生。

07.06.11

子程序踪迹　subprogram trace

在执行全部或部分程序期间,以及(可选地)由各子程序或另一模块传出或返回各参数值期间,对所进行的全部或选定的子程序调用所作的记录。

07.06.12

符号踪迹　symbolic trace

采用符号而不是输入数据的实际值,对执行程序时源程序的语句与跳转的结局所作的记录。

07.06.13

符号执行　symbolic execution

一种进程:采用输入数据所用的符号(例如变量名称)而不是实际值,并将程序输出表达为涉及这些符号的逻辑或数学表达式,模拟程序的全部或部分的执行,以此支持对软件的分析。

07.06.14

变量踪迹　variable trace

数据流踪迹　data-flow trace

数据踪迹　data trace

在程序执行期间,对访问的或改变的变量的名称和值所作的记录。

07.06.15

执行监视器　execution monitor

一种与某一系统或功能单元并行运行,并对该系统或功能单元的运行加以监督、记录、分析或验证的软件工具或硬件装置。

07.06.16

退出　to exit

执行程序或其一部分中的某一指令或语句,以使该程序或其一部分的执行终止。

07.06.17

退出点　exit point

在某一程序、模块或语句中,将该程序、模块或语句的执行能在此终止的点。

07.06.18

进入点　entry point

入口　entrance

在某一程序、模块或语句中，该程序、模块或语句的执行能在此开始的点。

07.06.19

再入点　reentry point

在某一程序、模块或语句中，紧跟另一程序、模块或语句的执行之后，该程序、模块或语句在此重新开始执行的点。

07.06.20

断点　breakpoint

在某一程序、模块或语句中，根据规定的条件或事件，在此可将执行挂起的点。

注1：设定断点以使对程序的表现和结果能手动或自动监视。

注2：可设定多个断点。

07.06.21

设置(某一断点)　to set (a breakpoint)

对将程序的执行挂起的某一断点和适当事件进行定义。

07.06.22

引发(某一断点)　to initiate (a breakpoint)

将程序执行到断点处挂起。

07.06.23

代码断点　code breakpoint

控制断点　control breakpoint

一种取决于特定指令的执行的断点。

07.06.24

数据断点　data breakpoint

一种取决于对特定数据对象的访问的断点。

07.06.25

动态断点　dynamic breakpoint

一种断点：在自己的或在另一程序的执行期间，可改变初启该断点的特定事件或条件。

07.06.26

静态断点　static breakpoint

一种能在编译期间设定的断点。

注：断点可设定在给定子程序的调用处。

07.06.27

可编程断点　programmable breakpoint

在初启时自动启用此前规定的排错过程的断点。

07.06.28

前导断点　preamble breakpoint

置于程序或子程序进入点处的断点。

07.06.29

后随断点　postamble breakpoint

置于程序或子程序退出点处的断点。

07.06.30

检查点　checkpoint

在某一程序中,适宜于中断其执行,在此将某一指令序列插入,以便对当前状态和结果进行记录和检查,然后重新启动的点。

07.06.31

重(新)启动　to restart

利用在检查点处记录的数据,将程序重新开始执行。

07.06.32

重启动点　restart point;rescue point

在某一程序中,当断点或检查点处发生了中断之后,能在此继续或重新开始执行的点。

07.06.33

恢复　to recover

对某一系统、文件、数据库或其他资源的全部或一部分,或者对某一程序的执行,建立以前的或新的状态,以使其能履行所需功能。

07.06.34

恢复(用于计算机编程)　**recovery** (in computer programming)

进行恢复的过程或结果。

07.06.35

正向恢复　forward recovery

一类恢复:将某一系统、程序、文件、数据库或其他资源带至此前不曾处于的新状态,使之能在该状态下履行所需的功能。

例:利用按时间顺序记载的更改某一文件的资料中记录的数据,通过更新早期版本,对给定状态下该文件的重构。

07.06.36

反向恢复　backward recovery

一类恢复:将某一系统、程序、文件、数据库或其他资源复原到此前某一状态,使之能在该状态下履行所需的功能。

例:通过撤销某一文件自处于给定状态以来对其所作的全部更改,对这一状态下该文件的重构。

07.06.37

在线恢复　inline recovery

联机恢复

通过在失效出现之前某一安全点处重新开始工作进行的恢复。

07.06.38

饥饿　starvation

由于各异步并发过程一直占用所需的资源,因而使某一异步过程在任何可预测的时段都无法开始进行的状况。

07.06.39

死锁　deadlock

由于多个装置或并发过程各自等待已经分派完毕的资源,或者,由于其他的依存关系,因而使数据处理挂起的状况。

例:对记录X独占性加锁的程序A,要求对已经分配给程序B的记录Y加锁的状况。同样,程序B

在放弃对记录 Y 的控制之前，等待对记录 X 的独占控制。

07.06.40

锁定　lockout

其中的共享资源受到保护，一次只允许一个装置或过程对其访问而排除其他的资源分配技术。

例：禁止对正在更新的数据进行读取。

07.06.41

自展程序　bootstrap

初始程序装入　initial program load

IPL(缩略语)

一种永久驻留或易于装入计算机，执行时将较大程序（例如操作系统或其装入器）导入内存的短程序。

07.06.42

自展　to bootstrap

执行某一自展程序。

07.06.43

自展程序装入器　bootstrap loader

一种用于装入自展程序的短程序。

07.06.44

引导　to boot

通过装入操作系统并有可能清除内存将计算机初始化。

07.06.45

异常　exception

一种可在程序执行期间出现，可引起对正常执行顺序的偏离，而且有办法加以定义、提起、识别、忽略或处置的条件。

例：PL/1 语言中的“(ON ERROR)条件”；溢出；范围差错。

07.06.46

提起(某一异常)　to raise (an exception)

基于规定条件的出现，向某一异常发出信令。

07.06.47

异常处置器　exception handler

在所执行程序中，响应特定种类的异常的部分。

07.06.48

处置(某一异常)　to handle (an exception)

针对某一异常的出现，采取直接行动。

注：正常情况下，将控制转至采取行动的异常处置器。

07.06.49

传播(某一异常)　to propagate (an exception)

由于在给定模块内缺少所需的处置，因而将控制转至上一调用 * 模块或嵌套模块，或者，在异常处置器之内，显式再次提起该异常。

07.06.50

寻址异常　addressing exception

当程序计算的地址超出对其可用的空间的上下限界时出现的异常。

07.06.51

数据异常 data exception

当程序试图不正确地使用或存取数据时出现的异常。

07.06.52

操作异常 operation exception

当程序遇到无效操作部分时出现的异常。

07.06.53

保护异常 protection exception

当程序试图访问存储器内受保护区域时出现的异常。

07.06.54

溢出异常 overflow exception

当运算结果引起溢出时出现的异常。

07.06.55

下溢(出)异常 underflow exception

当运算结果引起算术下溢出时出现的异常。

07.07 排错与检查

07.07.01(01.05.07)

排错 to debug

调试

检测、定位并消除程序中的错误。

07.07.02

排错器 debugger

调试器

为帮助排错而设计的软件。

07.07.03

转储 to dump

以便于分析的格式,记录或显示某一存储器的全部或部分在特别瞬时的内容。

例:转储格式包括内部存储器(例如内存和通用寄存器的内容)与外部存储器(例如磁盘上或磁带上数据的详细结构)。

07.07.04

转储(1) dump (1)

进行转储的过程。

07.07.05

转储(2) dump (2)

数据转储 data dump

已经转储完毕的数据。

07.07.06

选择性转储 selective dump

仅对指定的存储部位区域进行的转储。

07.07.07

改(变)后转储 change dump

对在规定时期内容已经改变的存储部位的转储。

07.07.08

善后转储　postmortem dump

程序执行出现反常终止时立即产生的转储。

07.07.09

快照转储　snapshot dump

内存或数据库在特定的时间点包含数据的全部或若干部分的副本。

07.07.10

内存转储　memory dump

对计算机内存储器的全部或部分内容的转储。

注：内存转储通常采用二进制、八进制或十六进制的形式。

07.07.11

桌面检查　desk checking

一种静态分析技术：多半包括对程序执行的手工模拟，其中对源代码、测试结果或其他文档都以视觉方式考查，通常由生成者进行，以查明故障、违背开发标准之处或其他问题。

注：此条目是对 GB/T 5271.20—1994 中 20.05.02 一条的修改版本。

07.07.12

回放　playback

采用能在用户控制之下多半按正向或反向再生输入与输出的方式，将程序的全部或部分的执行史记录下来的技术。

注：回放用于排错。

07.07.13

重放　replay

将输入数据捕获，并以使该程序能在供分析的受控条件下执行的方式，将其重新引入程序的技术。

07.07.14

单步操作　single-step operation

单步执行　single-step execution

按步操作　step-by-step operation

计算机的单个指令或其一部分响应外部信号来执行的操作方式。

注：单步操作用于排错。

07.07.15

诊断程序　diagnostic program

为检测、定位并描述设备中的故障或程序中的差错而设计的程序。

07.07.16

踪迹程序　trace program

一种产生踪迹的程序。

07.07.17

操作码陷阱　operation code trap

为使某一机器指令在执行时引起一次中断，而对该指令的操作部分所作的特定修改。

07.07.18

检查程序　checking program

考查源程序或数据中不正确的句法和语义，或者对规定要求不一致处的诊断程序。

07.07.19

补丁　patch

对于某一对象模块或已装入程序，不经从源程序重新汇编或编译而作的直接修改。

07.07.20

修补 to patch

做一次修补。

07.07.21

断言 assertion

当某一程序即将执行时，在其特别点处规定必须存在的特别状态或必须满足的特别条件的语言构造。

07.07.22

循环断言 loop assertion

在某一循环的整个执行期间，一种必须得到验证的断言。

07.07.23

不变 invariant

修饰或说明某一对象在规定环境之内不变化的性质。

07.07.24

循环不变式 loop invariant

在整个循环中一种不变式的条件。

07.07.25

前置条件 precondition

在执行序列中，一种冠于某一程序的规定部分的一点的断言。

07.07.26

后置条件 postcondition

在执行序列中，一种关于紧跟某一程序的规定部分的一点的断言。

07.07.27

正确性证法 correctness proving

对程序的语义是否与该程序的规范一致性的一种形式的数学论证。

07.07.28

正确性证明 proof of correctness

一种由采用正确性证法得来的证实。

07.07.29

形式规格说明（用于计算机编程） **formal specification**（in computer programming）

一种以形式记法写成、常用于正确性证法的规范。

07.07.30

部分正确性 partial correctness

指明某一程序的输出断言在逻辑上从其输入断言和处理步骤得来的正确性证明。

07.07.31

总体正确性 total correctness

指明某一程序的输出断言在逻辑上从其输入断言和处理步骤得来，并指明该程序在规定的所有输入条件下终止的正确性证明。

07.07.32

差错播种 error seeding

隐错播种 bug seeding

故障播种 fault seeding

在程序中有意加进已知故障，以便监视对故障的检测排除率，并估计该程序中尚存的未知故障数的过程。

07.07.33

内在差错　indigenous error

内在故障　indigenous fault

在程序中,不是作为差错播种过程的组成部分而故意插入的故障。

07.07.34

差错控制软件　error control software

监视数据处理系统,以便检测、记录并有可能改正差错的软件。

07.07.35

差错预测　error prediction

一种关于某一系统或构件中差错的期望数或性质的定量陈述。

07.07.36

不可恢复的差错　unrecoverable error

不采用程序外部的恢复技术就不可能恢复的差错。

07.08　微程序设计

07.08.01

微指令　microinstruction

规定执行一条机器指令或另一自足硬件功能所需的一个或多个基本操作,并代表属于这些操作的各操作数的控令。

注:微指令是真正的机器指令,微代码则用于创建看似具有对用户更友好的指令集的虚拟机。

07.08.02

微程序设计　microprogramming

采用微指令的程序设计。

注:微程序设计是执行机器指令必须的控制信号的硬布线的一种替代。

07.08.03

微程序　microprogram

与对应的硬件构件相配合,控制一条机器指令或另一自足硬件功能的执行的微指令序列。

07.08.04

微(代)码　microcode

组成微程序的一部分、全部或某一集合的微指令的汇集。

07.08.05

微码汇编器　microcode assembler

将微程序从符号形式翻译成二进制形式的程序。

07.08.06

微操作　microoperation

在微程序设计中,执行一条机器指令或另一自足硬件功能所需的基本操作之一。

07.08.07

可微编程计算机　microprogrammable computer

一种能由用户创建或更改微程序的计算机。

07.09　指令与地址

07.09.01

指令　instruction

语句(在此意义下不推荐使用)　statement (deprecated in this sense)

对某一操作的规格说明及对关联的任何操作数的标识。

07.09.02

机器指令　machine instruction

一种能由计算机直接执行的指令。

注：机器指令是机器语言的要素之一。

07.09.03

指令格式　instruction format

对一条指令各组成部分的布局。

07.09.04

指令集　instruction set

指令清单　instruction repertoire

由给定的计算机识别的，或者，由给定的程序语言提供的整套指令。

07.09.05

指令长度　instruction length

存储一条机器指令所需的字、字节或二进制位的数目。

07.09.06

操作部分　operation part

操作字段　operation field

在一条机器指令或微指令中，规定有待执行的操作的部分。

07.09.07

地址　address

标识某一存储部位的值。

例：寄存器号，存储器特定部分的地址，器件地址，网络地址。

07.09.08

地址部分　address part

在一条机器指令或微指令中，规定操作数地址的部分。

07.09.09

地址格式　address format

地址内各要素的数目与安排。

例：虚拟地址系统中的页面与偏移；磁盘存储器中的通道、器件、扇区与记录。

07.09.10

指令码　instruction code

计算机指令码　computer instruction code

机器码（在此意义下不推荐使用）　machine code (deprecated in this sense)

用于表示特定计算机中允许的不同机器指令的字节组。

07.09.11

操作码　operation code;opcode

对一条机器指令的操作部分的编码表示。

例：在汇编语言中，有可能以 BNZ 指代操作“branch if not zero”（“若非零则分支”），此代码最终又以机器码表示为特定的位模式。

07.09.12

零地址指令　zero-address instruction

无地址指令

一种没有地址部分的指令。

例：栈机所用的某些指令；HALT（“暂停”）指令。

07.09.13

单地址指令　one-address instruction;single-address instruction

一种包含一个地址部分的指令。

例:装入存储部位A内容的指令。

07.09.14

双地址指令　two-address instruction

一种包含两个地址部分的指令。

例:将存储部位A的内容加到存储部位B的内容的指令。

07.09.15

三地址指令　three-address instruction

一种包含三个地址部分的指令。

例:将存储部位A与B的内容相加,并将所得结果放进存储部位C的指令。

07.09.16

N地址指令　N-address instruction

一种包含N个地址部分的指令(其中N是任一非负整数)。

07.09.17

一加一地址指令　one-plus-one address instruction

一种包含两个地址部分,第二部分规定有待执行的下一指令的地址的指令。

例:装入存储部位A的内容,再执行存储部位B中指令的指令。

07.09.18

隐式寻址　implicit addressing;implied addressing

其中指令的操作部分还代表一个或多个操作数的部位的寻址方法。

例:当计算机只有一个累加器时,引用该累加器的指令无需对其描述的地址信息。

07.09.19

超一寻址　one-ahead addressing

其中将指令的各操作数都理解为处于紧跟最后已执行指令所用操作数部位的存储部位之中的隐式寻址方法。

07.09.20

重复性寻址　repetitive addressing

其中将指令的操作理解为对最后已执行指令的各操作数寻址的隐式寻址方法。

07.09.21

直接指令　direct instruction

立即指令　immediate instruction

一种包含操作数的值而非其地址的指令。

07.09.22

立即操作数　immediate operand

包含在指令中的是其值而非其地址的操作数。

07.09.23

立即数据　immediate data

包含在某一指令中的数据。

07.09.24

间接指令　indirect instruction

包含一个间接地址的指令。

07.09.25

空操作指令　no-op;no-operation instruction

执行时除了使计算机前进至下一将执行的指令外,不进行任何其他操作的指令。

07.09.26

特权指令　privileged instruction

一种只能采用某一特定方式执行的指令。

07.09.27

跳转指令　jump instruction

规定某一跳转的指令。

07.09.28

无条件跳转指令　unconditional jump instruction

规定某一强制性跳转的跳转指令。

07.09.29

条件跳转指令　conditional jump instruction

为所指跳转规定某一条件的跳转指令。

07.09.30

调用序列　calling sequence

一种指令序列:使某一子程序得以执行,于必要时为其提供有待处理的数据,并控制所得结果(假如有时)的交付,最后返回调用程序。

07.09.31

地址空间　address space

能由特定程序或功能单元使用的地址的集合。

注:地址空间可包括虚拟地址。

07.09.32

符号地址　symbolic address

表示某一地址的标识符。

07.09.33

直接地址　direct address

一种不参照包含另一地址的存储部位来标识某一部位的地址。

注:此处的"部位"可以是某一存储部位或器件。

07.09.34

基地址　base address

一种用作地址计算原点的地址。

07.09.35

绝对地址　absolute address

一种不参照基地址来标识某一部位的直接地址。

注:绝对地址本身可以是基地址。

07.09.36

相对地址　relative address

借助其对基地址的位移来标识某一部位的直接地址。

07.09.37

间接地址　indirect address

多级地址　multilevel address

一种标识另一地址的存储部位的地址。

注:此处所指的"存储部位"可包含想要的操作数的地址或另一间接地址;这一地址链最终引至操作数。

07.09.38

可重定位地址　relocatable address

当所引用的数据重定位时,或包含该地址的程序重定位时,需加以调整的地址。

07.09.39

生成(的)地址　generated address

在程序执行期间已经算出的地址。

07.09.40

地址修改　address modification

对地址进行的任一算术运算、逻辑运算或句法运算。

07.09.41

有效地址　effective address

由对规定地址进行任何所需的变址、间接寻址或其他地址修改而来的地址。

注:这一规定地址不需修改地址时,也是有效地址。

07.09.42

虚地址　virtual address

在虚拟存储系统中,分派给外存储器某一存储部位,使该部位像是主存储器一部分那样能予访问的地址。

07.09.43

实地址　real address

在虚拟存储系统中,处于主存储器部分的存储部位的地址。

07.09.44

索引(用于编程)　index (in programming)

在某一数据项的序列中,一种标识数据项位置的整数。

07.09.45

变址地址　indexed address

一种要由一个或多个变址寄存器的内容来修改的地址。

07.09.46

自相对地址　self-relative address

为得到要访问存储部位的地址,必须将其加上所在指令的地址的地址。

07.09.47

结构图　structure chart

层次图　hierarchy chart

标识某一系统或程序中的各个模块、活动或其他实体,并图示较大或较概括的实体如何拆分为较小或较具体的实体的示意图。

注1:所得结果不必与"调用图"所示相同。

注2:见图1。

07.09.48

调用图　call graph

调用树　call tree

标识某一系统或程序中的各个模块,并图示模块之间的互相调用的示意图。

注1:所得结果不必与"结构图"中所示相同。

注2:见图2。

07.09.49

控制流图　control flow diagram;control flow graph

标绘出可在某一程序的执行期间进行的操作的所有可能的序列的示意图。

07.09.50

盒图　box diagram

蔡平图　Chapin chart

纳西-施奈德曼图　Nassi-Shneiderman chart

一种由顺序的与嵌套的箱形组成,各箱形表示时序步骤、重复和条件语句的控制流图。

注:见图3。

07.09.51

数据流(程)图　data flow diagram;data flowchart;data flow graph

一种将数据源、数据汇、数据存储和对数据进行的过程标绘成节点,并将数据的逻辑流标绘成节点间的连线的示意图。

注:见图4。

07.09.52

泡图　bubble chart

其中各实体以圆圈(泡)绘出,其间的联系以圆圈间所绘连线表示的示意图。

注:见图5。

07.09.53

输入-处理-输出图　input-process-output chart

对某一软件系统或模块的一种示意图:由矩形加箭头组成,左、中、右的矩形分列输入、处理步骤与输出,箭头将输入到处理步骤与处理步骤到输出相连。

注:见图6。

07.09.54

状态转移图　state transition diagram

状态图　state diagram

一种标绘某一系统或构件所能呈现的状态,并图示造成由一个状态变为另一状态的原因或带来的结果的事件或环境的示意图。

注:见图7。

07.10　并发进程

07.10.01

任务状态　task state

对某一任务,在其寿命期内能处于其中的条件之一。

07.10.02

激活(用于计算机编程)　**activation** (in computer programming)

建立某一活动记录的过程。

07.10.03

详化　elaboration

对某一声明,在执行之前据以达到其效果的过程,例如对引用的分解,数据类型检查或存储分配。

07.10.04

可执行　executable (qualifier)

修饰或说明某一任务在激活之后与完成之前所处的任务状态。

注1:可执行任务或者是就绪的或运行的,或者是受阻的。

注2：见图7。

注3：Ada语言中采用的术语是“callable”(“可调用的”)。

07.10.05

受阻(塞)　blocked (qualifier)

修饰或说明可执行的任务的任务状态，该任务予以延迟或在等待某一事件。

注：见图7。

07.10.06

(准备)就绪　ready (qualifier)

修饰或说明可执行的任务的任务状态，该任务正等待处理且未受阻塞。

注：见图7。

07.10.07

运行　running (qualifier)

修饰或说明可执行的任务的任务状态，该任务当前分派给某一处理器。

注：见图7。

07.10.08

延迟　delayed (qualifier)

修饰或说明可执行的任务的任务状态，该任务因延迟语句而受阻。

注：见图7。

07.10.09

完成　completed (qualifier)

修饰或说明已经结束的任务的状态：依赖于该任务的所有事件都已经解决。

注1：在Ada语言中，在激活期间提起的异常，就有可能是这种引起所完成任务的不常见事件。

注2：见图7。

07.10.10

终止　terminated (qualifier)

修饰或说明已完成任务的状态：依赖于该任务的所有事件都在解决，且其活动记录正在释放。

注：见图7。

07.10.11

主任务　master task

执行时创建某一任务的程序模块。

07.10.12

任务入口　task entry

在某一任务中，对调用模块提供接口之处。

07.10.13

守卫　guard

一种用于确定选择性等待语句中备选项的打开或关闭性质的条件表达式。

07.10.14

开式守卫　open guard

其条件求值为“真”的守卫。

07.10.15

闭式守卫　closed guard

其条件求值为“假”的守卫。

07.10.16

线程　thread

一种位于另一过程之内，并利用后者资源的过程。

07.11　支持环境

07.11.01

（代换）桩　stub

一种暂时在程序中使用，使其能进行下去的代换构件。

例：在编译或测试中，代换桩在实际构件成为可用之前使用。

07.11.02

脚手架　scaffolding

旨在支持软件的开发与测试，但不纳入最终产品的程序与数据。

例：哑例程或哑文件，测试用例生成器，软件监视器，代换桩。

07.11.03

编程系统　programming system

在某一编程环境中，开发和利用以所用编程语言表达的程序需要的这些编程语言与软件工具。

07.11.04

程序库　program library

对程序、程序的各部分及可能有的关于其用法的信息的有组织的汇集。

注：按照程序库中元素的特性，常将其称为"过程库"、"源程序库"等等。

07.11.05

软件库　software library

旨在辅助软件的开发、使用或维护的软件与有关文档的受控的汇集。

07.11.06

系统库　system library

一种驻留于某一数据处理系统，能在使用时存取或由引用并入其他程序的软件库。

例：宏库。

07.11.07

操作环境　operating environment

现有的或期望有的某一程序在其执行期间的外部情况。

07.11.08

批处理环境　batch-processing environment

一种将其中输入数据加以汇集并成组处理，而不是对每一输入随到随处理的操作环境。

07.11.09

交互式环境　interactive environment

一种操作环境，其中程序在执行期间对每一用户都作出响应，用户则察觉到此进程中直接影响的操作。

07.11.10

实时环境　real-time environment

支持执行实时程序的操作环境。

07.11.11

公用程序　utility program

实用程序

一种为计算机用户和服务人员提供随时需要的通用服务的程序。

注：诊断程序，踪迹程序，归类程序。

07.11.12

公用例程　utility routine

实用例程

一种为计算机用户和服务人员提供随时需要的通用服务的例程。

例：输入例程。

07.12　目的与原则

07.12.01

可修改性　modifiability

对某一程序能作出改变的难易程度的度量。

07.12.02

可理解性　understandability

人可读懂某一程序的难易程度，和隔离数据结构或数据对象与映射到现实世界数据和算法的求解算法的难易程度的度量。

07.12.03

模块化度　modularity

对某一程序由模块组成——以使一个模块的改变对其他模块的牵连最少——的程度的度量。

07.12.04

内聚性　cohesion

模块强度　module strength

单个模块的各个活动互相发生关系的方式和程度。

注1：强内聚性意味着该模块各活动间联系广泛。

注2：各种内聚性由强到弱可分列如下：

功能内聚性

信息内聚性

通信内聚性

时态内聚性

逻辑内聚性

巧合内聚性

注3：与"耦合"相对。

07.12.05

功能内聚性　functional cohesion

模块的各活动都促成达到单一的规定目标的内聚性。

07.12.06

信息内聚性　informational cohesion

模块的各活动在共同的数据结构上进行，但采用独立的进入点和代码的内聚性。

07.12.07

通信内聚性　communicational cohesion

模块的各活动采用同一输入数据，或促成产生同一输出数据的内聚性。

07.12.08

时态内聚性　temporal cohesion

模块的各活动都要求在某一特别时刻的内聚性。

例:包含某一程序所有初始化的模块(的内聚性)。

07.12.09

逻辑内聚性　logical cohesion

模块的各活动在逻辑上相似的内聚性。

例:在一个模块中,对来自不同输入媒体的数据的处理(的内聚性)。

07.12.10

巧合内聚性　coincidental cohesion

模块的各活动相互之间无功能联系的内聚性。

07.12.11

过程内聚性　procedural cohesion

模块的各活动都促成某一给定过程(例如判决过程的迭代)的内聚性。

07.12.12

时序内聚性　sequential cohesion

某一模块一个活动的结果,当作同一模块进行另一后续活动的操作数的内聚性。

07.12.13

耦合　coupling

不同模块的互连或相互依赖。

注 1:松散耦合意味着稍许或没有互连或互相依赖。

注 2:各种耦合从松散到紧密可分列如下:

无耦合

数据耦合

控制耦合

外部耦合

公共环境耦合

内容耦合

注 3:与"内聚性"相对。

07.12.14

数据耦合　data coupling

在各模块间共享数据的耦合。

07.12.15

控制耦合　control coupling

一个模块将数据传到另一模块,以影响后一模块操作为显式目的的耦合。

07.12.16

外部耦合　external coupling

通过对形式上声明为外部的那些变量的限制,能对其中的变量耦合加以控制的耦合。

注:PL/1 是具有此种能力的编程语言之一。

07.12.17

公共环境耦合　common-environment coupling

公共耦合　common coupling

其中各模块访问公共数据的耦合。

07.12.18

内容耦合　content coupling

其中一个模块引用或改变另一模块的代码的耦合。

07.12.19

扇入(数)　fan-in

控制某一特定模块的模块的数目。

注:高扇入值表明耦合得紧,原因是扇入是模块依存关系的一种度量。

07.12.20

扇出(数)　fan-out

受某一模块控制的模块的数目。

注:高扇出值表明调用模块的复杂性可以很高,原因在于控制和协调各下属构件所需逻辑的复杂性。

07.12.21

局部化　localization

适用于具有强内聚性和松散耦合品质的一组模块的原则。

07.12.22

可证实性　confirmability

将某一程序设计和构筑得使其所有部分能迅即测试的程度的度量。

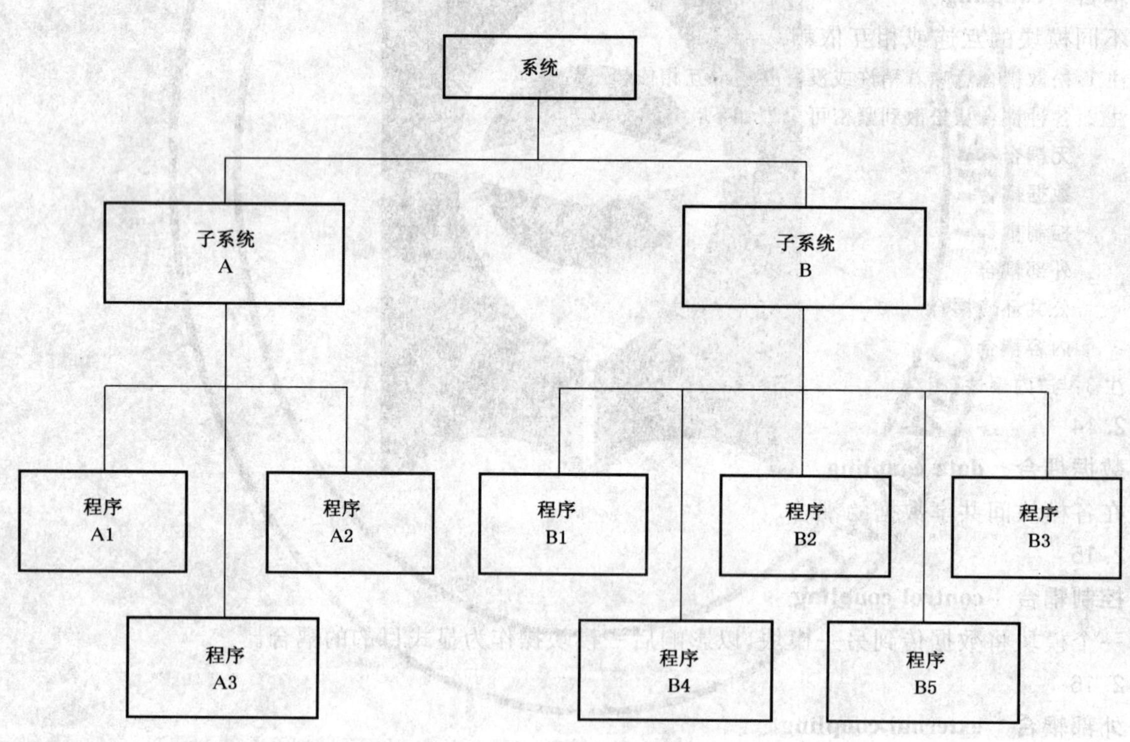

图 1　结构图实例

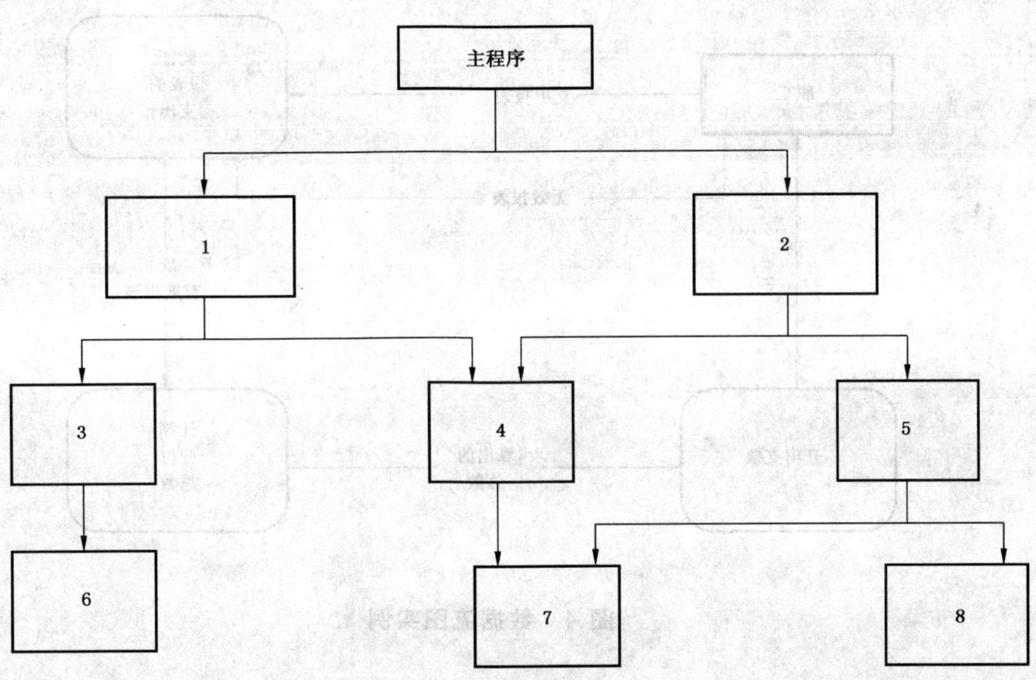

图 2 调用图实例

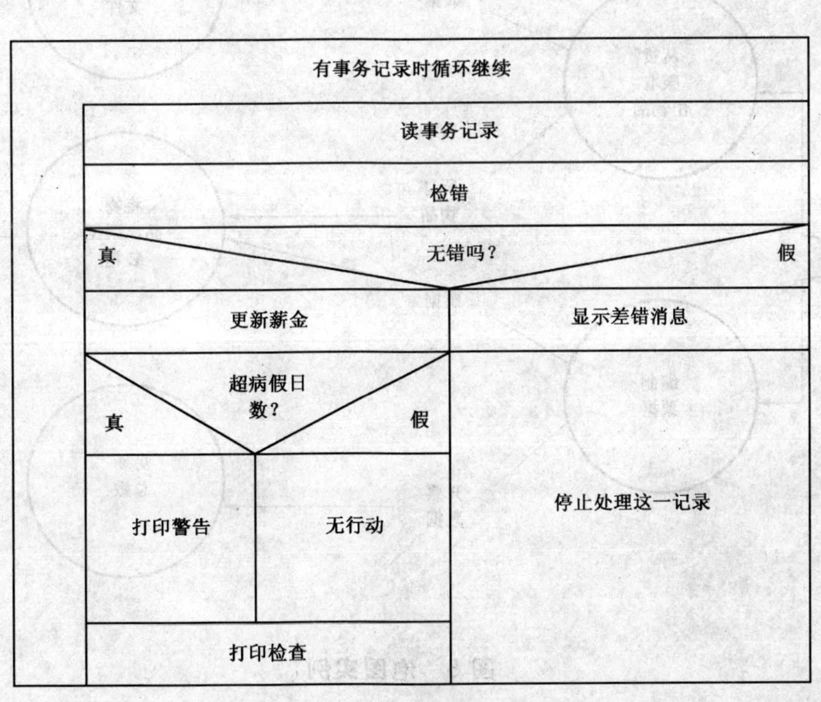

图 3 盒图实例

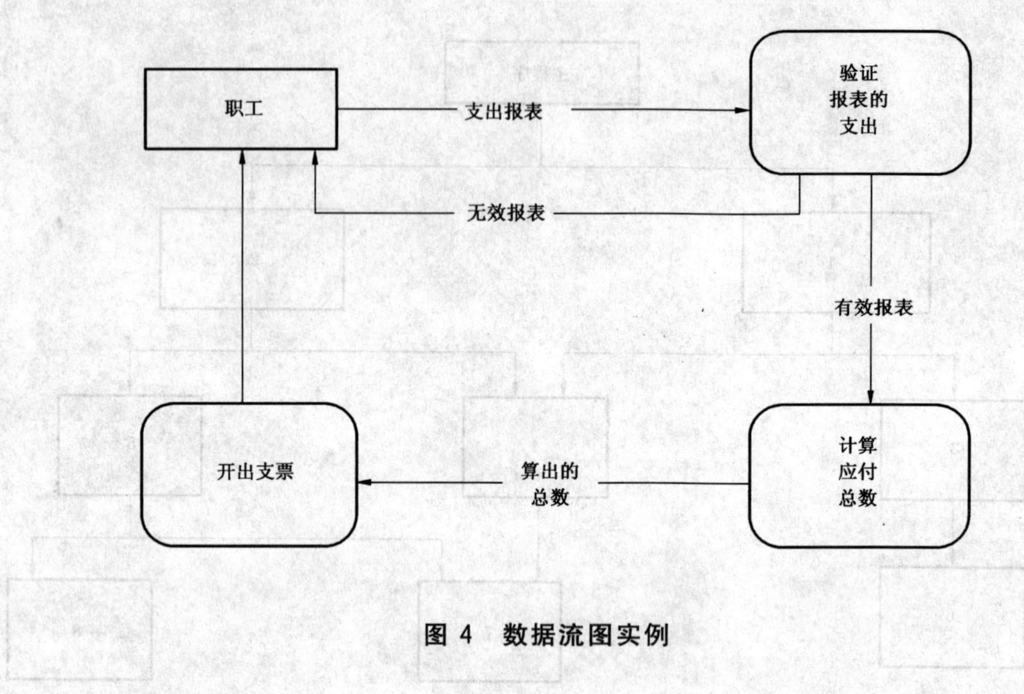

图 4 数据流图实例

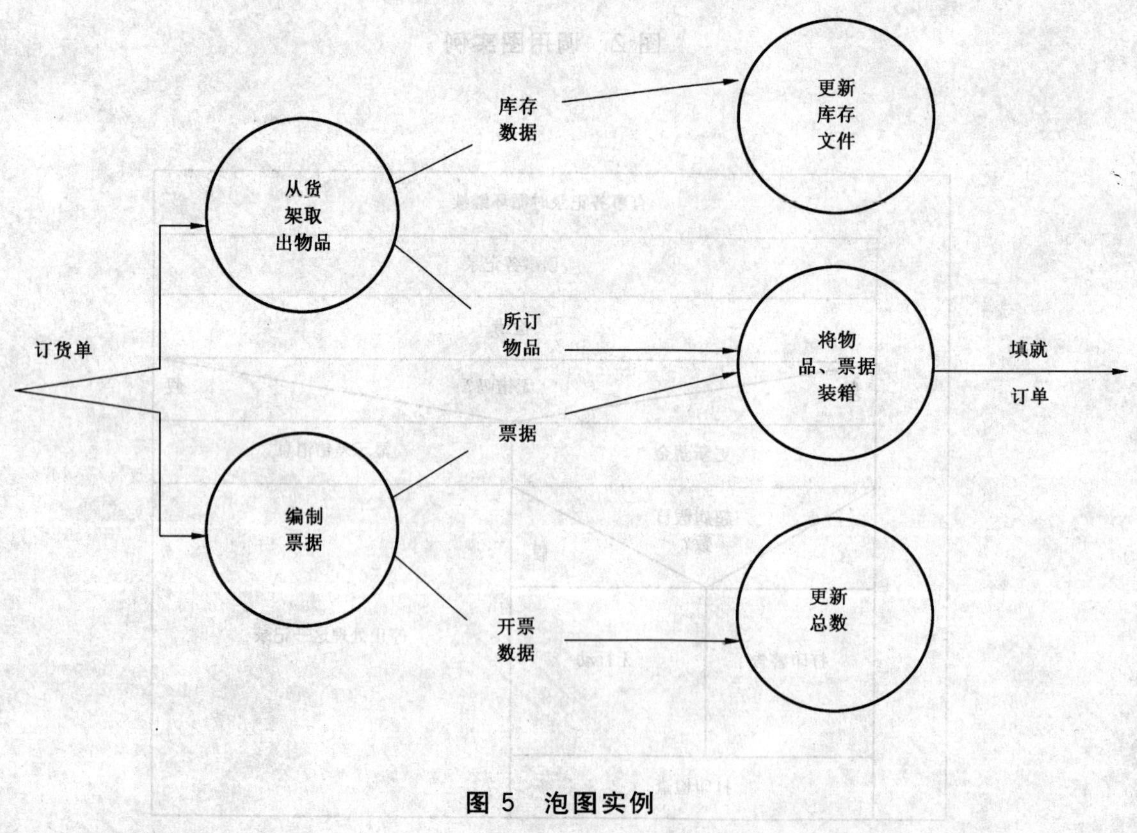

图 5 泡图实例

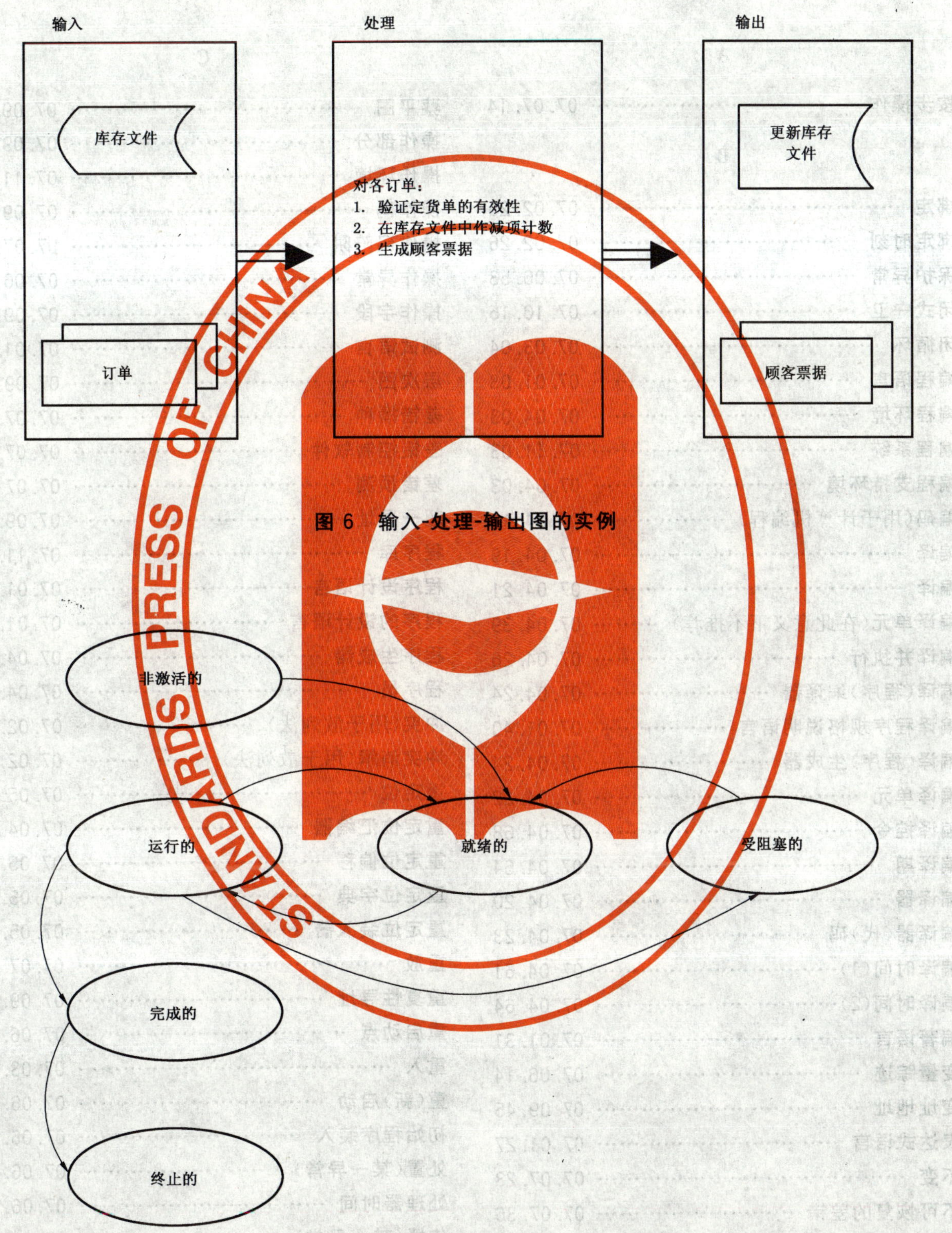

图6 输入-处理-输出图的实例

图7 某一任务的状态转移图实例

中 文 索 引

T

W

X

英 文 索 引

A

D

T

Z

ICS 35.140
L 70

中华人民共和国国家标准

GB/T 5271.13—2008/ISO/IEC 2382-13:1996
代替 GB/T 5271.13—1988

信息技术 词汇
第13部分:计算机图形

Information technology—Vocabulary
Part 13:Computer graphics

(ISO/IEC 2382-13:1996,IDT)

2008-07-18 发布 2008-12-01 实施

中华人民共和国国家质量监督检验检疫总局
中国国家标准化管理委员会 发布

前　言

GB/T 5271《信息技术　词汇》共分 30 部分：

——第 1 部分：基本术语；

——第 2 部分：算术和逻辑运算；

——第 3 部分：设备技术；

——第 4 部分：数据的组织；

——第 5 部分：数据表示；

——第 6 部分：数据的准备与处理；

——第 7 部分：计算机编程；

——第 8 部分：安全；

——第 9 部分：数据通信；

——第 10 部分：操作技术和设施；

……

——第 29 部分：人工智能　语音识别与合成；

——第 31 部分：人工智能　机器学习；

——第 32 部分：电子邮件；

——第 34 部分：人工智能　神经网络。

本部分等同采用了 ISO/IEC 2382-13:1996《信息技术　词汇　第 13 部分：计算机图形》(英文版)。

本部分是 GB/T 5271 的第 13 部分。

本部分代替 GB/T 5271.13—1988《数据处理词汇　13 部分　计算机图形》。

本部分与 GB/T 5271.13—1988 的主要差别是在前一版的基础上删去 16 条术语，新增 103 条术语，删去“计算机微缩图形学”一章。

本部分由全国信息技术标准化技术委员会(SAC/TC 28)提出并归口。

本部分起草单位：中国电子技术标准化研究所。

本部分主要起草人：王静、王有志。

本部分所代替标准的历次版本发布情况为：

——GB/T 5271.13—1988。

信息技术 词汇
第13部分:计算机图形

1 概述

1.1 范围

GB/T 5271的本部分方便信息技术的国际交流。给出了与信息处理领域相关的概念的术语和定义,并明确了词条之间的关系。

GB/T 5271的本部分定义了计算机图形的各种概念。

1.2 规范性引用文件

下列文件中的条款通过GB/T 5271的本部分的引用而成为本部分的条款。凡是注日期的引用文件,其随后所有的修改单(不包括勘误的内容)或修订版均不适用于本部分,然而,鼓励根据本部分达成协议的各方研究是否可使用这些文件的最新版本。凡是不注日期的引用文件,其最新版本适用于本部分。

GB/T 5271.1—2000 信息技术 词汇 第1部分:基本术语(eqv ISO/IEC 2382-1:1993)

GB/T 5271.12—2000 信息技术 词汇 第12部分:外围设备(eqv ISO/IEC 2382-12:1988)

GB/T 5271.24—2000 信息技术 词汇 第24部分:计算机集成制造(eqv ISO/IEC 2382-12:1995)

GB/T 14815.1—1993 信息处理 图片编码表示 第一部分:在七位或八位环境中图片表示的编码原则(idt ISO 9282-1:1988)

GB/T 15237.1 术语工作 词汇 第1部分:理论与应用(GB/T 15237.1—2000,eqv ISO 1087-1:2000)

GB/T 17151.1—1997 计算机图形 信息处理系统 程序员分层交互图形系统 第1部分:功能描述(idt ISO 9592-1:1989)

GB/T 17192.1—1997 信息技术 计算机图形 与图形设备会话的接口技术(CGI) 功能说明 第1部分:概述、轮廓和一致性(idt ISO/IEC 9636-1:1991)

GB/T 18232—2000 信息处理 计算机图形和图象处理 图形项的登记规程(eqv ISO/IEC 9973:1994)

ISO/IEC 7942-1:1994 信息处理系统 计算机图形 图形核心系统(GKS)的功能描述

ISO/IEC 8632-1:1992 信息处理系统 计算机图形 存储和传送图片描述信息的元文卷 第一部分:功能说明

ISO 8805:1988 信息处理系统 计算机图形 三维图形核心系统(GKS-3D)功能描述

ISO/IEC 9637-1:1994 信息技术 计算机图形 与图形设备会话的接口技术 数据流联编 第1部分:字符编码

ISO/IEC 11072:1992 信息技术 计算机图形 计算机图形参考模型

1.3 遵循的原则和规则

1.3.1 词条的定义

第2章包括许多词条。每个词条由几项必需的元素组成,包括索引号,一个术语或几个同义术语和定义一个概念的短语。另外,一个词条可包括举例、注解或便于理解概念的图解说明。

有时同一个术语可由不同的词条来定义,或一个词条可包括两个或两个以上的概念,描述分别见

1.3.5 和 1.3.8。

GB/T 5271 的本部分使用的其他术语，例如词汇、概念、术语和定义，其意义在 GB/T 15237.1 中有定义。

1.3.2 词条的组成

每个词条包括 1.3.1 中规定的必需元素，如果需要，可增加一些元素。词条可以包括按以下次序出现的元素：

a) 索引号(对发布 GB/T 5271 本部分的所有语言是共同的)；

b) 术语或语言中通常优选的术语。对语言中的概念若没有通常优选术语表示，则用五个点(组成)的符号(.....)表示；在术语中，一行点用来表示每个特定情况下所选的词；

c) 某个国家(根据 GB/T 2659 规则标识)通常优选的术语；

d) 术语的缩写；

e) 许可用的同义术语；

f) 定义的正文(见 1.3.4)；

g) 以“例”开头的一个或几个例子；

h) 以“注”开头的概念应用领域中规定特殊情况的一个或几个注解；

i) 几个词条共用的图片、图示或表格。

1.3.3 词条的分类

GB/T 5271 的每部分分配给一个两位的数字序列号，对于《基本术语》以 01 开始。

词条按组分类，每组分配给一个四位的数字序列号；前两位数字表示 GB/T 5271 的那些部分。

每个词条分配给一个六位数字的索引号；前四位数字表示 GB/T 5271 的那些部分和组。

1.3.4 术语的选择和定义的用语

术语的选择和定义的用语尽可能遵循已建立的用法。当出现矛盾时，寻求大多数同意的方法解决。

1.3.5 多义术语

在一种工作语言中，如果一个给定的术语有几种意义，每种意义则给出一个单独的词条，以便于翻译成其他的语言。

1.3.6 缩略语

如 1.3.2 中指示的，通行使用的缩略语指定给一些术语。这些缩略语不在定义、例子或注解的文本中使用。

1.3.7 圆括号的用法

在一些术语中，以黑体字印刷的一个或几个字词置于圆括号中。这些字词是完整术语的一部分。但是，当在技术文章中使用缩短的术语不引起误解时，则这些字词可以省略。在 GB/T 5271 的其他定义、例子或注解的正文中，只使用这些术语的完整形式。

在一些词条中，术语后面跟随正常字体的字词并放在圆括号中。这些字词不是术语的一部分，而是指明该术语使用的方向，如它的特殊应用领域，或它的语法形式。

1.3.8 方括号的用法

如果几个紧密相关的术语能由文本定义，只是几个字词的差别，这些术语及其定义归为一个词条。为表示不同意思的替换字词，按在术语和定义中相同的次序放在方括号中，即[.....]。为清楚标识被替换的字词，按上述规则放在方括号前面的最后一个字词可放在方括弧里面，并且每置换一次则重复一次。

1.3.9 定义中黑体术语的用法和星号的用法

术语在定义、例子或注解中用黑体字印刷时，则表示该术语已在本标准的其他词条中定义过。但是，只有当这些术语首次出现在每一个词条中时，该术语才印成黑体字的形式。

当黑体字印刷的两个术语涉及到分隔开的词条并且直接地彼此紧随时，则星号用于分隔黑体字的术语(或只由加标点的标记分隔)。

以正常字体印刷的字词或术语,按通行词典中或权威性技术词汇的定义理解。

1.3.10 索引表的编制

每部分的末尾编有按汉语拼音和英文字母排序的索引表。它包括在该部分定义的所有术语。

2 术语和定义

13 计算机图形

13.01 一般概念

13.01.01

计算机图形(学) **computer graphics**

借助计算机来创建、操纵、存储和显示各种对象及数据的图画表示的方法与技术。

注:计算机生成的图像可以是二维的或三维的。

13.01.02

交互式计算机图形 **interactive computer graphics**

对显示面上的显示,用户能动态控制或更改其中的内容、格式、大小或彩色的计算机图形。

注:交互式计算机图形与被动式计算机图形相对,对于后者的显示图像元素,用户既不能动态控制,又不能动态更改。

13.01.03

显示图像 **display image**

图像(用于计算机图形) image (in computer graphics)

在显示面上,对任一时刻一起表示的各显示元素的汇集。

13.01.04

图像处理 **image processing; picture processing**

对于对象或数据的图像表示,为给定目的而施加任一操作的过程。

注:操作实例有景物分析、图像压缩、图像复原、图像增强、预处理、量子化、空间过滤及二维与三维对象模型的构造。

13.01.05

运动动态(效果) **motion dynamics**

对显示图像中的各个对象,给观察者如下视觉效果的运动:这些对象正相对于观察者驻留位置移动,或者,观察者正围绕着、随着或在这些对象之间移动。

13.01.06

更新动态 **update dynamics**

对显示中察看的各个对象,其形状、彩色或其他性质的各种改变的交互作用。

13.01.07

科学可视化 **scientific visualization**

可视化(用于计算机图形) **visualization** (in computer graphics)

为帮助人们理解,采用计算机图形和图像处理技术来表现各个过程或对象的模型或特性的做法。

例:由磁共振对肿瘤反复扫描综合而成的显示图像;图示湖泊温度数据的立体顶视图与侧视图;心电波的二维模型。

13.01.08 (24.02.03)

几何建模 **geometric modeling**

几何造型

在数据处理系统中,以能加以操纵的形式创建表示三维形状的模型的做法。

13.01.09（24.02.04）

表面建模　surfacing;surface modeling

表面造型

在数据处理系统中，创建表示各种对象的表面的模型的做法。

13.01.10（24.02.05）

立体建模　solid modeling;volume modeling

立体造型

为表示对象的内部结构以及外部形状，而对其立体特性加以处置的三维几何建模。

13.01.11

坐标图形　coordinate graphics

线段图形　line graphics

其中的显示图像全部由线段组成的计算机图形。

13.01.12

光栅图形　raster graphics

其中的显示图像由成行成列安排的像素阵列组成的计算机图形。

13.01.13

景物　scene

对各种客体的一种现实生活式的布置。

13.01.14

图形核心系统　Graphical Kernel System

GKS（缩略语）

一种为计算机图形程序设计提供一套功能，并为应用软件与图形输入输出单元之间提供功能接口的标准化的图形系统。

注：ISO/IEC 7942-1:1994 是图形内核系统的国际标准。

13.01.15

计算机图形接口　Computer Graphics Interface

CGI（缩略语）

在图形系统中，位于独立于设备的部分与依赖于设备的部分之间的一种标准化的接口。

注：GB/T 17192.1—1997 是计算机图形接口的国际标准。

13.01.16

计算机图形参考模型　Computer Graphics Reference Model

CGRM（缩略语）

适用于计算机图形的一种标准化的概念框架。

注：ISO/IEC 11072:1992 是计算机图形参考模型的国际标准。

13.01.17

计算机图形元文件　Computer Graphics Metafile

计算机图形元文卷

CGM（缩略语）

一种适宜于存储和传送描述性数据，以便创建显示图像的标准化的文件格式（称为“元文件”）。

注：ISO/IEC 8632-1:1992 是计算机图形元文件的国际标准。

13.01.18

程序员交互式层次图形系统　Programmer's Hierarchical Interactive Graphics System

PHIGS（缩略语）

一种适用于控制层次图形数据的定义、修改、存储和显示的图形支持功能的标准集。

注：GB/T 17151.1—1997 是程序员交互式层次图形系统的国际标准。

13.02 **图像的表示与存储**

13.02.01

数字化图像 **digitized image**

一种能从其生成显示图像的数字表示。

13.02.02

编码图像 **coded image**

对显示图像的一种用于存储和处理的编码表示。

例：数字化图像的行程长度编码的结果。

13.02.03

行程长度编码 **run-length encoding**

对数字式数据流，借助一串表示等值元素序列的长度的数来定义该流的编码。

例：具有同一灰度的扫描行的每一像素序列，都表示为一个幅度值和一个长度值的数字式编码。

注：行程长度编码的目的是降低对存储和(或)传输的要求。

13.02.04

差值编码 **differential encoding**

对数字式数据流，其中各元素(第一个除外)都表示为该元素与前一元素的值差的编码。

13.02.05

可寻址点 **addressable point**

能在预定义的坐标系中定位的任何一点。

13.02.06

绝对坐标 **absolute coordinate**

标识可寻址点相对于某一规定坐标系的原点的位置的各坐标之一。

13.02.07

相对坐标 **relative coordinate**

标识相对于另一可寻址点的位置的各坐标之一。

13.02.08

增量坐标 **incremental coordinate**

一种以所指的先前已定址的点作为参考点的相对坐标。

13.02.09

用户坐标 **user coordinate**

一种由用户规定，以独立于设备的坐标系表达的坐标。

13.02.10

世界坐标 **world coordinate**

一种由应用程序用以规定图形数据处理(特别是输入与输出)的独立于设备的坐标。

注：见图 1。

13.02.11

设备坐标 **device coordinate**

一种由依赖于设备的坐标系所规定的坐标。

注：见图 1。

13.02.12

规格化设备坐标 **normalized device coordinate**

NDC(缩略语)

一种以中间坐标系规定,并规格化到某一范围(典型的是从0到1)的设备坐标。

注1:用规格化设备坐标表达的显示图像,在任一设备坐标位于同一相对位置。

注2:见图1。

13.02.13

设备变换　device transformation

一种从规格化设备坐标到设备坐标的坐标变换。

13.02.14

规格化变换　normalized transformation

一种从世界坐标到规格化设备坐标的坐标变换。

13.02.15

显示元素　display element

图原　graphic primitive

输出图原　output primitive

一种能用于构造显示图像的基本图形元素。

例:一点,一线段。

13.02.16

栅格　grid

网格

一种用以在显示面上标明位置的二维线系。

13.02.17

(等值)周线　contour

一种由具有给定属性的同一值,并形成一条可当作某一区域边界的线的各点组成的集合。

注:可将等值周线显示为醒目的点集。

13.02.18

隐线　hidden line

在三维对象的视图中,一条能加以掩蔽的线或线段。

13.02.19

隐面　hidden surface

在三维对象的视图中,一种能加以掩蔽的区域。

13.02.20

线框表示　wireframe representation

对三维对象,一种完全由看似以线构造的线系组成的表示。

注:此线系在显示器上可表示棱或表面周线,包括在真实对象的视图中可能隐藏的棱或表面周线。

13.02.21

绘制　rendering

将景物的几何形状、着色、纹理构成、亮度和其他的特性转换成显示图像的过程。

13.02.22

光栅化　rasterization

一种产生由像素组成的显示图像的绘制技术。

13.02.23

纹理　texture

表征对象表面与彩色和亮度无关的宏观外貌的各属性的集合。

13.02.24

纹理映射　texture mapping

对某一对象的二维表示,一种将其模型化的表面纹理映射到对应的图像区域上,以此给出三维外貌的绘制技术。

13.02.25

明暗处理　shading

一种基于如何将各光源定位，如何使之照射所指对象及各近邻对象，计算对该对象表面的光强，以此对其进行绘制的技术。

13.02.26

平滑明暗处理　smooth shading

对某一立体对象，一种从其由线框表示演变而来的各弯曲表面，给出整体光顺外貌的明暗处理技术。

13.02.27

古劳德明暗处理　Gouraud shading

对多边形模型，通过对顶点光强沿各棱的线性插值所作的平滑明暗处理。

注：见图2。

13.02.28

冯明暗处理　Phong shading

对封闭的多边区域，通过从某一内点沿各棱的垂线对光强的线性插值所作的平滑明暗处理。

注：见图2。

13.02.29

光线跟踪　ray tracing

通过跟踪从观看者的眼睛到景物中各对象的假想的光线，来确定该景物中应该在最后得到的显示图像中加以显示的各部分的技术。

注：跟踪过程可能涉及光的反射与折射。

13.02.30

岛　island

一种由周线定界并为填充图案所环绕的区域。

13.02.31

轮廓表示　outline representation

对将其隐藏线除去的对象的线框表示。

13.02.32

多边形填充　polygon fill

对由某一程序定义的表面上的多边形区域，以填充图案将其布满的操作。

13.02.33

输入图原　input primitive

一种从输入单元(例如键盘、择一器、定位器、指点器或定值器)得到的基本图形元素。

13.02.34

虚拟空间(用于计算机图形)　virtual space (in computer graphics)

其中各显示元素的坐标均以独立于设备的形式表达的空间。

注：见世界坐标与图1。

13.02.35

扫描行　scan line;scanning line

扫描线

对顺序扫描所得的各像素的典型的水平排齐。

13.02.36

四叉树　quadtree

以象限树结构对二维对象所作的表达，其形成过程是：通过对每一非同型象限的递归再分，直至所有象限对选定的特性都是同型的，或直至达到预定的切分深度。

注1：四叉树技术将存储二维对象的数据总量压缩。

注2：见图3。

13.02.37

八叉树　octree

以卦限树结构对三维对象所作的表达，其形成过程是：通过对每一非同型卦限的递归再分，直至所有卦限对选定的特性都是同型的，或直至达到预定的切分深度。

注1：八叉树技术将存储三维对象的数据总量压缩。

注2：见图4。

13.02.38

视图(用于计算机图形)　**view** (in computer graphics)

对三维对象的任何一种可能的表示。

13.03　图像的显示

13.03.01

显示　display

对数据的一种可视显现。

13.03.02

显示　to disoiay

以可视方式显现数据。

13.03.03

软拷贝　soft copy

在显示空间上的非永久性显示图像。

例：液晶显示器上的图像。

注：此定义是对GB/T 5271.1—2000中同名定义的改写，以适应于计算机图形。

13.03.04

设备空间　device space

由某一显示器的可寻址点的全集所定义的空间。

13.03.05

可寻址度(用于计算机图形)　**addressability** (in computer graphics)

某一设备空间上的可寻址点的个数。

13.03.06

显示空间　display space

操作空间　operating space

在设备空间中，对应于显示各图像的可用区的部分。

注：见图1。

13.03.07

显示面　display surface

在显示器中，显示图像可出现于其上的那一媒体。

例：阴极射线管的屏幕，绘图机上的纸。

13.03.08

像素　pixel;picture element

pel(缩略语)

在显示图像中,能独立地赋予属性(例如彩色和光强)的最小二维元素。

13.03.09

立体元素　voxel;volume element

在立体建模中,能独立地赋予属性(例如彩色与光强)的最小三维元素。

注:体元没有内部结构,其典型的导出方式是将三维空间等距划分。

13.03.10

像素值　pixel value

表示某一像素的彩色、光强或其他属性的离散值。

13.03.11

立体元素值　voxel value

表示某一立体元素的彩色、光强或其他属性的离散值。

13.03.12

像素图　pixel map;pixmap

一种由像素值组成的二维阵列。

13.03.13

位图　bitmap

位平面　bitplane

一种由指明某一属性是否出现的位组成的二维阵列。

注:对更为普遍的属性表示,偏爱的术语是"像素图(pixel map)"。

13.03.14

区域(用于计算机图形)　region (in computer graphics)

显示空间中的某一连续部分。

13.03.15

色图　color map

用于将像素值转换成所要显示的实际彩色的色值的集合。

13.03.16

字形　glyph

某一图形字符(例如字母或图符)的形状。

13.03.17

图符　icon pictogram

一种图形符号:显示在屏幕上,用户能以某一设备(例如鼠标器)对其指向,以便选出特定的功能或应用软件。

注:此图形符号通常是一种图画表示。

13.03.18

字型　glyph font

一种字形集合,配以一种索引方案以及对该集合各种特性(例如高度、粗细和斜度)的一种描述。

13.03.19

灰度标尺　gray scale

介于黑白之间的光强的变化范围。

注:灰度的明暗可由等光强的原色组合产生。

13.03.20

热点　hotspot

与指针所指的两个坐标对应的二维（x, y）位置。

例：箭头尖端所处的位置。

13.03.21

绝对向量　absolute vector

其起止点均以绝对坐标规定的向量。

13.03.22

相对向量　relative vector

其止点规定为其起点的位移的向量。

13.03.23

增量大小　increment size

在所指显示面上，相邻的可寻址点之间的距离。

13.03.24

光栅　raster

通过扫描为某一显示空间提供均匀覆盖的各行的预定图案。

13.03.25

光栅单位　raster unit

相邻像素之间的距离。

13.03.26

消隐　blanking

对显示器上一个或多个显示元素的抑制。

13.03.27

闪烁　blinking

对一个或多个显示元素的光强的有意的周期改变。

13.03.28

闪变　flicker

显示图像的特性之一（例如光强或彩色）的一种不希望有的节律变化。

13.03.29

卷绕（用于计算机图形）　**wraparound**（in computer graphics）

在显示空间的相对一端，将显示图像中若用别的方法就会超出该空间的部分显示出来的过程。

13.03.30

走样（用于计算机图形）　**aliasing**（in computer graphics）

由于采样分辨率不足或过滤不够造成的不愿有的视觉效果：无法将显示图像完全界定，最常见的是沿所涉及对象的边界或沿一条线呈锯齿状或阶梯状棱。

13.03.31

反走样　antialiasing

在某一显示面上，给显示图像中的线条和棱以平顺外观的校正欠真技术。

13.03.32

抖动　dithering

通过将限定范围的可用值赋给各图案中的像素，使光栅的彩色或光强发生变化的技术。

例：利用一组像素来对灰度标所作的模拟，其中各像素仅能显示黑白两色。

注：采用抖动技术创建的图案多种多样，用作背景、填充、明暗处理以及用于创建半色调和校正欠真。

13.03.33

光栅扫描 raster scan

借助跨整个显示空间逐行扫掠来生成或记录显示图像中各元素的技术。

13.03.34

光栅显示 raster display

光栅图像 raster image

由采用光栅扫描的显示器所生成的显示图像。

13.04 功能单元

13.04.01

显示控制台 display console

至少包括一个显示面,还可包括一台或多台输入单元的控制台。

13.04.02(12.08.12)

显示器 display device

一种给出数据的可视表示的输出单元。

注:通常,所显示的数据是暂时的;不过可作出安排,来产生这种表示的硬拷贝。

13.04.03

屏(幕) screen

一种可将非永久性显示图像呈现其上的显示面。

13.04.04

图形工作站 graphics workstation

一种能显示与处理图形和字母数字数据,并可包括一台或多台输入单元的工作站。

13.04.05

书写显示器 calligraphic display device

引导束显示器 directed-beam display device

其显示元素可按程序控制的任一顺序生成的显示器。

13.04.06

向量显示器 vector display device

向量刷新显示器 vector-refresh display

一种以有条不紊的顺序由点到点画出一系列向量,据此生成显示图像的显示器。

注:此种显示图像以再生或刷新的方式避免衰落。

13.04.07

等离子体面板 plasma panel

充气面板 gas panel

在显示器中,由扁平充气板中的电极栅格所组成的部分。

注:此种显示图像无需刷新即能持续很长一段时间。

13.04.08

有源矩阵显示器 active matrix display device;active matrix display

所用屏幕上的每一像素都有各自的晶体管,以使对像素的控制更加精确的显示器。

注:这种显示器使对比度得到提高,并使运动模糊现象减少。

13.04.09

无源矩阵显示器 passive matrix display device;passive matrix display

采用一个晶体管控制一行像素的液晶显示器。

注:与有源矩阵显示器相比,这种显示器价格便宜,但提供的显示质量较差。

13.04.10

滚筒绘图机　drum plotter

在安装到转筒上的显示面上绘制显示图像的绘图机。

13.04.11

平板绘图机　flatbed plotter

在安装到扁平表面的显示面上绘制显示图像的绘图机。

13.04.12

光栅绘图机　raster plotter

采用逐行扫描技术在显示面上生成显示图像的绘图机。

13.04.13

静电绘图机　electrostatic plotter

一种先创建静电显示潜像,然后使之可见,再转印并固定于纸上的光栅绘图机。

13.04.14

绘图头　plotting head

绘图机上用于在显示面上创建绘制痕迹的部分。

13.04.15

字符发生器　character generator

一种将字符的代码元素转换为该字符的图形表示以便显示的功能单元。

13.04.16

笔画字符发生器　stroke character generator

生成由线段组成的字符的显示图像的字符发生器。

13.04.17

点阵字符发生器　dot-matrix character generator

生成由位于方格上的小点所组成的字符的显示图像的字符发生器。

13.04.18

负像　reverse video;inverse video

对显示图像或其一部分,通常为醒目起见,将前景与背景的彩色或明暗倒换的修版。

13.04.19

曲线发生器　curve generator

一种将曲线的编码表示转换为该曲线的图形表示以便显示的功能单元。

13.04.20

变形　morphing

一种能让多个图像连接归并,以产生特技效果的计算机动画过程。

注:这一过程常用于可视媒体,例如电影、视频剪辑和广告。

13.04.21

变形(图像)　morph

一种由变形创建的显示图像。

13.04.22

向量发生器　vector generator

一种生成有向线段的功能单元。

13.04.23

定位器　locator device;locator

一种提供表示位置坐标的数据的输入单元。

例：图形输入板，任何类型的指点器。

13.04.24

指点器　pointing device

一种用于移动屏幕上符号或光标的装置。

例：鼠标、跟踪球或操纵杆。

13.04.25

数字化仪　digitizer

图形数字化仪　graphics digitizer

一种用于将几何模拟数据转换成数字形式的图形输入单元。

13.04.26

跟踪球　trackball

控制球　control ball

采用一个可绕自身的中心转动的球体的定位器或指点器。

13.04.27

操纵杆　joystick

一种采用至少有两个自由度的杠杆的定位器或指点器。

13.04.28

(拇)指轮　thumbwheel

一种采用可绕自身的轴转动的轮的定值器。

注：能将一对指轮用于二维定位；一个提供纵向位置，一个提供横向位置。

13.04.29

鼠标(器)　mouse

一种通过将其在非显示面的另一表面上移动来操作的手握指点器。

注：鼠标通常装有一个或多个按钮，用于选项或激起屏幕上的动作。

13.04.30

定标器　puck

一种必须以手动方式将其定位在图形输入板的垫子上，以便在跟踪显示图像时记载输入点的指点器。

13.04.31

图形(输入)板　graphics tablet

一种带有指出其上位置的机构，正常情况下用作定位器的专用平坦表面。

13.04.32

考拉垫　koala pad

一种带有触针以便移动所用指针，并通过按下该触针来证实指针位置的图形输入板。

13.04.33

指针(用于计算机图形)　pointer (in computer graphics)

一种显示在屏幕上，用户能通过指点器(例如鼠标)使之移动以便选项的符号。

13.04.34

拣取器　pick device

一种用以规定一个或多个显示元素的输入单元。

例：光笔。

13.04.35

光笔　lightpen

一种通过将其指向显示面来使用的光敏的拾取器或定位器。

13.04.36

按钮 pushbutton;button

一种用以从一组备选动作或对象中作出选择的功能键或其在屏幕区上的模拟键。

13.04.37

虚拟按钮 virtual pushbutton

光(按)钮 light button

一种能由指点器激活、在屏幕区上模拟的按钮。

13.04.38

定值器 valuator device;valuator

一种提供标量值的输入单元。

例:指轮,系数器,控制拨号盘(度盘),滚动条。

13.04.39

择一器 choice device

选择设备

一种从一组备选值中提供一个待选值的输入单元。

例:操作键盘。

13.04.40

笔画器 stroke device

一种提供一组坐标以便记录自身的路径的输入单元。

例:以均匀速率对其采样的定位器。

13.04.41

帧缓存 frame buffer

视频 RAM video RAM

VRAM(缩略语)

一种保有显示图像的全部像素的值的缓冲存储器。

13.05 操作方法与过程

13.05.01

显示命令 display command

显示指令(在此意义下不推荐使用) display instruction (deprecated in this sense)

一种改变显示器的状态或控制其动作的命令。

13.05.02

绝对命令 absolute command

绝对指令(在此意义下不推荐使用) absolute instruction (deprecated in this sense)

一种采用绝对坐标的显示命令。

13.05.03

相对命令 relative command

相对指令(在此意义下不推荐使用) relative instruction (deprecated in this sense)

一种采用相对坐标的显示命令。

13.05.04

单击 to click

点击

为选出由当前指针指明的区域或显示元素,在指点器按钮上先按下再松开各一次。

13.05.05

(图像)再生　regeneration;image regeneration

从存储器中某一显示图像的表示生成该显示图像所需事件的序列。

13.05.06

刷新　refresh

在屏幕上重复地产生某一显示图像使之维持可见的过程。

13.05.07

刷新率　refresh rate

显示图像经受刷新的频度。

13.05.08

回送(用于计算机图形)　**echo**(in computer graphics)

由输入单元向显示控制台处的用户就现用值所提供的即时通知。

13.05.09

光标　cursor

一种指明显示空间上专注的某一位置(例如在此将引入下一数据),正常情况下可见的可移动参考点。

注:可显现多个光标。

13.05.10

跟踪(用于计算机图形)　**tracking** (in computer graphics)

移动跟踪符号的动作。

13.05.11

跟踪符(号)　tracking symbol

在屏幕上,一种指明由定位器产生的坐标数据所对应的位置的符号。

13.05.12

瞄准符(号)　aiming symbol

瞄准圆　aiming circle

瞄准域　aiming field

在屏幕上,一种用于指明光笔在给定时刻落入所指区域时能检测出来的光亮的圆圈或其他图案。

13.05.13

可检测元素　detectable element

指点器能够瞄向的显示元素。

13.05.14

拉橡皮筋(法)　rubberbanding

以如下方式移动一点或一对象的结果:与其他点或对象相互之间的连线虽经伸缩、重定大小或重新取向,其间始终保持互连。

13.05.15

墨迹线(法)　inking

创建线条的如下方式:在屏幕上移动定位器,其后随即留下轨迹,就像用笔在纸上画出一条线来。

13.05.16

填充　to fill

使显示元素的重复式安排布满某一封闭的区域或对象。

13.05.17

填充图案 fill pattern

用以填充封闭区域的各显示元素的一种重复式安排。

例:产生条纹或单色的各元素。

13.05.18

拖(动) dragging

用指点器对屏幕上的显示元素所作的重新定位。

注:拖动的典型作法是持续按下按钮同时在屏幕上移动指针。

13.05.19

醒目 highlighting

对某一显示元素,通过修改其视觉属性达到的强调效果。

13.05.20

映射(用于计算机图形) **mapping** (in computer graphics)

从一个坐标系到另一坐标系的变换。

13.05.21

平移(用于计算机图形) **translating** (in computer graphics)

对一个或多个显示元素的位置作同一位移的操作。

13.05.22

比例缩放(用于计算机图形) **scaling** (in computer graphics)

对显示图像的全部或部分,沿一轴或多轴所作的按比例放大或缩小。

注:进行比例缩放时,沿各方向不必采用同一缩放因子。

13.05.23

伸缩 to stretch

对某一图形对象,成比例地或不成比例地改变其大小或形状,或者同时改变其大小及形状。

13.05.24

重设置 to resize

改变显示面上各元素的坐标或尺寸。

13.05.25

旋转(用于计算机图形) **rotation** (in computer graphics)

修改各显示元素,使之表示某一对象绕固定轴转动的操作。

13.05.26

镜射 to mirror

创建某一显示图像,以使每一显示元素在对一条公轴对称位置都有一复制元素。

13.05.27

(显示)窗口(1) window (1);display window

在显示图像中,具有界定的边界并在其中显示数据的部分。

13.05.28

窗口(2) window (2)

虚拟空间中预先确定的部分。

注:见图 1。

13.05.29

视口 viewport

显示空间中预先确定的部分。

注:见图 1。

13.05.30

窗口/视口变换　window/viewport transformation

一种从窗口(2)的边界和内容到视口的边界和内部的映射。

注：见图1。

13.05.31

级联窗口　cascaded windows

在共同控制之下创建并显示的(可能有重叠的)多个窗口(1)。

13.05.32

弹出式窗口　pop-up window

为响应某一动作或事件而在显示面上迅即显露的窗口(1)。

13.05.33

对话框　dialog box

一种可将数据录入其中的弹出式窗口。

13.05.34

现用窗口　active window

当前操纵的一组窗口(1)之一。

13.05.35

推后窗口　pushed window

非现用窗口　inactive window

当前未操纵的一组窗口(1)之一。

13.05.36

开窗口　windowing

在显示面上创建窗口(1)的操作。

13.05.37

最小化　to minimize

图符化　to iconize

堆置　to stow

用一图符替换一窗口(1)。

注：与"最大化"相对。

13.05.38

缩小　to shrink

收小窗口(1)的大小。

13.05.39

扩大　to expand

放大窗口(1)的大小。

13.05.40

最大化　to maximize

用一窗口(1)替换一图符。

注：与"图符化"相对。

13.05.41

选单　menu

菜单

对如下各选项的一种列表：由数据处理系统显示给用户，用户能从中选出一个待初启的动作。

13.05.42

选单条　menu bar

动作条　action bar

一种用于显示各选单所用的名称或图符，通常沿窗口(1)边缘的区域。

13.05.43

下拉式选单　pull-down menu

当用户从选单条中选出某一名称或图符时，显露在该选单条之下的选单。

13.05.44

窗口级联　window cascading

滚翻开窗　rollover windowing

创建重叠的级联窗口的操作。

注：与“铺片”相对。

13.05.45

平铺　tiling

将显示空间划分为多个非重叠窗口(1)的操作。

注：与“窗口级联”相对。

13.05.46

贴片　tile (1)

为填充某一区域而在 x 与 y 两轴向复制的像素图。

13.05.47

铺片　tile (2)

一种由平铺产生的窗口(1)。

13.05.48

背景贴片　background tile

当窗口(1)的内容已经失去或已成无效时，一种用于填充该窗口中各区域的贴片。

13.05.49

点画图案　stipple pattern

一种用于创建贴片或剪取蒙板的像素图。

13.05.50

剪取蒙板　clip mask

一种由像素图或矩形串列所界定，在其边界以外显示的数据即予截除的区域。

13.05.51

边框　border

一条围绕窗口(1)，各边的粗细通常相等的线。

13.05.52

遮挡　to obscure

用另一显示的对象来阻挡用户看到所显示对象的全部或一部分。

例：用另一窗口来部岔地阻挡一个窗口(1)。

13.05.53

闭锁　to occlude

阻止初启与所显示对象关联的动作或选择。

注：对某一选项的闭锁，典型的指示方式是以半透明窗口(1)覆盖其名称或图符。

13.05.54

剪取　clipping

通过除去剪取蒙板之外的全部显示元素将数据或显示图像截断的动作。

13.05.55

屏蔽　shielding

逆剪削　reverse clipping

抑制位于给定剪取蒙板之内的所有显示元素的操作。

13.05.56

滚动(用于计算机图形)　**scrolling**(in computer graphics)

对窗口(1)内的各显示元素，随着旧数据在该窗口的某一边缘消失而使新数据在相对边缘显露，通常为纵向或横向的运动。

13.05.57

卷动　rolling

纵滚　vertical scrolling

限于向上或向下方向的滚动。

13.05.58

滚动条　scroll bar

一种置于屏幕或窗口(1)任一边缘，用于控制滚动过程或指明当前显示的数据或显示图像的位置范围的长条。

13.05.59

滚动框　scroll box

在滚动条上，图示窗口(1)中当前显示的数据或显示图像的相对位置的可动区。

注：纵向滚动框又称"升降框"，横向滚动框又称"滑动框"。

13.05.60

限界框(用于计算机图形)　**bounding box** (in computer graphics)

一种包围某一图形对象，正常情况下不可见，但在选中该对象时可显露的矩形。

13.05.61

(框)柄(用于计算机图形)　**handle** (in computer graphics)

一种可显露在限界框或窗口(1)的一角或者一边的中点，用于为所选图形对象或该窗口重定大小的矩形小框。

13.05.62

变焦　zooming

为达到各显示元素朝向或远离观察者运动的视觉效果，而对整个显示图像所作的渐次的比例缩放。

注：最好使所有方向的比例缩放值都相等。

13.05.63

翻滚　tumbling

各显示元素环绕取向在空间连续改变的轴转动的动态显示。

13.05.64

移动镜头　panning

全景平移　panoramic translating

为达到显示图像侧向运动的视觉效果，而对各显示元素所作的渐次平移。

注：在移动镜头期间，显示图像中可除去并可另加显示元素。

13.05.65

背景图像　background image

静态图像　static image

在显示图像(例如表格覆盖)中,在以特别顺序进行事务处理期间不改变的部分。

13.05.66

前景图像　foreground image

动态图像　dynamic image

在显示图像中,对每一事务处理都能加以改变的部分。

13.05.67

图表衬底　form overlay

一种用作背景图像的图案(例如报表表格、栅格或地图)。

13.05.68

图表闪现　form flash

对表格覆盖的显示。

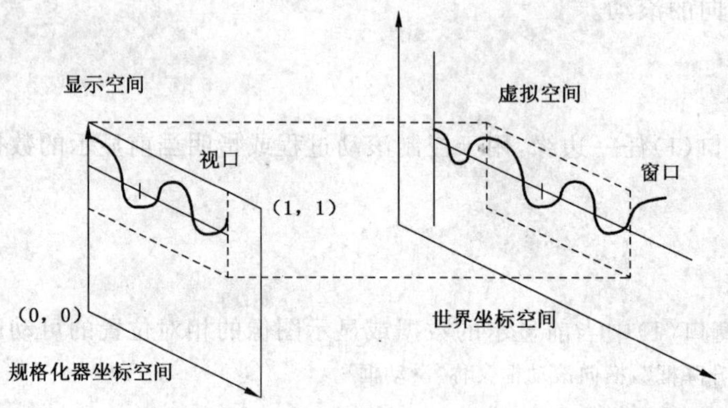

图 1　从窗口(世界坐标)到视口(规格化设备坐标)的带剪削的映射

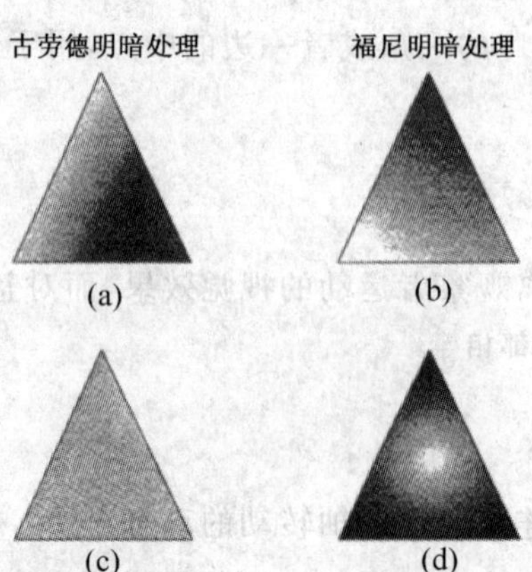

强光在左顶点:a) 古劳德明暗处理;b) 冯明暗处理

强光在多边形内部:c) 古劳德明暗处理;d) 冯明暗处理

图 2　采用古劳德明暗处理与冯明暗处理的镜面反射光照模型

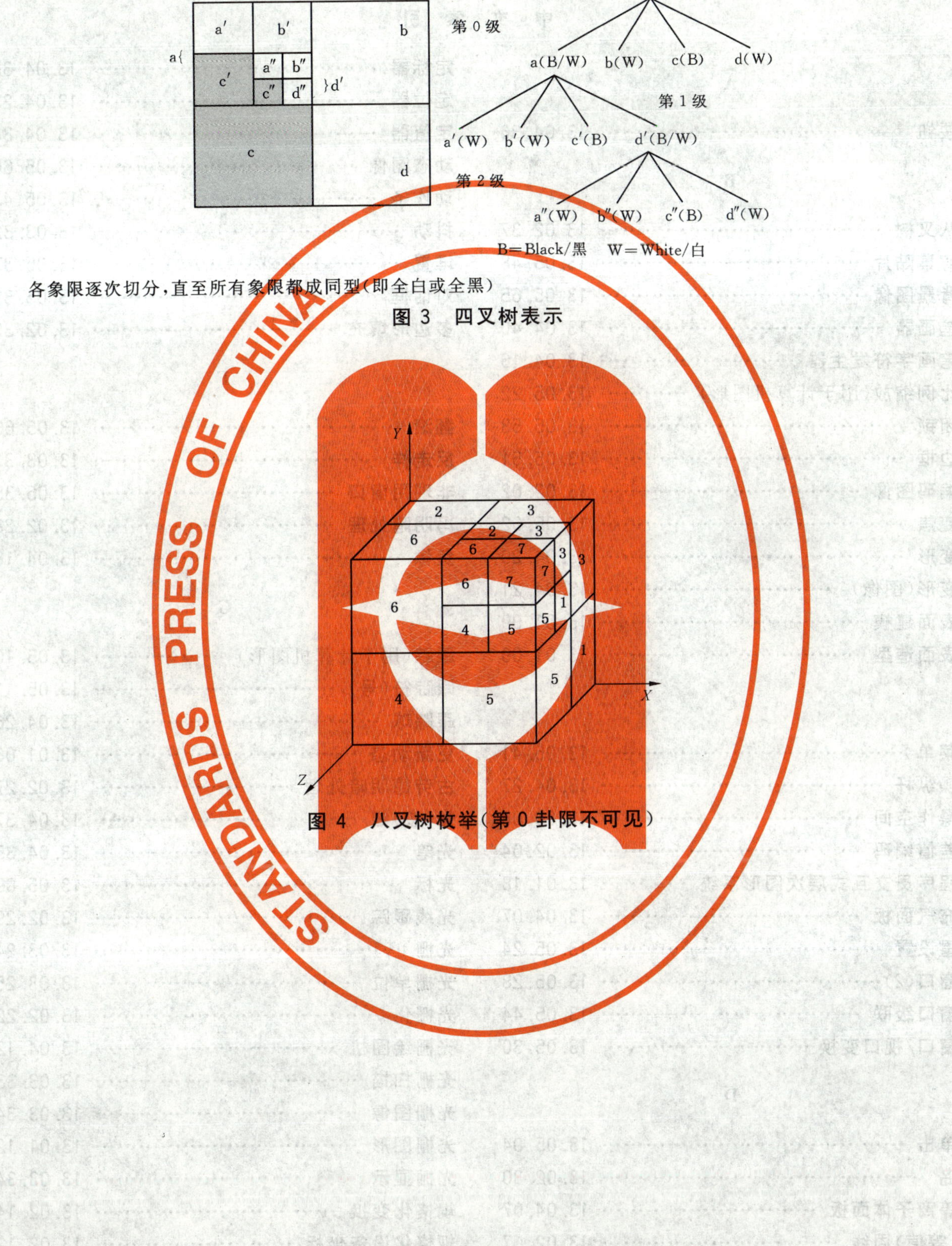

各象限逐次切分，直至所有象限都成同型(即全白或全黑)

图3　四叉树表示

图4　八叉树枚举(第0卦限不可见)

中 文 索 引

A

B

C

D

F

G

T

W

X

英 文 索 引

A

B

C

ICS 35.020
L 70

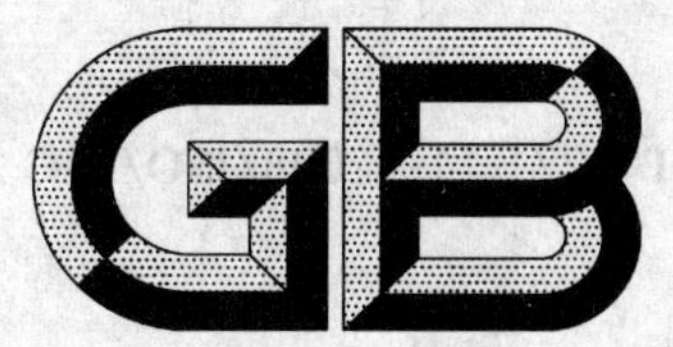

中华人民共和国国家标准

GB/T 5271.14—2008/ISO/IEC 2382-14:1997
代替 GB/T 5271.14—1985

信息技术　词汇
第14部分:可靠性、可维护性与可用性

Information technology—Vocabulary—
Part 14:Reliability,maintainability and availability

(ISO/IEC 2382-14:1997,IDT)

2008-07-18 发布　　2008-12-01 实施

中华人民共和国国家质量监督检验检疫总局
中国国家标准化管理委员会　发布

前　言

GB/T 5271《信息技术　词汇》共分 30 部分：

——第 1 部分：基本术语；

——第 2 部分：算术和逻辑运算；

——第 3 部分：设备技术；

——第 4 部分：数据的组织；

——第 5 部分：数据表示；

——第 6 部分：数据的准备与处理；

——第 7 部分：计算机编程；

——第 8 部分：安全；

——第 9 部分：数据通信；

——第 10 部分：操作技术和设施；

……

——第 29 部分：人工智能　语音识别与合成；

——第 31 部分：人工智能　机器学习；

——第 32 部分：电子邮件；

——第 34 部分：人工智能　神经网络。

本部分是 GB/T 5271 的第 14 部分。等同采用 ISO/IEC 2382-14:1997《信息技术　词汇　第 14 部分：可靠性、可维护性与可用性》(英文版)。

本部分代替 GB/T 5271.14—1985《数据处理词汇　14 部分　可靠性、可维护性与可用性》。

本部分与 GB/T 5271.14—1985 的主要差别是在前一版的基础上删去 15 条术语，新增 41 条术语。

本部分由全国信息技术标准化技术委员会(SAC/TC 28)提出并归口。

本部分起草单位：中国电子技术标准化研究所。

本部分主要起草人：王静、王有志。

本部分于 1985 年首次发布。

信息技术 词汇
第14部分:可靠性、可维护性与可用性

1 概述

1.1 范围

GB/T 5271 的本部分方便信息技术的国际交流。本部分给出了与信息处理领域相关的概念的术语和定义,并明确了词条之间的关系。

GB/T 5271 的本部分定义了可靠性、可维护性与可用性的各种概念。

1.2 规范性引用文件

下列文件中的条款通过 GB/T 5271 的本部分的引用而成为本部分的条款。凡是注日期的引用文件,其随后所有的修改单(不包括勘误的内容)或修订版均不适用于本部分,然而,鼓励根据本部分达成协议的各方研究是否可使用这些文件的最新版本。凡是不注日期的引用文件,其最新版本适用于本部分。

GB/T 5271.1—2000 信息技术 词汇 第1部分:基本术语(eqv ISO/IEC 2382-1:1993)

GB/T 5271.2—1988 信息技术 词汇 第2部分:算术和逻辑运算(eqv ISO/IEC 2382-2:1976)

ISO 8402:1994 质量管理和质量保证 词汇

ISO/IEC 9126:1991 信息技术 软件产品评价 质量特性及其使用指南

IEC 60050(191):1990 国际电工词汇 第191章:服务的可靠性和质量

1.3 遵循的原则和规则

1.3.1 词条的定义

第2章包括许多词条。每个词条由几项必需的元素组成,包括索引号、一个术语或几个同义术语和定义一个概念的短语。另外,一个词条可包括举例、注解或便于理解概念的图解说明。

有时同一个术语可由不同的词条来定义,或一个词条可包括两个或两个以上的概念,描述分别见1.3.5和1.3.8。

GB/T 5271 的本部分使用的其他术语,例如词汇、概念、术语和定义,其意义在 GB/T 15237.1 中有定义。

1.3.2 词条的组成

每个词条包括1.3.1中规定的必需元素,如果需要,可增加一些元素。词条可以包括按以下次序出现的元素:

a) 索引号(对发布的 GB/T 5271 本部分的所有语言是共同的);

b) 术语或语言中通常优选的术语。对语言中的概念若没有通常优选术语表示,则用五个点(组成)的符号(.....)表示;在术语中,一行点用来表示每个特定情况下所选的词;

c) 某个国家(根据 GB/T 2659 规则标识)通常优选的术语;

d) 术语的缩写;

e) 许可用的同义术语;

f) 定义的正文(见1.3.4);

g) 以"例"开头的一个或几个例子;

h) 以"注"开头的概念应用领域中规定特殊情况的一个或几个注解;

i) 几个词条共用的图片、图示或表格。

1.3.3 词条的分类

GB/T 5271 的每部分分配给一个两位的数字序列号,对于《基本术语》以 01 开始。

词条按组分类,每组分配给一个四位的数字序列号;前两位数字表示 GB/T 5271 的那些部分。

每个词条分配给一个六位数字的索引号;前四位数字表示 GB/T 5271 的那些部分和组。

1.3.4 术语的选择和定义的用语

术语的选择和定义的用语尽可能遵循已建立的用法。当出现矛盾时,寻求大多数同意的方法解决。

1.3.5 多义术语

在一种工作语言中,如果一个给定的术语有几种意义,每种意义则给出一个单独的词条,以便于翻译成其他的语言。

1.3.6 缩略语

如 1.3.2 中指示的,通行使用的缩略语指定给一些术语。这些缩略语不在定义、例子或注解的文本中使用。

1.3.7 圆括号的用法

在一些术语中,以黑体字印刷的一个或几个字词置于圆括号中。这些字词是完整术语的一部分。但是,当在技术文章中使用缩短的术语不引起误解时,则这些字词可以省略。在 GB/T 5271 的其他定义、例子或注解的正文中,只使用这些术语的完整形式。

在一些词条中,术语后面跟随正常字体的字词并放在圆括号中。这些字词不是术语的一部分,而是指明该术语使用的方向,如它的特殊应用领域,或它的语法形式。

1.3.8 方括号的用法

如果几个紧密相关的术语能由文本定义,只是几个字词的差别,这些术语及其定义归为一个词条。为表示不同意思的替换字词,按在术语和定义中相同的次序放在方括号中,即[.....]。为清楚标识被替换的字词,按上述规则放在方括号前面的最后一个字词可放在方括号里面,并且每置换一次则重复一次。

1.3.9 定义中黑体术语的用法和星号的用法

术语在定义、例子或注解中用黑体字印刷时,则表示该术语已在本部分的其他词条中定义过。但是,只有当这些术语首次出现在每一个词条中时,该术语才印成黑体字的形式。

当黑体字印刷的两个术语涉及到分隔开的词条并且直接地彼此紧随时,则星号用于分隔黑体字的术语(或只由加标点的标记分隔)。

以正常字体印刷的字词或术语,按通行词典中或权威性技术词汇的定义理解。

1.3.10 索引表的编制

每部分的末尾编有按汉语拼音和英文字母排序的索引表。它包括在该部分定义的所有术语。

2 术语和定义

14 可靠性、可维护性与可用性

14.01 一般概念

14.01.01 (01.01.40)

功能单元 functional unit

一种能达到规定目的的硬件的、软件的或兼有硬软件的实体。

注:在 IEC 50 (191):1990 中,以更具普遍性的术语“项(item)”代替“功能单元”。项有时可将人员包括在内。

14.01.02

产品保证 product assurance

确保从设计阶段起一直重视设定的要求,并确保最终产品在整个寿命内保有相应质量的条款与活动。

14.01.03

可靠性　reliability

在给定时段和给定条件下，功能单元履行所要求功能的能力。

注：在 IEC 60050(191)：1990 的 02-06 中，采用的术语是“reliability performance”，定义同此，但带注记。

14.01.04

耐用性　durability

在给定的使用与维护条件下，功能单元履行所要求功能直至达到极限状态的能力。

注 1：功能单元的极限状态，可以用使用寿命的结束、出于经济或技术原因的不适宜性或者其他有关因素来表征。

注 2：此定义和注 1 与 IEC 60050(191)：1990 的 02-02 中的相同。

14.01.05

维护　maintenance

维修

旨在使功能单元保持在或恢复到能履行所要求功能的状态的一组活动。

注 1：维护包括各种活动，例如监控、测试、测量、更换、调整、修复及某些情况下的行政管理行动。

注 2：见 IEC 60050(191)：1990 的 07-01，其措辞稍有不同。

14.01.06

可维护性 maintainability

可维修性

当维护是在给定条件下采用例行的规程和资源进行时，在给定使用条件下，使功能单元维持在或恢复到能履行所要求功能的能力。

注：IEC 60050(191)：1990 的 02-07 中采用术语为“maintainability performance”（“可维护性能”），定义同此。

14.01.07

可用性　availability

假定所需外部资源齐备，在给定条件下和给定瞬时或时段，功能单元处于履行所要求功能状态的能力。

注 1：IEC 60050(191)：1990 的 02-05 中采用术语为“availability performance”（“可用性能”），定义同此，但带注记。

注 2：此处所定义的可用性是一种本征可用性，外部资源（而非“维护资源”）不影响功能单元的可用性。而对运行可用性，则需具备外部资源。

14.01.08（02.06.04）

差错　error

误差

算出的、观察的或测量的值或状况，与真的、规定的或理论上正确的值或状况之间的差异。

注 1：IEC 60050(191)：1990 的 05-24 中的措辞稍有不同。

注 2：与 GB/T 5271.2—1988 中的定义相同。

14.01.09

失误　mistake

人为差错　human error

差错（在此意义下不推荐使用）　**error**（deprecated in this sense）

一种会产生非预期结果的人为动作或怠惰。

注：另见 IEC 60050(191)：1990 的 05-25 中的定义，与此稍有不同。

14.01.10

故障 fault

可引起功能单元履行所要求功能的能力下降或丧失的反常状况。

注：在 IEC 60050(191):1990 的 05-01 中，将“故障”定义为一种状态，特征如下：失去履行所要求功能的能力，但在预防性维护或其他按计划行动期间或者由于缺少外部资源的失能除外。对这两种观点的图示说明见图 1。

14.01.11

失效 failure

功能单元履行所要求功能能力的终止。

注：IEC 60050(191):1990 的 04-01 中的定义同此；但附有注记，指出与术语“故障”在含义上的区别。见图 1。

14.01.12

冗余(用于可靠性、可维护性与可用性) **redundancy** (in reliability, maintainability, and availability)

功能单元履行所要求功能或数据表示信息的手段本已足够者外，存在另一手段的情况。

例：采用了复式功能构件，添加了奇偶检验位。

注 1：冗余主要用于改进可靠性或可用性。

注 2：IEC 60050(191):1990 的 15-01 中的定义不够完备。

14.02 可靠性与故障

14.02.01

平均失效间隔时间 mean time between failures

平均故障间隔时间

在给定条件下，功能单元相继两次失效之间的平均持续时间。

注 1：平均失效间隔时间能从理论模型或观测结果导出。

注 2：此定义综合了 IEC 60050(191):1990 的 10-03 中的(显式指称修复的各“项”)与 IEC 60050(191):1990 的 12-08 中的定义。

14.02.02

平均失效间工作时间 mean operating time between failures

平均故障间工作时间

在给定条件下，功能单元在相继两次失效间运行的平均持续时间。

注 1：此定义综合了 IEC 60050(191):1990 的 10-04 中(显式指称修复的各项)与 IEC 60050(191):1990 的 12-09 中的定义。

注 2：IEC 60050(191):1990 的 12-09 中对此术语也采用缩略语“MTBF”。

14.02.03

程序敏感故障 program-sensitive fault

可作为执行特定指令序列的结果检测出来的故障。

注：IEC 60050(191):1990 的 05-12 中的定义与此稍有不同，原因是对“故障”(见 14.01.10)的理解有差异。

14.02.04

数据敏感故障 data-sensitive fault

可作为处理特定数据模式的结果检测出来的故障。

注：IEC 60050(191):1990 的 05-13 中的定义与此稍有不同，原因是对“故障”(见 14.01.10)的理解有差异。

14.03 可维护性

14.03.01

改正性维护 corrective maintenance

在出现失效或测出故障后，为使功能单元复原到能履行所要求功能的状态而进行的维护。

注：除对“故障”的理解(见 14.01.10)有差异外，IEC 60050(191):1990 的 07-08 中的定义实质上同此。

14.03.02

延期维护　deferred maintenance

在出现失效或测出故障后，不是立即启动而是按给定的维护规则推迟的改正性维护。

注：除对“故障”的理解（见14.01.10）有差异外，IEC 60050(191)：1990的07-16中的定义实质上同此。

14.03.03

受控维护　controlled maintenance

依据能使维护量减少或最小而维持所期望的服务质量的控制方案进行的维护。

注：IEC 60050(191)：1990的07-09中定义的概念实质上同此，措辞上的差异主要是由于GB/T 5271标准中的一致性要求和对于预期读者群的考虑。

14.03.04

预防性维护　preventive maintenance

为降低失效概率或减少功能降级，按预定的时段或设定的准则对功能单元所进行的维护。

注：IEC 60050(191)：1990的07-07中的定义实质上同此。

14.03.05

计划性维护　scheduled maintenance

按既定时间计划进行的预防性维护。

注1：时间进度表按经历时间、运行时间或使用次数制定。

注2：IEC 60050(191)：1990的07-10中的定义实质上同此。

14.03.06

远程维护　remote maintenance

远程维护　telemaintenance

联机维护　online maintenance

在线维护

在位于远程处的维护设施的辅助或控制之下，通过电信系统对功能单元进行的维护。

注1：此段释文中的电信系统，不包括该功能单元处所的局域网之内的通信。

注2：IEC 60050(191)：1990的07-14中定义所指的维护，进行时与所维护“项”（见14.01.01的注——译注）无人员身体接触。

14.03.07

应力测试　stress test

边缘测试　marginal test

边缘检验　marginal check

为检测潜在故障或将其定位，而使某些运行状态在额定值左右变化的测试。

14.03.08

故障踪迹　fault trace

对某一功能单元，一种通过监控器得到，反映紧临故障测出前的一系列状态的内部运行记录。

14.03.09

诊断　diagnostic

修饰或说明对故障、失效或错误的检测、分析或描述。

14.03.10

微诊断(术)　microdiagnostics

一种采用装进功能单元的或必要时基于外部的专用微程序的诊断技术。

14.03.11

测试维护程序　test and maintenance program

为维护或验证而设计的对功能单元进行测试的程序。

14.03.12

记入日志(用于可靠性、可维护性与可用性) **journalize;log out** (in reliability,maintainability,and availability)

为便于维护起见,一旦测出故障即将功能单元的内部状态保存在存储器内。

14.04 可用性

14.04.01

可服务性 **servability;serveability;serviceability**

在特定容限之内与给定条件之下,应用户请求有望得到服务并在请求期内继续提供的能力。

注:IEC 60050(191):1990 的 19-02 中采用的术语是"serveability performance"和"serviceability performance"("可服务性能"),其定义实质上同此。

14.04.02

热备份 **hot standby**

热备用

假若主要功能单元失效,能使冗余功能单元立即投入服务的配置。

14.04.03

冷备份 **cold standby**

冷备用

假若主要功能单元失效,经一定延迟后能使冗余功能单元投入服务的配置。

14.04.04

重配置(用于可靠性、可维护性与可用性) **reconfiguration** (in reliability, maintainability, and availability)

紧接测出故障或差错之后,为防止失效,或为将功能单元回到能履行所要求功能的状态,而对该功能单元的配置所作的修改。

14.04.05

失效弱化 **failsoft**

失效和缓

修饰或说明某一功能单元:尽管带着故障或手动超限操作,继续以某种降级的方式工作。

注:"容错"是达到失效和缓操作的手段之一。

14.04.06

容错 **fault tolerance**

复原性 **resilience**

对某一功能单元,在出现故障或差错时继续履行所要求功能的能力。

注:IEC 60050(191):1990 的 15-05 中的定义仅指"子项"故障,见 14.01.10 中术语"故障"的注。

14.04.07

差错恢复 **error recovery**

改正或绕开故障或差错的"效应",使功能单元能继续履行所要求功能的过程。

14.04.08

不可恢复的差错 **irrecoverable error;unrecoverable error**

若不采用受影响功能单元以外的技术或资源,出错恢复就不可能的差错。

14.04.09

致命差错 **fatal error**

再次执行程序(即便能够也只是)产生无意义结果的差错。

14.04.10

把关定时器　watchdog timer

看门狗(定时器)

对某一信号或功能单元进行监视,以查明超出规定期的失去活动或响应延迟的状态的定时器。

注:经历此规定期后,把关定时器可立即激活报警器或使冗余功能单元取代正受监视的功能单元。

14.04.11

平均恢复时间　mean time to recovery

平均复原时间　mean time to restoration

对给定的功能单元,失效后恢复运行所需的平均持续时间。

注:IEC 60050(191):1990 的 13-08 中以不同方式定义同一概念,也采用缩略语 MTTR。

14.04.12

老化(1)　burn in (1)

对新的或经整修的可修复功能单元,通过在设定环境中运行,尽量多地检测出早期故障,并按改正性维护予以消除,以此提高其可靠性的过程。

注:IEC 60050(191):1990 的 17-02 中定义的概念实质上同此。

14.04.13

老化(2)　burn in (2)

对不可修复的功能单元,利用功能运行进行的筛选测试。

注 1:筛选测试的目的,是检测并除去有缺陷的或显出早期失效倾向的功能单元(见 IEC 60050(191):1990 的 14-09)。

注 2:IEC 60050(191):1990 的 17-03 中的定义实质上同此。

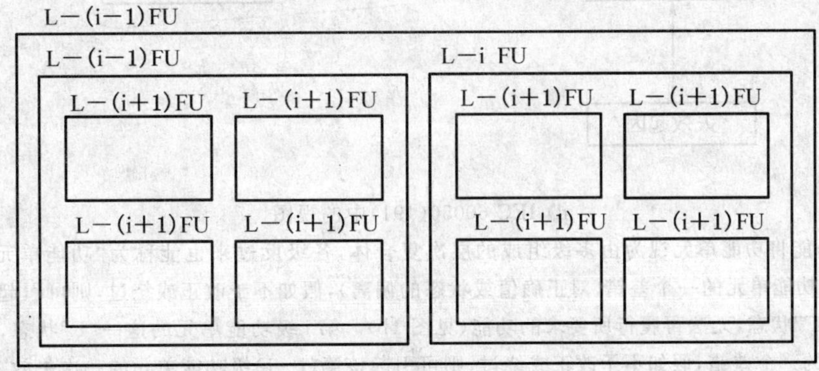

a) 功能单元的配置

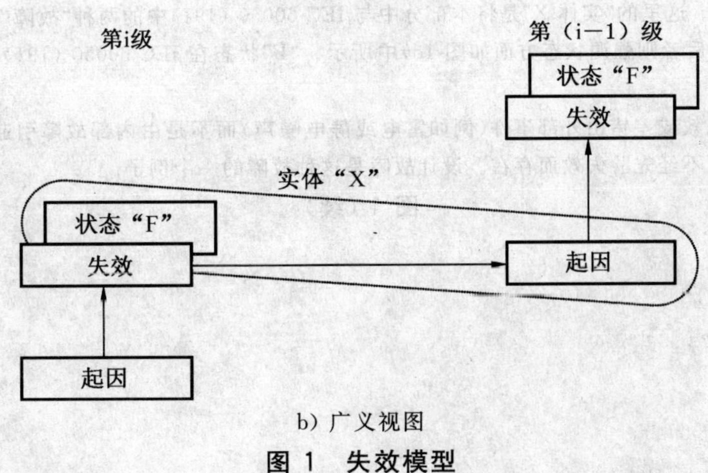

b) 广义视图

图 1　失效模型

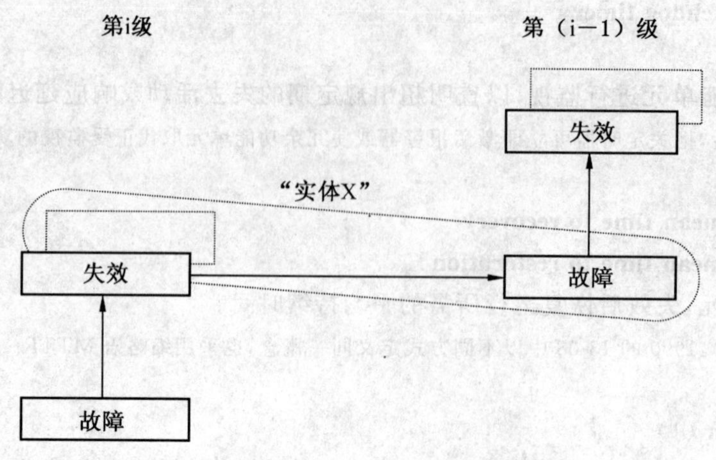

c) GB/T 5271.14 中的视图

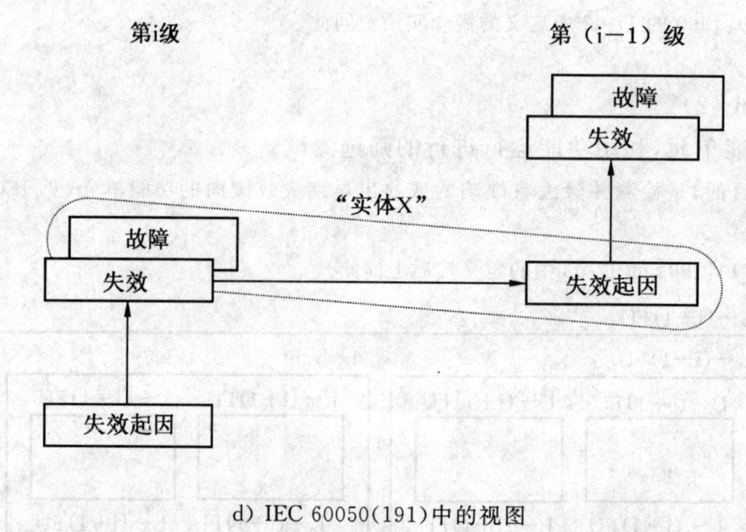

d) IEC 60050(191)中的视图

如图 1a)中所示，能将功能单元视为由多级组成的层次复合体，各级反过来也能称为“功能单元”。在第 i 级，一个“起因”可表现为该级功能单元的一个差错(对正确值或状态的偏离)，假如不予改正或绕过，则可引起该功能单元的一次失效，其结果是降入“F”状态，无法再履行所要求的功能(见图 1b)。第 i 级功能单元的这一“F”状态，反过来也可表现为第(i—1)级功能单元的一个差错，假如不予改正或绕过，则可引起该第(i—1)级功能单元的一次失效。

在这种因果链中，同一件事(“实体 X”)既能视为第 i 级功能单元由于失效而降入的状态(“F”状态)，又能视为第(i—1)级功能单元失效的起因。这里的“实体 X”是将本部分中与 IEC 60050 (191)中的两种“故障”概念加以综合，前者强调起因方面如图 1c)中所示，后者则强调状态方面如图 1d)中所示。“F”状态在 IEC 60050 (191)中称为“故障”，而在本部分中则未予定义。

注：在某种情况下，失效或差错由外部事件(例如雷电或静电噪声)而不是由内部故障引起。同样，“故障”(在两种术语标准中都)可不经先验失效而存在。设计故障是这种故障的一个例子。

图 1（续）

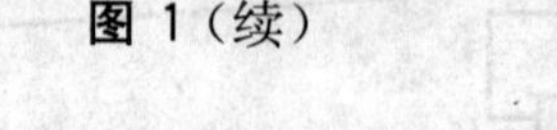

中 文 索 引

Y

Z

英 文 索 引

ICS 35.060
L 70

中华人民共和国国家标准

GB/T 5271.15—2008/ISO/IEC 2382-15:1999
代替 GB/T 5271.15—1986

信息技术 词汇
第15部分:编程语言

Information technology—Vocabulary—
Part 15:Programming languages

(ISO/IEC 2382-15:1999,IDT)

2008-07-18 发布　　2008-12-01 实施

中华人民共和国国家质量监督检验检疫总局
中国国家标准化管理委员会　发布

前　言

GB/T 5271《信息技术　词汇》共分30部分：

——第1部分：基本术语；

——第2部分：算术和逻辑运算；

——第3部分：设备技术；

——第4部分：数据的组织；

——第5部分：数据的表示法；

——第6部分：数据的准备与处理；

——第7部分：计算机编程；

——第8部分：安全；

——第9部分：数据通信；

——第10部分：操作技术和设施；

……

——第29部分：人工智能　语音识别与合成；

——第31部分：人工智能　机器学习；

——第32部分：电子邮件；

——第34部分：人工智能　神经网络。

本部分是GB/T 5271的第15部分，等同采用ISO/IEC 2382-15:1999《信息技术　词汇　第15部分：编程语言》(英文版)。

本部分代替GB/T 5271.15—1986《数据处理　15部分　编程语言》。

本部分与GB/T 5271.15—1986的主要差别是在前一版的基础上删去26条术语，新增137条。

本部分由全国信息技术标准化技术委员会(SAC/TC 28)提出并归口。

本部分起草单位：中国电子技术标准化研究所。

本部分主要起草人：王静、王有志。

本部分于1986年首次发布。

信息技术　词汇
第15部分：编程语言

1　概述

1.1　范围

GB/T 5271 的本部分方便信息技术的国际交流。本部分给出了与信息处理领域相关的概念的术语和定义，并明确了词条之间的关系。

GB/T 5271 的本部分定义了编程语言的各种概念。

1.2　规范性引用文件

下列文件中的条款通过 GB/T 5271 的本部分的引用而成为本部分的条款。凡是注日期的引用文件，其随后所有的修改单（不包括勘误的内容）或修订版均不适用于本部分，然而，鼓励根据本部分达成协议的各方研究是否可使用这些文件的最新版本。凡是不注日期的引用文件，其最新版本适用于本部分。

GB/T 5271.1—2000　信息技术　词汇　第1部分：基本术语（eqv ISO/IEC 2382-1:1993）

GB/T 5271.2—1988　信息技术　词汇　第2部分：算术和逻辑运算（eqv ISO/IEC 2382-2:1976）

GB/T 5271.7—2008　信息技术　词汇　第7部分：计算机编程（ISO/IEC 2382-7:2000，IDT）

1.3　遵循的原则和规则

1.3.1　词条的定义

第2章包括许多词条。每个词条由几项必需的元素组成，包括索引号，一个术语或几个同义术语和定义一个概念的短语。另外，一个词条可包括举例、注解或便于理解概念的图解说明。

有时同一个术语可由不同的词条来定义，或一个词条可包括两个或两个以上的概念，描述分别见1.3.5和1.3.8。

GB/T 5271 的本部分使用的其他术语，例如词汇、概念、术语和定义，其意义在 GB/T 15237.1 中有定义。

1.3.2　词条的组成

每个词条包括1.3.1中规定的必需元素，如果需要，可增加一些元素。词条可以包括按以下次序出现的元素：

a) 索引号（对发布 GB/T 5271 本部分的所有语言是共同的）；

b) 术语或语言中通常优选的术语。对语言中的概念若没有通常优选术语表示，则用五个点（组成）的符号（.....）表示；在术语中，一行点用来表示每个特定情况下所选的词；

c) 某个国家（根据 GB/T 2659 规则标识）通常优选的术语；

d) 术语的缩写；

e) 许可用的同义术语；

f) 定义的正文（见1.3.4）；

g) 以“例”开头的一个或几个例子；

h) 以“注”开头的概念应用领域中规定特殊情况的一个或几个注解；

i) 几个词条共用的图片、图示或表格。

1.3.3　词条的分类

GB/T 5271 的每部分分配给一个两位的数字序列号，对于《基本术语》以01开始。

词条按组分类，每组分配给一个四位的数字序列号；前两位数字表示 GB/T 5271 的那些部分。

每个词条分配给一个六位数字的索引号；前四位数字表示 GB/T 5271 的那些部分和组。

1.3.4 术语的选择和定义的用语

术语的选择和定义的用语尽可能遵循已建立的用法。当出现矛盾时，寻求大多数同意的方法解决。

1.3.5 多义术语

在一种工作语言中，如果一个给定的术语有几种意义，每种意义则给出一个单独的词条，以便于翻译成其他的语言。

1.3.6 缩略语

如 1.3.2 中指示的，通行使用的缩略语指定给一些术语。这些缩略语不在定义、例子或注解的文本中使用。

1.3.7 圆括号的用法

在一些术语中，以黑体字印刷的一个或几个字词置于圆括号中。这些字词是完整术语的一部分。但是，当在技术文章中使用缩短的术语不引起误解时，则这些字词可以省略。在 GB/T 5271 的其他定义、例子或注解的正文中，只使用这些术语的完整形式。

在一些词条中，术语后面跟随正常字体的字词并放在圆括号中。这些字词不是术语的一部分，而是指明该术语使用的方向，如它的特殊应用领域，或它的语法形式。

1.3.8 方括号的用法

如果几个紧密相关的术语能由文本定义，只是几个字词的差别，这些术语及其定义归为一个词条。为表示不同意思的替换字词，按在术语和定义中相同的次序放在方括号中，即[.....]。为清楚标识被替换的字词，按上述规则放在方括号前面的最后一个字词可放在方括弧里面，并且每置换一次则重复一次。

1.3.9 定义中黑体术语的用法和星号的用法

术语在定义、例子或注解中用黑体字印刷时，则表示该术语已在本标准的其他词条中定义过。但是，只有当这些术语首次出现在每一个词条中时，该术语才印成黑体字的形式。

当黑体字印刷的两个术语涉及到分隔开的词条并且直接地彼此紧随时，则星号用于分隔黑体字的术语(或只由加标点的标记分隔)。

以正常字体印刷的字词或术语，按通行词典中或权威性技术词汇的定义理解。

1.3.10 索引表的编制

每部分的末尾编有按汉语拼音和英文字母排序的索引表。它包括在该部分定义的所有术语。

2 术语和定义

15 编程语言

15.01 词汇标记

15.01.01

词汇标记 lexical token

词汇元素 lexical element

词法单位 lexical unit

词汇单元

由某一编程语言所用字母表中的一个或多个字符组成，按约定表示初级意义单元的串。

例：文字(例如 2G5)，或 Pascal 语言中的标识符(例如 last-name(姓))。

15.01.02

语言构造　language construct

在某一程序中，按照编程语言的规则可由一个或多个词汇标记形成的一种句法上允许的部分。

15.01.03

标识符(用于编程语言)　**identifier** (in programming languages)

一种为语言构造命名的词汇标记。

例：变量、数组、记录、标号、过程等的名称。

注：标识符通常由一个字母可选地跟以若干字母、数字或其他字符组成。

15.01.04

预定义标识符　predefined identifier

作为某一编程语言的组成部分定义的标识符。

例：保留字。

注：如果预定义标识符并不保留，则由使用该标识符的声明在其作用域中重新定义意义。

15.01.05

保留字　reserved word

不能由程序员重新定义的预定义标识符。

注：并非所有编程语言都有保留字。

15.01.06

定界符(用于编程语言)　**delimiter** (in programming languages)

分隔符(在此意义下不推荐使用)　**separator** (deprecated in this sense)

指明另一词汇标记或视为句法单元的字符串的首或尾的词汇标记。

注1：专用字符或保留字都可当作定界符。

注2：与“分隔符”相对。

15.01.07

分隔符　separator

防止把相邻的多个词汇标记或句法单元按单项解释的定界符。

例：间隔字符或格式控制符。

注：与“定界符”相对。

15.01.08

重载　to overload

赋予一个词汇标记多种意义。

例：词汇标记“+”能表示整数相加、实数相加、集合并、拼接等含义。

15.01.09

歧义消除　disambiguation

从具有同一词汇标记＊序列的若干语言构造中，确定哪一个由程序内的特定出现来引用的动作。

15.01.10

标号(用于编程语言)　**label** (in programming languages)

对程序中部位的标识符。

注1：标号在引用语句时频繁使用。

注2：在BASIC语言中，可将行号当作标号，但行号并不总是转移的目标。

注3：在Fortran语言中，标号由可达五位的数字组成，置于语句之前，可用于引用该语句。

15.01.11

注释 comment

注记 remark

专门用于容纳对程序的执行没有预期效果的文本的语言构造。

例：针对读者的解释；自动文档编制系统所用的数据。

15.02 声明

15.02.01

声明 declaration

在程序中引入一个或多个标识符，并规定这些标识符作何解释的显式语言构造。

例：对数据类型、存储组织、分组或任务的声明。

注：在某些编程语言中，将声明认作语句。

15.02.02

声明部分 declarative part

数据部 data division

程序中由一个或多个声明组成的部分。

注：在 COBOL 语言中，将声明部分称为"数据部"。

15.02.03

默认 default

缺省

系统设置

修饰或说明属性、数据值或选项：当未作显式规定时所取的值。

例：在 Fortran 语言中，系统设置的命名约定规定：以字母 I 至 N 之一开头的名称，代表整数型 * 变量。

15.02.04

隐式声明 implicit declaration

由指定某一对象的标识符的出现所引起的一种声明，其特性由系统设置确定。

例：Pascal 语言中的"output＝text"。

15.02.05

预定义 predefined

内建 built-in

内在 intrinsic

修饰或说明某一语言构造：由编程语言的定义声明的。

例：PL/1 语言中的预定义函数 SIN，Fortran 语言中的预定义数据类型 INTEGER。

15.02.06

作用域 scope

声明作用域 scope of a declaration

在某一程序中，某一声明有效的部分。

15.02.07

共享数据 shared data

能由可异步或并发执行的多个模块 * 存取的数据。

例：Fortran 语言中的 COMMON；某些编程语言中的"compool"；PL/1 语言中以 EXTERNAL 标记的单变量；Ada 语言中包的表格。

15.02.08

动态作用域　dynamic scope

由激活如下各模块的全部或若干部分所创建的作用域:包含由另一模块使用的声明,而该另一模块在执行期间缺少这些声明。

15.02.09

静态作用域　static scope

通过找出设定声明的最内层环绕模块确定的作用域。

注:静态作用域通过对程序的桌面检查足以找出。

15.02.10

声明区(域)　declarative region

程序中由各声明组成的部分。

15.02.11

局部　local

修饰或说明某一语言构造:所具有的作用域仅在对其声明的声明区之内。

15.02.12

全局　global

修饰或说明某一语言构造:处于所在程序中所有模块的作用域之内。

15.02.13

外部　external

修饰或说明某一语言构造:在被引用的模块之外定义的。

注:该模块之内可要求有一声明,以便提供一个名称,并指明完整的定义在外部。

15.02.14

静态　static

修饰或说明各对象:在整个程序执行期间自始至终都存在其值并保持不变。

例:已经声明为静态,以使其值由一次执行到另一次执行保持不变的子程序的变量。

15.02.15

动态　dynamic

修饰或说明某一数据属性:其值仅在执行全部或部分程序期间能够建立。

例:变长数据对象的长度是动态的。

15.02.16

生存时间　lifetime

执行期内某一语言构造持续存在的时间段。

15.02.17

可视性　visibility (1)

在某一模块的特定处,引用特定语言构造的能力。

15.02.18

可视性　visibility (2)

在某一程序中,能对特定语言构造进行引用的部分。

15.03　数据对象

15.03.01

数据结构　data structure

数据单元间的物理联系或逻辑联系和数据本身。

15.03.02

数据对象　data object

执行程序所需的在数据结构的元素(例如文件、数组或操作数)。

注:数据对象可以是常量或变量。

15.03.03

变量　variable

由一个标识符、一组数据属性、一个或多个地址和各数据值(地址与数据值间的联系可变)组成,通过声明或隐式声明建立的四元组。

注:在某些编程语言中,地址可变,因而所结合的数据值可变。在其他编程语言中,地址固定不变,但所结合的数据值在执行期间可以改变。

15.03.04

数据值　data value

在已声明的数据对象集合中,在特定语境中与某一语言构造(例如变量或数据类型)结合的元素。

注:原则上,宜将数据值与数学中的"函数值",与"某数的值"及与数字表示中的"位置值",一一区别开来。

15.03.05

常量　constant

由一个标识符、一组数据属性、一个或多个地址与和仅取的一个数据值组成,通过声明或隐式声明建立的四元组。

15.03.06

聚合　aggregate

构件的一种结构式汇集:其中各构件的数据结构可以相同或不同,而这种汇集本身的数据结构又可以是对应复合类型的组成部分。

15.03.07

聚合值　aggregate value

与聚合结合的数据值。

15.03.08

数组　array

一种作为某一数组型的一个实例,其中各元素或适当的元素组都可随机而独立地加以引用的聚合。

15.03.09

数组片　array slice

片　slice

数组中沿任一维邻接单元组成的部分。

注:在 Ada 语言中,数组片也是基本运算。

15.03.10

变异部分　variant part

在由数据对象组成的某一记录中,其对应的数据结构或已声明的数据类型可变的部分。

注:数据对象的数目及其组成均可变化。

15.03.11

变异记录　variant record

包含某一变异部分的记录。

注:此记录中可包含判别式,以指出变异部分的数据类型。

15.03.12

判别式　discriminant

指明在给定变异记录之内拟使用的数据结构的类似参量的语言构造。

15.03.13

参量(用于编程语言)　**parameter** (in programming languages)

参数(用于编程语言)

一种用于在模块间传递数据对象或数据值的语言构造。

15.03.14

实参　actual parameter

实(变)元　actual argument

一种用于某一调用或类属实例化,以使数据对象与对应的声明相结合的参量(例如表达式、标识符或其他语言构造)。

注：此处的对应声明称为“形参”。

15.03.15

形参　formal parameter

哑(变)元　dummy argument

一种在某些模块的声明中定义,并与某一调用或类属实例化内的实参结合的参量。

15.03.16

参数关联　parameter association

在某一调用或类属实例化中,形参与其对应实参的关联。

15.03.17

数据属性　data attribute

某一数据类型、数据对象、模块或某种其他语言构造的预定义的特性。

例：实数型可有带数据值 SINGLE 或 DOUBLE 的数据属性 PRECISION。任务可有数据属性 TERMINATED,当任务终止时其值为 TRUE,否则为 FALSE。

15.03.18

名称限定　name qualification

限定　qualification

在程序某一部分的作用域内,通过对该部分的引用和为该部分内语言构造声明的标识符,来引用各语言构造的手段。

例：用于引用记录构件(在 COBOL 语言中的 B OF A)、库的成员和模块中语言构造。

15.03.19

别名　alias

对某一语言构造的一种替代标识符。

15.03.20

指针(用于编程语言)　**pointer** (in programming languages)

其数据值是另一数据对象的地址的数据对象。

注：见图 1

15.03.21

空指针　null pointer

一种不显式指向任何数据对象的指针。

注：随编程语言的不同,空指针所具有的表示称为“nil”、“null”等等。

15.04 数据类型

15.04.01 (17.05.08)

数据类型 data type;datatype

一种已定义的数据对象集:各数据对象具有规定的数据结构和一组允许的运算,以使这些数据对象在执行其中的任一运算时起到运算数的作用。

例:整数型的结构非常简单,每次出现(通常称为"值")都是规定范围整数中一个成员的表示,允许运算包括通常对这些整数的算术运算。

注1:在无歧义时,可用术语"类型"代替"数据类型"。

注2:见图1。

15.04.02

抽象数据类型 abstract data type

ADT(缩略语)

一种数据结构类别:由运算列表或该数据结构中可用的特征与这些运算的形式性质来描述,带有与内部实现隔开的接口。

15.04.03

封装(类)型 encapsulated type

接口以公用形式定义,内部结构和关联运算以专利定义形式实现的数据类型。

15.04.04

标量(类)型 scalar type

简单(类)型 simple type

其中各实例都表示某一标量的数据类型。

注1:Pascal标量型是序数型或实数型,Ada标量型是离散型或实数型。

注2:见图1。

15.04.05

原子(类)型 atomic type

其中各数据对象都由不可分解的单一数据值组成的数据类型。

15.04.06

逻辑(类)型 logical type

布尔(类)型 Boolean type

其数据对象仅能取逻辑值(通常是"真"或"假"),且仅能通过布尔算符进行运算的数据类型。

注:另见"字符型"、"枚举型"、"整数型"、"实数型"。

15.04.07

范围(用于编程语言) **range** (in programming languages)

跨距(在此意义下不推荐使用) **span** (deprecated in this sense)

标量型的邻接的数据值集合。

15.04.08

实数(类)型 real type

其中各数据对象都表示(有可能通过逼近)某一实数的数据类型。

例:十进制数0.1以二进制表示时数位无限。

注1:实数型为定点型或浮点型。

注2:见图1。

15.04.09

定点(类)型　fixed-point type

隐小数点(类)型　implied decimal type

其中各数据对象都以定点表示制表达的实数型。

注：见图 1。

15.04.10

浮点(类)型　floating-point type

其中各数据对象都以浮点表示制表达的实数型。

注：见图 1。

15.04.11

序数(类)型　ordinal type

离散(类)型　discrete type

其中各数据对象都表示某一有序可数集的成员的数据类型。

注 1：Pascal 语言的序数型有"枚举型"、"字符型"、"整数型"和"布尔型"。Ada 语言的序数型为"整数型"或"枚举型"。

注 2：见图 1。

15.04.12

下标(类)型　index type

其中各数据对象都表示某数组的一个下标的序数型。

15.04.13

整数(类)型　integer type

其中各数据对象都代表规定范围内的一个整数的序数型。

注：见图 1。

15.04.14

枚举(类)型　enumeration type;enumerated type

其数据对象在该数据类型的声明中逐一显式列出的序数型。

注：见图 1。

15.04.15

数值(类)型　numeric type

其中各数据对象都表示整数或实数的近似值的标量型。

注：见图 1。

15.04.16

字符(类)型　character type

其中各数据对象都表示一个字符的序数型。

注：见图 1。

15.04.17

串(类)型　string type

其中各数据对象都是一个串的数据类型。

注：见图 1。

15.04.18

指针(类)型　pointer type

访问(类)型　access type

其中各数据对象都是一个指针的数据类型。

注：见图 1。

15.04.19

数组(类)型　array type

其构件出自同一数据类型的复合类型。

注1：数组型可加以组织和引用，就像其构件按成列、成行等方式安排那样。

注2：见图1。

15.04.20

记录(类)型　record type

其构件为字段型或其他记录型的复合类型。

例：人事记录可由人员数据组成，其中数据按字段或子记录安排。

注1：记录型定义了一组值和运算。这种记录型的实例可包含本身是记录的值。

注2：见图1。

注3：此定义与ISO/IEC 2382-17中17.05.13一条的定义相同，只是加进了例和注。

译注：原文定义末尾的record types应为records，否则成了自我定义——以record types来定义record type。

15.04.21

变异记录(类)型　variant record type

一种具有规定构件替代列表的变异部分的记录型。

15.04.22

子(类)型　subtype

从另一数据类型通过对该另一数据类型的一个或多个约束导出的数据类型。

15.04.23

底类型　base type

宿主(类)型　host type

基础类型　underlying type

派生出子类型的数据类型。

注：与"父类型"相对。

15.04.24

约束　constraint

对某一数据类型，一种限制其范围或运算的自适应。

15.04.25

专用型　private type

私有型

程序之内的一种数据类型：其结构、值集和运算均已定义，但其可用性仅限于该程序的各特权部分。

例：在Ada语言中，除显式使之可访问的运算之外，只有赋值、等式与不等式对用户可用。

15.04.26

受限(类)型　limited type

在将其包含的程序中的一部分之外，只有显式声明的运算或数据属性对其可用的私用型。

15.04.27

父类型　parent type

当作模板用于创建新的数据类型的数据类型。

注：与"底类型"、"导出型"相对。

15.04.28

导出(类)型　derived type

其数据值和运算都由现存的父类型的相应部分复制而来的数据类型。

注1:强定类型禁止在不同导出型的数据之间或导出型与父类型之间进行运算,但采用显式类型转换者除外。

注2:数据值集或导出型所适用的运算可以缩小或扩大。

注3:与“父类型”相对。

15.04.29

类型转换　type conversion

通常为避免非法数据类型的失配,从某一数据类型的数据值表示到另一数据类型的相应表示的变换。

注:在各数字类型之间,虽然允许频繁进行类型转换,但这可使精确度、准确度或两者同时遭受损失。

15.04.30

强定类型　strong typing

一种强制实施的要求:某一语言构造中的运算数,其数据类型必须与所指运算的数据类型兼容,或在进行该运算之前已经过显式类型转换。

例:在Ada语言中,强定类型使2+3.5的加法非法,原因是2是整数,而3.5是实数。

15.04.31

弱定类型　weak typing

对强定类型规则的一种放宽。

例:弱定类型可使整数与浮点数能相加而无需对两个运算数之一进行显式类型转换。

注:在弱定类型中,隐式类型转换可有可无。

15.04.32

预定义类型　predefined type

由某一编程语言为其提供适当运算,并通过预定义标识符引用的数据类型。

15.04.33

通用类型　universal type

一种数字文字的数据类型,及某些预定义运算结果为符合强定类型而采用的数据类型。

例:在Ada语言中,数的声明(不带数据类型)取通用类型。

15.04.34

匿名　anonymous

修饰或说明某一数据对象:没有显式数据类型 * 声明。

15.04.35

格式(用于编程语言)　format (in programming languages)

对记录、文件、消息、存储器或传输信道中的数据对象,一种以字符形式规定其表示的语言构造。

15.04.36

模画(用于编程语言)　picture (in programming languages)

一种借助模型字符文字描述串类型 * 数据对象的格式的语言构造。

15.05　语句与表达式

15.05.01

语句　statement

一种显式终止的语法单元:表示某一声明;或设定一个工作单元,其中包括拟进行动作的标识,完成这些动作时拟使用的运算数(若有时),和对各种结果的处置。

注:某些编程语言认为声明不是语句。

15.05.02

简单语句　simple statement

初等语句(在此意义下不推荐使用)　**elementary statement** (deprecated)

一种不包容任何其他语句的语句。

15.05.03

复合语句　compound statement

一种包含一个或多个语句,界定得在语法上等效于一个简单语句的语句。

15.05.04

赋值语句　assignment statement

赋值　assignment

一种以由表达式规定的新数据值替换变量的当前数据值的简单语句。

15.05.05

退出语句　exit statement

一种用于结束封闭性语言构造的执行的简单语句。

15.05.06

返回语句　return statement

某一模块之内的一种语言构造:指定该模块中一个执行序列(或可能是若干个这样的序列)的结束,并引起到调用模块中某一规定点的一次跳转,还可能为该调用模块提供一个结果。

15.05.07

返回(不及物)　**to return** (intransitive)

执行引起跳转到调用＊程序的某一返回语句。

15.05.08

返回(及物)　**to return** (transitive)

当执行某一返回语句时,向调用＊程序提供一个数据值。

15.05.09

入口　entry

在某一子程序的开始处或由该子程序的入口名称指定的别处,执行序列的初启。

15.05.10

入口名称　entry name

指定某一执行序列开始处的标识符。

15.05.11

转向语句　goto statement

一种规定程序控制的一次显式转移,使其从执行序列中的所处位置转到通常以标号标识的目标语句的简单语句。

注:这种程序控制转移可等效于一次跳转。

15.05.12

无条件语句　unconditional statement

祈使语句　imperative statement

不带任何条件使其执行的语句。

15.05.13

条件语句　conditional statement

对封闭式语句序列选择为执行一次或不去执行,取决于由一个或多个对应条件组成的条件表达式的值的复合语句。

例:在Pascal语言中,"若语句(if statement)"和"分情况语句(case statement)"都是条件语句。

15.05.14

条件表达式　conditional expression

其求值用于选择后续执行序列的表达式。

15.05.15

“若”语句　if statement

if 语句

一种依条件表达式的值是否为真而执行若干封闭式语句序列或将其跳过的条件语句。

15.05.16

“(分)情况”语句　case statement

case 语句

一种依条件表达式的值来选择执行若干备选语句 * 序列之一的条件语句。

15.05.17

迭代语句　iteration statement

循环语句　loop statement

一种包括某一机制以便控制对所含若干封闭式语句的重复执行的复合语句。

15.05.18

“当”构造　while-construct

while 构造

在每一迭代步之前，定义有待进行的测试，用于迭代控制用的语言构造。

15.05.19

“直到”构造　until-construct

until 构造

在每一迭代步之后，定义某一有待进行的测试，用于迭代控制的语言构造。

15.05.20

“对于”构造　for-construct

for 构造

一种用于迭代控制的语言构造：通常基于某一循环控制变量，为这一控制定义有待进行的测试，并在两个迭代步之间设定对将实施的迭代控制变量的更改。

15.05.21

“做当”语句　do while statement

do while 语句

“重复当”语句　repeat while statement

repeat while 语句

“执行当”语句　perform while statement

perform while 语句

一种将迭代控制并入“当”构造(while 构造)的迭代语句。

15.05.22

“直到”语句　until statement

until 语句

“重复直到”语句　repeat until statement

repeat until 语句

“执行直到”语句　perform until statement

perform until 语句

一种将迭代控制并入“直到”构造(until 构造)的迭代语句。

15.05.23

执行语句　perform statement

一种复合语句：显式规定到一个或多个 COBOL(语言)过程的控制转移，并隐式规定每当所规定过程的执行完成时，控制一律返回。

注：进行语句也用于控制在其作用域内的一个或多个无条件语句的执行。

15.05.24

块语句　block statement

分程序

能将其作为单一句法单元，并可带有标识符的任何有界的语句＊序列。

例：可将 Pascal 程序简单地视为一个特定的首标跟以一个块语句，并带有一个以类似方式定义的过程。

注1：块语句是块结构式语言的基本句法构件。

注2：在某些编程语言(例如 C++)中，“块”与“复合语句”同义。而在另一些编程语言(例如 Ada)中，则给此概念以非常特定的含义，并可包括声明和异常处置器。

注3：块语句的实现通常影响声明为块语句的组成部分的各数据对象的作用域和生存期。

15.05.25

过程调用语句　procedure-call statement

过程调用　procedure call

一种为某一过程提供实参并启用其执行的简单语句。

注：与“函数调用”相对。

15.05.26

入口调用语句　entry-call statement

一种使某一任务能请求与另一任务会合一次的简单语句。

15.05.27

延迟语句　delay statement

一种用于将含有延迟请求的任务的执行挂起的简单语句。

15.05.28

夭折语句　abort statement

一种造成一个或多个任务反常，从而防止与这种任务进一步会合的简单语句。

15.05.29

提起语句　raise statement

一种传播一次异常或使之出现的简单语句。

15.05.30

接受语句　accept statement

服务器任务内的一种复合语句：使该服务器任务去等待另一任务，或等待主程序去执行＊任务同步所用的入口调用语句。

15.05.31

选择语句　select statement

一种使某一调用＊任务或被调用任务去挑选备选的动作历程或去等待的复合语句。

15.05.32

选择性等待语句　selective-wait statement

在执行其语句＊序列之前，等待出自入口调用语句的一次调用的选择语句。

15.05.33

表达式　expression

一种定义作为一个或多个运算数*结果的数据值的计算方法的语言构造。

注：运算数可以是文字、标识符、函数调用。

15.05.34

混合(方)式　mixed mode

混合(类)型　mixed type

修饰或说明某一表达式：包含多种不同的数据类型。

15.05.35

布尔表达式　Boolean expression

一种定义某一逻辑值的计算方法的语言构造。

15.05.36

算符优先　operator precedence

定义表达式之内各算符应用顺序的定序规则。

注：此定序规则可规定求值方向。

15.06　程序部分

15.06.01

模块　module

程序单元　program unit

某一程序中，相对于编辑、绑定或执行等行动，研制成分立的或可辨识的，并可与其他程序或程序各部分交互的部分。

注1：术语“模块”所指的概念可依编程语言的不同而变化。

注2：见图2。

15.06.02

体(用于编程语言)　body (in programming languages)

一种组成某一语句或模块的可执行部分的语言构造。

15.06.03

子程序　subprogram

一种模块：具有标识符，借助特定的语言构造从另一程序或由另一模块将其调入控制流，该控制流又从此返回到进行调用的程序或模块。

15.06.04

协同例程　coroutine

当执行一次后再次被调用时，重新回到其前次执行所返回部位的子程序。

15.06.05

调用(用于编程语言)　call (in programming languages)

将控制从一个模块转移到另一模块，通常隐含将把控制送回调用模块的指令。

注：调用通常规定待传递给被调用模块或从中传出的参量。

15.06.06

调用　to call

执行　次调用。

15.06.07

按名调用　call by name

一种调用：每当被调用模块用到所结合的参量时，由调用*模块为其提供有待求值的一个或多个参量的名称。

15.06.08

引用调用　call by reference

按址调用　call by address

定位调用　call by location

一种由调用＊模块为被调用模块提供有待传递的参量的地址的调用。

注：在引址调用中，被调用模块有能力改变由调用模块存储的参量的值。

15.06.09

按值调用　call by value

一种调用：其中的调用＊模块为被调用模块提供有待传递的参量的实际值。

注：在按值调用中，被调用模块不能改变由调用模块式为(或由)调用模块存储的参量的值。

15.06.10

子程序调用　subprogram call

启用某一子程序的调用。

例：过程调用语句，函数调用。

15.06.11

过程　procedure

子例程　subroutine

除作为参量机制的组成部分外，不返回数据值的子程序。

注1：在COBOL语言中，过程是在过程部之内的一段，一组逻辑上相继的段，或一节(由零段、一段或多段组成)。

注2：在某些编程语言(即C与C++)中，过程语言构造与函数函语言构造不加区分，但在返回的数据值可以空缺或不用上除外。

15.06.12

函数(用于编程语言)　**function** (in programming languages)

一种通常带有形参，并带着所产生的数据值＊返回到其启用处的子程序。

注：通过参数的使用，函数也可引起其他改变。

译注：原文定义中的which it …，似应为with which it …。

15.06.13

函数调用　function call

一种为某一函数＊执行的启用提供实参并使之执行的语言构造。

注1：函数调用可用作表达式中的运算数，或用作子程序调用的实参。

注2：与“过程调用语句”相对。

15.06.14

事务调用　transaction call

一种使某一任务能请求与另一任务会合一次的函数调用。

15.06.15

子单元　subunit

模块中分开编译的体。

15.06.16

(本)体桩　body stub

一种采用指明模块中的可执行部分在一子单元中定义的形式的体。

15.06.17

连接(用于编程语言)　**connection** (in programming languages)

一种使模块之间(特别是过程调用语句与异步＊过程)能进行交互的技术。

15.06.18

命名参数关联　named parameter association

按名赋值　assignment by name

在某一子程序调用中,为建立参数关联而对对应于实参的形参的显式命名。

注1:在命名参数关联中,实参可采用任何次序给出。

注2:与"位置参数关联"相对。

15.06.19

位置参数关联　positional parameter association

在某一子程序调用中,实参与形参在该子程序＊声明中的同一位置的对应。

注:与"命名参数关联"相对。

15.06.20

形参方式　formal parameter mode

一种指明某一形参是否可不作改变即对其求值,是否可给予新值,或是否可对其既求值又改变的特性。

15.06.21

宏指令　macroinstruction

宏　macro

一种在进行调用的编程语言级上启用某一宏定义的指令。

15.06.22

宏调用　macrocall

一种在进行调用的编程语言级上启用某一宏定义的语句。

15.06.23

宏定义　macrodefinition

一种替换对应的每一启用宏指令或宏调用的命令、语句或指令的预定义的序列。

15.06.24

包(用于编程语言)　package (in programming languages)

一种模块:通过对逻辑上有关的各种语言构造(例如数据类型,这些数据类型的数据对象,带有这些数据类型的参量的子程序),旨在提供抽象、封装或信息隐藏。

15.06.25

包声明　package declaration

为提供接口或为进行编译,对该包之外需要其规约的语言构造的单独声明。

15.06.26

可见部分　visible part

在包声明中,为该包的对象或服务的用户提供所要求的详情的部分。

15.06.27

专用部分　private part

私有部分

在包声明中,提供开发过程所需(但该包的功能用户与此无关且不可访问)的结构详情的部分。

15.06.28

类属　generic

修饰或说明某一语言构造:充当模板来创建实际语言构造,以使可采用的数据类型符合强定类型规则。

15.06.29

类属声明　generic declaration

对某一类属＊语言构造,引入类属参量(这些参量在类属实例化期间由实参替换)的声明。

15.06.30

类属(本)体　generic body

某一类属＊语言构造的体:在类属实例化期间,充当对应的各实际语言构造的体的模板。

15.06.31

类属运算　generic operation

一种不指定某一特定运算,而是为特定数据类型的实参提供形参的重载的运算。

例:词汇标记"＋"能代表整数加法、实数加法、集合的并、拼接等含义。

15.06.32

类属包　generic package

一种为有关算法或运算提供模板的包。

例:三角函数、栈＊运算、财务函数等的类属包。

15.06.33

类属模块　generic module

一种用于通过类属实例化创建模块的参量化模板。

注:此模板的参量具有类属性质,请勿与最后所得的模块的形参相混。

15.06.34

类属实例化　generic instantiation

为创建具体的模块而从某一类属模块分解出类属＊参量的过程。

15.06.35

类属实例　generic instance

一种由类属实例化从类属模块创建的具体模块。

15.07　任务

15.07.01

主程序　main program

在某一程序中,有待执行并可启用其他模块的执行的第一个模块。

15.07.02

任务(用于编程语言)　**task** (in programming languages)

在多处理器上,或在一个处理器上以交错方式,能与其他模块并发＊执行的模块。

注:从执行控制的角度看,"任务"与"模块"的区分有时并不明确。

15.07.03

临界区　critical section

在某一任务中,在其执行期间,该任务的其他部分或其他任务禁止执行的部分。

15.07.04

任务同步　task synchronization

各任务用在时间上协调其活动的手段。

例:信号量、监控器、会合。

15.07.05

会合　rendezvous

在两个任务之间,在任务执行的各过程的某一点处时间上协调,一个过程可等待另一过程的交互作用。

15.07.06

信号量 semaphore

一种借助队列来控制对多个任务可用(但一次只对一个任务)的资源的访问的数据结构。

15.07.07

监控器(用于编程语言) **monitor** (in programming languages)

监控程序

带有一组运算的一种共享数据对象:其中的运算可对该数据对象进行操纵,以便控制对资源的请求或访问,这些资源对并行的各过程可用,但一次只对一个过程。

15.08 执行

15.08.01

执行序列 execution sequence

对各声明和各执行语句及语句各部分作详细描述的次序。

15.08.02

控制流 control flow

执行顺序通过某一程序可取的路径。

注:控制流图可表示出所有控制流的抽象。

15.08.03

副作用 side effect

由某一表达式、语句或子程序的执行所引起的任何间接后果。

注:副作用可用于多种目的,例如改变由某一函数传递的参量的数据值。

15.09 面向对象的编程

15.09.01

信息隐藏 information hiding

拒绝访问或知晓某一语言构造或其特定细节(认为对用户须知的重要细节除外)的原则。

15.09.02

封装 to encapsulate

将信息隐藏运用到某一语言构造。

15.09.03

封装 encapsulation

进行封装的过程或结果。

15.09.04

专用 private

修饰或说明语言构造:对其用户不是直接可用的。

15.09.05

对象(用于编程语言) **object** (in programming languages)

存储并维持所指运算效果的这些运算的集合和数据。

注:在Ada语言中,对象实现为包或任务,在Modula-2语言中为“模块”,在Smalltalk语言中为“对象”。

15.09.06

消息(用于编程语言) **message** (in programming languages)

对象进行其各运算之一的一次请求。

15.09.07

协议(用于编程语言) **protocol** (in programming languages)

在消息交换中,确定各对象行为的一套规则。

15.09.08

(运算)方法(用于编程语言)　method (in programming languages)

某一对象接到消息立即执行的运算。

15.09.09

类(用于编程语言)　class (in programming languages)

一种适用于所指各对象,并为这些对象的实例定义内部结构和一套运算的模板。

注:在面向对象的编程中,"类别"与某些编程语言(例如C和Pascal)中的"数据类型"相当。

15.09.10

多态性　polymorphism

不同对象对同一消息作出不同响应的能力。

15.09.11

继承　inheritance

对于内部结构与运算集的全部或部分,从某一类别到其下属类别的拷贝。

15.09.12

委派　delegation

一种使某一对象能将提供消息服务分派给另一对象的手段。

15.09.13

面向对象　object-oriented

修饰或说明某一技术或编程语言:支持各对象、类别和继承。

注:对面向对象的编程,某些权威机构列出以下要求:信息隐藏或封装,数据抽象,消息传递,多态性,动态绑定和继承。

15.10　特征与特性

15.10.01

加下标　subscripting

下标引用

对某一数组元素,借助数组引用与一个或多个表达式(求值时表示该元素的位置)所作的引用。

15.10.02

间接引用　indirect referencing

经过指向被引用语言构造的数据对象所作的引用。

注:这种引用可沿着某一数据对象链进行,此时各数据对象除最后一个外都指向下一个,最后的数据对象指向被引用的语言构造。

15.10.03

初始化　to initialize

对某一数据对象,在其寿命期的开始给予一数据值。

15.10.04

动态存储分配　dynamic storage allocation

对数据对象,仅在其作用域的执行期间作出存储空间分配。

15.10.05

可扩展性　extensibility

对某一编程语言,能以像标准语言构造那样的句法方式,补加新语言构造的规范及其用法的能力。

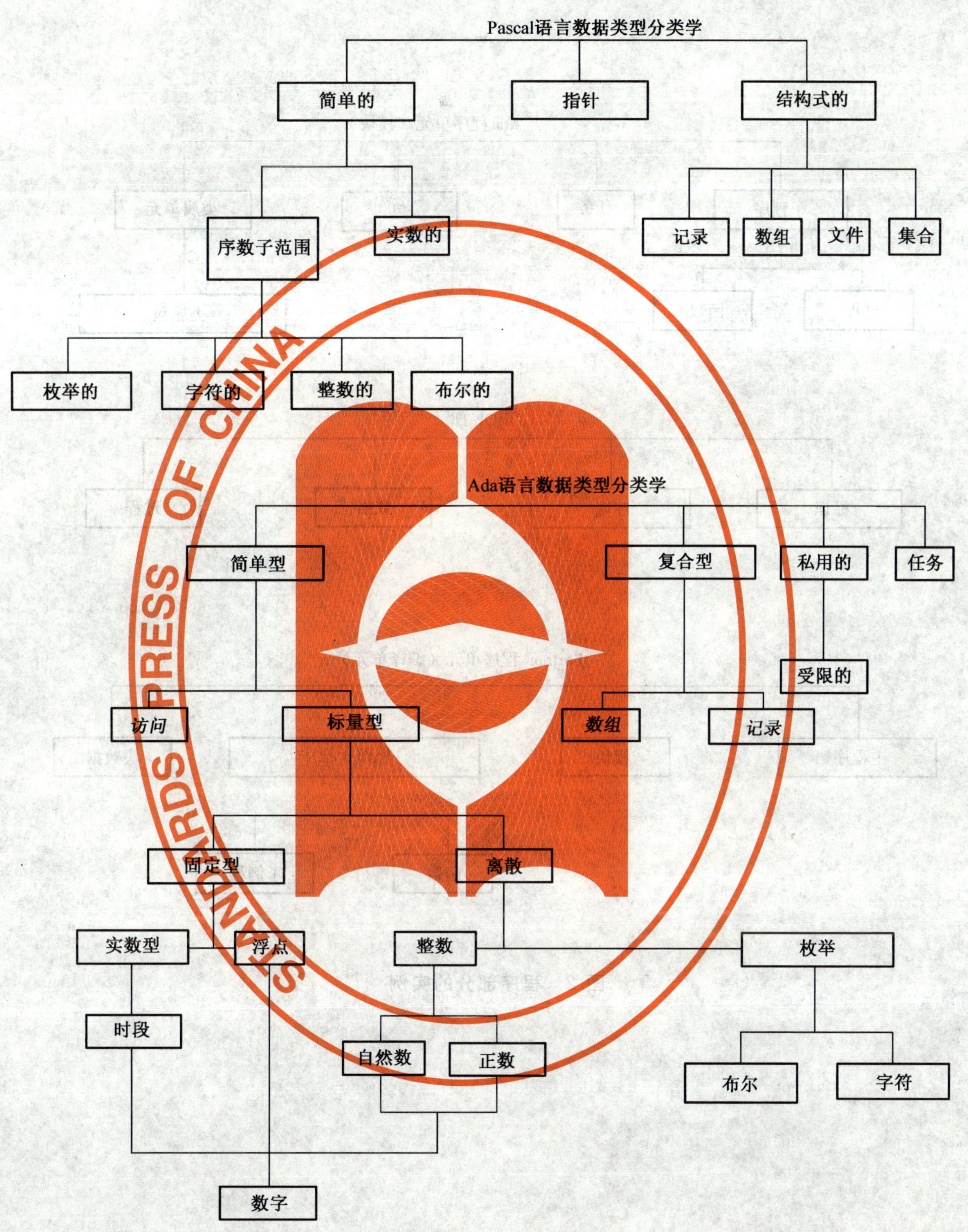

图例：斜体为预定义标识符；
白体为 Ada 语言中的保留字。

图 1　Ada 与 Pascal 两种语言中数据类型的实例

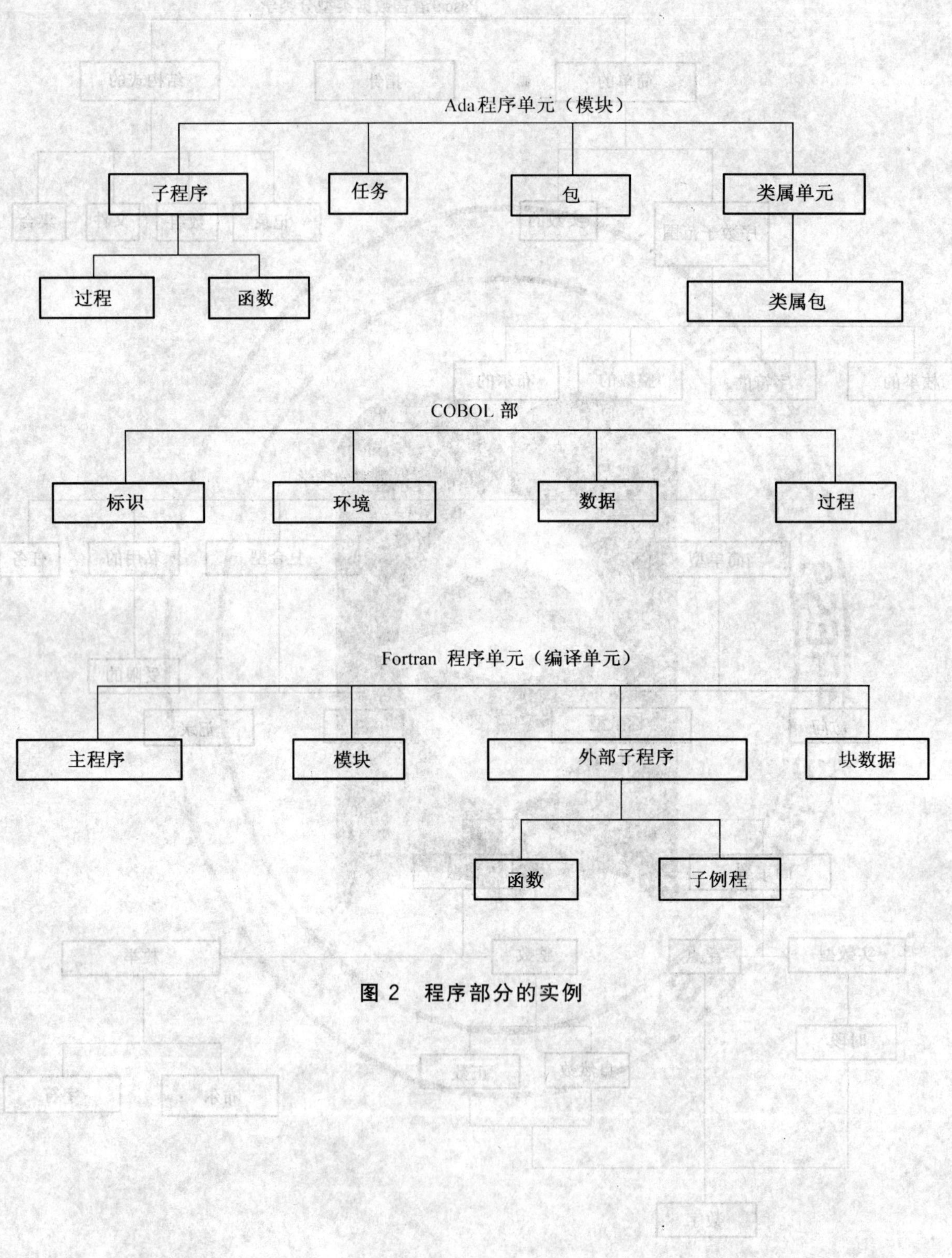

Ada程序单元（模块）
子程序
任务
包
类属单元
过程
函数
类属包
COBOL 部
标识
环境
数据
过程
Fortran 程序单元（编译单元）
主程序
模块
外部子程序
块数据
函数
子例程

图 2　程序部分的实例

中 文 索 引

英 文 索 引

Q

R

T

U

V

W

ICS 35.020
L 70

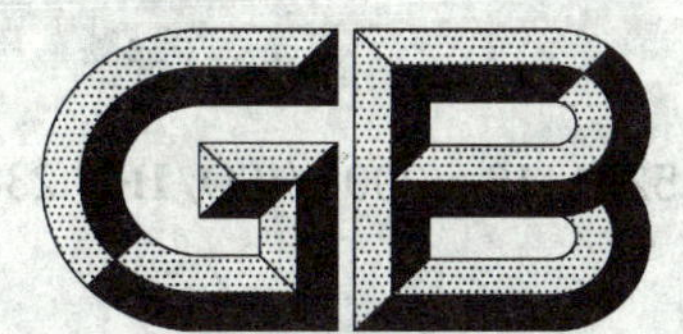

中华人民共和国国家标准

GB/T 5271.16—2008/ISO/IEC 2382-16:1996
代替 GB/T 5271.16—1986

信息技术　词汇
第16部分:信息论

Information technology—Vocabulary—
Part 16:Information theory

(ISO/IEC 2382-16:1996,IDT)

2008-07-18 发布　　2008-12-01 实施

中华人民共和国国家质量监督检验检疫总局
中国国家标准化管理委员会　发布

前　言

GB/T 5271《信息技术　词汇》共分30部分：

——第1部分：基本术语；

——第2部分：算术和逻辑运算；

——第3部分：设备技术；

——第4部分：数据的组织；

——第5部分：数据表示；

——第6部分：数据的准备与处理；

——第7部分：计算机编程；

——第8部分：安全；

——第9部分：数据通信；

——第10部分：操作技术和设施；

……

——第29部分：人工智能　语音识别与合成；

——第31部分：人工智能　机器学习；

——第32部分：电子邮件；

——第34部分：人工智能　神经网络。

本部分是GB/T 5271的第16部分，等同采用ISO/IEC 2382-16:1996《信息技术　词汇　第16部分：信息论》(英文版)。

本部分代替GB/T 5271.16—1986《数据处理词汇　16部分　信息论》。

本部分与GB/T 5271.16—1986的主要差别是在前一版的基础上增加了1条术语，删去了4条术语。

本部分由全国信息技术标准化技术委员会(SAC/TC 28)提出并归口。

本部分起草单位：中国电子技术标准化研究所。

本部分主要起草人：王静、王有志。

本部分于1986年首次发布。

信息技术　词汇
第 16 部分:信息论

1　概述

1.1　范围

GB/T 5271 的本部分方便信息技术的国际交流。本部分给出了与信息处理领域相关的概念的术语和定义,并明确了这些条目之间的关系。

GB/T 5271 的本部分定义了信息论,消息及其交流相关的各种概念。

1.2　遵循的原则和规则

1.2.1　词条的定义

第 2 章包括许多词条。每个词条由几项必需的元素组成,包括索引号,一个术语或几个同义术语和定义一个概念的短语。另外,一个词条可包括举例、注解或便于理解概念的图解说明。

有时同一个术语可由不同的词条来定义,或一个词条可包括两个或两个以上的概念,描述分别见 1.2.5 和 1.2.8。

GB/T 5271 的本部分使用的其他术语,例如词汇、概念、术语和定义,其意义在 GB/T 15237.1 中有定义。

1.2.2　词条的组成

每个词条包括 1.2.1 中规定的必需元素,如果需要,可增加一些元素。词条可以包括按以下次序出现的元素:

a) 索引号(对发布 GB/T 5271 本部分的所有语言是共同的);

b) 术语或语言中通常优选的术语。对语言中的概念若没有通常优选术语表示,则用五个点(组成)的符号 (.....)表示;在术语中,一行点用来表示每个特定情况下所选的词;

c) 某个国家(根据 GB/T 2659 规则标识)通常优选的术语;

d) 术语的缩写;

e) 许可用的同义术语;

f) 定义的正文(见 1.2.4);

g) 以"例"开头的一个或几个例子;

h) 以"注"开头的概念应用领域中规定特殊情况的一个或几个注解;

i) 几个词条共用的图片、图示或表格。

1.2.3　词条的分类

GB/T 5271 的每部分分配给一个两位的数字序列号,对于《基本术语》以 01 开始。

词条按组分类,每组分配给一个四位的数字序列号;前两位数字表示 GB/T 5271 的那些部分。

每个词条分配给一个六位数字的索引号;前四位数字表示 GB/T 5271 的那些部分和组。

1.2.4　术语的选择和定义的用语

术语的选择和定义的用语尽可能遵循已建立的用法。当出现矛盾时,寻求大多数同意的方法解决。

1.2.5　多义术语

在一种工作语言中,如果一个给定的术语有几种意义,每种意义则给出一个单独的词条,以便于翻译成其他的语言。

1.2.6 缩略语

如1.2.2中指示的,通行使用的缩略语指定给一些术语。这些缩略语不在定义、例子或注解的文本中使用。

1.2.7 圆括号的用法

在一些术语中,以黑体字印刷的一个或几个字词置于圆括号中。这些字词是完整术语的一部分。但是,当在技术文章中使用缩短的术语不引起误解时,则这些字词可以省略。在GB/T 5271的其他定义、例子或注解的正文中,只使用这些术语的完整形式。

在一些词条中,术语后面跟随正常字体的字词并放在圆括号中。这些字词不是术语的一部分,而是指明该术语使用的方向,如它的特殊应用领域,或它的语法形式。

1.2.8 方括号的用法

如果几个紧密相关的术语能由文本定义,只是几个字词的差别,这些术语及其定义归为一个词条。为表示不同意思的替换字词,按在术语和定义中相同的次序放在方括号中,即[.....]。为清楚标识被替换的字词,按上述规则放在方括号前面的最后一个字词可放在方括弧里面,并且每置换一次则重复一次。

1.2.9 定义中黑体术语的用法和星号的用法

术语在定义、例子或注解中用黑体字印刷时,则表示该术语已在本标准的其他词条中定义过。但是,只有当这些术语首次出现在每一个词条中时,该术语才印成黑体字的形式。

当黑体字印刷的两个术语涉及到分隔开的词条并且直接地彼此紧随时,则星号用于分隔黑体字的术语(或只由加标点的标记分隔)。

以正常字体印刷的字词或术语,按通行词典中或权威性技术词汇的定义理解。

1.2.10 索引表的编制

每部分的末尾编有按汉语拼音和英文字母排序的索引表。它包括在该部分定义的所有术语。

2 术语和定义

16 信息论

16.01 通用术语

16.01.01

信息论 **information theory**

研究信息的定量测度的学科分支。

16.01.02

通信论 **communication theory**

研究存在**噪声**和其他干扰的条件下,**消息**传输的概率特征的数学分支。

16.01.03

信息(用于信息论) **information**(in information theory)

从可能事件的给定集合中,减少或除去特定事件出现的不确定性的知识。

注:在信息论中,"事件"这一概念按概率论中的用法来理解。例如,事件可以是:

——给定元素集合中,某一特定元素的存在;

——在给定消息中或在消息的给定位置,某一特定字符或字的出现;

——某一试验可以得出的各不相同的结果之一。

16.02 消息及其通信

16.02.01

消息(用于信息论与通信论) **message**(in information theory and communication theory)

用于传送**信息**的**字符**组成的有序序列。

16.02.02

消息源 **message source**

信(息)源 **information source**

在通信系统中,认为消息由此始发的那一部分。

16.02.03

消息宿 **message sink**

消息汇

信(息)宿 **information sink**

信息汇

在通信系统中,认为消息在此接收的那一部分。

16.02.04

信道(用于通信论) **channel**(in communication theory)

在通信系统中,连接消息源与消息的那一部分。

注1:消息源与信道输入之间可插入一编码器,信道输出与消息汇之间可插入一解码器。一般认为,这两种器件都不是信道的组成部分。不过在某些情况下,可将两者分别看作消息源与消息汇的一部分。

注2:在香农所提出的信息论中,能将信道表征为:当给定消息从消息源发出时,在消息汇处收到所有消息所出现的条件概率集。

16.02.05

对称二进制信道 **symmetric binary channel**

一种信道,用于传送由二进制字符组成的消息,并具有这样的性质:任一字符列变为另一字符的条件概率是相等的。

16.02.06

平稳消息源 **stationary message source**

平稳信(息)源 **stationary information source**

对从中发出的每一消息,所出现的概率都与其出现时间无关的消息源。

16.03 基本定量术语

16.03.01

决策量 **decision content**

在互斥事件的有限集合中的事件数的对数;依数学记法为:

$$H_0=\log n$$

式中:

n——事件数。

注1:16.01.03 中的注适用于这一定义。

注2:对数的底确定所用的单位。常用单位有:

对以2为底的对数采用"香农"(符号 Sh),

对以e为底的对数采用"自然单位"(符号 nat),

对以10为底的对数采用"哈特"(符号 Hart)。

换算表:

1 Sh=0.693 nat=0.301 Hart,

1 nat=1.433 Sh=0.434 Hart,

1 Hart=3.322 Sh=2.303 nat。

注3:决策量与所指各事件出现的概率无关。

注4:从互斥事件的有限集合中选出某一特定事件所需的b重决策数,等于不小于以底数b的对数所定义的决策量的最小整数。这适用于b为整数的情况。

例:设$\{a, b, c\}$为三个事件的集合,则其决策量为:

$$\begin{aligned} H_0 &= (\text{lb } 3)\ \text{Sh} = 1.580\ \text{Sh} \\ &= (\ln 3)\ \text{nat} = 1.098\ \text{nat} \\ &= (\lg 3)\ \text{Hart} = 0.477\ \text{Hart} \end{aligned}$$

16.03.02

信息量 information content

关于有确定概率的某一事件出现的**信息**的一种定量测度——等于此概率倒数的对数;依数学记法为

$$I(x) = \log \frac{1}{p(x)} = -\log p(x)$$

式中 $p(x)$是事件 x 出现的概率。

注 1:16.01.03 的注适用于此定义。

注 2:对等概[率]事件集,每一事件的信息量都等于该集的决策量。

例:设$\{a,b,c\}$是一个三事件集,且 $p(a)=0.5$,$p(b)=0.25$ 与 $p(c)=0.25$ 是各事件出现的概率,则各事件的信息量为:

$$I(a) = \text{lb } \frac{1}{0.50}\ \text{Sh} = 1\ \text{Sh}$$

$$I(b) = \text{lb } \frac{1}{0.25}\ \text{Sh} = 2\ \text{Sh}$$

$$I(c) = \text{lb } \frac{1}{0.25}\ \text{Sh} = 2\ \text{Sh}$$

16.03.03

熵 entropy

平均信息量 average information content

负熵(在此意义下不推荐使用) **negentropy** (deprecated)

完备互斥事件的有限集合中,各事件的信息量的均值;依数学记法为:

$$H(X) = \sum_{i=1}^{n} p(x_i)/(x_i) = \sum_{i=1}^{n} p(x_i) \log \frac{1}{p(x_i)}$$

式中 $X=\{x,\cdots, x_n\}$是事件 $x_i(i=1,\cdots,n)$的集合,$I(x_i)$是事件 x_i的信息量,$p(x_i)$是各事件出现的概率,满足

$$\sum_{i=1}^{n} p(x_i) = 1$$

例:设 $X=\{a,b,c\}$是一个三事件集,$p(a)=0.5$,$p(b)=0.25$ 与 $p(c)=0.25$ 是三事件出现的概率,则该集的熵是:

$$H(X) = p(a)I(a) + p(b)I(b) + p(c)I(c) = 1.5\ \text{Sh}$$

译注:原文中的$\{x_1 \cdots x_n\}$与$(i=1\cdots n)$似有疏漏,已分别修改为$\{x_1,\cdots,x_n\}$与$(i=1,\cdots,n)$。

16.03.04

相对熵 relative entropy

熵 H 与决策量 H_0 之比 H_r;依数学记法为

$$H_r = H/H_0$$

例:设 $X=\{a,b,c\}$是一个三事件集,$p(a)=0.5$,$p(b)=0.25$ 与 $p(c)=0.25$ 是三事件出现的概率,则该集的相对熵是:

$$H_r = 1.5\ \text{Sh}/1.580\ \text{Sh} = 0.95$$

16.03.05

冗余量(用于信息论) **redundancy**(in information theory)

决策量 H_0 超过熵 H 的总量 R,依数学记法为

$$R=H_0-H$$

注:通常,采用适宜代码后,能以较少**字符**表示**消息**;冗余量可视为采用适当编码使消息的平均长度减少的一种测度。

例:设 $\{a,b,c\}$ 是一个三事件集,$p(a)=0.5$,$p(b)=0.25$ 与 $p(c)=0.25$ 是各事件出现的概率,则该集的冗余量为

$$R=1.58\ \text{Sh}-1.50\ \text{Sh}=0.08\ \text{Sh}$$

16.04 导出定量术语

16.04.01

相对冗余 **relative redundancy**

冗余量 R 与**决策量** H_0 之比 r;依数学记法为

$$r=R/H_0$$

注:相对冗余度又等于相对熵 H_r 对 1 的补:

$r=1-H_r$

16.04.02

条件信息量 **conditional information content**

假定另一事件 y 出现时,关于事件 x 出现的信息的一种定量测度——等于给定事件 y 时事件 x 的条件概率 $p(x|y)$ 的倒数的对数;依数学记法,这一测度为

$$I(x|y)=\log\frac{1}{p(x|y)}$$

注:条件信息量又是两事件的**联合信息量**超过第二事件**信息量**的总量:

$$I(x|y)=I(x,y)-I(y)$$

16.04.03

联合信息量 **joint information content**

关于两事件 x 与 y 出现的**信息**的一种定量测度——等于其同时出现的联合概率 $p(x,y)$ 的倒数的对数:

$$I(x,y)=\log\frac{1}{p(x,y)}$$

16.04.04

条件熵 **conditional entropy**

平均条件信息量 **mean conditional information content;average conditional information content**

假定另一完备互斥事件集合中的各事件出现时,某一完备互斥事件的有限集合中各事件的**条件信息量**的均值;依数学记法,这一测度为

$$H(X\mid Y)=\sum_{i=1}^{n}\sum_{j=1}^{m}p(x_i,y_i)/(x_i\mid y_j)$$

式中:$X=\{x_1,\cdots,x_n\}$ 是事件 $x_i(i=1,\cdots,n)$ 的集合,$Y=\{y_1,\cdots,y_m\}$ 是事件 $y_j(j=1,\cdots,m)$ 的集合,$I(x_i|y_j)$ 是给定 y_j 时 x_i 的条件信息量,$p(x_i,y_j)$ 是两事件同时出现的联合概率。

译注:原文中的 $\{x_1\cdots x_n\}$,$(i=1\cdots n)$,$\{y_1\cdots y_m\}$ 与 $(j=1\cdots m)$ 似有疏漏,应分别修改为 $\{x_1,\cdots,x_n\}$,$(i=1,\cdots,n)$,$\{y_1,\cdots,y_m\}$ 与 $(j=1,\cdots,m)$。

16.04.05

存疑量 **equivocation**

给定**消息汇**处的特定消息集时,**消息源**处特定**消息**集的**条件熵**,其中的**消息汇**通过特定**信道**与该消息源相连。

注:存疑量是在该消息汇处必须为每消息提供的平均附加**信息量**,以便修正所接收的受带噪声信道影响的消息。

16.04.06

偏离量　irrelevance

弥散量　prevarication;spread

给定**消息源**处特定的消息集时,**消息汇**处特定消息集的**条件熵**,其中的消息源通过特定**信道**与该消息汇相连。

16.04.07

转移信息量　transinformation content

传送信息量　transferred information content

发送信息量 transmitted information content

互信息量　mutual information content

给定另一事件 y 出现时,由某一事件 x 的出现所输送的信息量 $I(x)$ 与同一事件的出现所输送的条件信息量 $I(x|y)$ 之差;依数学记法,这一测度为

$$T(x,y)=I(x)-I(x,y)$$

注 1:特别地,这两个事件 x 与 y 都是信道**消息源**处的一条**消息**,又是信道**消息汇**处的一条消息。

注 2:转移信息量又可表达成

$$T(x,y)=I(x)+I(y)-I(x|y)$$

式中 $I(y)$ 是事件 y 的信息量。由此推出此表达式对 x 与 y 是对称的:

$$T(x,y)=T(y,x)$$

译注:原文中的一个 $I(x,y)$,应修改为 $I(x|y)$。术语"transinformation y;content"应修改为"transinformation content",其余三个替代术语后均应加"content"。

16.04.08

平均转移信息量　mean transinformation content

average transinformation content

对分别属于完备互斥事件的两个有限集的两事件,其**转移信息量**的均值;依数学记法,这一测度为

$$T(X,Y)=\sum_{i=1}^{n}\sum_{j=1}^{m}p(x_i,y_j)T(x_i,y_j)$$

式中:$X=\{x_1,\cdots,x_n\}$ 是事件 $x_i(i=1,\cdots,n)$ 的集合,$Y=\{y_1,\cdots,y_m\}$ 事件 $y_j(j=1,\cdots,m)$ 的集合,$T(x_i,y_j)$ 是 x_i 与 y_j 的转移信息量,$p(x_i,y_j)$ 是该两事件同时出现的联合概率。

注 1:平均转移信息量对 X 与 Y 对称;又等于两事件集之一的熵与该集相对于另一集的**条件熵**之差:

$$T(X,Y)=H(X)-H(X|Y)=H(Y)-H(Y|X)=T(Y,X)$$

注 2:平均转移信息量 $T(X,Y)$ 是通过**信道**所传输**信息**的一种定量测度,此时 X 是**消息源**处的特定消息集,Y 是**消息汇**处的特定消息集;等于消息源处的**熵**与**疑义量**之差,或消息汇处的熵与**不切题量**之差。

译注 1:同 16.04.04 中的译注。

译注 2:本条目注 2 开始处的"The mean transinformation content",其后似应补加"$T(X,Y)$"。

16.04.09

字符平均熵　character mean entropy

字符平均信息量　character mean information content;character average information content

字符信息率　character information rate

平稳消息源中所有可能**消息**的**熵**对每**字符**的平均值;依数学记法,定义为极限

$$H'=\lim_{m\to\infty}\frac{H_m}{m}$$

式中 H_m 是出自该源中 m 个字符的所有序列的集合的熵。

注 1:字符平均熵可借助某一单位(例如香农每字符)来表达。

注 2:当此源非平稳时,该极限可以不存在。

16.04.10

平均信息率　average information rate

字符平均熵 H'除以一个字符的平均持续期之商;依数学记法,这一量是

$$H^{*}=H'/t(X)$$

式中 $X=\{x_1,\cdots,x_n\}$是字符 $x_i(i=1,\cdots,n)$ 的集合,而

$$t(X)=\sum_{i=1}^{n}p(x_i)t(x_i)$$

是出现概率为 $p(x_i)$ 的字符 x_i 的持续期 $t(x_i)$的平均值。

注:平均信息率可借助某一单位(例如香农每秒)来表达。

译注:原文中的$\{x_1\cdots x_n\}$与 $(i=1\cdots n)$ 应分别修改为$\{x_1,\cdots,x_n\}$与 $(i=1,\cdots,n)$。

16.04.11

字符平均转移信息量　character mean transinformation content

平稳消息源中所有可能**消息**的**平均转移信息量**对每字符的均值;依数学记法,定义为极限。

$$T'=\lim_{m\to\infty}\frac{T_m}{m}$$

式中 T_m是每次 m 个字符的所有对应的输入与输出序列对的平均转移信息量。

注:字符平均转移信息量可借助某一单位(例如香农每字符)来表达。

16.04.12

平均转移信息率　average transinformation rate

字符平均转移信息量 T'除以一对输入与输出字符的平均持续期之商;依数学记法,这一量为

$$T^{*}=T'/t(X,Y)$$

式中 $X=\{x_1,\cdots,x_n\}$是输入字符 $x_i(i=1,\cdots,n)$的集合,$Y=\{y_1,\cdots,y_m\}$是输出字符 $y_j(j=1,\cdots,m)$ 的集合,而

$$t(X,Y)=\sum_{i=1}^{n}\sum_{j=1}^{m}p(x_i,y_j)t(x_i,y_j)$$

是同时出现联合概率为 $p(x_i,y_j)$ 的字符对(x_i,y_j) 的持续期 $t(x_i,y_j)$的平均值。

注:平均转移信息率可借助某一单位(例如香农每秒)来表达。

译注:见 16.04.04 的译注。

16.04.13

信道容量　channel capacity

对受特定约束的给定信道,从规定的**消息源**发送**消息**的能力的测度——表达为最大可能的**字符平均转移信息量**或最大可能的**平均转移信息率**(这两种最大值都能通过采用适当的代码以任意小的出错概率来达到)。

中 文 索 引

英 文 索 引

A

B

C

ICS 35.020
L 70

中华人民共和国国家标准

GB/T 5271.18—2008/ISO/IEC 2382-18:1999
代替 GB/T 5271.18—1993

信息技术　词汇
第18部分:分布式数据处理

Information technology—Vocabulary
Part 18:Distributed data processing

(ISO/IEC 2382-18:1999,IDT)

2008-07-18 发布　　　　2008-12-01 实施

中华人民共和国国家质量监督检验检疫总局
中国国家标准化管理委员会　发布

前 言

GB/T 5271《信息技术 词汇》共分30部分：

——第1部分：基本术语；

——第2部分：算术和逻辑运算；

——第3部分：设备技术；

——第4部分：数据的组织；

——第5部分：数据表示；

——第6部分：数据的准备与处理；

——第7部分：计算机编程；

——第8部分：安全；

——第9部分：数据通信；

——第10部分：操作技术和设施；

……

——第29部分：人工智能 语音识别与合成；

——第31部分：人工智能 机器学习；

——第32部分：电子邮件；

——第34部分：人工智能 神经网络。

本部分等同采用了ISO/IEC 2382-18:1999《信息技术 词汇 第18部分：分布式数据处理》(英文版)。

本部分是GB/T 5271的第18部分。

本部分代替GB/T 5271.18—1993《数据处理词汇 18部分 分布式数据处理》。

本部分与GB/T 5271.18—1993的主要差别是在前一版的基础上增加了21个术语。

本部分由全国信息技术标准化技术委员会(SAC/TC 28)提出并归口。

本部分起草单位：中国电子技术标准化研究所。

本部分主要起草人：王静、王有志。

本部分所代替标准的历次版本发布情况为：

——GB/T 5271.18—1993。

信息技术　词汇
第18部分:分布式数据处理

1　概述

1.1　范围

GB/T 5271 的本部分方便信息技术的国际交流。给出了与信息处理领域相关的概念的术语和定义,并明确了这些条目之间的关系。

GB/T 5271 的本部分定义了与分布式数据处理、特殊网络元素和组件、网络拓扑、网络结构及网络功能和应用的相关的各种概念。

1.2　规范性引用文件

下列文件中的条款通过 GB/T 5271 的本部分的引用而成为本部分的条款。凡是注日期的引用文件,其随后所有的修改单(不包括勘误的内容)或修订版均不适用于本部分,然而,鼓励根据本部分达成协议的各方研究是否可使用这些文件的最新版本。凡是不注日期的引用文件,其最新版本适用于本部分。

GB/T 5271.1—2000　信息技术　词汇　第1部分:基本术语(eqv ISO/IEC 2382-1:1993)

GB/T 5271.9—2001　信息技术　词汇　第9部分:数据通信(eqv ISO/IEC 2382-9:1995)

GB/T 5271.25—2000　信息技术　词汇　第25部分:局域网(eqv ISO/IEC 2382-25:1992)

ISO/IEC 2382-26:1993　信息技术　词汇　第26部分:开放系统互连

1.3　遵循的原则和规则

1.3.1　词条的定义

第2章包括许多词条。每个词条由几项必需的元素组成,包括索引号,一个术语或几个同义术语和定义一个概念的短语。另外,一个词条可包括举例、注解或便于理解概念的图解说明。

有时同一个术语可由不同的词条来定义,或一个词条可包括两个或两个以上的概念,描述分别见1.3.5和1.3.8。

GB/T 5271 的本部分使用的其他术语,例如词汇、概念、术语和定义,其意义在 GB/T 15237.1 中有定义。

1.3.2　词条的组成

每个词条包括1.3.1中规定的必需元素,如果需要,可增加一些元素。词条可以包括按以下次序出现的元素:

a)　索引号(对发布 GB/T 5271 本部分的所有语言是共同的);

b)　术语或语言中通常优选的术语。对语言中的概念若没有通常优选术语表示,则用五个点(组成)的符号(......)表示;在术语中,一行点用来表示每个特定情况下所选的词;

c)　某个国家(根据 GB/T 2659 规则标识)通常优选的术语;

d)　术语的缩写;

e)　许可用的同义术语;

f)　定义的正文(见1.3.4);

g)　以"例"开头的一个或几个例子;

h)　以"注"开头的概念应用领域中规定特殊情况的一个或几个注解;

i)　几个词条共用的图片、图示或表格。

1.3.3 词条的分类

GB/T 5271 的每部分分配给一个两位的数字序列号，对于《基本术语》以 01 开始。

词条按组分类，每组分配给一个四位的数字序列号；前两位数字表示 GB/T 5271 的那些部分。

每个词条分配给一个六位数字的索引号；前四位数字表示 GB/T 5271 的那些部分和组。

1.3.4 术语的选择和定义的用语

术语的选择和定义的用语尽可能遵循已建立的用法。当出现矛盾时，寻求大多数同意的方法解决。

1.3.5 多义术语

在一种工作语言中，如果一个给定的术语有几种意义，每种意义则给出一个单独的词条，以便于翻译成其他的语言。

1.3.6 缩略语

如 1.3.2 中指示的，通行使用的缩略语指定给一些术语。这些缩略语不在定义、例子或注解的文本中使用。

1.3.7 圆括号的用法

在一些术语中，以黑体字印刷的一个或几个字词置于圆括号中。这些字词是完整术语的一部分。但是，当在技术文章中使用缩短的术语不引起误解时，则这些字词可以省略。在 GB/T 5271 的其他定义、例子或注解的正文中，只使用这些术语的完整形式。

在一些词条中，术语后面跟随正常字体的字词并放在圆括号中。这些字词不是术语的一部分，而是指明该术语使用的方向，如它的特殊应用领域，或它的语法形式。

1.3.8 方括号的用法

如果几个紧密相关的术语能由文本定义，只是几个字词的差别，这些术语及其定义归为一个词条。为表示不同意思的替换字词，按在术语和定义中相同的次序放在方括号中，即[......]。为清楚标识被替换的字词，按上述规则放在方括号前面的最后一个字词可放在方括弧里面，并且每置换一次则重复一次。

1.3.9 定义中黑体术语的用法和星号的用法

术语在定义、例子或注解中用黑体字印刷时，则表示该术语已在本标准的其他词条中定义过。但是，只有当这些术语首次出现在每一个词条中时，该术语才印成黑体字的形式。

当黑体字印刷的两个术语涉及到分隔开的词条并且直接地彼此紧随时，则星号用于分隔黑体字的术语（或只由加标点的标记分隔）。

以正常字体印刷的字词或术语，按通行词典中或权威性技术词汇的定义理解。

1.3.10 索引表的编制

每部分的末尾编有按汉语拼音和英文字母排序的索引表。它包括在该部分定义的所有术语。

2 术语和定义

18 分布式数据处理

18.01 一般概念

18.01.01

网（络）　network

对各**实体**及其互连所作的一种安排。

注：在**网络拓扑**或抽象安排中，互连的各**实体**都是某一方案上的点，互连则是该方案上的线路。在**计算机网络**中，互连的各**实体**是**计算机**或**数据通信**设备，互连则形成**数据链路**。

18.01.02

结点　node

在网络中，将其连接到一个或多个其他**实体**的**实体**。

注1：在**网络拓扑**或抽象安排中，结点都是某一方案上的点。在**计算机网络**中，结点则是**计算机**或**数据通信**设备。

注2：网络中可以包含**端结点**和**中间结点**。

注3：此定义比GB/T 5271.9—2001部分09.07.07的含义更广。

注4：见图2。

18.01.03

分支　branch

在某一**网络**中，两个结点之间的直接互连部分。

注1：在**网络拓扑**或抽象安排中，各分支都是某一方案上的线路。在**计算机网络**中，分支则是**数据链路**。

注2：见图2。

18.01.04

网络拓扑　network topology

对**网络**中的**分支**和**结点**的略图式安排。

注：拓扑可以是物理的或逻辑的；例如**逻辑环状网**在物理上可按**星状网**实现。

18.01.05

子网　subnetwork；subnet

在**网络**中，在元素间有一组共同特征，有明确限界，本身又能视为**网络**的那一部分。

18.01.06

计算机网络　computer network

一种由**计算机**和**数据通信**设备组成的各**结点**与由**数据链路**组成的**分支**所形成的**网络**。

注：此条目是GB/T 5271.1—2000部分01.01.45的修改版本。

18.01.07

网络体系结构　network architecture

计算机网络的逻辑结构和操作原则。

注：**网络**的操作原则包括服务、功能和协议三方面的原则。

18.01.08

分布式数据处理　distributed data processing

DDP(缩略语)

将**操作**分散到**计算机网络**的各**结点**进行的**数据处理**。

注：DDP需要借助各**结点**之间的**数据通信**做到集体协作。

18.01.09

会话　session

在**计算机网络**的一次**连接**的建立、维护及释放期间所发生的一切活动。

18.01.10

层(用于分布式数据处理)　**layer**(in distributed data processing)

作为整体考虑的一组能力、功能和**协议**，它属于一套层次安排的各组之一，且延伸到具有给定**网络体系结构**的所有**数据处理系统**。

注：见图1所示例子。

18.01.11(20.03.01)

服务　service

给定层及其以下各层为其高一层的**实体**提供的能力。

注1：对给定**层**的服务，在该**层**与其高一层之间的边界处提供。

注2：见图2中的**层**结构的例子。

18.02 网络元素与组成部分

18.02.01

路径 path

在网络中,一种由**连接**两个**结点**的**分支**组成的序列。

注 1:一条路径可仅由一条**分支**组成。

注 2:在任何两个**结点**之间,路径可以不止一条。

注 3:见图 2。

18.02.02

相邻结点 adjacent nodes

由一条**分支连接**起来的两个**结点**。

注:见图 2。

18.02.03

端(点)结点 end node;endpoint node

一种仅处于一条**分支**的端处的**结点**。

注:见图 2。

18.02.04

中间结点 intermediate node

一种处于不止一条**分支**的端处的**结点**。

注:见图 2。

18.02.05

域(用于分布式数据处理) domain(in distributed data processing)

在**计算机网络**中,**资源**或**寻址**处于公共控制之下的部分。

注:域可按地域或机构划分。

18.02.06

相邻域 adjacent domains

借助位于**相邻结点**处的设备互连起来的两个**域**。

18.02.07

主计算机 host computer;host

在**计算机网络**中,一种为用户提供计算、**数据库访问**等服务,并可完成**网络**控制功能的**计算机**。

18.02.08

前端处理机 front-end processor;front-end computer

FEP(缩略语)

在**计算机网络**中,一种减轻**主计算机**通信任务的处理机。

注:前端处理机此类任务可包括线路控制、**消息处置**、**代码转换**和**差错控制**。

18.02.09

网关 gateway

一种用于**连接**具有不同**网络体系结构**的两个**计算机网络**的功能单元。

例:局域网关,邮件网关。

注 1:所指的**计算机网络**可以是**局域网**、**广域网**或其他类型的**网络**。

注 2:此定义较 GB/T 5271.25—2000 部分 25.01.14 中的定义更具普遍性。

18.02.10

网桥 bridge

一种将具有相同的或相似的**网络体系结构**的两个**计算机网络连接**起来的功能单元。

注:在符合 OSI 模型的**计算机网络**中,网桥在**数据链路层**运行,因而不提供路由选择能力。

18.02.11

路由器　router

一种用于建立通过一个或不止一个**计算机网络**的**路径**的功能单元。

注：在符合 OSI 模型的**计算机网络**中，路由器在**网络层**运行。

18.02.12

桥路由器　brouter；b-router；bridge-router

一种能将**网桥**和**路由器**两者的功能综合在一起的功能单元。

18.02.13

集线器(用于分布式数据处理)　**hub**(in distributed data processing)

在配置成**星状网**的**计算机网络**中，一种对**数据通信**进行协调，并可提供对其他**计算机网络**接入的**功能单元**。

注：见图 3。

18.02.14

主干　backbone

主干网　backbone network

在**计算机网络**中，连接**端结点**或其他**子网**，并以高速**数据通信**为特征的**子网**。

18.02.15

服务器　server

在**计算机网络**中，一种为工作站、为个人**计算机**或为其他**功能单元**提供服务的**功能单元**。

例：**文件服务器**，**打印服务器**，邮件服务器。

注 1：服务可以是专用的或共享的。

注 2：此定义是对 GB/T 5271.9—2001 部分 09.08.18 中定义的改进。

18.02.16

客户(器)　client

一种接受来自**服务器**的服务的**功能单元**。

注 1：服务可以是专用的或共享的。

注 2：此定义是对 GB/T 5271.9—2001 部分 09.08.19 中定义的改进。

18.02.17

客户-服务器　client-server(qualifier)

关于一种分布式处理方法：其中**客户**从**服务器**得到服务。

18.02.18

文件服务器　file server

一种分包含**文件**，并加以组织以利访问这些文件的**服务器**。

18.02.19

打印服务器　print server

一种管理打印**资源**，并加以组织以利使用这些**资源**的**服务器**。

18.02.20

域名服务器　name server

一种管理符号名称和相应的**网络地址**的**服务器**。

18.02.21

(网络的)端口　port (of a network)

一种使**数据**能借以进出**网络**的**功能单元**。

注：另见 GB/T 5271.9—2001 中对术语“端口(port)”的定义。

18.03 网络拓扑

18.03.01

环状网 **ring network**

环 **ring**

其中**结点**都是恰与两条**分支连接**的**中间结点**的**网络**。

注：见图3。

18.03.02

树状网 **tree network**

其中任何两个**结点**之间都恰有一条**路径**的**网络**。

注：见图3。

18.03.03

线状网 **linear network**

其中**端结点**恰有两个，**中间结点**的数目任意，且任何两个**结点**之间只有一条**路径**的**网络**。

注1：线状网是树状网的一种特例。

注2：见图3。

18.03.04

星状网 **star network**

恰有一个**中间结点**的树状网。

注：见图3。

18.03.05

网状网 **mesh network**

其间**路径**不少于两条的**结点**至少有两个的**网络**。

注：见图3。

18.03.06

全连通网 **fully connected network**

全连接网

在其任何两个**结点**之间都有一条**分支**的**网络**。

注：见图3。

18.03.07

正则网 **regular network**

其中每一**结点**或每类**结点**所**连接**的**分支**数目都相同的**网络**。

例：环状网、**星状网**、网格网，如图3所示。

注：**结点**类别以**结点**在**网络**中相对位置来表征，例如**端结点**与**中间结点**。

18.03.08

网格网 **grid network**

线状网的一种二维扩充。

注1：**结点**类别有三种：角落处的、边缘上的与内部的，分别**连接**到2条、3条与4条**分支**。

注2：见图3。

18.03.09

超网格网 **hypergrid network**

超网格 **hypergrid**

线状网的一种多维扩充。

注1：若超网格网的维数为 n，则**结点**有 $2(n-1)$ 种不同的类别；最内的**结点连接**到 $2n$ 条**分支**，超角落处**结点**则**连接**到 n 条**分支**。

注2：若仅存在超角落**结点**，此时的超网格网就称为"超立方网"。

18.03.10

超立方网　hypercube network

超立方　hypercube

其边缘简化成两个**结点**的超立方网。

注：n 维超立方有 $2n$ 个**结点**。

18.03.11

蜘蛛网状网　spidernet

一种由一个**星状网**和一个或不止一个环状网混合而成、形似蜘蛛网的**网络**。

注 1：蜘蛛网的**结点**有三类：带有 m 条**分支**的中央星**结点**，各带 4 条**分支**的 k 圈内环上的**结点**，一条外围环上的**结点**。

注 2：蜘蛛网可扩充到更高的维数。

注 3：见图 3。

18.04　网络体系结构

18.04.01

总线网　bus network

其中**计算机**和**数据通信**设备全部**连接**到某一传输媒体上的**计算机网络**。

注 1：任何两个**结点**之间都仅有一条**分支**。

注 2：此条目是对 GB/T 5271.25—2000 中 25.01.09 的修改后的版本。

注 3：见图 3。

18.04.02

层次计算机网　hierarchical computer network

层次网　hierarchical network

其中各**结点**按控制或**操作**的类别层次加以组织的**计算机网络**。

18.04.03

同构(型)计算机网　homogeneous computer network

同构网　homogeneous network

所有**计算机**都具有相似的或相同的体系结构的**计算机网络**。

18.04.04

异构(型)计算机网　heterogeneous computer network

异构网　heterogeneous network

各**计算机**的体系结构并不相似，但仍能互相通信的**计算机网络**。

18.04.05

对等网　peer-to-peer network

一种仅包含对控制和**操作**能力等效的**结点**的**计算机网络**。

18.05　网络功能与应用

18.05.01

镜射　mirroring

计算机网络之内**数据**的同步复制。

18.05.02

连通性(1)　connectivity (1)

某一系统或设备**连接**到给定**计算机网络**的能力。

注：见 GB/T 5271.1—2000 中 01.03.27。

18.05.03

连通性(2)　**connectivity** (2)

某一**计算机**系统能将任何两个设备随时**连接**进来的性质。

18.05.04

互连性　**interconnectivity**

不同**计算机网络**中的两个或更多**结点**交换**数据**的能力。

18.05.05

互操作性　**interoperability**

两个或更多**功能单元**协同处理**数据**的能力。

注：见 01.01.47。

18.05.06

群集器(用于分布式数据处理)　**cluster**(in distributed data processing)

在共同控制之下的一组**功能单元**。

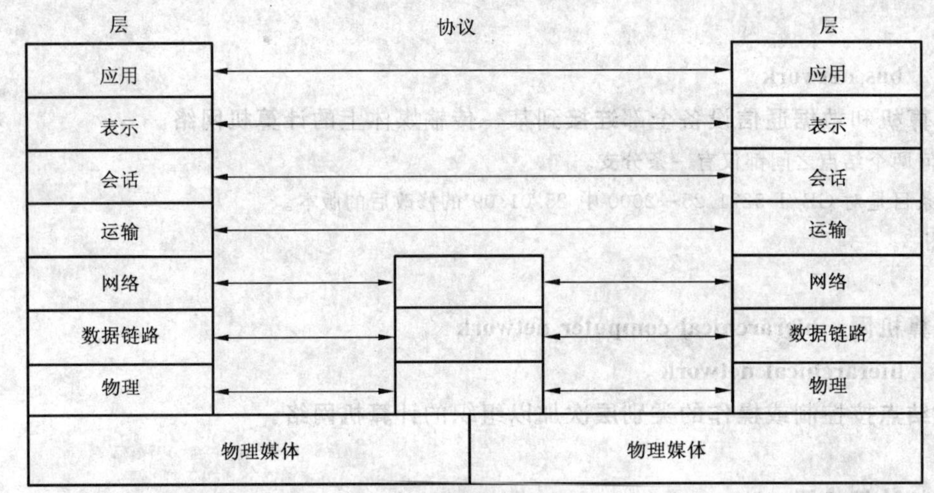

图 1　OSI 七层参考模型

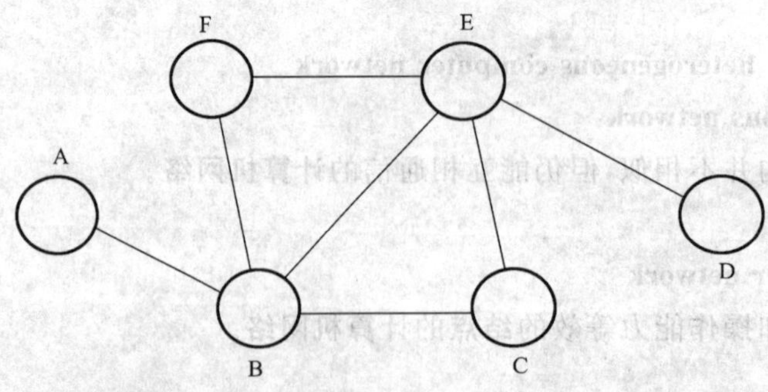

注：

分支以线段 AB、BC、BE、BF、CE、DE 和 EF 表示。

结点以 A、B、C、D、E 和 F 表示。

端结点 A 和 B。

中间结点 B、C、E 和 F。

相邻结点有 A 与 B,B 与 C,B 与 E,B 与 F,C 与 E,D 与 E 或 E 与 F。

由 A 到 D 有 3 条**路径**:ABCED,ABED 与 ABFED。

图 2　网络组成部分

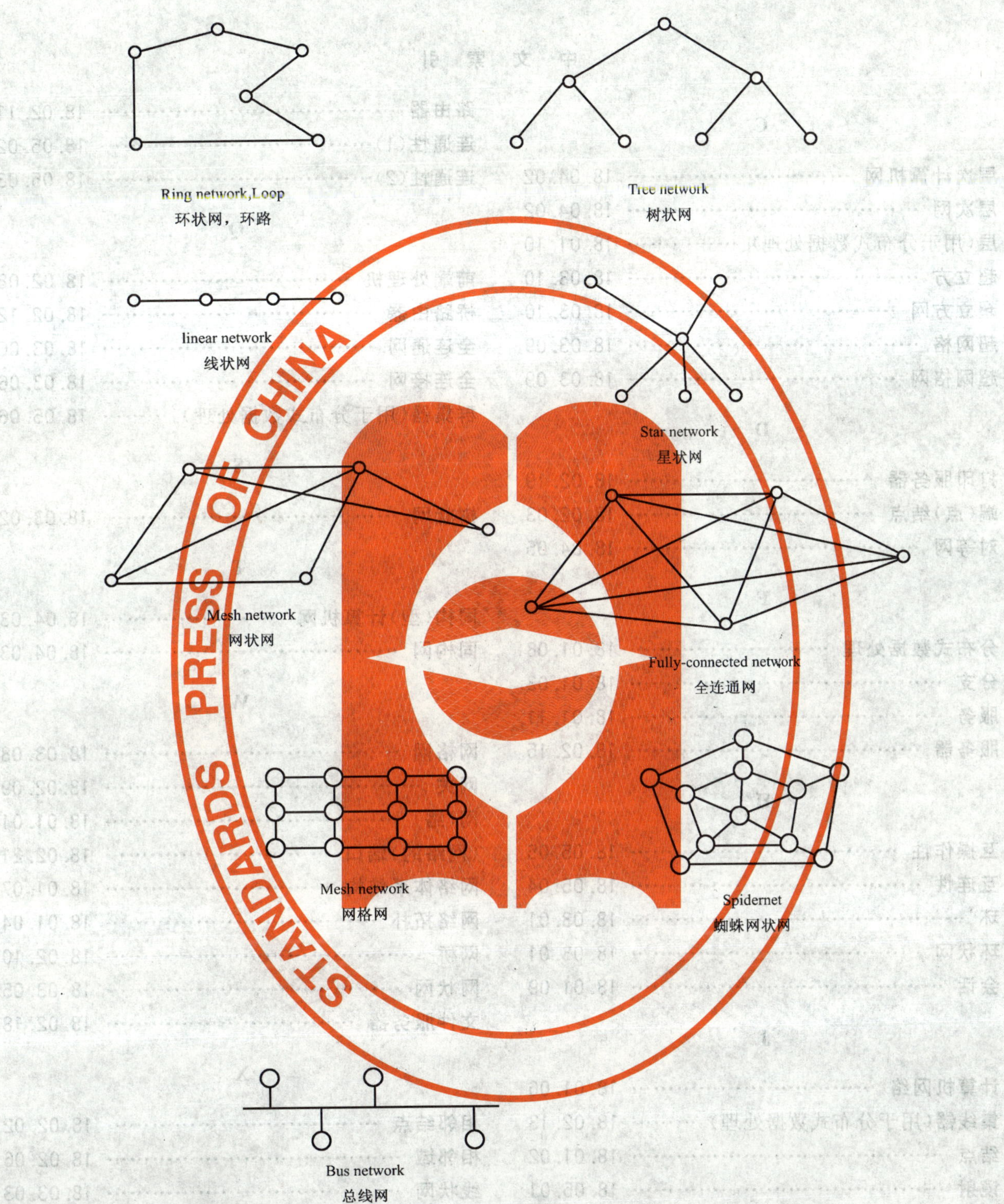

Ring network,Loop
环状网，环路
Tree network
树状网
linear network
线状网
Star network
星状网
Mesh network
网状网
Fully-connected network
全连通网
Mesh network
网格网
Spidernet
蜘蛛网状网
Bus network
总线网

图 3 网络实例

中 文 索 引

Z

英 文 索 引

A

B

C

D

E

F

G

R

S

T

ICS 35.240.20
L 60

中华人民共和国国家标准

GB/T 5271.19—2008/ISO/IEC 2382-19:1989
代替 GB/T 5271.19—1986

信息技术　词汇
第 19 部分:模拟计算

**Information technology—Vocabulary—
Part 19:Analog computing**

(ISO/IEC 2382-19:1989,IDT)

2008-07-18 发布　　2008-12-01 实施

中华人民共和国国家质量监督检验检疫总局
中国国家标准化管理委员会　发布

前　言

GB/T 5271《信息技术　词汇》共分30部分:

——第1部分:基本术语;

——第2部分:算术和逻辑运算;

——第3部分:设备技术;

——第4部分:数据的组织;

——第5部分:数据表示;

——第6部分:数据的准备与处理;

——第7部分:计算机编程;

——第8部分:安全;

——第9部分:数据通信;

——第10部分:操作技术和设施;

……

——第29部分:人工智能　语音识别与合成;

——第31部分:人工智能　机器学习;

——第32部分:电子邮件;

——第34部分:人工智能　神经网络。

本部分是GB/T 5271的第19部分,等同采用ISO/IEC 2382-19:1989《信息技术　词汇　第19部分:模拟计算》(英文版)。

本部分代替GB/T 5271.19—1986《数据处理　词汇　19部分　模拟计算》。

本部分与GB/T 5271.19—1986的主要差别是在前一版的基础上无删、无增,同名术语中同义26条,修改3条。

本部分由全国信息技术标准化技术委员会(SAC/TC 28)提出并归口。

本部分起草单位:中国电子技术标准化研究所。

本部分主要起草人:王静、王有志。

本部分于1986年首次发布。

信息技术　词汇
第19部分:模拟计算

1　概述

1.1　范围

GB/T 5271的本部分方便信息技术的国际交流。本部分给出了与信息处理领域相关的概念的术语和定义,并明确了这些条目之间的关系。

GB/T 5271的本部分定义了与模拟和混合算术单位、函数发生器、转换器以及这些组件运行模式相关的各种概念。

1.2　规范性引用文件

下列文件中的条款通过GB/T 5271的本部分的引用而成为本部分的条款。凡是注日期的引用文件,其随后所有的修改单(不包括勘误的内容)或修订版均不适用于本部分,然而,鼓励根据本部分达成协议的各方研究是否可使用这些文件的最新版本。凡是不注日期的引用文件,其最新版本适用于本部分。

GB/T 2659　世界各国和地区名称代码

GB/T 15237.1—2000　术语工作　词汇　第1部分　理论与应用

1.3　遵循的原则和规则

1.3.1　词条的定义

第2章包括许多词条。每个词条由几项必需的元素组成,包括索引号,一个术语或几个同义术语和定义一个概念的短语。另外,一个词条可包括举例、注解或便于理解概念的图解说明。

有时同一个术语可由不同的词条来定义,或一个词条可包括两个或两个以上的概念,描述分别见1.3.5和1.3.8。

GB/T 5271的本部分使用的其他术语,例如词汇、概念、术语和定义,其意义在GB/T 15237.1中有定义。

1.3.2　词条的组成

每个词条包括1.3.1中规定的必需元素,如果需要,可增加一些元素。词条可以包括按以下次序出现的元素:

a)　索引号(对发布GB/T 5271本部分的所有语言是共同的);

b)　术语或语言中通常优选的术语。对语言中的概念若没有通常优选术语表示,则用五个点(组成)的符号(.....)表示;在术语中,一行点用来表示每个特定情况下所选的词;

c)　某个国家(根据GB/T 2659规则标识)通常优选的术语;

d)　术语的缩写;

e)　许可用的同义术语;

f)　定义的正文(见1.3.4);

g)　以"例"开头的一个或几个例子;

h)　以"注"开头的概念应用领域中规定特殊情况的一个或几个注解;

i)　几个词条共用的图片、图示或表格。

1.3.3　词条的分类

GB/T 5271的每部分分配给一个两位的数字序列号,对于《基本术语》以01开始。

词条按组分类，每组分配给一个四位的数字序列号；前两位数字表示 GB/T 5271 的那些部分。

每个词条分配给一个六位数字的索引号；前四位数字表示 GB/T 5271 的那些部分和组。

1.3.4 术语的选择和定义的用语

术语的选择和定义的用语尽可能遵循已建立的用法。当出现矛盾时，寻求大多数同意的方法解决。

1.3.5 多义术语

在一种工作语言中，如果一个给定的术语有几种意义，每种意义则给出一个单独的词条，以便于翻译成其他的语言。

1.3.6 缩略语

如 1.3.2 中指示的，通行使用的缩略语指定给一些术语。这些缩略语不在定义、例子或注解的文本中使用。

1.3.7 圆括号的用法

在一些术语中，以黑体字印刷的一个或几个字词置于圆括号中。这些字词是完整术语的一部分。但是，当在技术文章中使用缩短的术语不引起误解时，则这些字词可以省略。在 GB/T 5271 的其他定义、例子或注解的正文中，只使用这些术语的完整形式。

在一些词条中，术语后面跟随正常字体的字词并放在圆括号中。这些字词不是术语的一部分，而是指明该术语使用的方向，如它的特殊应用领域，或它的语法形式。

1.3.8 方括号的用法

如果几个紧密相关的术语能由文本定义，只是几个字词的差别，这些术语及其定义归为一个词条。为表示不同意思的替换字词，按在术语和定义中相同的次序放在方括号中，即[.....]。为清楚标识被替换的字词，按上述规则放在方括号前面的最后一个字词可放在方括弧里面，并且每置换一次则重复一次。

1.3.9 定义中黑体术语的用法和星号的用法

术语在定义、例子或注解中用黑体字印刷时，则表示该术语已在本标准的其他词条中定义过。但是，只有当这些术语首次出现在每一个词条中时，该术语才印成黑体字的形式。

当黑体字印刷的两个术语涉及到分隔开的词条并且直接地彼此紧随时，则星号用于分隔黑体字的术语(或只由加标点的标记分隔)。

以正常字体印刷的字词或术语，按通行词典中或权威性技术词汇的定义理解。

1.3.10 索引表的编制

每部分的末尾编有按汉语拼音和英文字母排序的索引表。它包括在该部分定义的所有术语。

2 术语和定义

19 模拟计算

19.01 功能单元

19.01.01

模拟变量 analog variable

表示某一数学变量或物理量的连续可变的**信号**。

19.01.02

运算放大器 operational amplifier

一种连接到外部元件以完成特定的**运算**或**功能**的放大器。

19.01.03

求和器 summer

模拟加法器 analog adder

所输出的模拟变量等于各**输入模拟变量**之和或加权和的**功能单元**。

19.01.04

反向器　inverter

所输出的模拟变量与输入＊模拟变量的绝对值相等，但代数符号相反的**功能单元**。

19.01.05

系数单元　coeffioient unit

比例倍增器　scale multiplier

所输出的**模拟变量**等于输入＊**模拟变量**乘以某一常数的**功能单元**。

19.01.06

模拟乘法器　analog multiplier

所输出的**模拟变量**与两个输入＊**模拟变量**的积成正比的**功能单元**。

注：该术语也适用于能进行多次乘法**运算**的器件，例如伺服乘法器。

19.01.07

二乘除四乘法器　quarter-squares multiplier

其运算基于恒等式 $xy=[(x+y)2-(x-y)2]/4$，混用若干**反向器**、**求和器**与平方律**函数发生器**的**模拟乘法器**。

19.01.08

模拟除法器　analog divider

所输出的**模拟变量**与两个输入＊**模拟变量**之商成正比的**功能单元**。

19.01.09

积分器　integrator

所输出的**模拟变量**是输入＊**模拟变量**对时间的积分的**功能单元**。

注：某些积分器的积分变量可以不是时间。

19.01.10

求和积分器　summing integrator

一种**功能单元**：所输出的**模拟变量**是各输入＊**模拟变量**的加权和对时间的积分，或是对另一输入＊**模拟变量**的积分。

19.01.11

函数发生器　function generator

所输出的**模拟变量**等于其输入＊**模拟变量**的某一**函数**的**功能单元**。

19.01.12

固定函数发生器　fixed function generator

所生成的**函数**在构建时设置，用户不能更改的**函数发生器**。

19.01.13

可变函数发生器　variable function generator

所生成的**函数**可由用户在运行之前或**运算**期间设置的**函数发生器**。

19.01.14

比较器（用于模拟计算）　**comparator** (in analog computing)

一种用于比较两个**模拟变量**并指明比较结果的**功能单元**。

19.01.15

限幅器（用于模拟计算）　**limiter** (in analog computing)

一种用于防止某一**模拟变量**超过规定的限界**功能单元**。

19.01.16

死区单元　dead-zone unit

所输出的**模拟变量**在输入＊**模拟变量**的特定范围是常量的**功能单元**。

19.01.17

解算器 resolver

一种功能单元:所输入的模拟变量为某点的极坐标,输出 * 模拟变量为该点的直角坐标;或者相反。

注:可在 resolver(解算器)之前加上限定语 PR(Polar-Rectangular/Cartesian,极-直角)或 RP(Rectangular/Cartesian-Polar,直角-极)。

19.01.18

模数转换器 analog-to-digital converter

A/D 转换器 A/D converter

ADC(缩略语)

一种将数据从模拟表示转换到数字表示的功能单元。

19.01.19

数模转换器 digital-to-analog converter

D/A 转换器 D/A converter

DAC(缩略语)

一种将数据从数字表示转换到模拟表示的功能单元。

19.01.20

跟踪保持单元 track and hold unit

跟踪存储单元 track and store unit

一种功能单元:其输出的模拟变量或则等于输入 * 模拟变量,或则等于该变量由外部布尔信号的作用所选出的样本。

注:跟踪时,该功能单元跟踪输入 * 模拟变量;保持时,保有输入 * 模拟变量在切换瞬间的值。

19.02 方式与运算

19.02.01

电位器设置方式 potentiometer set mode

模拟计算机在设置所指问题的系数期间的建立方式。

19.02.02

静态测试方式 static test mode

模拟计算机的如下建立方式:在此期间设置某些专用初始条件,以便对修补进行检查,因而检查除积分器外所有计算器件的固有操作。

19.02.03

初始条件方式 initial condition mode

复位方式 reset mode

模拟计算机在其各积分器无法操作而设置初始条件期间的操作方式。

19.02.04

计算方式 compute mode

运算方式 operate mode

模拟计算机在解题进行期间的操作方式。

19.02.05

保持方式 hold mode

模拟计算机的如下操作方式:在这期间停止积分,且所有变量都保持在进入此方式时具有的值。

19.02.06

时间比例[因子] time scale [factor]

一种用作倍率,以便把所指问题的真实时间变换成计算机时间的数。

19.02.07

实时运算(用于模拟计算) **real-time operation** (in analog computing)

在**计算方式**下,时间**比例因子**为1期间的**运算**。

19.02.08

重复运算 **repetitive operation**

对带有初始条件与其他**参数**的固定组合的方程组,求解方法的自动重复。

注:重复性**运算**常用来把表观上的稳态解显示出来;也可用来对一个或多个**参数**手工调整或优化。

19.02.09

迭代运算 **iterative operation**

自动顺序运算 **automatic sequential operation**

方程组求解算法的重复,其中的方程组带有初始条件或其他**参数**的相继组合;每一相继组合都基于一套预定迭代规则的辅助计算来选择。

注:迭代性**运算**通常用于求解边界值问题或自动优化系统**参数**。

中 文 索 引

K

M

Q

S

X

Y

Z

英 文 索 引

ICS 71.040
G 86

中华人民共和国国家标准

GB/T 5274—2008/ISO 6142:2001
代替 GB/T 5274—1985

气体分析　校准用混合气体的制备
称　量　法

Gas analysis—Preparation of calibration gas mixtures—Gravimetric method

(ISO 6142:2001,IDT)

2008-06-18 发布　　　　2009-01-01 实施

中华人民共和国国家质量监督检验检疫总局
中国国家标准化管理委员会　发布

前　言

本标准等同采用ISO 6142:2001《气体分析　校准用混合气体的制备　称量法》(英文版)。

为便于使用,本标准做了下列编辑性修改:

——“本国际标准”一词改为“本标准”;

——用小数点符号“.”代替作为小数点的逗号“,”;

——删除国际标准前言;

——公式表示按GB/T 1.1规定;

——化学符号在文字中一律用文字表示,表格中用符号表示。

本标准代替GB/T 5274—1985《气体分析　校准用混合气体的制备　称量法》。

本标准与GB/T 5274—1985相比,主要变化如下:

a) 主要删除以下内容:

——原标准正文中组分浓度的计算;

——原标准正文中不确定度的计算;

——不确定度的要求。

b) 主要增加以下内容:

——多组分校准气的制备,如天然气校准气的制备。

——更新了不确定度的计算方法。

——与原标准相比,各种操作说明更加细化。为便于理解标准,详细介绍了一瓶校准混合气的制备过程。

本标准的附录A、附录B、附录C、附录D、附录E、附录F和附录G均为资料性附录。

本标准由中国机械工业联合会提出。

本标准由全国工业过程测量和控制标准化技术委员会分析仪器分技术委员会归口。

本标准起草单位:北京氦普北分气体工业有限公司、北京分析仪器研究所。

本标准主要起草人:罗玉国、赵俊秀、张心怡。

本标准所代替标准的历次版本发布情况为:

——GB/T 5274—1985。

气体分析　校准用混合气体的制备
称　量　法

1　范围

本标准规定了用称量法制备校准混合气的方法，该方法用于制备瓶装校准混合气，该混合气准确度的期望值是预先设定的。它仅适用于气态，或能完全气化的组分的气体混合物，并且各组分之间、组分与瓶壁之间不发生反应。对于制备基于预先设定不确定度水平的气体混和物，本标准给出了一个制备程序。

多组分气体混合物(包括天然气)和多级稀释气体混合物都包含在本标准中，可以认为是单组分称量制备法的特例。

本标准还规定了称量法制备校准混合气中组分含量的验证程序。与其他制备校准混合气的方法相比，称量法制备和验证的校准混合气的准确度是最高的。

2　规范性引用文件

下列文件中的条款通过本标准的引用而成为本标准的条款。凡是注日期的引用文件，其随后所有的修改单(不包括勘误的内容)或修订版均不适用于本标准，然而，鼓励根据本标准达成协议的各方研究是否可使用这些文件的最新版本。凡是不注日期的引用文件，其最新版本适用于本标准。

GB/T 27025—2008　检测和校准实验室能力的通用要求(ISO/IEC 17025:2005,IDT)

HG/T 2975—1989　气体分析　标准混合气　混合物制备证书

ISO 6143:2001　气体分析　校准用混合气检测和检查的组分　比较法

3　原理

校准混合气，是将原料气体定量地从原料气瓶转移到混合气气瓶来制备的，原料气体可以是纯气体，也可以是已知组分的、通过称量法制备的混合气。气体组分的添加量是通过每次充装后的称量来完成的。

组分气体的添加量，是通过称量充装前后的校准气气瓶或原料气气瓶来确定的，两次称量之差就等于加入量。两种方法的选择和组分气的加入量有关。实践中，称量方法的选择，取决于两种方法中哪一种能更适合制备程序。例如，添加少量的特定组分，最好在添加前后，用一个高灵敏度、低载荷的天平来称量一个小容积的原料气瓶。

充入气体组分质量足够大，并能够准确称量，当制备的不确定度能满足要求时，可以采用直接稀释的方法来制备校准混合气。当所要制备的混合气的组分浓度特别低，且不确定度能达到要求时，可以使用多级稀释方法。特别是制备少量低含量组分时，必须采用该方法。在这种方法中，要用称量法制备“预混合气”作为稀释过程中的原料气体。

最终校准混合气中，每种组分的质量浓度是由该组分在混合气的总质量中所占有的份额来确定的。

基于对组分的浓度和不确定度要求，用称量法制备校准混合气的流程图如图1所示。其中每一步在第4章中都有详细解释(图1中，每一步给出一个子条款)。附录A中给出一个实例：按图1流程用称量法制备一瓶校准混合气。

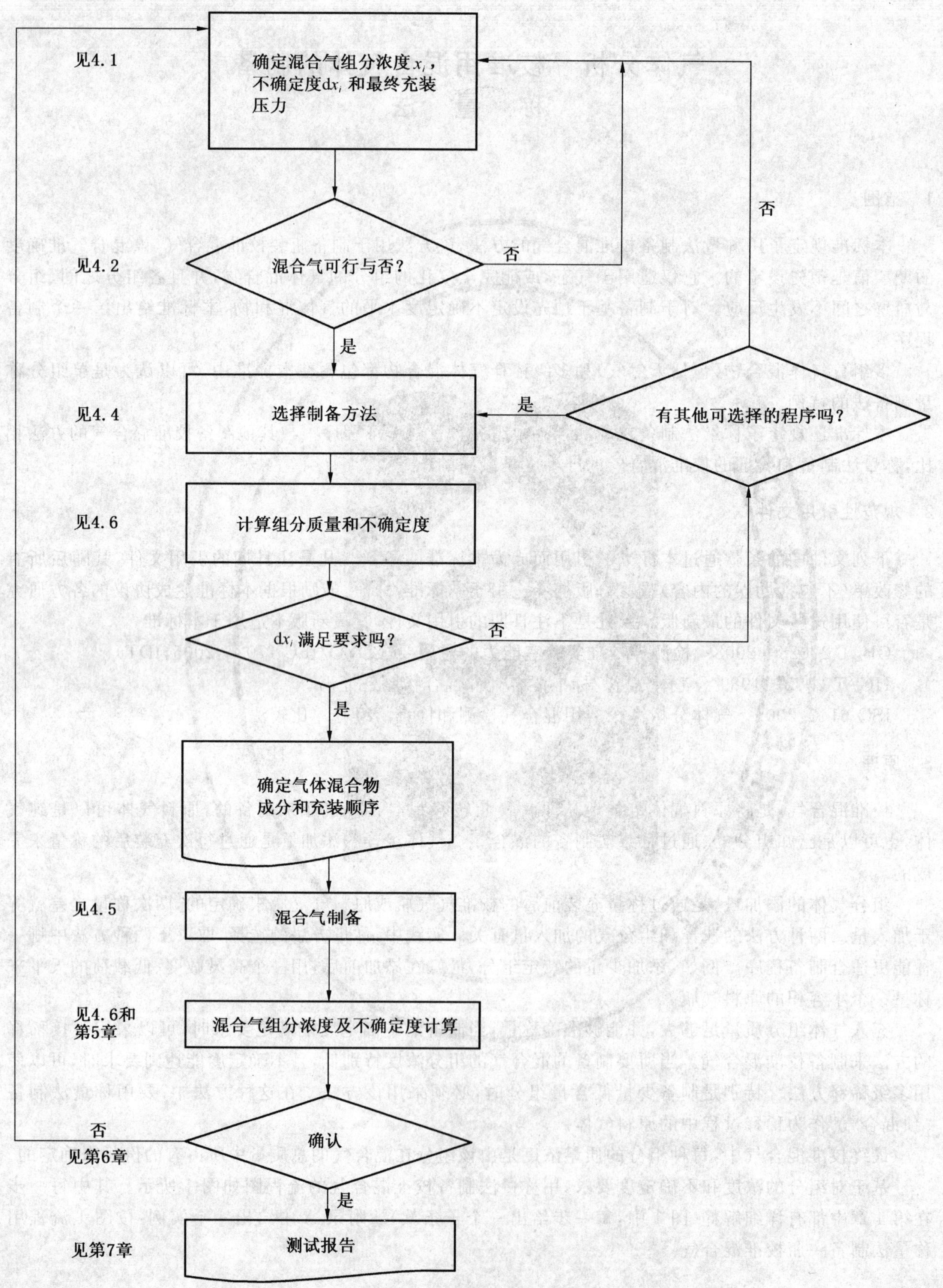

图1　称量法制备校准气体混合物流程图

4 混合气制备

4.1 混合气的组成和不确定度

由称量法制备的校准混合气的组分浓度是由每种组分的质量决定的。气体的含量用摩尔分数(mol/mol)表示。如需要用其他量值来表示气体混合物的组分浓度(如质量分数或体积分数),则应注明使用条件(压力和温度),同时在校准混合气组分浓度的不确定度计算中,应考虑这些条件对其不确定度的影响。最终混合气的水确定度,是用扩展不确定度来表达的,即合成标准不确定度乘以包含因子。

将组分浓度从质量分数转化成摩尔分数过程中,所需要的组分的摩尔质量和它们的不确定度,应使用国际理论化学和应用化学联合会(IUPAC)公布的相对原子质量和同位素丰度来计算。国际理论化学和应用化学联合会(IUPAC)规定,两年审查一次元素的相对原子质量。

4.2 制备气体混合物的可行性

4.2.1 概述

应该考虑到:气体混合物潜在的、相互反应的危险的安全方面因素。在审查需要制备的混合气的可行性时,应该考虑这些因素,在4.2.2和4.2.4中有描述。

4.2.2 蒸气凝结成液态或固态

在制备、储存或搬运包含易凝结组分的混合气过程中(参见附录B),应采取下列措施来避免组分凝结,因为组分凝结会改变气体混合物的气相组成。

——在混合气制备过程中,充装压力应确保低于最终混合气充装温度下的露点蒸气压,防止中间步骤的凝结,这个条件应该应用在每一个中间气过程中。如果中间气的凝结现象不能避免的话,在制备后期,应该采取措施,使易凝结组分气化并使之混匀。

——混合气的储存过程中,应保持其储存温度始终不低于该混合气制备时允许的最低温度。

——混合气的运输、使用过程中,要应用同样的温度条件。同时,在气体转移中,为了防止凝结,在需要时应该加热转移管路。

附录B介绍了计算混合气最大充装压力的常识,在此压力下,混合气中易凝结组分不会发生凝结。B.2中给出了天然气混合气充装压力计算的实例。

4.2.3 混合气组分间的反应

在制备一种气体混合物之前,有必要考虑混合气组分间发生化学反应的可能性。以下几种情况:

——包含潜在的反应物质(如:盐酸和氨);

——产生其他的可能危险反应,包括爆炸(如:混合气包括易燃组分和氧气);

——产生强烈放热的聚合反应(如:氰化氢);

——产生强烈放热的分解反应(如:乙炔)。

有一种情况是例外的,这种方法可应用于产生二聚物质,如二氧化氮到四氧化二氮,这是一个可逆反应。

列举所有可能发生反应的物质是不现实的。因此,要评价混合气的稳定性,就必须掌握化学反应常识。

排除安全因素、危险反应和聚合方面的信息,在危险物品安全法规和危险物品气体供应商手册上可以找到。

4.2.4 和容器材料的反应

制备混合气前,要考虑混合气组分与容器材料、容器阀门以及转移系统是否可能发生反应。应该特别考虑腐蚀性气体与金属的反应,以及与合成橡胶及油脂的反应,例如阀芯和密封材料。应该使用对混合气中所有组分都不起作用的材料,来防止这些反应的发生。如果这些不可行,应该采取措施,降低储存和使用中的危险影响。

气体和容器材料的相容性信息,在气体取样指南、腐蚀性表和气体供应商手册中给出。

4.3 原级标准气体的纯度分析

称量法的准确度,主要取决于制备校准混合气的原料气体的纯度。原料气体的纯度,常常是影响最终混合气量值不确定度的关键因素。如原料气体中杂质含量以及杂质测量的准确度。大多情况下，混合气中主组分的纯度是最重要的。在混合气中，当微量组分的摩尔分数很低，并且很可能成为主组分中的一种杂质时，上述结论就更重要。正确识别哪些可能与微量组分起反应的关键性杂质(如：纯氮中，微量氧气能与一氧化氮反应生成二氧化氮)也是很重要的。原料气体纯度分析的结果应该包含在纯度表中，其中应包括所有组分的摩尔(或质量)分数和测量不确定度。

通常，"纯气"是通过分析原料气体中的杂质产生的，主组分的摩尔分数是通过扣除杂质分数得到的，如：

$$x_{\text{pure}} = 1 - \sum_{i=1}^{N} x_i \qquad \cdots\cdots(1)$$

式中：

x_{pure}——纯原料气的摩尔分数；

x_i——杂质 i 的摩尔分数，由分析得到；

N——最终混合气中可能出现的杂质数量。

当纯原料气中可能存在某种杂质，而无法通过分析检测时，该杂质摩尔分数的期望值，可以设定等于分析方法检测限值的一半，其摩尔分数的不确定度在零和分析方法的检测限之间呈矩形分布。这样，称量法假定纯原料气中，杂质的含量可以达到检测极限值。因此，未检测到的杂质含量形成了一个矩形分布，他的B类标准不确定度就是检测限值的一半除以$\sqrt{3}$。

4.4 制备程序的选择

在选择合适的制备程序时，应该考虑使用最适当的方法。下面列出了一些需要考虑的因素：

——充装压力，混合气在有效压力下发生凝结的可能性(见附录B)。

——所用气瓶的最大充装压力。

——确定所用每种原料混合气的组成。

——充装方法。即，直接稀释法、多级稀释法、转移法(在低载荷、高准确度天平上称量小气瓶)。

——天平的特性及其操作说明。

——制备偏差的要求。

首先，按公式(2)计算每种组分 i 的质量期望值(或目标质量 m_i)。

$$m_i = \frac{x_i M_i}{\sum_{j=1}^{N} x_j M_j} m_{\text{f}} \qquad \cdots\cdots(2)$$

式中：

x_i——组分 i 的摩尔分数；

x_j——组分 j 的摩尔分数；

M_i——组分 i 的摩尔质量，单位为克每摩尔(g/mol)；

M_j——组分 j 的摩尔质量，单位为克每摩尔(g/mol)；

N——最终混合气中组分的数量；

m_{f}——最终混合气的质量，单位为克(g)。

在完成组分目标质量计算后，选择一种制备程序，计算与该制备过程中相关的不确定度。如果通过这种程序计算的不确定度被证实不能接受，则应采取其他的制备程序。必要时，通过反复计算，最后选择一种合适的制备程序。

基于这些考虑，确定了制备程序及其充装步骤。在这个过程中，气体被转移到盛装校准混合气的气瓶中，以便接下来称量。这个制备程序中的每一步都有各自的固有不确定因素，这些不确定因素相互合成的结果应在要求的不确定度水平内。在随后的制备程序中，要用到这种方法。

4.5 混合气的制备

在附录C中给出了称量、搬运、充装气瓶的注意事项。

为了获得期望的混合气，需要一种得到接近组分要求浓度的方法，常采用压力和/或质量作为充装参数。用压力来确定混合气的组成时，由于增压和组分的添加而引起气体的压缩，此时温度的影响十分重要。在特殊情况下，处于非理想状态的某些组分，很难在充装压力和添加质量之间建立简单的关系。然而，表征气体偏离理想状态程度的压缩因子，是压力、温度和组分含量的函数，可以通过计算压缩因子，预测所要求的压力。

将混合气气瓶放置在天平上，称量气体转移过程中质量的变化，是一种更直接的方法。

4.6 混合气组分浓度的计算

最终混合气组分浓度的摩尔分数是通过公式(3)来计算的：

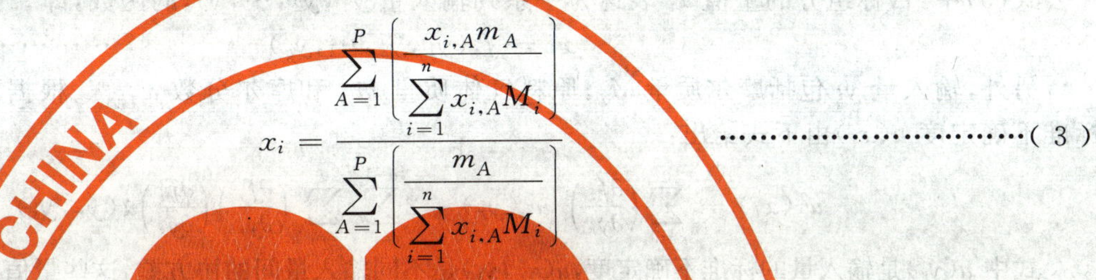

$$x_i=\frac{\sum_{A=1}^{P}\left\{\frac{x_{i,A}m_A}{\sum_{i=1}^{n}x_{i,A}M_i}\right\}}{\sum_{A=1}^{P}\left\{\frac{m_A}{\sum_{i=1}^{n}x_{i,A}M_i}\right\}} \quad \cdots\cdots(3)$$

式中：

x_i——组分 i 在最终混合气中的摩尔分数，$i=1,\cdots,n$；

P——原料气总数；

n——最终混合气中组分总数；

m_A——原料气 A 称量质量，$A=1,\cdots,P$，单位为克(g)；

M_i——组分 i 的摩尔质量，单位为克每摩尔(g/mol)，$i=1,\cdots,n$；

$x_{i,A}$——原料气 A，$A=1,\cdots,P$ 中，组分 i 的摩尔分数，$i=1,\cdots,n$。

该公式的推导方法在附录 D 中给出。

5 不确定度的计算

5.1.1 用称量法制备的校准混合气，其组分摩尔分数或质量分数量值的不确定度，可以合理的表征这些量值的离散程度。

计算不确定度的方法在 5.1.2～5.1.7 中描述。

5.1.2 确定制备程序。按照公式(3)，影响组分浓度不确定度的因素可以分为三类：

——原料气称量的不确定度；

——原料气纯度的不确定度；

——摩尔质量的不确定度。

注：原料气也可以是称量制备的混合气。

5.1.3 应列出称量制备过程每一步骤中的不确定度，也就是所有可能影响最终组成的因素。附录 E 中给出了可能产生误差来源的信息。

一些不确定度的影响量，例如重复称量值的标准偏差，可以通过反复测量来确定(A 类评估)。通过在统计学控制下、有良好特性的测量方式，可以得到合成方差 s_p^2 估计，(或合成实验标准偏差 s_p)。在这种情况下，当由 n 个独立观察得出测量值 q 时，算术平均值 $\bar{q}$ 的实验方差，s_p^2/n 比 s_q^2/n 更接近估计值，标准不确定度更接近 $u=s_p/\sqrt{n}$ 估计值。

对于不能通过重复测量估计的不确定度(B 类评估)，应该用一种现实的方法来评估其影响量。如，气瓶的吸附/解吸效应以及热效应对天平影响。可以通过监测和控制某些参数的变化、计算合适的校正因子从而减小这些参数引起的不确定度。例如，浮力效应的不确定度可以通过下面的方式来降低：准确地监测称量时周围环境的压力、湿度和温度条件，以及通过这些参数来计算称量时的空气密度。每一种有效的不确定度影响都应该作为一种标准不确定度来评估,即作为一个单一的标准偏差。

注:关于A类、B类标准不确定度计算的详细资料,在文献[17]中给出。

5.1.4 对于每项不确定度因素,可以根据其对总的不确度的影响的大小,或保留(有影响)或忽略(无影响)。由于总不确定度为所有影响的平方和,所以小于最大影响值 1/10 的影响因素就可以忽略不计。

注:这种方法不能一成不变的应用到原料气体的纯度分析中。有时,一些不显著的杂质在混合气制备过程中起到关键性作用(例如,一些杂质可能和微量组分起反应)。在这种情况下,评估原料气纯度对总的不确定度影响是很有必要的。

5.1.5 组分的摩尔质量、称量结果、纯度分析对合成标准不确定度的影响值,可以通过公式(3)获得。在公式(3)中,目标组分的量值 x_i 表达为一系列输入量 $y_1, y_2, \cdots, y_q$,的函数,即

$$x_i = f_i(y_1, y_2, \cdots, y_q) \quad \cdots\cdots(4)$$

另外,输入量 y_i 包括摩尔质量 M_j,原料气体质量 m_A 和摩尔分数 $x_{j,A}$。根据不确定度传递规则,标准不确定度 $u(x_i)$ 由下式给出:

$$u^2(x_i) = \sum_{r=1}^{q}\left(\frac{\partial f_i}{\partial y_r}\right)^2 u^2(y_r) + 2\sum_{r=1}^{q-1}\sum_{s=r+1}^{q}\left(\frac{\partial f_i}{\partial y_r}\right)\left(\frac{\partial f_i}{\partial y_s}\right)u(y_r, y_s) \quad \cdots\cdots(5)$$

式中 $u(y_r)$ 是输入量的标准不确定度,$u(y_r, y_s)$ 是不同输入量间的协方差,这些量值之间应该相互关联。

例如不同原料气体质量 m_A,m_B,是由连续称量的结果之间的差值得到的,那么这两者之间存在着相关关系。由于这些摩尔分数总和为1,同种原料气体不同组分的摩尔分数 $x_{j,A}$,$x_{k,A}$ 间也存在相关关系。为了避免气体不同组分的摩尔分数关联,可以另外考虑气体原始输入量。对于原料气体质量,应从盛放校准混合气空瓶开始(参见附录C),进行连续称量。对于原料气组成的摩尔分数,因与其他变量通常是不相关的,所以各组分相关性问题可以通过将主要组分的摩尔分数表示为1,与其他组分摩尔分数总和之间的差值来解决(见4.3)。在这种方法中,目标组分的量 x_i 可表示为一些不相关输入量 z_1,z_2,…,z_p 的函数,即

$$x_i = g_i(z_1, z_2, \cdots, z_p) \quad \cdots\cdots(6)$$

合成标准不确定度 $u(x_i)$ 可以通过下式简单给出:

$$u^2(x_i) = \sum_{t=1}^{p}\left(\frac{\partial g_i}{\partial z_t}\right)^2 u^2(z_t) \quad \cdots\cdots(7)$$

或

$$u^2(x_i) = \sum_{t=1}^{p}[c_i u(z_t)]^2 \equiv \sum_{t=1}^{p}u_t^2(x_i) \quad \cdots\cdots(8)$$

式中 c_i 是给出的敏感系数:

$$c_i \equiv \frac{\partial g_i}{\partial z_t}, u_i(x_i) \equiv |c_i| u(z_t)$$

5.1.6 合成标准不确定度是按公式(8)的计算结果,也就是通过合成所有有效误差来源的影响值计算得到总的不确定度。有时,可采用极限值的方法来估算组分浓度的不确定度。在附录F有中描述。

注:总不确定度仅适用于单一分析物的独立应用。多个分析物或全部组成的应用中,都要考虑协方差,这个估计超出了本标准的范围。

5.1.7 扩展不确定度,等于合成标准不确定度乘以包含因子 k。

注1:包含因子 k 的范围一般在2到3之间。

注2:在ISO TC 158标准中,一般取包含因子 $k=2$,除非另有原因需要作其他选择。

注3:对正态分布,包含因子 $k=2$ 时,置信概率约为95%。

关于修正值和修正值不确定度的估计,在附录F中给出更多信息。附录G中给出一个计算机程序,该程序按所推荐应用的方法计算混合气组分浓度及其不确定度。

6 校准混合气组成的验证

6.1 目的

检验校准气体混合物成分的目的,是证实通过称量法计算出的混合气组成,与通过其他独立方法

(如分析比较法)对该混合气测量结果的一致性。这种验证可以显示出,在个别混合气制备过程中存在的有效误差。此外,还需要通过一个以上的周期,进一步考察特定混合气的稳定性。

混合气的验证可以通过下面步骤获得:

a) 建立所制备的混合气与相应的可溯源标准之间的一致性;

b) 建立所制备的几种组成类似的混合气之间的一致性;

c) 采用合适的统计学过程控制方法,监测混合气连续、有效生产。

注:可溯源性标准指具有适当的计量学特性和可溯源性的混合物。这种可溯源性,是通过一种已规定了不确定度的标准不间断的比较链来完成的,可溯源到国家标准或国际标准。

当验证一种混合气并确定它的组成时,该混合气组分含量在一定的范围内,并且在该范围内可以获得可溯源标准,因此很容易证实其一致性。然而,由于称量的原因,混合气中常常有一种组分或多种组分的浓度超出已有的可溯源标准范围,此时应该通过其他方法来验证,如证明所制备的混合气内在的一致性和在可溯源标准合适范围内的过程能力。

实际上,6.2 和 6.3 中的任何一种情况都可以用来验证新制备的校准混合气的成分。

6.2 可溯源标准和混合气直接比较

每种用称量法制备的校准混合气,都可以遵循 ISO 6143:2001 中 6.1 描述的可溯源标准来验证。

6.3 可溯源标准不适合和混合气直接比较

当 6.2 中描述的方法不适用时,应该用下列步骤来验证已制备的校准气:

a) 制备至少 5 瓶校准混合气,混合气的摩尔分数或质量分数应在分析方法所期望的线性范围内。单独制备这些混合气,即没有两种混合气使用同样的原料气。按照 ISO 6143:2001 中 6.2 的程序验证每瓶混合气浓度之间的一致性。

b) 验证制备程序。用 a)中同样的程序,制备一瓶具有可溯源标准组分组成的"检查"混合气。使用 ISO 6143:2001 中 6.1 的程序验证这瓶检查气。如果分析法获得的结果和称量法的结果一致,这可证明制备程序是合适的。"检查"混合气常用的化学特性最好和所验证的成分相似。

c) 还有一些情况,在一个多组分混合气中的某一个组分含量落在可溯源标准的范围之外,或这种组分此时没有可溯源标准,此时,可以用由其他标准方法制备的混合气进行比较分析定值来验证这种组分(例如,动态体积法 ISO 6145[19])。

7 测试报告

测试报告应该和 GB/T 27025 的基本要求一致。校准气体的合格证内容要求在 HG/T 2975 中有详细叙述。

测试报告中应给出以下信息:

a) 参考本标准;

b) 制备程序;

c) 所有原料气体的纯度表;

d) 制备程序中每一步转移的气体质量;

e) 组分不确定度列表;

f) 所有验证程序的细节;

g) 最终组分浓度及其扩展不确定度。

附 录 A
（资料性附录）
实 例

A.1 引言

为了更清楚的理解本标准，特别是组成的计算和不确定度的计算，给出下面这个实例。所给出的不确定度的量值和仪器设备的影响值，不应该认为是代表了典型的混合气制备过程。分析结果应依据设备的有效能力。实例中的流程图见图 1。

A.2 初始参数

混合气：	1×10^{-3} mol/mol N_2 中 CO
	期望值扩展相对不确定度：0.5%，$k=2$
期望总压力：	150×10^5 Pa(150 bar)
气瓶：	5×10^{-3} m^3 铝合金气瓶
组分纯度：	CO：99.9×10^{-2} mol/mol
	N_2：99.999×10^{-2} mol/mol
天平：	机械式，载荷量 10 kg
天平实际标尺分度值：	1 mg
5 L 气瓶的称量不确定度：	±4 mg 每次称量(标准偏差试验值 s_p)
称量次数：	3

A.3 混合气可行性评估

该混合气组分之间不起反应。实践经验表明，氮气中相当低浓度的一氧化碳，在铝合金气瓶中贮存是稳定的。因此，这瓶混合气组分之间、组分与气瓶之间没有反应。如果不能预先知道混合气是否稳定，制备之前应先进行试验测试。众所周知，在碳钢气瓶中一氧化碳的混合气不稳定。

一氧化碳不会凝结。这瓶混合气是可行的，并且不存在稳定性问题。

A.4 制备程序的选择

首先进行各种计算，以确定气体混合物是否能直接制备，或判断是否需要多级稀释，或是否需要预混合气。

组分质量用以下公式计算：

$$m_i=\frac{x_i p_f V_{cyl} M_i}{RTZ_f} \qquad \text{(A.1)}$$

式中：

m_i——混合气中组分 i 的质量，单位为克(g)；

x_i——混合气中组分 i 的期望浓度，摩尔分数；

p_f——混合气最终充装压力，单位为帕(Pa)；

V_{cyl}——气瓶容积，单位为立方米(m^3)；

M_i——混合气中组分 i 摩尔质量，单位为克每摩尔(g/mol)；

R——气体常数(8.314 51 J/mol·K)；

T——环境温度，单位为开(K)；

Z_f——温度 T 和压力 p_f 时压缩系数。

例中：

$x_{CO}=1\times10^{-3}$ mol/mol　　$x_{N_2}=99.9\times10^{-2}$ mol/mol

$p_f=150\times10^5$ Pa　　$M_{N_2}=28.013\ 48$ g/mol

$V_{cyl}=5\times10^{-3}$ m^3　　$m_{CO}=0.86$ g

$M_{CO}=28.010\ 4$ g/mol　　$m_{N_2}=858.6$ g

$T=294$ K

$Z_f=1.0$

所用的称量技术是成熟的，并且处于统计的监督下，其标准偏差的估算值 s_p 是 4 mg；标准不确定度是 $u=s_p/\sqrt{n}$。在例中是 $u=2.3$ mg，一氧化碳的估计质量为 860 mg，2.3 mg 的标准不确定度对最终不确定度产生的影响值为 0.27%，与所要求的扩展不确定度相比，其影响接近降低的限度。

因此，理想的方法是采取多级稀释，或在低载荷天平上，称量贮存在小容器里的一氧化碳。例中，采用第一种方法计算，并制备一种预混合气。

为使一氧化碳称量时的不确定度影响值控制在 0.05%内，一氧化碳的质量至少应为 8 g。

对于预混合气，选择一氧化碳质量为 8.5 g。如果混合气总压力为 150×10^5 Pa，则氮气加一氧化碳的总质量应为 850 g。

CO(x_{pm})预混合气摩尔分数大约为 1×10^{-2}。

将预混合气稀释 10 倍，可以使最终摩尔分数达到 1×10^{-3}。

假设取预混合气进行 10%的稀释，用公式(A.1)计算目标质量：

$x_{pm}=10\times10^{-2}$ mol/mol　　$x_{N_2}=90\times10^{-2}$ mol/mol

$p_f=150\times10^5$ Pa　　$M_{N_2}=28.013\ 48$ g/mol

$V_{cyl}=5\times10^{-3}$ m^3　　$m_{pm}=85.9$ g

$M_{mix}=28.013\ 44$ g/mol　　$m_{N_2}=773.5$ g

$T=294$ K

$Z_f=1.0$

A.5 不确定度的估算

A.5.1 概述

不确定度来源分为三类，分别在 A.5.2～A.5.4 中叙述。

A.5.2 称量不确定度(第一类)

A.5.2.1 天平(u_m)

A.2 中给出的不确定度，是通过多次模拟充装过程，反复称量气瓶得到的。不确定度包括以下几方面：天平的实际标尺分度值、漂移、零点校正、气瓶在秤盘上位置的影响、气瓶在搬运和拆装时典型的质量变化(但不是偶然的大值)、气瓶在恒温状态下的吸附现象。综合考虑上述各种影响因素，可以得出在确定组分质量时，其联合估计标准不确定度 $s_p=4$ mg。在例中，标准不确定度 $u=s_p/\sqrt{n}$ 为 2.3 mg。

A.5.2.2 砝码(u_w)

在称量过程中，经常使用替代衡量法，以避免最大允许误差和校正误差。使用已知质量的辅助砝码，可以使称量气瓶与参比气瓶在称量时减少差别。

例中所使用的砝码，是不锈钢制成的，依据国家标准校准，并参照 OIML E_2 级。这些砝码的合格证数据表明，1 g 砝码(它具有最小的质量单位，最大的相对不确定度)附带相关扩展不确定度，该扩展不确定度通常取最大允许误差的1/3。

最大允许误差是0.06 mg。扩展不确定度 u_W 是0.02 mg(包含因子 $k=2$)。每次添加砝码,其扩展不确定度都可以用同样方法计算。合格证中,砝码的密度是(7 850±50)kg/m³,这个不确定度是相当高的。不过,砝码的标称值、校准修正值和修正的不确定度,一般以常规质量的形式出现。这就意味着,在空气密度为1.2 kg/m³ 环境称量下,砝码的质量等于密度为8 000 kg/m³ 参比砝码的质量。例中,不确定度是0.002 kg/m³($k=1$)。

A.5.2.3 浮力影响(u_B,u_{exp})

混合物和样品的气瓶容积不同,需要进行浮力修正,并计算其修正值,这是由于大气密度变化引起的,有时,需要通过一整夜的温度平衡才能实施称量。最坏的情况是,空气密度相差0.1 kg/m³,气瓶间的容积相差0.2 L(即0.000 2 m³)。因此,由于空气密度的变化,混合物气瓶和参比气瓶之间的质量会有0.02 g的差异。如果空气密度不变,体积的差异可以忽略不计。更精确的估算必须在称量时,测量环境温度、气压和湿度。

浮力影响是在称量时,大气条件不同和被称量气瓶体积的不同等多方面因素引起的。

空气密度可以用潮湿空气密度公式来计算(Giacomo[12],Davis[13])。

温度在0℃~27℃之间,可以用一个简化公式计算空气密度,该方程的不确定度为1×10⁻⁴ kg/m³。

$$\rho = \frac{3.48488p - (8.0837 + 737.4 \times 10^{-3} t + 975.25 \times 10^{-6} t^3)h}{(273.15 + t) \times 10^3} \quad \cdots\cdots (A.2)$$

式中:

ρ——空气密度,单位为千克每立方米(kg/m³);

p——压力,单位为帕(Pa);

t——温度,单位为摄氏度(℃);

h——相对湿度,%。

条件	空气密度
24℃,986 hPa,80%RH	1.145 8 kg/m³
18℃,1 040 hPa,20%RH	1.242 9 kg/m³

上述例子表明,两种称量间的空气密度最大差别小于0.1 kg/m³(或0.1 g/L)。除非环境条件异常。

例中,称量是在等臂天平上进行的,称量气瓶置于天平的一端,另一端使用参比气瓶,体积的差别仅来源于气瓶容积和砝码的使用。对于5 L容量的气瓶,外部容积(包括内部容积和金属体积之总和)可以相差0.2 L。对于预混合气,充装一氧化碳时,所使用砝码的体积大约是0.001 1 L(8.5 g除以密度,约8 000 kg/m³)。对于最终混合气,所使用砝码的体积大约是0.011 L(86 g除以砝码密度,密度约8 000 kg/m³)。

如果将一氧化碳添加到气瓶中,其不确定度可能达到20 mg(0.1 g/L乘以0.201 1 L),带来约 2×10^{-3} 的相对不确定度。对于预混合气其相对不确定度为 2×10^{-4}。这些不确定度看似很大,但可以通过测量空气密度参数来减小。如果温度的不确定度估算在±0.5℃以内,大气压±5 hPa,相对湿度±10%,空气密度的最大不确定度不超过0.003 g/L。例中,对预混合气来说,充装一氧化碳的相对不确定度大约是 6×10^{-5} 和 5×10^{-6}。

由于天平上的砝码差别所引起浮力影响,需用以下公式(A.3)修正称量结果:

$$m_m = m_R + \rho_a (V_m - V_R) + \Delta m_W \quad \cdots\cdots (A.3)$$

式中:

m_m——混合气瓶的质量,单位为克(g);

m_R——参比气瓶的质量,单位为克(g);

ρ_a——空气密度,单位为克每立方米(g/m³);

V_m——混合气瓶与砝码的体积和，单位为升(L)；

V_R——参比气瓶与砝码的体积和，单位为升(L)；

Δm_W——混合气瓶与参比气瓶之间的称量读数差值。

$\rho_a(V_m-V_R)$为经过空气浮力的修正值。

在称量制备过程中，每次称量使用相同的参比气瓶，可以避免气瓶体积不同所产生的影响。如果质量的差值是由于混合气瓶与参比气瓶在充装前后称量，并且气体的质量是由于质量差别的减少得到的，每次称量都要考虑气瓶容积的不同。

压力升到 15 MPa(150 bar[1])的时候，气瓶会产生 0.02 L 的体积膨胀。由此产生的浮力影响与充装压力成正比。因此，考虑到空气密度的极限值，这类影响相应增加，影响量在 22.9 mg 至 24.8 mg 间，平均值为 23.8 mg，标准不确定度为 $u_{exp}=23.8/\sqrt{3}=13.7$ mg。

A.5.2.4　残余气体(u_R)

充装之前气瓶需要用氮气清洗，抽真空使压力达到 0.1 kPa(1 mbar)。

用公式(A.1)计算，剩余的氮气约 5.7 mg。

这里，不确定度来源于压力估算。如果压力的绝对误差是 0.1 kPa(1 mbar)，则标准不确定度可以计算为：$u_R=5.7/\sqrt{3}=3.3$ mg。

A.5.3　气体纯度的不确定度(u_{CO}，u_{N_2})(第二类)

一氧化碳的纯度为 99.9%，所含杂质最多为 $1\,000\times10^{-6}$ mol/mol(1 000 ppm[2])。在例中，这些杂质没有进行单独的分析。一氧化碳的生产厂在标明其纯度时，一般会列出一个表格。因一氧化碳要被稀释，额外的杂质分析对最终不确定度并没有影响。此外，在例中，纯一氧化碳不含有任何(影响结果的)关键性杂质。当杂质浓度相当低时(假设矩形分布)，可以使用近似“检测极限”法计算不确定度。在例中，假定生产厂提供的一氧化碳中氮气的浓度低于 700×10^{-6} mol/mol(<700 ppm)，高于 100×10^{-6} mol/mol(>100 ppm)，就可假设从 100×10^{-6} mol/mol 到 700×10^{-6} mol/mol 有一个矩形分布。应尽可能向制造商获取更多的信息，有利于作出最佳判断。

一氧化碳的最终标准不确定度 $u_{CO}=185\times10^{-6}$ mol/mol，是所列杂质不确定度的方和根。制造商提供一般要求的纯数据并不总是有用的，它主要作为平均值用于大批量生产中。某些气中包含的杂质可能列入(如纯氮气中的氩气)，也有可能不被列入。更现实的方法应当采用单独分析的结果计算不确定度。在一些情况下，应在混合气制备之前进行杂质分析。

氮气纯度为 99.999%，其中杂质最多含有 10×10^{-6} mol/mol。最终混合气中一氧化碳的浓度是 $1\,000\times10^{-6}$ mol/mol。如果氮气中 10×10^{-6} mol/mol 的杂质全部是一氧化碳，对不确定度的影响最大值可能达到 1%。相对扩展不确定度要求是 0.5%，因此，这种杂质是不能接受的，应选择质量更好的氮气。如果最大杂质浓度是 1×10^{-6} mol/mol(1 ppm)(纯度为 99.999 9%)，则对最终不确定度的影响值是 0.1%。另一种选择是，分析氮气中的杂质，这样可以检测氮气中一氧化碳的总量。在例中，应用合适的分析技术，对氮气的纯度进行了分析。分析仪器用校准混合气进行校准，该混合气由称量法制备，并给定了不确定度。

纯度分析的结果列于纯度表内。

分析结果表明，氮气中含有$(1\pm0.2)\times10^{-6}$ mol/mol 的一氧化碳，合成不确定度是各个杂质不确定度的方和根，量值是 $u_{N_2}=1.19\times10^{-6}$ mol/mol。

---

1)　1 bar$=10^5$ N/m^2=0.1 MPa。

2)　1 ppm$=1\times10^{-6}$(mol/mol)摩尔分数。ppm 不推荐使用。

表 A.1 一氧化碳纯度

组分	一般浓度范围 ×10⁻⁶ mol/mol	概率分布	摩尔分数 ×10⁻⁶ mol/mol	不确定度 ×10⁻⁶ mol/mol
H_2O	≤20	矩形	10	6
N_2	100～700	矩形	400	174
CO_2	≤50	矩形	25	14
O_2	≤20	矩形	10	6
H_2	≤200	矩形	100	58
CH_4	≤25	矩形	12	7
CO	≥998 985	—	999 443	185

表 A.2 氮气纯度

组 分	摩尔分数 ×10⁻⁶ mol/mol	不确定度 ×10⁻⁶ mol/mol
H_2O	2	0.5
CO	1	0.2
CO_2	1	0.2
O_2	2	0.2
Ar	25	1
CH_4	0.5	0.2
N_2	999 968.5	1.19

A.5.4 摩尔质量的不确定度(u_M)(第三类)

各组分的摩尔质量及其相应的不确定度需要通过 IUPAC 发布的元素的相对原子质量计算得到。

组 分	摩 尔 质 量	标准不确定度 u_M
CO	28.010 4	0.001 0
N_2	28.013 48	0.000 10

A.5.5 其他误差来源

由于温度的差异,可能会引起天平臂杆的不均匀热膨胀,这样对称量结果产生极大的影响。这种效应可能是因刚充装完毕,还有余热的气瓶放置在天平秤盘上引起的。一只有余热的气瓶,会沿气瓶垂直表面产生热循环,从而对气瓶引起一种作用力[15]。另外,一只有余热的气瓶体积要比常温时大一些,这也会引起浮力的变化,由于热效应产生的误差总计能达到 100 mg。因此,称量前气瓶应和天平一起进行热平衡。

吸附/解吸现象引起的误差,会随着气瓶表面的处理方法不同而变化,也会随温度而变化。当平衡气充装到气瓶后,由于气瓶明显升温,这种影响就更大。因此,应检查所使用的气瓶。如果向气瓶中只充装少量气体,气瓶温度不会改变。A.5.2.4 中提及的试验就包含有常温下吸附/解吸现象。

A.5.6 组分浓度和不确定度的计算

A.5.6.1 预混合气的计算

先称量抽真空气瓶质量。

用一个 50 g 的砝码来调整参比气瓶与混合气瓶之间质量差。砝码检定的标称值是(50.000 210±0.000 030) g。

利用替代法可以获得混合气瓶(M)和参比气瓶(R)之间质量观测结果的三个差异,摘录如下:

观察结果	气瓶	天平读数	称量差别 Δm
1	参比气瓶	0.010	
	混合气瓶+50	0.022	
	混合气瓶+50	0.018	
	参比气瓶	0.012	−0.009
2	参比气瓶	0.016	
	混合气瓶+50	0.027	
	混合气瓶+50	0.024	
	参比气瓶	0.013	−0.013
3	参比气瓶	0.012	
	混合气瓶+50	0.025	
	混合气瓶+50	0.023	
	参比气瓶	0.010	−0.013

算术平均值: $\overline{\Delta m}=-0.011$ g

标准偏差: $s_p(\Delta m)=4$ mg

标准不确定度: $u(\Delta m)=2.3$ mg

称量过程中,温度:(19.5±0.5)℃;湿度:(40±10)%RH;大气压力:(1 005±2) hPa。

用公式(A.2),计算空气的密度:1.192 7 kg/m³。

由于气瓶的体积是每次称量的一部分,因此,只需要修正砝码体积。50 g 砝码的体积是:50.000 21 g/8 000 g·L⁻¹=6.25 mL。

计算空气浮力:$\rho_a(V_m-V_R)$:1.192 7 g·L⁻¹(0.006 25 L)=0.007 45 g

空气浮力的不确定度:

$$u_B^2=\rho_a^2(dV_m^2+dV_R^2)+(V_m+V_R)^2d\rho_a^2 \quad\cdots\cdots(A.4)$$

例中:

$$dV_m^2=\left(\frac{m_w}{\rho_w^2}\right)^2d\rho_w^2+\left(\frac{1}{\rho_w}\right)^2dm_w^2=\left[\frac{50.000\ 21}{(8\ 000)^2}\right]^2(0.002)^2+\left(\frac{1}{8\ 000}\right)^2(0.000\ 015)^2=6\times10^{-14}$$

$$dV_R^2=0$$

$$d\rho_a=0.003$$

由此计算浮力项的总的不确定度:$u_B=0.000\ 019$ g

用同样的方法称量一氧化碳和氮气的质量,结果如下:

算术平均值: $\overline{\Delta m}(CO)=-0.515$ g

标准偏差估计: $s_p(\Delta m)=4$ mg

标准不确定度: $u(\Delta m)=2.3$ mg

对于一氧化碳,经常用到以下四个砝码:

(20.000 96±0.000 025) g+(10.000 067±0.000 020) g+(9.999 9±0.000 020) g+(1.999 985±0.000 012) g。总质量为:42.000 912 g,扩展不确定度:0.039 6 mg。

算术平均值: $\overline{\Delta m}(N_2)=0.024$ g

标准偏差估计: $s_p(\Delta m)=4$ mg

标准不确定度: $u(\Delta m)=2.3$ mg

对于氮气,经常使用的砝码有:500 g,200 g,50 g,20 g,10 g,10 g 和 1 g,通常氮气的质量为 791.118 0 g,扩展不确定度是:0.275 mg。

20 g 和 10 g 的砝码也用于称量一氧化碳,考虑不确定度来源,砝码的不确定度影响可以忽略不计,其协方差限也可忽略不计。

各种不确定度数据汇总在表 A.3～表 A.5 中。

表 A.3 真空气瓶的不确定度影响

含义 $\overline{x_i}$	估计值 x_i/g	标准不确定度 $u(x_i)$/mg	概率分布	敏感系数 c_i	不确定度影响 $u_i(y)$/mg
m_m	50.000 210	0.015	正态分布	1	0.015
u_m	−0.011	2.3	正态分布	1	2.3
u_B	0.007 45	0.019	正态分布	1	0.019
m_x	49.996 660	—	—	—	2.3

表 A.4 CO 的不确定度影响

含义 $\overline{x_i}$	估计值 x_i/g	标准不确定度 $u(x_i)$/mg	概率分布	敏感系数 c_i	不确定度影响 $u_i(y)$/mg
m_m	42.000 912	0.019 8	正态分布	1	0.019 8
u_m	−0.515	2.3	正态分布	1	2.3
u_B	0.006 26	0.016	正态分布	1	0.016
m_x	41.492 172	—	—	—	2.3

表 A.5 N_2 的不确定度影响

含义 $\overline{x_i}$	估计值 x_i/g	标准不确定度 $u(x_i)$/mg	概率分布	敏感系数 c_i	不确定度影响 $u_i(y)$/mg
m_m	791.118 0	0.14	正态分布	1	0.14
u_m	0.024	2.3	正态分布	1	2.3
u_B	0.117 9	0.297	正态分布	1	0.297
u_{exp}	0.023 8	13.7	矩形分布	1	13.7
u_R	0.005 7	3.3	矩形分布	1	3.3
m_x	791.289 4	—	—	—	14.28

一氧化碳和氮气的质量计算如下：

CO：(49.996 66−41.492 172)＝8.504 488±0.003 253 g

N_2：(791.289 4＋41.492 172)＝832.781 572±0.014 464 g

这样，以上的估算值是相互关联的，并在这两种计算中都考虑一氧化碳的称量结果，为避免这种联系，一氧化碳应称量两次，先用真空气瓶质量估算一氧化碳的质量，然后，用第二次称量估算氮气的质量。

若用公式(5)计算不确定度，它可以改成：

$$u^2(x_i)=\sum_{i=1}^{n}\left(\frac{\partial x_i}{\partial M_i}\right)^2 u^2(M_i)+\sum_{A=1}^{p}\left(\frac{\partial x_i}{\partial m_A}\right)^2 u^2(m_A)+\sum_{A=1}^{p}\sum_{i=1}^{n}\left(\frac{\partial x_i}{\partial x_{i,A}}\right)^2 u^2(x_{i,A}) \quad\cdots\cdots(A.5)$$

式中：

$u(M_i)$——摩尔质量的不确定度(A.5.3)，这里可以忽略不计；

$u(m_A)$——称量不确定度(A.5.1)，它是以上所列不确定度的平方和；

$u(x_{i,A})$——纯度分析的不确定度。

应用公式(3)，预混合气杂质计算见表 A.6。

表 A.6　最终预混合气的浓度

组　　分	摩尔分数$\times 10^{-6}$	不确定度$\times 10^{-6}$
H_2O	2.08	0.50
CO	10 176.90	4.29
CO_2	1.24	0.24
O_2	2.08	0.21
Ar	24.75	0.99
CH_4	0.62	0.21
N_2	989 791.31	5.61
H_2	1.02	0.59

A.5.6.2　最终混合气的计算

预混合气制备完毕，就可以计算最终混合气浓度。计算方法和预混合气浓度计算的方法相同。在制备过程中，假定向气瓶中充装了(85.881 5±0.003 3) g 的预混合气，同时假定已充装了(774.321 4±0.014) g 的氮气，预混合气和氮气的杂质含量见杂质浓度表。

预混合气的摩尔质量为(0.01×28.010 4+0.99×28.013 48)=28.013 45，氮气的摩尔质量为 28.013 48。

目标是从一氧化碳摩尔分数中得到 0.5%的相对不确定度。从表 A.7 中可以看到一氧化碳的摩尔分数是 1 016.95$\times 10^{-6}$，同样可以得到，其相对扩展不确定度是 0.92$\times 10^{-6}$，低于 0.1%。

表 A.7　最终混合气的浓度

组　　分	摩尔浓度$\times 10^{-6}$	不确定度$\times 10^{-6}$
H_2O	2.01	0.45
CO	1 016.95	0.46
CO_2	1.02	0.18
O_2	2.01	0.18
Ar	24.97	0.90
CH_4	0.51	0.18
N_2	998 952.42	1.22
H_2	0.10	0.06

制备程序的下一步是验证混合气，由于氮气中一氧化碳的溯源标准可以获得，因此适用于 6.1 中所述的情况。可以选用合适的分析仪器如 GC-TCD 或 ND-IR，以确定新制备的混合气的组成和不确定度。参照 ISO 6143:2001 中描述的程序，用可溯源的标准样品对分析仪器进行校准。

判定标准为：

$$|x_{grav} - x_{anal}| \leqslant 2\sqrt{u(x_{grav})^2 + u(x_{anal})^2} \qquad \text{(A.6)}$$

式中：x_{grav}表示称量得到的组分摩尔分数(=1 016.95$\times 10^{-6}$)，x_{anal}表示分析得到的组分摩尔分数，各种含量由分析仪器测定。$u(x_{grav})$(=0.45$\times 10^{-6}$)和 $u(x_{anal})$表示该量值的标准不确定度。

附　录　B
（资料性附录）
易凝结组分气态混合物充装压力的计算指南

B.1　一般气体混合物最大充装压力的估算

易凝结组分是指气体混合物在制备、使用或室外储存时，容易变成液态或部分变成液态的组分。

为了保证所制备的混合气中各组分完全呈气态，应对充装压力 p_F 加以限制。如果没有合适的计算充装压力的资料，可以用以下公式(B.1)，计算极限充装压力。

$$p_F \leqslant \frac{1}{\sum_{j=1}^{n}\left[\frac{x_j}{p_j(T_L)}\right]} \qquad \text{(B.1)}$$

式中：

T_L——气体混合物可能承受的最低温度；

n——组分总数；

x_j——组分 j 的摩尔分数；

$p_j(T_L)$——组分 j 在温度 T_L 时的蒸气压。

$p_F > 5\times10^6$ Pa (50 bar)时，公式(B.1)计算给出的数值可能相当保守。

为了避免组分凝结液化，充装温度 T_F 和储存温度 T_L 之间差别不应太小。

关于组分的蒸气压，可以在参考资料[1]～[11]中查到。

B.2　应用——天然气

B.2.1　组分的蒸气压

表 B.1 中给出了 20 ℃时，将组分加入气瓶的最大压力。这些压力来自各组分的分压。

表 B.1 中给出的是组分“纯气”的最高压力。气体混合物在制备过程中，如果某组分的分压高于表中给出的“纯气”状态的蒸气压，那么这个组分就不能被添加。因此，在不考虑其他组分的蒸气压时，计算得到的充装压力，是不被认可的。原因在于，碳氢化合物在接近其蒸气压充装时，能导致在气瓶内形成液相。尽管最终混合气中，甲烷是主要组分，混合气也将是简单的气相，制备过程中也应避免液化现象出现。

表 B.1　最大充装压力（根据组分纯气蒸气压）

组　分	压力/kPa	组　分	压力/kPa
正丁烷	162	二氧化碳	4 590
异丁烷	234	甲烷	＞20 000
丙烷	500	氮气	＞20 000
氢气	＞20 000	氧气	＞20 000
乙烷	3 400	氦气	＞20 000

如果在混合气制备过程中出现液体沉积：

——存在让所有液体重新变成气相并形成均匀混合物所需时间上的不确定因素，或混合物能否变成气相的不定性；

——由于液体的形成导致气体体积减少，这就意味着，预计充装压力与添加质量之间的相互关系不复存在。

如果已经建立了计算机相态特性计算程序，可用该程序来确保混合气制备过程中，始终处于气相状态（不出现液相）。如果未建立这样的程序，则各组分的充装压力应不超过其常温下蒸气压的50%，最好不超过25%。

B.2.2 最终混合气的相态

除要考虑制备过程中中间混合气的相态外，还应该考虑最终混合气的相态特性。它能表征含碳氢化合物的混合气的最大露点温度，即，低于该温度时，某些组分分离成液相。通过比较，可以推断理想气体总是在最高压力和最高露点温度并存的条件下预测。

图B.1所示是一种校准气体混合物的露点曲线，其中丙烷（C_3）、异丁烷（C_4）、正丁烷（C_4）的浓度分别为其15℃蒸气压的50%。在5.5 MPa下，最高露点是−13℃。这意味着，在高于此温度的条件下运输和储存时，混合气应该是稳定的。无论如何，气瓶里的混合气在使用时，会通过压力调节或压力控制装置膨胀，产生焦耳-汤姆逊效应，使气体冷却。

图B.1也显示了从15℃，7.0 MPa和从15℃，10.0 MPa开始的冷却曲线。从压力为7.0 MPa的混合气开始膨胀时，冷却曲线不会进入气、液两相区域。相反，从10.0 MPa的开始膨胀时，冷却曲线进入两相区域，一些液体会被分离出来。因此，含一定浓度的C_3和C_4的混合气，其充装压力最好为7.0 MPa，而不用10.0 MPa，即使混合气本身在此压力下是稳定的。图B.1中露点曲线也说明，混合气中C_3和C_4的浓度为其蒸气压的25%时，最高露点温度在5.0 MPa下降至−32℃，此时，从10.0 MPa开始膨胀也不会产生凝结现象，使安全范围更大。

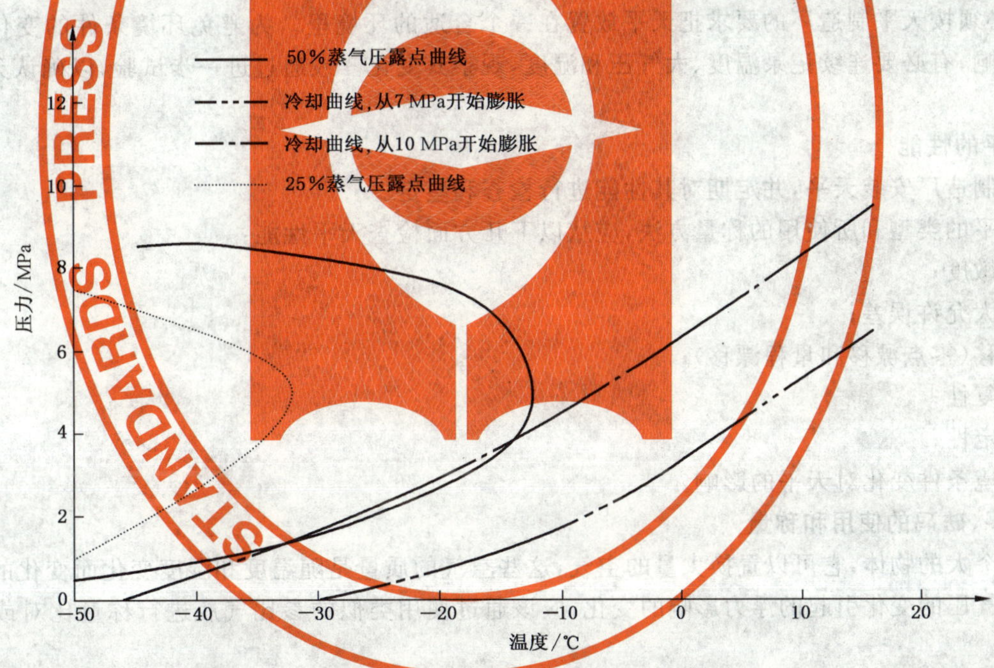

图B.1 露点曲线和冷却曲线

附 录 C
（资料性附录）
气瓶称量搬运和充装时的预防措施

C.1 称量

C.1.1 天平的选择

选择的天平具有合适的总载荷，能称量气瓶的质量，并且该天平还要有合适的灵敏度，以满足称量质量较小气体的要求。例如，在一个容积约 5 L 的铝合金气瓶里制备混合气，应选择的天平最大载荷为 10 kg，实际标尺分度值为 0.4 mg。有时候，添加少量的组分时，需要用一种小的转移气瓶（如容积为 200 mL 的气瓶）。这种气瓶可以在灵敏度更高、准确度更好的天平上称量（载荷为 240 g、实际标尺分度值为 0.05 mg 的分析天平，能满足这一要求）。

C.1.2 天平的环境

如果使用环境不适宜，天平的性能和混合气的制备精度都会受到影响。例如，空气调节引起的气流扰动、阳光直晒或空气调节导致的温度变化、及振动均能干扰天平的使用性能。此外，环境温度和湿度的改变可能导致天平产生漂移。

因此，必须按天平制造厂的要求把天平放置在一个合适的环境里。为避免环境条件的变化对称量结果产生影响，有必要连续记录温度、大气压和湿度，观察其变化。或通过进一步试验，以确认天平性能满足要求。

C.1.3 天平的性能

建议由制造厂安装天平，并定期对其性能进行检查和鉴定。

根据天平的类型和所使用的称量方法，应从以下几方面检查天平性能：

——灵敏度；

——最大允许误差；

——漂移（零点漂移和量程漂移）；

——重复性；

——稳定性；

——环境条件变化对天平的影响。

C.1.4 天平、砝码的使用和称量

气瓶是个大的物体，它可以置换大量的空气，这些空气的质量是随温度和湿度变化而变化的。

由于大气压的变化引起的浮力影响的变化，应该通过使用类似的参比气瓶进行称量比对或通过计算予以校正。

除 C.1.2 所述的温度影响，还需将气瓶充装过程中温度变化对称量结果的影响减到最小，因此有必要进行试验，以确定气瓶在气体充装后，温度稳定到何种程度是十分必要的。

如果校准气体混合物需要溯源到国际或国家称量标准，那么在称量过程中或在天平的校准过程中，所使用的砝码都应该具有可追溯性。同样地，测量环境温度和压力的仪器，也应该可溯源到国家或国际标准，以便准确地进行浮力修正。

C.2 气瓶

C.2.1 气瓶的选择

应该选择气瓶材料、规格和阀门，以便能安全地搬运气瓶。气瓶的材料应和所盛装气体组分有良好的相容性。

C.2.2 气瓶的处理

残留在气瓶中的水蒸气污染物能与气瓶内盛装的气体发生不应有的反应。要除去这些污染物，可以在烘箱中给新气瓶加热，同时用真空泵抽真空，采取抽真空加热的方式将气化了的污染物置换出来。但是如果抽真空加热的方式会破坏已处理的气瓶内表面时，则不能采用这种方法。

每只气瓶都应该在真空和工作压力条件下进行检漏测试。可以用合适的真空压力指示计来检测气瓶是否泄漏，或在一段时间内称量被检查的气瓶。使用称量法检漏时，应考虑到C.1.2和C.1.4中提到的环境条件改变、以及增压带来的影响。

气瓶、气瓶的阀门和阀门螺纹应清洁干净。气瓶表面松散的油漆应该除去，以减小制备过程中可能发生的质量变化。当使用高灵敏度的天平时，应带手套搬运装卸气瓶。在制备过程中，除称量操作外，气瓶应用聚乙烯塑料网套加以保护。气瓶底部要有保护垫，以防气瓶底部接触地面时磕掉漆膜和金属。

为了避免金属接头及其螺纹的磨损，在称量操作过程中必要的连接件应固定在气瓶阀门上，用“O”形圈密封连接气体转移设备。

C.2.3 安全问题

必须遵守国家有关气瓶检验周期的规定。气瓶检验应由被认可的机构进行。

不能有有机油类和油脂类物质接触气瓶和接头，同时，氯代溶剂也不能接触铝合金气瓶。气瓶在使用时不能超过其最大工作压力，工作压力通常是检验压力的2/3。

所有的管道和接头都应适应他们所承受的工作压力和预期的功能，螺纹要合适。连接件应该根据其制造厂提供的说明来组装。

气体充装设备应该设计成最大操作压力的1.5倍，并且在此压力下用适当的方法进行检漏测试。为防止压力过高，建议安装泄压安全阀，超压时将气体排放到工作区域以外，以保护气体充装设备。如果气体输送装置上有真空泵，也应该安装泄压安全阀，防止因误操作引起真空系统增压而损害真空泵。此外，应该安装一个手动放空阀，将装置内的高压气体排放到工作区域以外。

C.3 充装气瓶

C.3.1 制备校准气体混合物的主要方法

以下是制备校准气体混合物的三种方法：

a) 将一定量的纯气或已知组分的预混合气添加到已称量的真空气瓶中；

b) 将一定量的气体，从一个装有已知组分和已知质量的气体混合物的气瓶中转移出来，剩下的气体混合物质量也可以知道，在其中添加期望的气体，稀释成最终混合气；

c) 为了减少小量组分的不确定度，可以使用小容器来盛装这些物质，用低载荷的天平来称量，再把其中的物质转移出来。

这些方法概括了下文所应采取的预防措施[除c)外方法a)和b)的步骤基本是一样的]。

C.3.2 用纯气或预混合气制备校准气

首先确定充装顺序(见4.4)。将气瓶抽真空直到低于一定的压力，此时残留在气瓶内气体的质量应低于称量不确定度。将气瓶从真空系统上卸下，在温度平衡后，称量气瓶质量。

将气瓶连接到充气设备上，用第一个充装的纯气或预混合气清洗管道。通过清洗将残留在充气设备中的气体对最终混合气的影响减到最小。

在经过充分的清洗和抽真空之后，打开纯气或预混合气气瓶阀门，将气体引入输送装置和管道，然后打开被充装气瓶的阀门。把气体缓慢充入气瓶里，以减小温度的影响。在气体混合物有可能产生凝结作用的情况下，会导致某些组分部分液化，由于绝热膨胀(焦耳-汤姆逊效应)会导致温度效应，如果是用压力指示来确定气体组分的充装质量，温度影响可能会引起偏差，这种膨胀也可能导致凝结现象发生。

气瓶阀门全部打开，持续充装气体直到压力表显示该气体已经充装足够；或天平指示气体的充装质量已够。关闭气瓶阀门,卸下气瓶,在温度达到平衡后,再称量恒定的气瓶质量。

重复这个过程,充装第二个组分和接下来的其他组分。每次打开充装气瓶阀门前,应确保设备和充装管道里的压力高于前一组分在气瓶里的压力。这样,可以防止气瓶里的气体倒灌进入充装管道。最后一个组分添加、称量结束后,在使用前,还要使气瓶里的组分混合均匀,通常是通过滚动气瓶来达到混匀的目的。可以事先通过实验来确定混匀所需要的最短时间。

必须关注以下几个可能产生凝结的因素:

——气瓶充装时可能产生凝结现象,目前还没有理论去解释这一现象。已充装到气瓶中的气体组分在没有充分地混合时,充装平衡气会压缩已有组分,结果导致部分组分凝结。

——在混匀含有部分凝结组分的气体混合物时,有时很难从气瓶瓶壁解除凝结状态。

——当一种组分的相对密度高于平衡气的相对密度时,由于它们之间密度的差别,很难通过简单的滚动使该混合气充分混匀。这时,可以把气瓶长时间平躺放置,或增加混匀时间,或滚动期间给气瓶加热。

C.3.3 通过另外一只气瓶转移样品,制备微量组分混合气

在一个小容积气瓶里,充装微量组分气体,把小气瓶放到低载荷、高灵敏度的天平上称量气体质量,将小气瓶连接到气体充装设备上。把“较大”的被充装气瓶抽真空并称量,然后如C.3.1所述连接到气体充装设备上。用接下来需要添加的气体清洗转移管道后,抽空管道,并打开气瓶阀门,让小气瓶中的气体转移到大气瓶中。关闭大气瓶阀门。然后用稀释气体给管道和小气瓶增压,将这些气体都转移到大气瓶中。无论如何,在打开大气瓶阀门前,都要确保管道里的压力高于大气瓶里的实际压力。每次添加完成一种组分,都要卸下大气瓶进行称量。

如果小气瓶或它的阀门不能承受最终充装压力,则应将小气瓶从转移设备上移开并再次称量。从小气瓶中转移某种组分前后质量之差,就是添加到大气瓶的组分质量。

附 录 D
（资料性附录）
校准气体混合物组分计算公式

以下公式中

设 $i=1,2,\cdots,n$ 表示校准气体 Ω 的组分（包括已经定量的杂质组分）。

设 $A=1,2,\cdots,P$ 表示用于制备混合气的原料气。

最终混合气 Ω 的组分计算需要输入以下数据：

——m_A，最终混合气 Ω 中原料气 A 的质量，单位为克(g)；

——$x_{i,A}$，原料气 A 中组分 i 的摩尔分数；

——M_i，组分 i 的摩尔质量，单位为克每摩尔(g/mol)。

注：在这种计算方法里，所有原料气都可以被看作含有 n 个组分的混合气。多数情况下摩尔分数 $x_{i,A}$ 是零。

根据以上数据，可以按如下方法得到一组辅助数据：

——M_A 是原料气 A 的(平均)摩尔质量，由下式给出：

$$M_A=\sum_{i=1}^{n}x_{i,A}M_i \qquad \cdots\cdots(D.1)$$

——$w_{i,A}$ 是原料气 A 中组分 i 的质量分数，由下式给出：

$$w_{i,A}=x_{i,A}\frac{M_i}{M_A} \qquad \cdots\cdots(D.2)$$

根据输入数据可以通过两步程序推导出最终混合气组分的计算公式。

a) 计算质量组成。即在最终混合气中组分 i 的质量分数 w_i；

b) 将质量组成转换成摩尔组成。即在最终混合气中，将组分 i 的质量分数 w_i 转换成摩尔分数 x_i。

质量分数 w_i 由下列公式给出：

$$w_i=\frac{\sum_{A=1}^{P}w_{i,A}m_A}{m_\Omega} \qquad \cdots\cdots(D.3)$$

式中：

m_Ω——最终混合气的质量，单位为克(g)。

利用公式(D.2)，质量分数 $w_{i,A}$ 可以用摩尔分数 $x_{i,A}$ 导出，公式如下：

$$w_i=\frac{\sum_{A=1}^{P}x_{i,A}\frac{M_i}{M_A}m_A}{m_\Omega} \qquad \cdots\cdots(D.4)$$

公式(D.4)中最终校准混合气质量组成为输入数据的函数。例如，原料气组分的摩尔浓度、混合气组分的摩尔质量、由称量而得到的原料气质量。

在最后一步中，再次用公式(D.2)将最终混合气 Ω 的质量分数 w_i 转换成摩尔分数 x_i。

结果是：

$$x_i=\frac{\sum_{A=1}^{P}x_{i,A}\frac{m_A}{M_A}}{\frac{m_\Omega}{M_\Omega}} \qquad \cdots\cdots(D.5)$$

式中：

M_Ω——最终气体混合气的摩尔质量，单位为克每摩尔(g/mol)。

使用恒等式：

$$\frac{m_\Omega}{M_\Omega}=\sum_{A=1}^{P}\frac{m_A}{M_A} \qquad \text{(D.6)}$$

可以得到以下结果：

$$x_i=\frac{\sum_{A=1}^{P}x_{i,A}\frac{m_A}{M_A}}{\sum_{A=1}^{P}\frac{m_A}{M_A}} \qquad \text{(D.7)}$$

M_A 由公式(D.1)给出，这样得到最终公式：

$$x_i=\frac{\sum_{A=1}^{P}\left(\frac{x_{i,A}m_A}{\sum_{i=1}^{n}x_{i,A}M_i}\right)}{\sum_{A=1}^{P}\left(\frac{m_A}{\sum_{i=1}^{n}x_{i,A}M_i}\right)} \qquad \text{(D.8)}$$

附 录 E
（资料性附录）
误 差 来 源

E.1 概述

许多误差会影响最终结果的不确定度。它们中某些被考虑或被忽略，应该依据设备的使用、方法的选择和最终结果的允许不确定度而定。下面列举了在混合气制备过程中一些潜在的误差来源。在使用过程中，如果某项误差可以忽略不计，应该有确定的程序来验证。若不能忽略，则必须进行误差计算或确认。

E.2 与天平和砝码有关的误差

以下是与天平和砝码有关的误差来源：

——天平的实际标尺分度值；

——天平的准确度，包括最大允许误差；

——零点不正确；

——漂移（热源和时间引起的影响）；

——气流引起的不稳定性；

——气瓶在天平秤盘上的位置；

——砝码的误差；

——砝码浮力的影响。

E.3 与气瓶有关的误差

以下是与气瓶有关的误差来源：

a) 气瓶在机械搬运中的误差，如：

1) 金属、漆膜、或标签从气瓶表面脱落；

2) 金属从阀门和接头上脱落；

3) 气瓶、阀门或接头沾染污垢。

b) 气瓶外表面的吸附和解吸效应。

c) 浮力影响引起的误差：

1) 气瓶自身浮力；

2) 由于气体充装引起的气瓶温度与周围空气温度的不同；

3) 充装过程中气瓶体积的变化；

4) 空气密度的变化，这是由于：

——温度；

——大气压力；

——湿度和二氧化碳含量。

5) 气瓶外表面体积的不确定性。

E.4 与组分气体有关的误差

以下是与组分气体有关的误差来源：

a) 气瓶内的残余气体。

b） 泄漏引起，如：

——气瓶抽真空后，空气渗入；

——在充装过程中，气体从气瓶阀门泄漏；

——充装之后，气体从气瓶泄漏；

——气体从气瓶渗入转移管路。

c） 在使用减量称量法时，样品未完全转移，有部分气体存留在转移系统里；

d） 气体组分在气瓶内表面的吸附/反应；

e） 组分之间的反应；

f） 原料气中含有杂质；

g） 混合不均匀；

h） 相对分子质量的不确定度。

附　录　F
（资料性附录）
修正值及修正值的不确定度的计算

不确定度通常以误差极限的形式来计算。如果这些计算是可行的，则可用作推导：

——修正值，用于所考虑中的目标量值；

——修正的不确定度，包括不确定度的计算。

根据《测量不确定度的表述指南》中所阐述的（不确定度的）B类评定方法。该误差极限可以用绝对量值或相对量值来表示。

a)　所考虑的误差来源，可以认为其相对误差值介于 ε_{min} 和 ε_{max} 之间。误差的影响可以用数字函数 f 表示，它介于 $f_{min}=1+\varepsilon_{min}$ 和 $f_{max}=1+\varepsilon_{max}$ 之间。通常 $\varepsilon_{min}<0$，$\varepsilon_{max}>0$，并且 $|\varepsilon_{min}|=|\varepsilon_{max}|$。当然实践中，也会出现其他情况。

推荐的方法建立在矩形分布的基础上，用下式计算平均分数：

$$f_{av}=1+\frac{\varepsilon_{min}+\varepsilon_{max}}{2} \quad \cdots\cdots\cdots\cdots (F.1)$$

在考虑数量的不确定度的计算时，作为修正系数，为此修正包括的相对标准不确定度由下式给出：

$$u_{rel}=\frac{\varepsilon_{max}-\varepsilon_{min}}{2\sqrt{3}} \quad \cdots\cdots\cdots\cdots (F.2)$$

如果误差范围是对称的，相对误差 ε 为正值，则 $\varepsilon_{min}=-\varepsilon$，$\varepsilon_{max}=\varepsilon$，修正系数是1，也就是说不需要修正。不过，这个为1的修正系数伴随一个必须考虑的不确定度：$u_{rel}=\varepsilon/\sqrt{3}$。

b)　所考虑的误差来源，通常可以认为其绝对误差值介于 e_{min} 和 e_{max} 之间。就像a)中所述，通常是 $e_{min}<0$，$e_{max}>0$ 和 $|e_{min}|=|e_{max}|$，但是实践中，其他情况也会出现。

推荐的方法建立在矩形分布的基础上，用下式计算平均分数：

$$e_{av}=\frac{e_{min}+e_{max}}{2} \quad \cdots\cdots\cdots\cdots (F.3)$$

在考虑数量的不确定度的计算时，作为辅助修正，在修正中的绝对标准不确定度由下式给出：

$$u=\frac{e_{max}-e_{min}}{2\sqrt{3}} \quad \cdots\cdots\cdots\cdots (F.4)$$

如果误差极限是对称的，误差 e 为正值，则 $e_{min}=-e$，$e_{max}=e$，修正值为零，即没有修正值。然而这个为零的修正，伴随一个必须考虑的不确定度，$u=e/\sqrt{3}$。

通常可得到的误差极限值不直接表示所研究的目标量 x，但是另外的一个变量 y 对 x 有影响。在这种情况下，必须用严格或近似的敏感相关系数 $\partial x/\partial y$ 或 $\Delta x/\Delta y$，将计算得到的修正值和修正不确定度传递给目标量。

附 录 G
（资料性附录）
推荐方法的计算机计算程序

根据本标准推荐的方法，可以利用计算机程序来计算混合气组分和不确定度。在下面的地址可以查找到：

NEN
Secretariat of ISO/TC 158
P. O Box 5059
2600 GB Delft
The Netherlands
Tel. +31 15 2690330
Fax. +31 15 2690190

该程序储存在 3.5″双面高密度磁盘上。可咨询有关说明及单价。

The program has been written for use with IBM-compatible personal computers and the MS-Windows 95 operating system（IBM 个人电脑及 MS—Windows95 中都有该程序）

The program consists of the following:（该程序由下面几部分组成：）

——"purity table", for input and editing of purity tables of parent gases containing a fixed number of gaseous components（"纯度表"可以对含有一定数量组分的原料气的纯度表进行数据输入或修改）;

——"mixture data", for input and editing of weighing results and companying uncertainties（"混合气数据"对称量结果和不确定度进行数据输入或修改）。

Calculation of the mixture composition is made in accordance with the method described in this International Standard. Resulting purity tables can be printed on a laser or inkjet printer.

The program has been validated by a large series of tests using real data sets and has been extensively tested and validated by experts of ISO/TC 58. To a large extent, the program is self-explanatory. A number of help files are available within the program. However, users are strongly recommended to study this International Standard before working with the program, and to refer to the description for all information about installation, input/output file formats, and usage of the program modules. The description is contained in a read-me file on the program diskette.

（混合物成分的计算与本标准中描述的一致，最终纯度表用激光或喷墨打印机打出。

ISO/TC 58 的专家们用大量试验数据对该程序进行广泛的试验确认。该程序在很大程度上可以做到自我解释，它包含很多辅助文件。建议在使用该程序前学习本标准以及程序安装，输入输出文件格式，程序使用模块等方面的有关信息，这些信息都包含在该程序的自述过程中。）

参 考 文 献

有关凝结组分蒸气压的参考书目

[1] API Research project 44, Selected Values of Properties of Hydrocarbons. Government Printing Office, Washington DC, 1947.

[2] API, Technical Data Book. New York, 1970.

[3] Encyclopedie des Gaz (Gas Encyclopaedia). L'Air Liquide, Elsevier Science Publ., Amsterdam ISBN0-444-41492-4.

[4] Gallant, R. W and C. L. Yaws Physical Properties of Hydrocarbons. 4 Volumes, Gulf Publishing Company, Houston, ISBN 0-88415-067-4, 0-88415-175-1, 0-88415-176-X, 0-88415-272-3.

[5] BAUMER D. and RIEDEL E. Gase-Handbuch. (Messer GRIESHEIM, ed.) C. Adelmann Publ., Frankfurt, Germany.

[6] HILSENRATH, J. et al. Tables of Thermodynamic and Transport Properties, Pergamon Press, New York, 1960.

[7] CRC Handbook of Chemistry and Physics. (LIDE D. R., ed.). CRC Press, Inc., Florida, ISBN 0-8493-0475-X.

[8] LANDOLT - BORNSTEIN. Vol Ⅱ, Springer Verlag, 6th ed.

[9] REID R. C. PRAUSNITZ, J. M. and SHERWOOD. T. K. The properties of gases and liquids. Mc Graw-Hill, 1977 ISBN 0-07-051790-8.

[10] TRC Thermodynamic Tables. Thermodynamics Research Center, Texas A & M University.

[11] YAWS C. L. Handbook of Vapor Pressure, 3 Volumes, C1 to C28 Compounds. Gulf Publishing Company, Houston, ISBN 0-88415-189-1, 0-88415-190-5, 0-88415-191-3.

参考书目

[12] GIACOMO P. Equation for the determination of the density of moist air (1981). Metrologia, 18, 1982:33-40.

[13] DAVIS R. S. Equation for the determination of the density of moist air (1981 91) Metrologia, 29, 1992:67-70.

[14] SCHWARTZ R. Guide to mass determination with high accuracy. PTB-Berricht PTB-MA-40, April 1995, ISBN3-89429-635-6.

[15] GLASER M. Response of apparent mass to thermal gradients. Matrologia, 27, 1990:95-100.

参考资料

[16] ISO 14167, Gas analysis-General quality assurance aspects in the use and preparation of reference gas mixtures-Guidelines..

[17] Guide to the expression of uncertainty in measurement(GUM). BIPM, IEC, IFCC, ISO, IUPAC, IUPAP, OIML, 1st ed., corrected and reprinted in 1995.

[18] DIN 51896-1, Gas analysis-Quantities of composition, compressibility factor-basis.

[19] ISO 6145(all parts), Gas-Preparation of calibration gas mixtures using dynamic volumetric methods.

ICS 25.080.20
J 54

中华人民共和国国家标准

GB/T 5289.1—2008
代替 GB/T 5289.2—2000

卧式铣镗床精度检验条件 第1部分:固定立柱和移动式工作台机床

Machine tools—Test conditions for testing the accuracy of boring and milling machines with horizontal spindle—Part 1:Machines with fixed column and movable table

(ISO 3070-1:2007,MOD)

2008-08-11 发布 2009-02-01 实施

中华人民共和国国家质量监督检验检疫总局
中国国家标准化管理委员会 发布

前　言

GB/T 5289《卧式铣镗床精度检验条件》分为以下三个部分：

——第1部分：固定立柱和移动式工作台机床；

——第2部分：移动立柱和固定式工作台机床；

——第3部分：移动立柱和移动式工作台机床。

本部分为GB/T 5289的第1部分。

本部分修改采用ISO 3070-1:2007《卧式铣镗床精度检验条件　第1部分：固定立柱和移动式工作台机床》(英文版)。

考虑到我国国情，在采用国际标准时进行了修改。这些技术性差异用垂直单线标识在它们所涉及的条款的页边空白处。在附录A中给出了技术性差异及其原因的一览表以供参考。

为了方便使用，本部分还做了下列编辑性修改：

——删除了ISO前言；

——第5章“特殊部件注释”改为“主要部件”；

——第6章“基本注释”改为“一般要求”；

——在精度表格中删除了“实测偏差”一栏；

——用小数点“.”代替作为小数点的逗号“,”。

本部分代替GB/T 5289.2—2000《卧式铣镗床检验条件　精度检验　第2部分：台式机床》。

本部分与GB/T 5289.2—2000相比主要变化如下：

——增加了第4章“机床加工操作定义”；

——增加了第5章“主要部件”；

——以“镗轴移动时的挠度”代替“镗轴移动的直线度”(见本版7.5中G19，2000版5.5中G19)；

——以“数控切削”代替“数控卧式铣镗床工作精度检验补充项目”P11和P12(见本版第8章M4，2000版6.2)；

——修改了第9章“数控定位精度和重复定位精度的检验”中的精度值(见本版第9章，2000版第5章中的5.10)。

本部分的附录A为资料性附录。

本部分由中国机械工业联合会提出。

本部分由全国金属切削机床标准化技术委员会(SAC/TC 22)归口。

本部分起草单位：沈阳钻镗床研究所、昆明机床股份有限公司。

本部分主要起草人：侯淑娟、许立亭、郑淑萍、唐其寿。

本部分所代替标准的历次版本发布情况为：

——GB 5289—1985；

——GB/T 5289.2—2000。

卧式铣镗床精度检验条件
第1部分:固定立柱和移动式工作台机床

1 范围

GB/T 5289的本部分规定了一般用途普通精度的卧式铣镗床(带固定立柱和移动式工作台机床)的几何精度、工作精度、数控定位精度和重复定位精度检验的方法和公差。

机床可配置不同类型的主轴箱,如带有滑动铣镗轴、带有滑动镗轴和平旋盘、带有滑枕或铣滑枕的主轴箱。

本部分所述机床具有可纵向(Z轴)和横向(X轴)移动的工作台、可垂直移动的主轴箱(Y轴)、可移动的镗轴或滑枕(W轴),平旋盘(U轴)上的滑块可径向进给移动,还可带有一个回转工作台或分度工作台。

本部分适用于普通和数控卧式铣镗床(带固定立柱和移动式工作台)的精度检验。

本部分不适用于机床的运行检验(如振动、异常噪声、部件运动的不均匀现象)以及机床特性检验(如转速、进给),因为这些检验通常在精度检验前进行。

2 规范性引用文件

下列文件中的条款通过GB/T 5289的本部分的引用而成为本部分的条款。凡是注日期的引用文件,其随后所有的修改单(不包括勘误的内容)或修订版均不适用于本部分,然而,鼓励根据本部分达成协议的各方研究是否可使用这些文件的最新版本。凡是不注日期的引用文件,其最新版本适用于本部分。

GB/T 1182—2008 产品几何技术规范(GPS) 几何公差 形状、方向、位置和跳动公差标注(ISO 1101:2004,EQV)

GB/T 17421.1—1998 机床检验通则 第1部分:在无负荷或精加工条件下机床的几何精度(eqv ISO 230-1:1996)

GB/T 17421.2—2000 机床检验通则 第2部分:数控轴线的定位精度和重复定位精度的确定(eqv ISO 230-2:1997)

3 专用名词

3.1 铣镗床

保持工件不动,切削刀具旋转,完成主要切削过程,即通过主轴和/或平旋盘上的刀具的旋转产生切削能量进行切削的机床。

3.2 移动形式

进给移动有以下几种:

a) 工作台纵向、横向移动或旋转式运动;

b) 主轴箱垂直移动;

c) 主轴轴向移动;

d) 平旋盘上滑块的径向移动。

表1给出了图1所示机床各结构部件的名称。图1给出了带固定立柱和移动式工作台的铣镗床的两种可能配置:一种是不回转工作台[见图1 a)],另一种是回转工作台[见图1 b)]。

表 1 结构部件名称

序 号	中 文	英 文
1	床身	bed
2	立柱	column
3	主轴箱	spindle head
4	工作台滑座	table saddle
5	工作台	table
6	回转工作台	rotary table

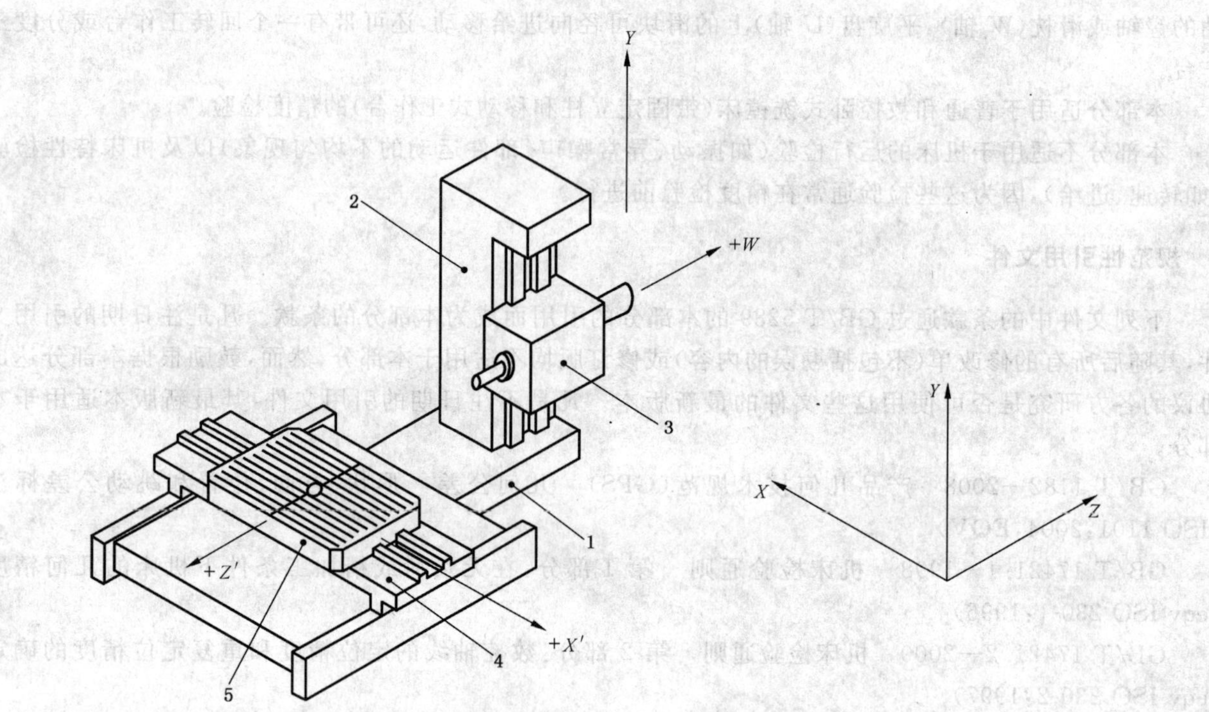

a) 带不回转工作台的机床

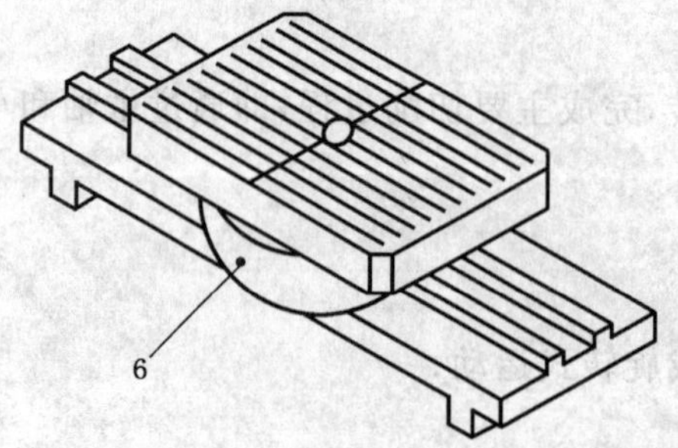

b) 带回转工作台的机床滑座

图 1

4 机床加工操作定义

4.1

镗削 boring operations

保持工件不动，通过单刃切削刀具的旋转产生切削能量，完成主要切削过程，加工成大小、尺寸不同的孔。

镗削时，通过镗杆将刀具的切削刃定位在规定区域，即镗杆主轴的平均线，镗出所需的圆柱形孔、锥形孔、盲孔或通孔。

如果同轴的孔在同一工件的另一面，就需要使用镗轴和位于工作台另一侧的后立柱尾架支撑下的镗杆来完成。或者，若该机床带有回转式工作台，可以将工作台旋转180°，用位于镗杆上的同一刀具来镗工件的另一面，而不需要后立柱尾架的支撑(反向镗)。尽管这种方法更经济，工作台的角定位和回转轴却需要更高的精度。

4.2

铣削 milling operations

保持工件不动，通过多个切削刃的刀具的旋转产生切削能量，完成主要切削过程，加工成不同尺寸的表面。

铣削，一般情况下包含平面铣削和端面铣削，刀具安装在镗轴锥孔中(见图2)，或将面铣削刀具安装在铣轴端部。

a) 铣镗轴式主轴箱　　b) 平旋盘式主轴箱　　c) 方滑枕式主轴箱

图 2

5 主要部件

5.1 主轴箱 spindle heads

图2所示的各类主轴箱的相关名称见表2。

平旋盘通常分为固定式或可拆卸的，并带有一个径向端面切削滑块；如果是可拆卸的，通常作为附件。

固定式平旋盘可以不总安装在铣轴上，并可具有独立于主轴轴承的专用轴承。

表2 主轴箱相关部件名称

序　号	中　文	英　文
1	镗轴	boring spindle
2	铣轴	milling spindle
3	平旋盘	facing head
4	有平旋盘的主轴箱	spindle head with facing head
5	滑枕	ram

5.2 工作台 tables

在定位及进给过程中，工作台可以进行各种直线移动和回转运动。

在两个主要直线移动中，两个移动方向互相垂直，用于定位或者实现切削进给。

工作台的回转可用于：

a) 工作台的角定位；

b) 为铣削操作循环进给；

c) 为车削操作做循环切削移动。

5.3 后立柱尾架 steady blocks

由于减少了长的镗杆的使用，后立柱及其尾架逐渐作为备选件或辅助设备。

6 一般要求

6.1 测量单位

本部分中所有线性尺寸、偏差及相应的公差均以毫米(mm)为单位，角度尺寸用度(°)表示，角度偏差及相应的公差用比值表示，在某些情况下为了表达得更明确，也用微弧度(μrad)或弧度秒(″)表示。其换算关系见下式：

$$0.010/1\,000 = 10 \times 10^{-6} = 10\ \mu\text{rad} \approx 2''$$

6.2 参照标准

在使用本部分时，应参照 GB/T 17421.1 的规定进行，尤其是机床检验前的安装，主轴和其他运动部件的空运转温升及检验方法和检验工具的精度等。

6.3 检验顺序

本部分所给出的检验项目的顺序并不表示实际检验顺序。为了使装拆检验工具或检验方便起见，可按任意次序进行检验。

6.4 检验项目

检验机床时，根据结构特点并不是必须检验本部分中的所有项目。为了验收目的而要求检验时，可由用户取得制造厂同意选择一些感兴趣的检验项目，但这些检验项目必须在机床订货时明确提出。

6.5 检验工具

在各项检验项目中所提到的检验工具仅为实例，可以使用相同指示值和至少具有相同精度的其他检验工具。指示器应具有 0.001 mm 或更高的分辨率。

6.6 工作精度检验

工作精度检验应在精加工后进行，而不在粗加工后进行，因为粗加工易产生较大的切削力。

6.7 软件补偿

如果在几何补偿、定位补偿、轮廓补偿及热偏移补偿时使用嵌入式软件，在检验过程中需参照用户与供应商的协议。若使用软件补偿，宜在检验报告中说明。

6.8 最小公差

当实测长度与本部分规定的长度不同时，公差值应按 GB/T 17421.1—1998 中 2.3.1.1 的规定折算。折算结果小于 0.005 mm 时，按 0.005 mm 计。

7 几何精度检验

7.1 坐标轴线的直线度和角度偏差

检验项目	G1
工作台滑座移动(*Z* 轴)的直线度： a) 在 *YZ* 垂直平面内(*EYZ*)； b) 在 *ZX* 水平面内(*EXZ*)	
简图 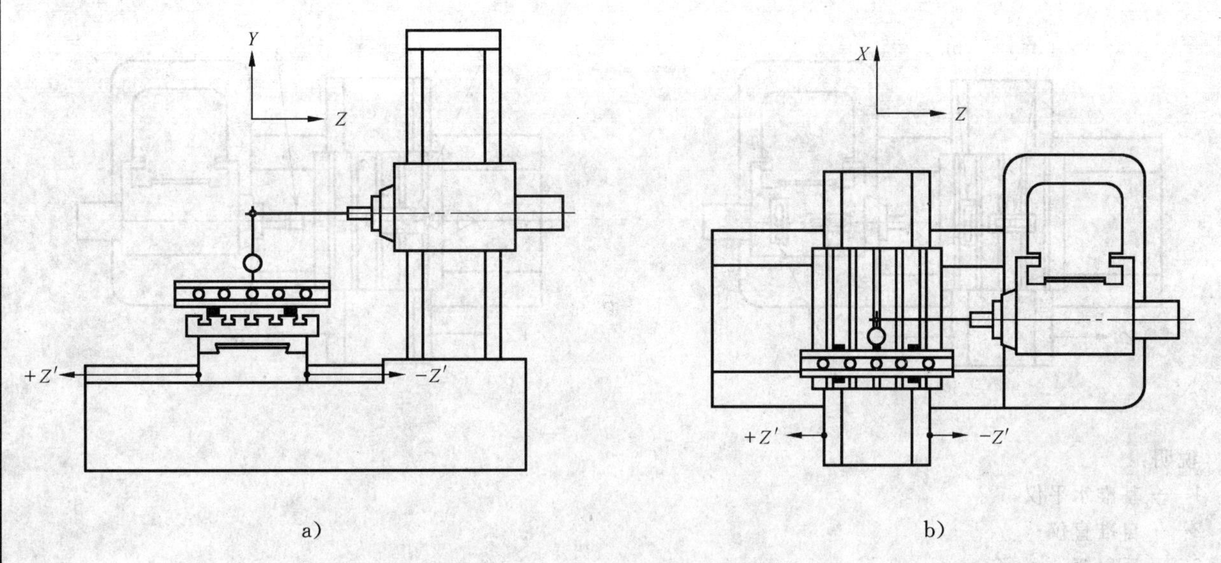 a) b)	
公差 a)和 b) 测量长度在 1 000 以内为 0.02； 测量长度超过 1 000 时为 0.03。 局部公差：任意 300 测量长度上为 0.006	
检验工具 平尺、指示器/支架和量块或光学测量仪	
检验方法(按 GB/T 17421.1—1998 中 5.2.3.2.1.1 和 5.2.3.2.1.3) 工作台置于 *X* 轴行程的中间位置并锁紧，主轴箱锁紧。 在工作台上，平行(指示器在平尺移动两端的读数相等)于工作台滑座移动方向，按图示 a)和 b)位置放置一个平尺。 如果主轴能够锁紧，将指示器安装在主轴上。否则，将指示器安装在主轴箱上。指示器的测头应垂直于平尺的检验面。 工作台滑座沿 *Z* 轴方向移动，并记录读数。 a)、b)误差分别计算，误差以指示器读数的最大差值计	

检验项目	G2

检验项目

工作台滑座移动(Z 轴)的角度偏差:

a) 在 YZ 平面内(EAZ:俯仰);

b) 在 XY 平面内(ECZ:倾斜);

c) 在 ZX 平面内(EBZ:偏摆)

简图

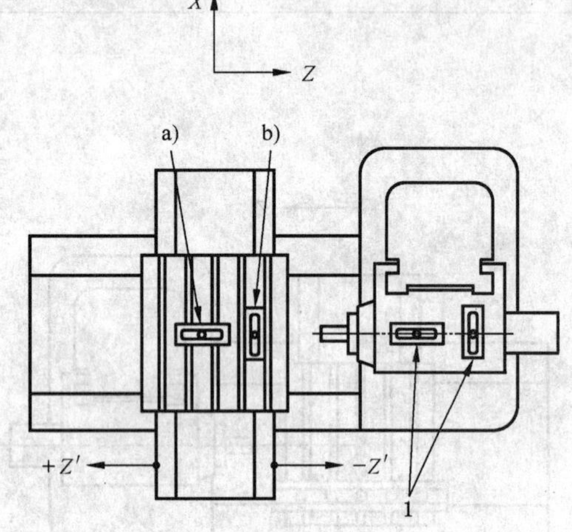

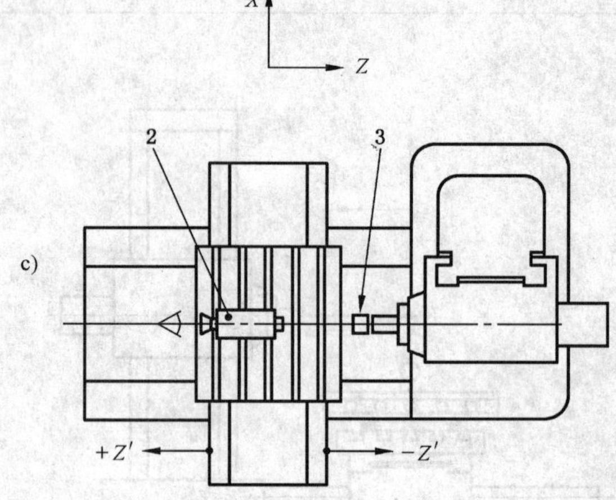

说明:

1——基准水平仪;

2——自准直仪;

3——反射镜

公差

a)、b)和 c)

0.04/1 000;

局部公差:任意 300 测量长度上为 0.02/1 000

检验工具

a) 精密水平仪或光学角度偏差测量仪;

b) 精密水平仪;

c) 光学角度偏差测量仪

检验方法(按 GB/T 17421.1—1998 中 5.2.3.1.3 和 5.2.3.2.2)

水平仪或检验工具置于工作台上:

a) (EAZ:俯仰)沿 Z 轴方向在垂直面内;

b) (ECZ:倾斜)沿 X 轴方向在垂直面内;

c) (EBZ:偏摆)沿 Z 轴方向在水平面内。

主轴箱位于行程的中间位置,基准水平仪置于主轴箱上。

若 Z 轴运动引起主轴箱和工作台产生角位移,两处角位移的测量值有所不同时,应用代数式处理。

检验应在移动的两个方向上沿行程均布的至少 5 个位置上进行。

a)、b)、c)分别计算,误差以水平仪(光学测量仪)读数的最大代数差值计

检验项目	G3
工作台移动(X 轴)的直线度: a) 在 XY 垂直平面内(EYX); b) 在 ZX 水平面内(EZX)	

简图

公差

a)和 b)

测量长度在 1 000 以内为 0.02;
测量长度超过 1 000 时,长度每增加 1 000,公差增加 0.01;
最大公差:0.05;
局部公差:任意 300 测量长度上为 0.006

检验工具

平尺、指示器/支架和量块或光学方法

检验方法(按 GB/T 17421.1—1998 中 5.2.3.2.1.1 和 5.2.3.2.1.3)

滑座置于 Z 轴方向行程的中间位置并锁紧,主轴箱位于 Y 轴方向行程的中间位置并锁紧。

在工作台的中间位置按图 a)和 b)所示放一个平尺,并使之与工作台的移动方向(X 轴)平行(指示器在平尺移动两端的读数相等)。

如果主轴能够锁紧,将指示器安装在主轴上。否则,将指示器安装在主轴箱上。测头应垂直触及平尺检验面,沿 X 轴方向移动工作台,记录指示器读数。

a)、b)误差分别计算,误差以指示器读数的最大差值计

检验项目 工作台移动(X轴)的角度偏差: a) 在 XY 平面内(ECX:倾斜); b) 在 YZ 平面内(EAX:俯仰); c) 在 ZX 平面内(EBX:偏摆)	G4

简图

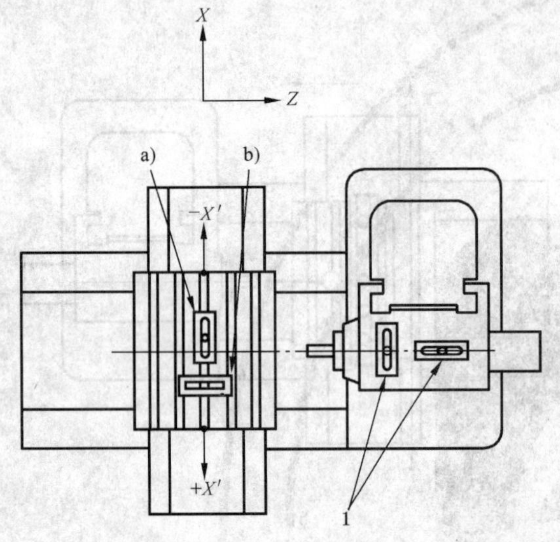

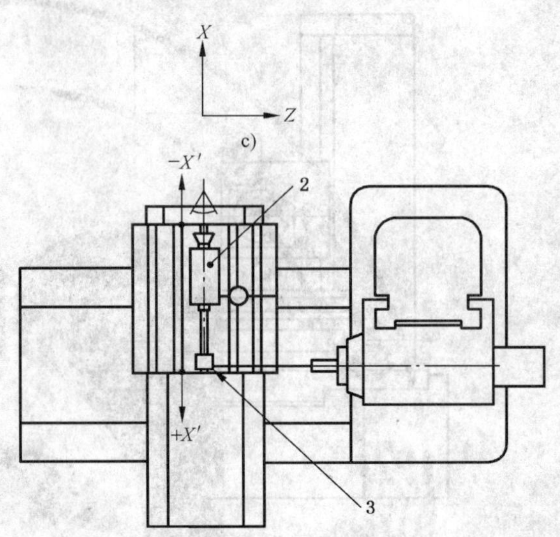

说明:
1——基准水平仪;
2——准直仪;
3——反射镜

公差

a)、b)和 c)
0.04/1 000;
局部公差:任意 300 测量长度上为 0.02/1 000

检验工具

a) 精密水平仪或光学角度偏差测量仪;
b) 精密水平仪;
c) 光学角度偏差测量仪

检验方法(按 GB/T 17421.1—1998 中 5.2.3.1.3 和 5.2.3.2.2)

水平仪或检验工具应放置在工作台上:
a) (ECX:倾斜)沿 X 轴方向在垂直面内;
b) (EAX:俯仰)沿 Z 轴方向在垂直面内;
c) (EBX:偏摆)沿 X 轴方向在水平面内。
主轴箱置于行程的中间位置,基准水平仪安放在主轴箱上。
若 X 轴运动引起主轴箱和工作台产生角位移,两处角位移的测量值有所不同时,应用代数式处理。
检验应在移动的两个方向上沿行程均布的至少 5 个位置上进行。
误差以水平仪(光学测量仪)读数的最大代数差值计

	G5

检验项目

主轴箱移动(*Y* 轴)的直线度:

a) 在 *YZ* 平面内(包括主轴轴线的垂直平面)(*EZY*);

b) 在 *XY* 平面内(与主轴轴线垂直的垂直平面)(*EXY*)

简图

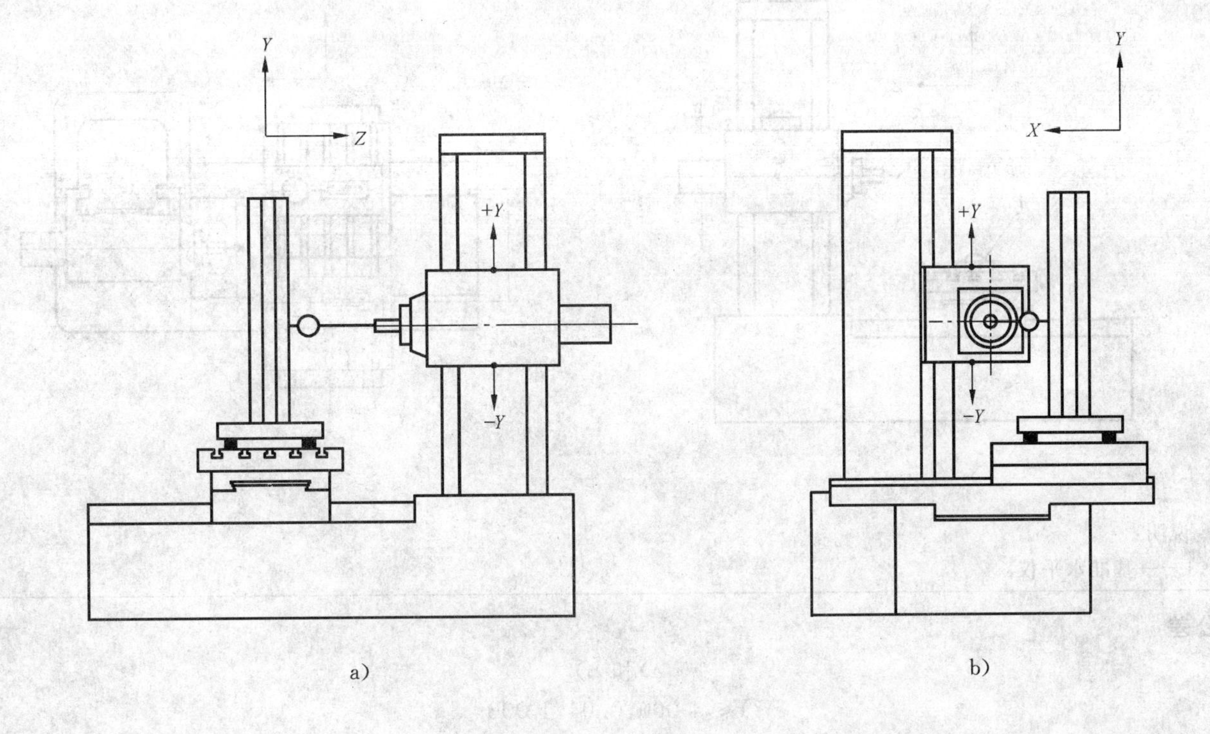

公差

a)和 b)

任意 1 000 测量长度上为 0.02

检验工具

直角尺和平尺、或圆柱形直角尺、平板、可调量块和指示器/支架

检验方法(按 GB/T 17421.1—1998 中 5.2.3.2.1.1)

将圆柱形直角尺放置在工作台上,使直角尺与主轴箱的移动方向(*Y* 轴)平行(指示器在直角尺移动两端的读数相等)。

工作台滑座置于行程的中间位置并锁紧。

如果主轴能够锁紧,指示器可安装在主轴上。否则,将指示器安装在主轴箱上。

a) 使指示器的测头沿 *Z* 轴方向触及圆柱形直角尺,主轴箱沿 *Y* 轴方向在测量长度上移动;

b) 使指示器的测头沿 *X* 轴方向触及圆柱形直角尺,主轴箱沿 *Y* 轴方向在测量长度上移动。

a)、b)误差分别计算,误差以指示器读数的最大差值计

检验项目 主轴箱移动(Y 轴)的角度偏差: a) 在 YZ 平面内(EAY:俯仰); b) 在 ZX 平面内(EBY:偏摆)	G6

简图

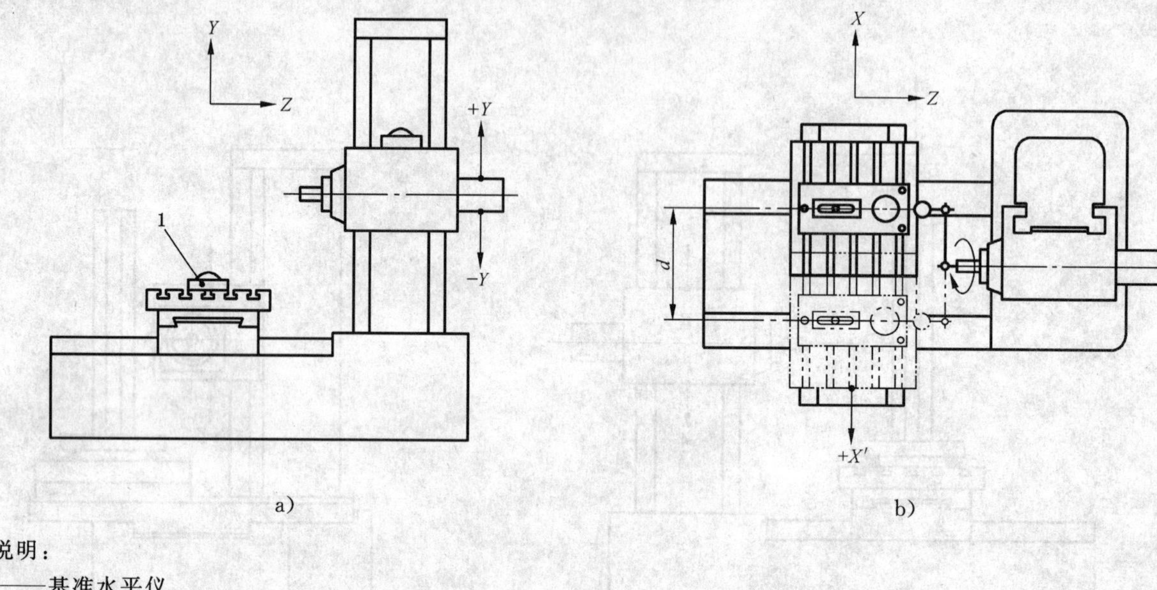

a)　　　　b)

说明:

1——基准水平仪

公差

a)和 b)

Y≤4 000:0.04/1 000

Y>4 000:0.06/1 000

检验工具

a) 精密水平仪、激光干涉仪或其他光学角偏差检验工具;

b) 平板、圆柱形直角尺、水平仪和指示器/支架

检验方法(按 GB/T 17421.1—1998 中 5.2.3.1.3 和 5.2.3.2.2)

a) 在主轴箱上沿 Z 轴方向放置水平仪,基准水平仪放在工作台上。主轴箱沿 Y 轴移动,在各测量位置记录读数。

b) 将平板放在工作台上,并调整使其表面至水平。

将圆柱形直角尺放在平板上,指示器安装在固定在主轴上的专用支架上,测头触及圆柱形直角尺。

在平板上沿 Z 轴方向放置一水平仪。

主轴箱沿 Y 轴移动,在各测量位置记录读数。

工作台沿 X 方向移动长度为 d 的距离,指示器的测头重新触在圆柱形角尺的原测点上。

工作台移动后,水平仪读数发生变化时,调整平板使水平仪与最初位置的读数一致,然后在相同的测量位置上记录指示器的读数。

在每一个测量位置,计算出两个读数之间的差值,角度偏差为差值中的最大值和最小值之间的差值再除以距离 d。

检验应在上下两个移动方向上沿行程均布的至少 5 个位置上进行

注:工作台两个水平位置的差值直接影响到测量结果。

7.2 坐标轴间的垂直度

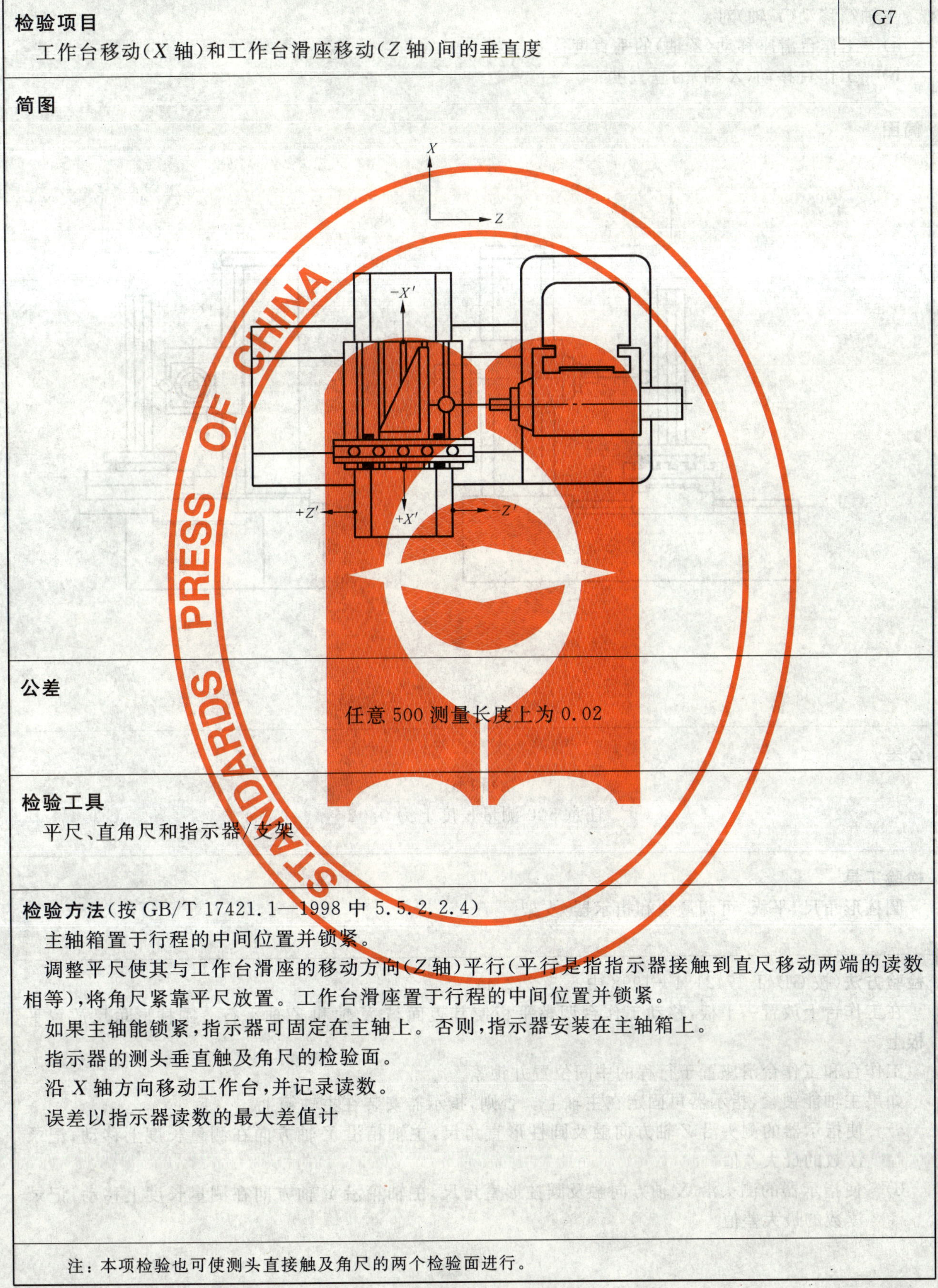

检验项目 工作台移动(X轴)和工作台滑座移动(Z轴)间的垂直度	G7
简图	
公差 任意500测量长度上为0.02	
检验工具 平尺、直角尺和指示器/支架	
检验方法(按GB/T 17421.1—1998中5.5.2.2.4) 主轴箱置于行程的中间位置并锁紧。 调整平尺使其与工作台滑座的移动方向(Z轴)平行(平行是指指示器接触到直尺移动两端的读数相等),将角尺紧靠平尺放置。工作台滑座置于行程的中间位置并锁紧。 如果主轴能锁紧,指示器可固定在主轴上。否则,指示器安装在主轴箱上。 指示器的测头垂直触及角尺的检验面。 沿X轴方向移动工作台,并记录读数。 误差以指示器读数的最大差值计	
注:本项检验也可使测头直接触及角尺的两个检验面进行。	

检验项目 主轴箱移动(Y 轴)对: a) 工作台滑座移动(Z 轴)的垂直度; b) 工作台移动(X 轴)的垂直度	G8

简图

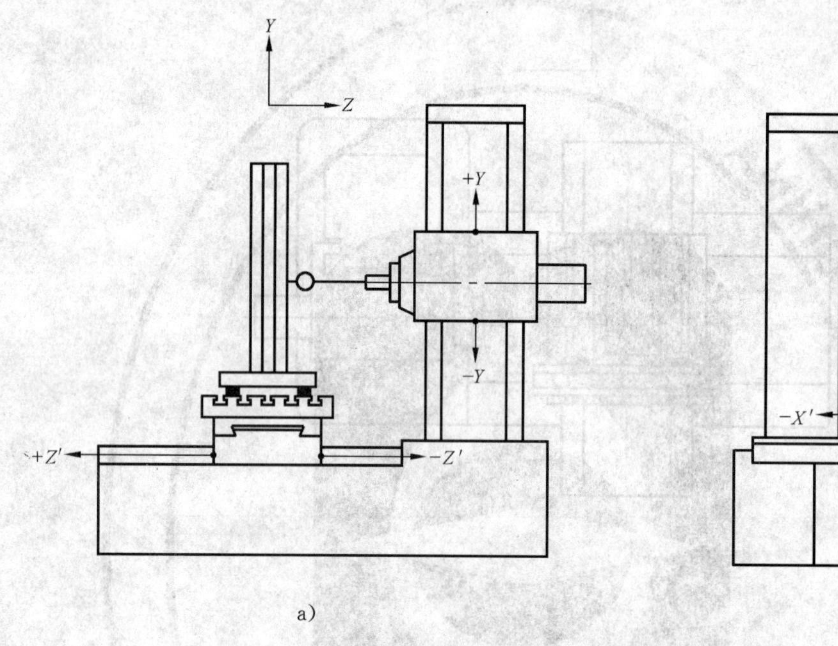

a)

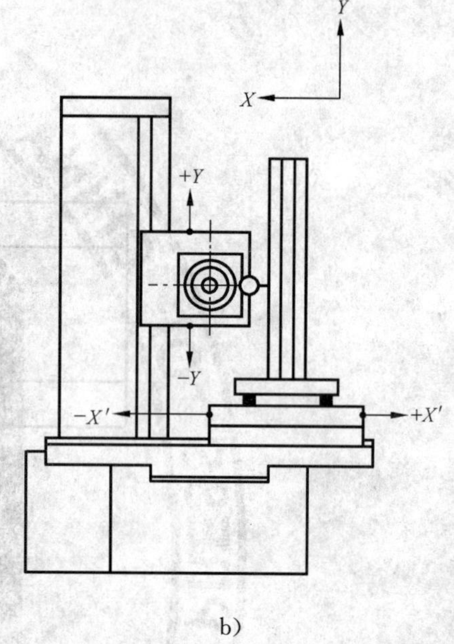

b)

公差

a)和 b)

任意 500 测量长度上为 0.02

检验工具

圆柱形角尺、平板、可调量块和指示器/支架

检验方法(按 GB/T 17421.1—1998 中 5.5.2.2.4)

在工作台上放置一平板,移动工作台调整平板使其表面与 X 轴和 Z 轴平行。圆柱形角尺放置平板上。

工作台和工作台滑座置于行程的中间位置并锁紧。

如果主轴能锁紧,指示器可固定在主轴上。否则,指示器安装在主轴箱上。

a) 使指示器的测头沿 Z 轴方向触及圆柱形直角尺,主轴箱沿 Y 轴方向在测量长度上移动,记录读数的最大差值。

b) 使指示器的测头沿 X 轴方向触及圆柱形直角尺,主轴箱沿 Y 轴方向在测量长度上移动,记录读数的最大差值

7.3 工作台

检验项目 工作台面的平面度	G9
简图 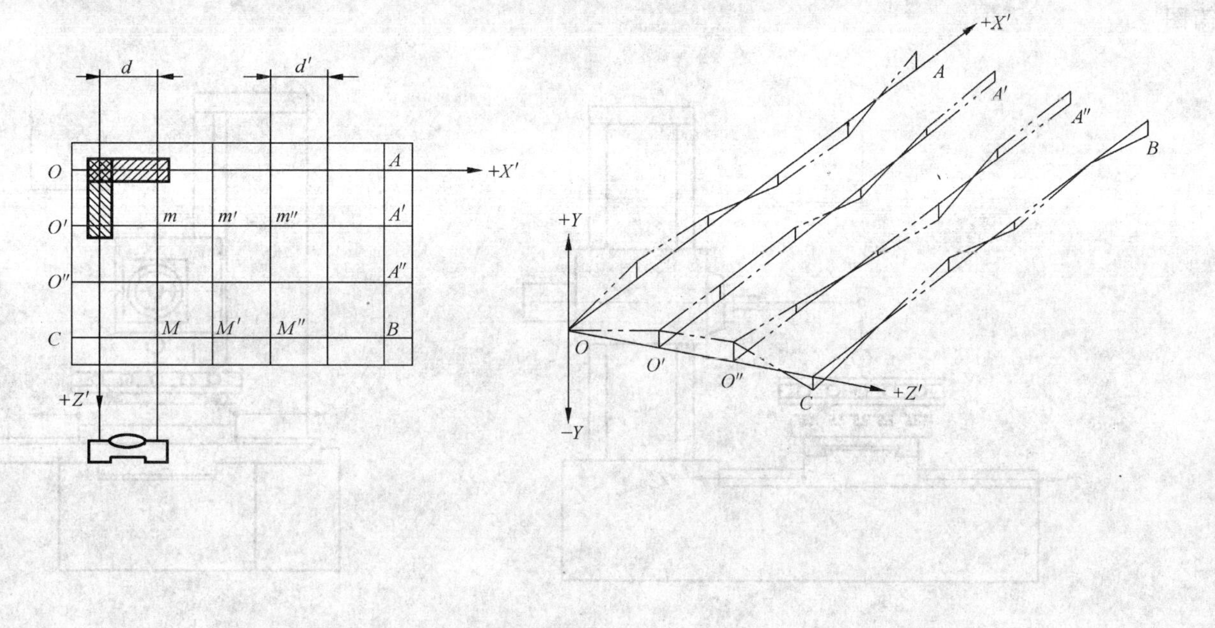 	
公差 测量长度系指工作台的长边(*OX*)或(*OZ*); 测量长度在 1 000 以内为 0.03(平或凹); 测量长度超过 1 000 时,每增加 1 000,公差值增加 0.01; 最大公差值为 0.05; 局部公差:任意 300 测量长度上为 0.015	
检验工具 精密水平仪、直尺、块规和指示器或光学或其他设备	
检验方法(按 GB/T 17421.1—1998 中 5.3.2.2,5.3.2.3,5.3.2.4) 工作台及工作台滑座位于其行程中间并锁紧	

检验项目	G10
工作台面对： a) 工作台滑座移动(*Z* 轴)的平行度； b) 工作台移动(*X* 轴)的平行度	

简图

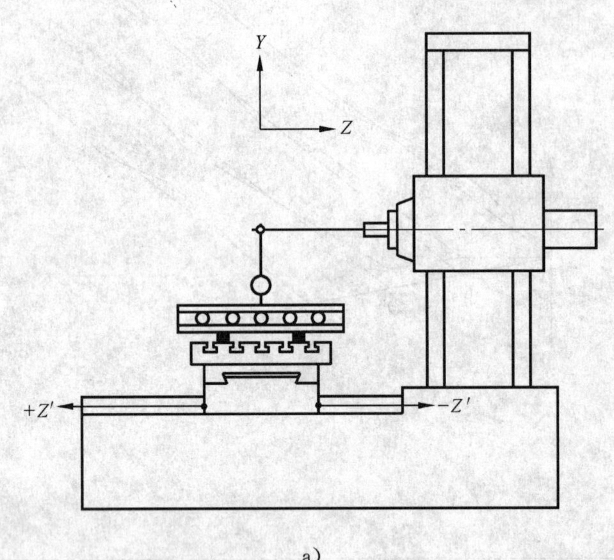

a)

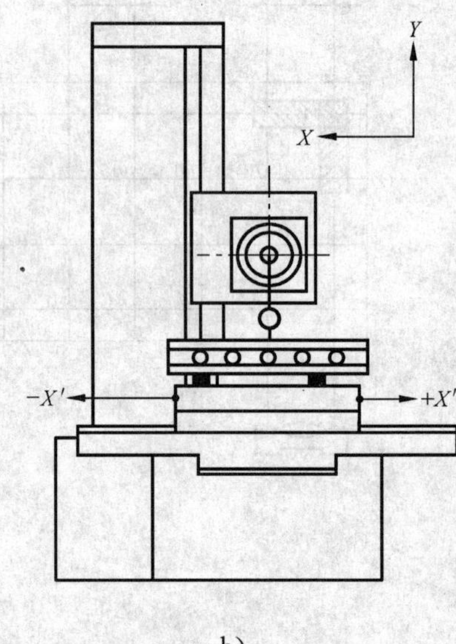

b)

公差

a) 1 000 测量长度内为 0.04；
测量长度超过 1 000 时，每增加 1 000，公差值增加 0.01；
最大公差为 0.06；
局部公差：任意 300 测量长度上为 0.015。

b) 任意 1 000 测量长度上为 0.04

检验工具

指示器、平尺和量块

检验方法(按 GB/T 17421.1—1998 中 5.4.2.2.2.1)

如果主轴能锁紧，指示器可固定在主轴上。否则，指示器应安装在主轴箱上。

指示器的测头应位于包含主轴轴线的垂直平面内。

平尺放在工作台上，使其与工作台面平行，在测量长度上移动工作台或滑座进行检验，并记录读数变化。如工作台移动的行程超过 1 600，可通过移动平尺进行检验。

a) 检验时，工作台置于行程的中间位置并锁紧。

b) 检验时，工作台滑座锁紧。

如果不用平尺，可利用指示器和量块直接测量工作台表面。

对回转工作台，在 0°、90°、180°、270°位置上分别进行检验

检验项目 G11

工作台中间或基准 T 型槽对工作台移动（X 轴）的平行度

简图

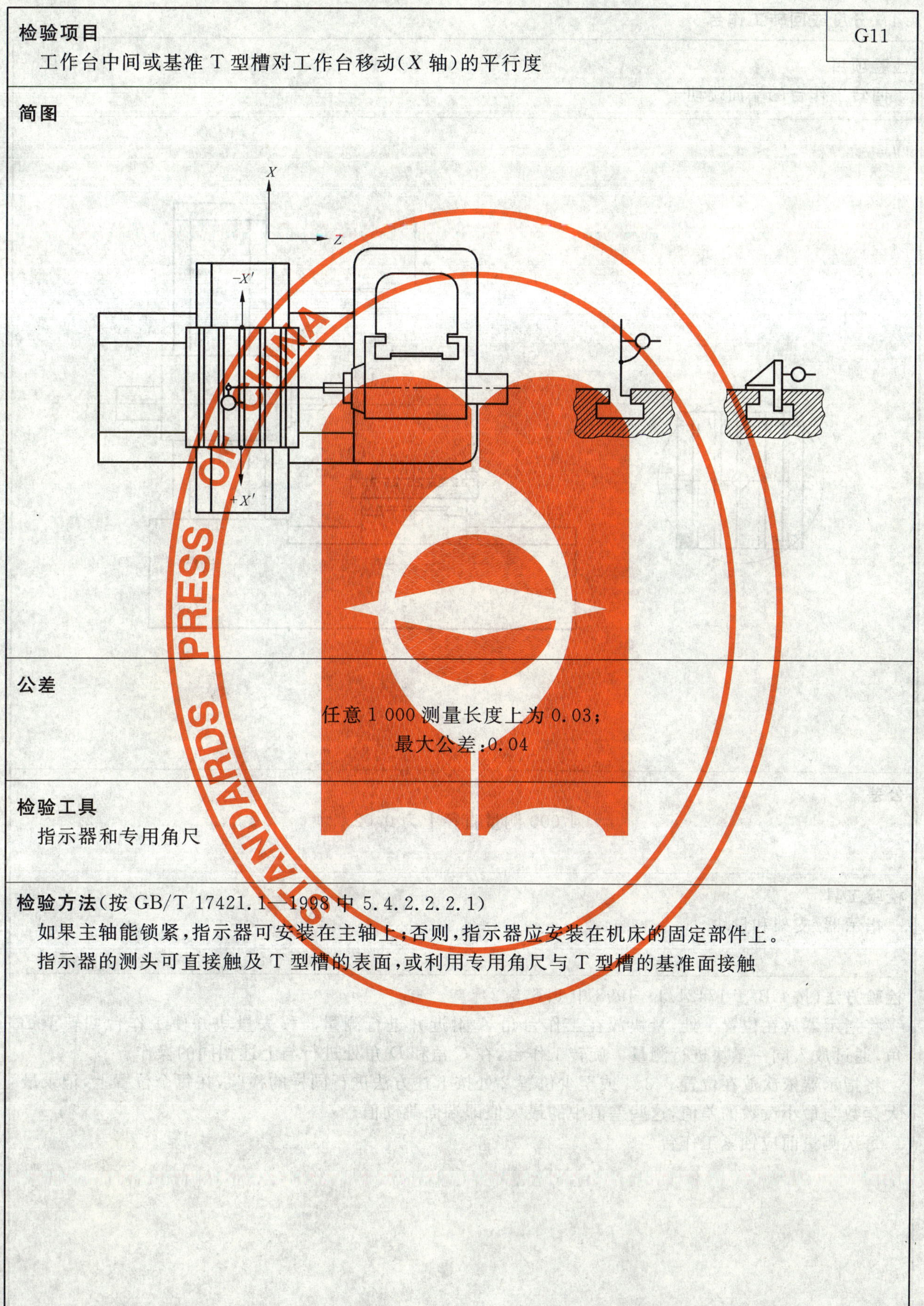

公差

任意 1 000 测量长度上为 0.03；
最大公差：0.04

检验工具

指示器和专用角尺

检验方法（按 GB/T 17421.1—1998 中 5.4.2.2.2.1）

如果主轴能锁紧，指示器可安装在主轴上；否则，指示器应安装在机床的固定部件上。

指示器的测头可直接接触及 T 型槽的表面，或利用专用角尺与 T 型槽的基准面接触

7.4 分度或回转工作台

检验项目 回转工作台的端面跳动	G12

简图

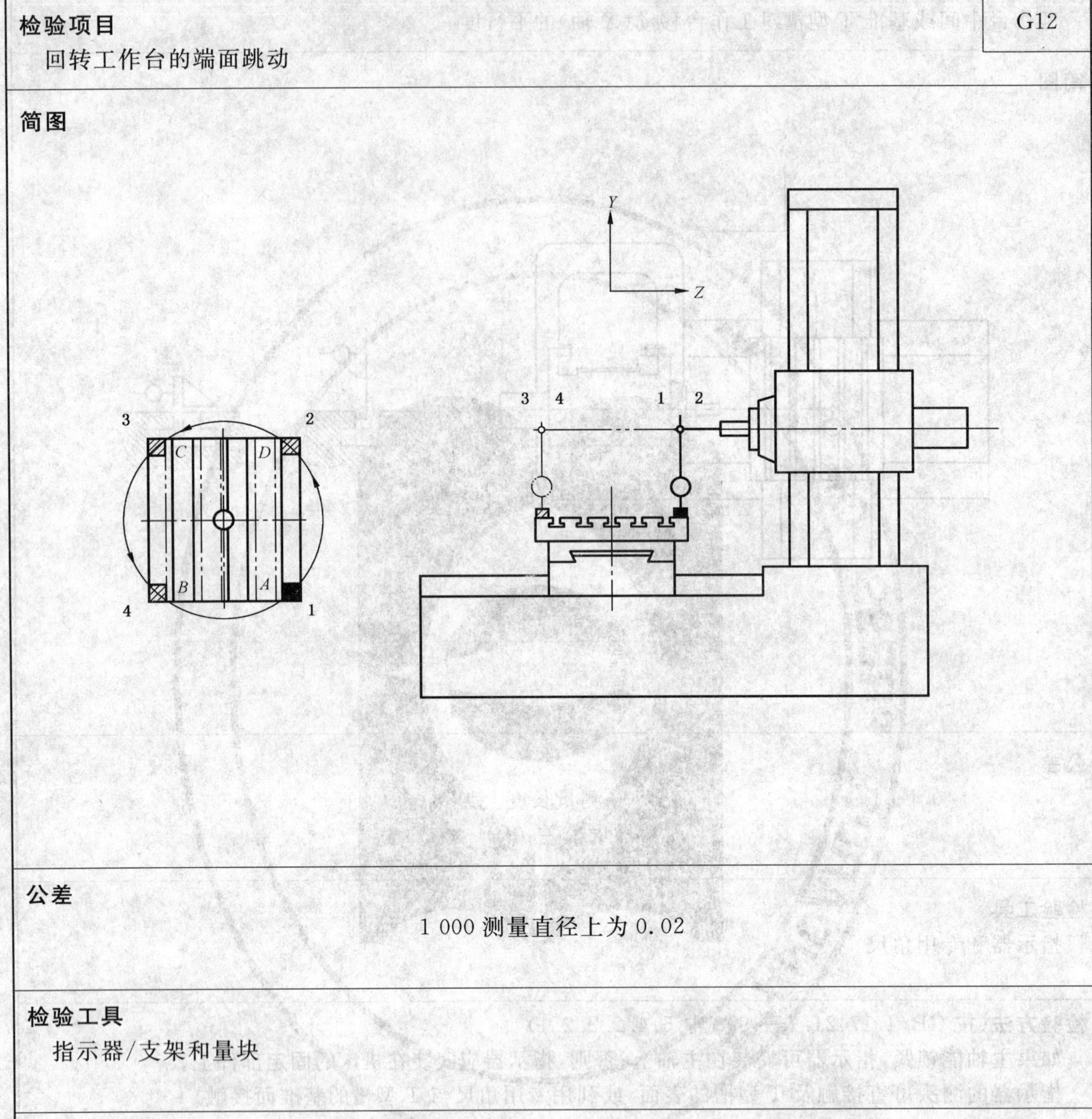

公差

1 000 测量直径上为 0.02

检验工具

指示器/支架和量块

检验方法(按 GB/T 17421.1—1998 中 5.6.3.2)

将指示器放在位置 1 处，量块放在工作台角 A 附近并进行测量。移去量块并使工作台回转至 B 角，通过放入同一量块进行测量。旋转工作台，在 C 角和 D 角处进行与上述相同的操作。

将指示器依次放在位置 2、3、4 或至少位置 2 处按上述方法进行同样的检验，在每个位置上，记录最大读数与最小读数的差值，这些差值中的最大值即端面跳动值。

每次测量前应锁紧工作台

检验项目 工作台中心孔对其回转轴线的径向跳动	G13

简图

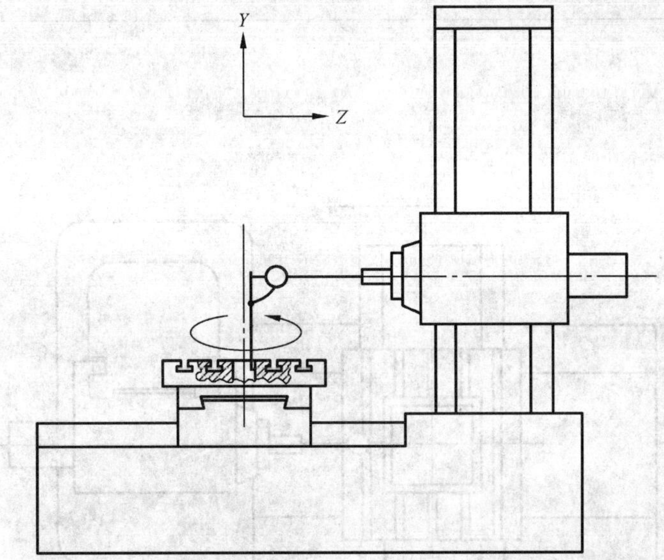

公差

0.015

检验工具

指示器/支架和检验棒(如果需要)

检验方法(按 GB/T 17421.1—1998 中 5.6.1.2.3)

如果主轴能锁紧,指示器可固定在主轴上;否则,指示器应安装在机床的固定部件上。

指示器与中心孔同轴,测头尽可能靠近工作台的表面。

回转工作台检验,误差以指示器读数的最大差值计。

也可用一个检验棒插入中心孔进行检验

检验项目	G14
工作台处于0°、90°、180°和270°角度位置精度： a) 只有4个相差90°固定位置的回转分度工作台； b) 具有任意固定位置的回转分度工作台； c) 能进行任意角度分度的回转工作台	

简图

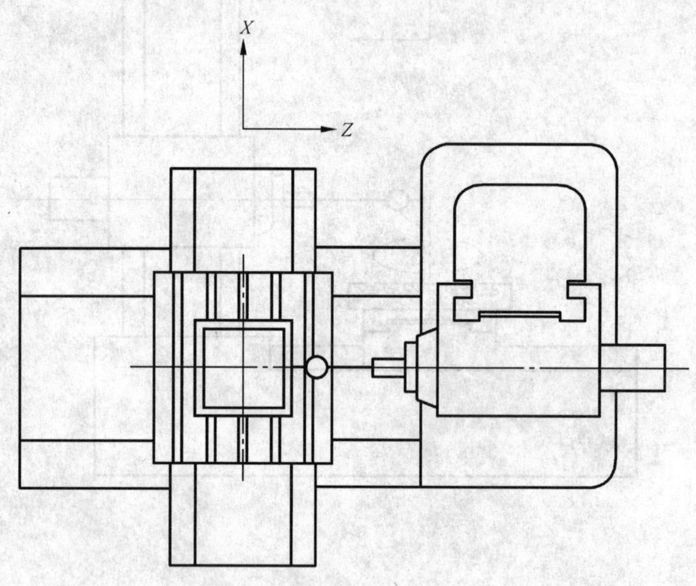

公差

a) 任意500测量长度上为0.03；
b) 任意500测量长度上为0.05；
c) 任意500测量长度上为0.075

检验工具

正方规和指示器/支架

检验方法(按GB/T 17421.1—1998中6.4.1,6.4.2和6.4.3)

将正方规置于工作台上并使其一条边与工作台的移动方向(X轴)平行。

在一个方向上(90°、180°、270°和360°)使工作台分度4次进行检验，在每一个位置上，检验工作台移动与正方规对应边的平行度。

在相反的方向上(270°、180°、90°和0°)使工作台分度4次，并在每一位置上检验其平行度。误差以指示器8次读数差值中的最大值计

注：P6检验方式是测试数控回转工作台的。

7.5 镗轴

检验项目 G15

镗轴的检验：

a) 镗轴锥孔的径向跳动，主轴缩回：

1) 在靠近镗轴端部处；

2) 距镗轴端部 300 mm 处。

b) 镗轴的径向跳动：

1) 镗轴缩回时；

2) 镗轴伸出 300 mm 时。

c) 周期性的轴向窜动，主轴缩回

简图

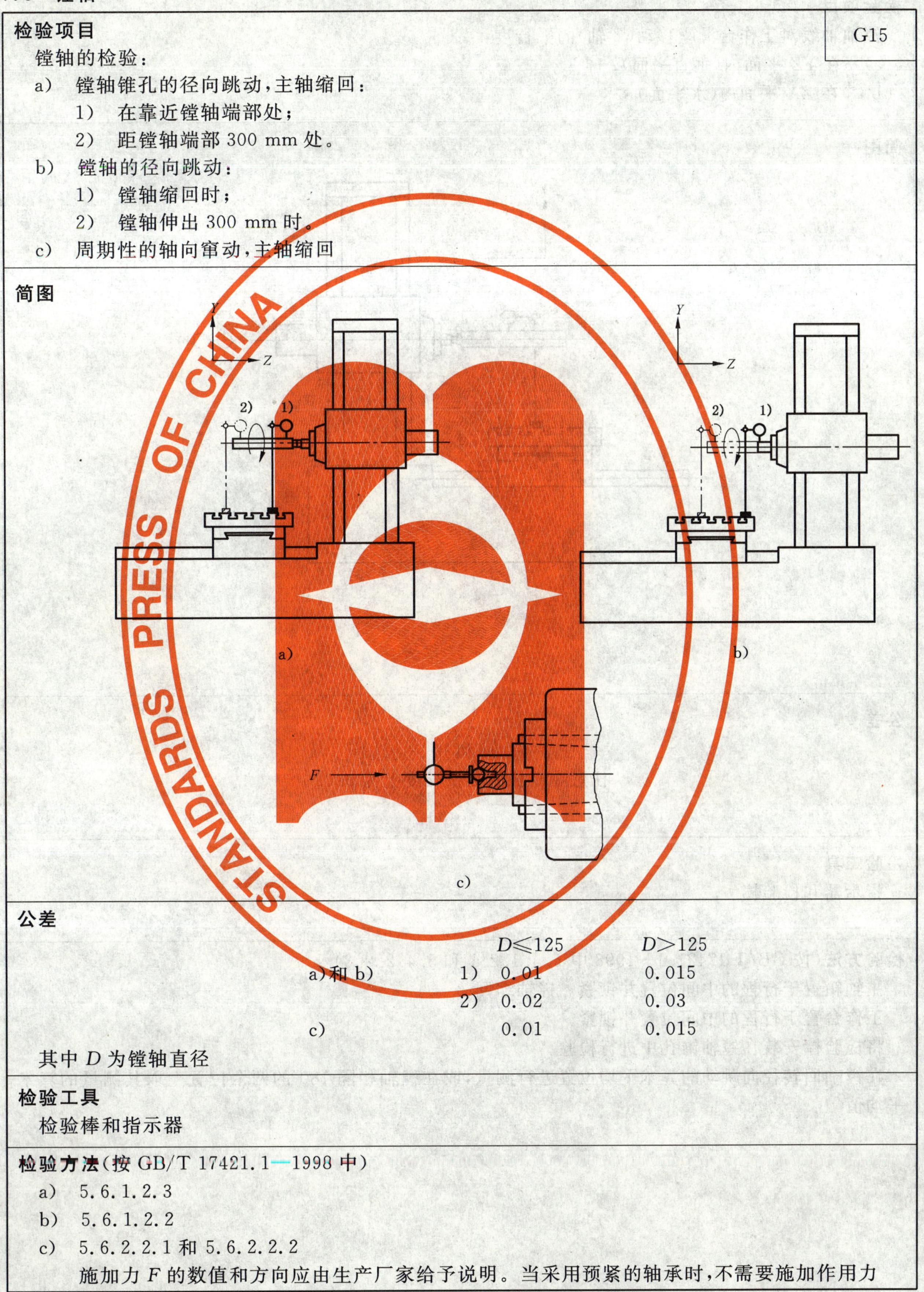

公差

		$D\leqslant125$	$D>125$
a)和 b)	1)	0.01	0.015
	2)	0.02	0.03
c)		0.01	0.015

其中 D 为镗轴直径

检验工具

检验棒和指示器

检验方法（按 GB/T 17421.1—1998 中）

a) 5.6.1.2.3

b) 5.6.1.2.2

c) 5.6.2.2.1 和 5.6.2.2.2

施加力 F 的数值和方向应由生产厂家给予说明。当采用预紧的轴承时，不需要施加作用力

检验项目 镗轴轴线对工作台滑座移动(*Z* 轴)的平行度: a) 在 *YZ* 平面内(垂直平面); b) 在 *ZX* 平面内(水平面)	G16

简图

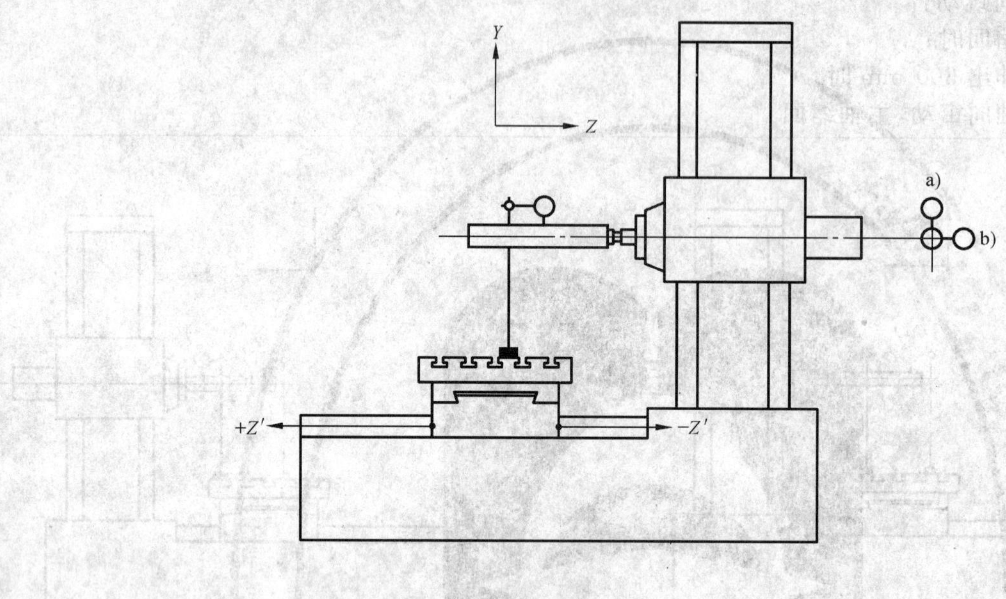

公差

a)和 b)

任意 300 长的测量长度上为 0.02

检验工具

指示器和检验棒

检验方法(按 GB/T 17421.1—1998 中 5.4.1.2.1 和 5.4.2.2.3)

主轴箱置于行程的中间位置并锁紧。镗轴缩回。

工作台置于行程的中间位置并锁紧。

将检验棒安装在镗轴锥孔中进行检验。

在镗轴回转径向跳动的算术平均位置进行测量,或在镗轴相隔 180°的两个位置上取其测量的算术平均值

检验项目 镗轴轴线对工作台移动(*X* 轴)的垂直度	G17

简图

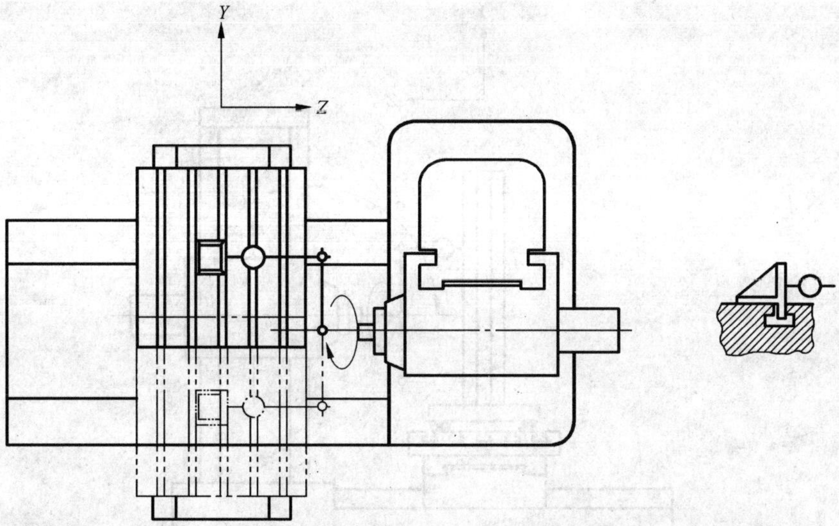

公差

0.02/500

其中 500 为两个测量点间的距离

检验工具

指示器/支架和方形量块

检验方法(按 GB/T 17421.1—1998 中 5.5.1.2.1 和 5.5.1.2.3.2)

主轴箱置于(*Y* 轴线)行程的中间位置并锁紧。

工作台滑座(*Z* 轴线)应锁紧。

主轴箱位于立柱靠近下端的位置。

将指示器的测头触及工作台上的方形量块。

旋转镗轴并移动工作台,使测头触在方形量块的同一点上。

误差以指示器在两个测点之间的读数差值计

检验项目	G18
镗轴轴线对主轴箱移动(*Y* 轴)的垂直度	

简图

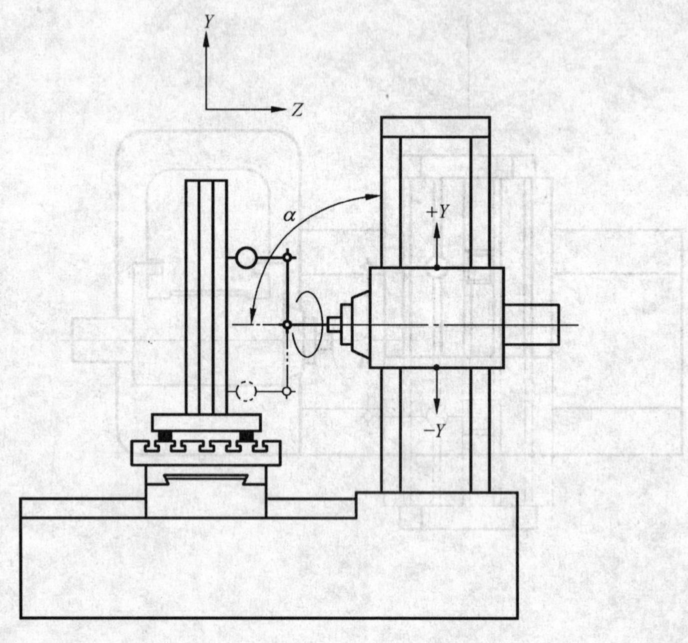

公差

0.02/500　　$\alpha \leqslant 90°$

其中 500 为两个测点间的距离

检验工具

圆柱形直角尺、可调量块和指示器/支架

检验方法(按 GB/T 17421.1—1998 中 5.5.1.2.1 和 5.5.1.2.3.2)

主轴箱置于行程的中间位置并锁紧。镗轴及滑枕缩回(滑动主轴)。

工作台和工作台滑座应锁紧。

将圆柱形直角尺置于工作台上并与主轴箱移动(*Y* 轴)平行(平行指指示器在角尺的两端读数相等)。

旋转带有指示器的镗轴,并使指示器测头触及圆柱形角尺。

误差以指示器在两测点之间的读数差值计

检验项目 镗轴移动(W 轴)的挠度	G19

简图

公差

下面给出了相应于主轴不同伸长量的公差：

2D：+0.015(向上)；

4D：+0.02，−0.04；

6D：−0.08(向下)；

其中 D 是主轴直径。

镗轴的伸出量为 6 倍的主轴直径且不应超过 900。

公差限于主轴直径 150，当主轴直径超过 150 时，公差应由用户与供货商/制造商协商

检验工具

平尺、量块和指示器

检验方法(按 GB/T 17421.1—1998 中 5.2.3.2.1 和 5.4.2.2.2.2)

在工作台上放一平尺，使其检验面包含在主轴轴线平面内。移动工作台滑座(Z 轴)，调整平尺，使指示器在平尺两端读数相等。

镗轴的旋转应锁定。

指示器固定在镗轴端部，使其测头触及平尺的检验面。

使镗轴伸出到所需长度，记录每一个测量位置上指示器的读数

7.6 铣轴

<table>
<tr><td>

检验项目

铣轴端部的：

a) 径向跳动；

b) 周期性轴向窜动；

c) 端面跳动(包括周期性的轴向窜动)

</td><td>G20</td></tr>
<tr><td colspan="2">

简图

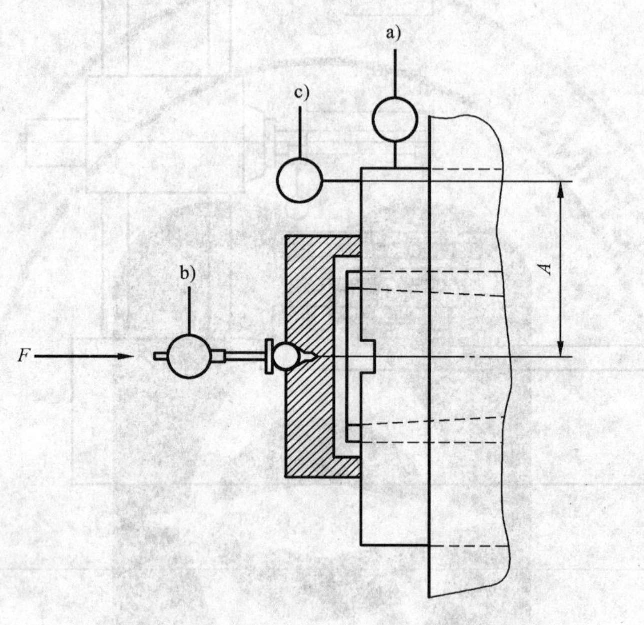

</td></tr>
<tr><td colspan="2">

公差

	$D \leqslant 125$	$D > 125$
a)	0.01	0.015
b)	0.01	0.015
c)	0.02	0.03

其中 D 为铣轴直径

</td></tr>
<tr><td colspan="2">

检验工具

指示器

</td></tr>
<tr><td colspan="2">

检验方法(按 GB/T 17421.1—1998 中)

a) 5.6.1.2.2

b) 5.6.2.2.1 和 5.6.2.2.2

施加力 F 的数值和方向由机床供应商/制造商确定。

当使用轴向预紧轴承时，不需要施加作用力 F。

c) 5.6.3.2

指示器测点 c)到铣轴轴线的距离 A 值应尽可能大

</td></tr>
</table>

7.7 滑枕

检验项目 滑枕移动(*W* 轴)对工作台滑座移动(*Z* 轴)的平行度： a) 在 *YZ* 平面内(垂直平面)； b) 在 *ZX* 平面内(水平面)	G21

简图

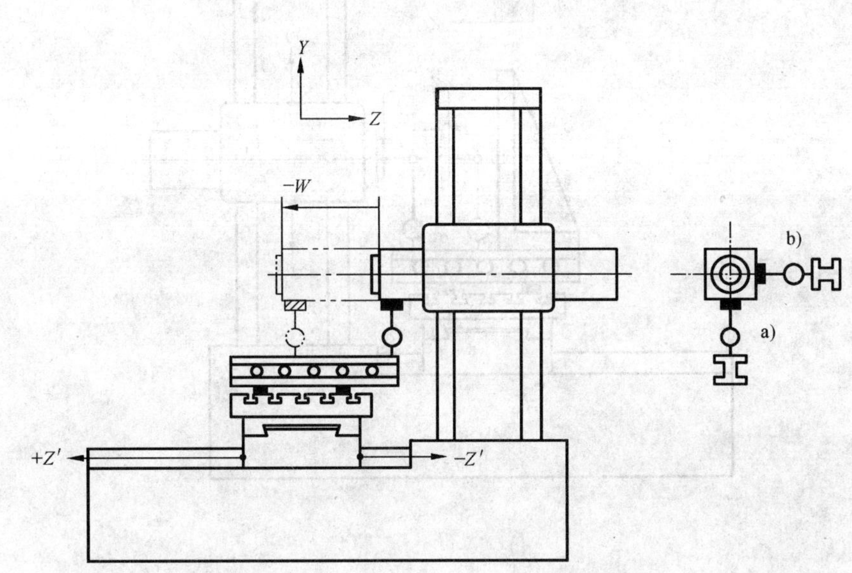

公差

a)和 b)

500 测量长度上为 0.03

检验工具

平尺、量块和指示器

检验方法(按 GB/T 17421.1—1998 中 5.4.2.2.2.2)

将平尺放置在工作台上，与工作台滑座运动(*Z* 轴)平行(平行是指指示器在平尺两端的读数相等)，分别在 a)垂直平面和 b)水平面内进行检验。

工作台滑座置于行程中间位置并锁紧。主轴箱应锁紧。

用固定在滑枕上的指示器检验滑枕相对于平尺移动

检验项目 滑枕移动(W 轴)对主轴箱移动(Y 轴)的垂直度	G22

简图

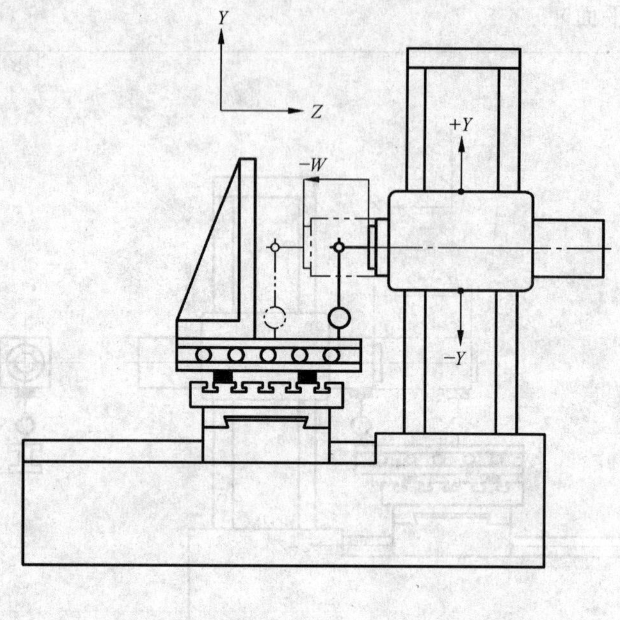

公差

500 长的测量长度上为 0.03

检验工具

平尺、角尺、可调量块和指示器/支架

检验方法(按 GB/T 17421.1—1998 中 5.5.2.2.4)

在工作台上沿平行(指示器在平尺两端读数相等)于滑枕的移动(W 轴)方向放置平尺,并在其上放一角尺。

检验直角尺的检验面与主轴箱移动的平行度

检验项目	G23
a） 铣轴对滑枕上刀具或附件定心轴线的同轴度； b） 滑枕上刀具或附件支撑表面对铣轴回转轴线的垂直度 注：仅适用于在滑枕上有圆形定位面的机床。	

简图

a)　　　b)

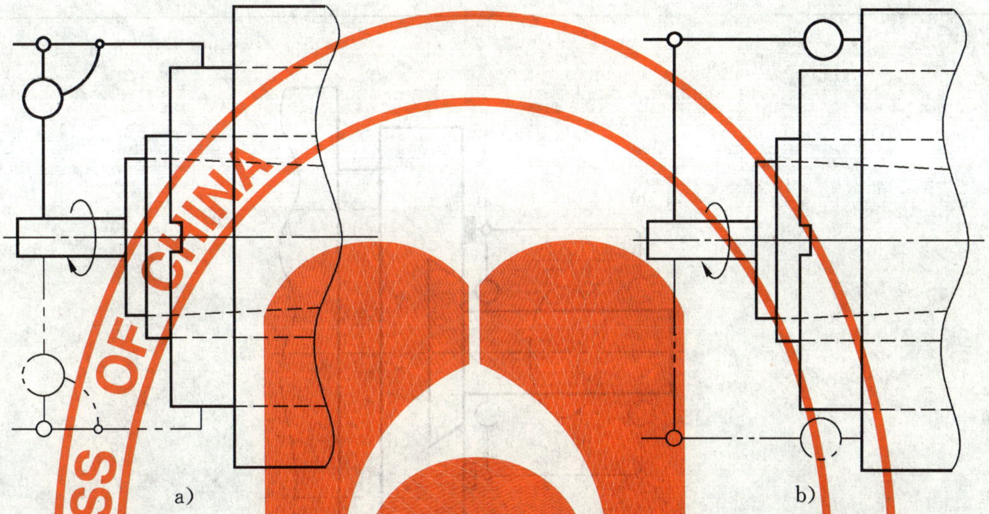

公差

a） 0.02；

b） 0.02/500

（500 指两个测量接触点之间的距离）

检验工具

指示器和检验棒

检验方法（按 GB/T 17421.1—1998 中）

a） 5.4.4.2

同轴度误差以指示器读数的最大差值之半计。

b） 5.5.1.2.4.2

7.8 固定式平旋盘

检验项目 镗轴回转轴线和平旋盘轴线的同轴度： a) 靠近平旋盘端面处； b) 距平旋盘端面 300 mm 处 注：仅适用于当平旋盘安装在镗轴轴承之外的轴承上的机床。	G24

简图

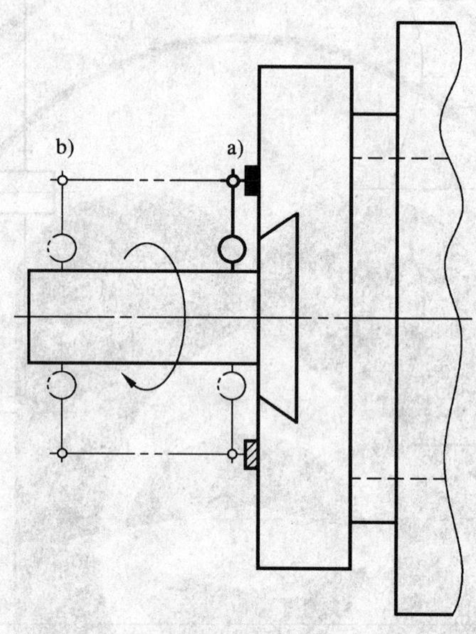

公差

	$D\leqslant 125$	$D>125$
a)	0.02	0.03
b)	0.03	0.04

其中 D 为镗轴的直径

检验工具

指示器和检验棒

检验方法(按 GB/T 17421.1—1998 中 5.4.4.2)

指示器固定在平旋盘上，测头分别触及靠近平旋盘端面和距端 300 mm 处的镗轴上。

a)、b)误差分别计算，误差以指示器读数的最大差值之半计

检验项目 平旋盘回转轴线对工作台移动(X 轴)的垂直度 注：仅适用于当平旋盘安装在镗轴轴承之外的轴承上的机床。	G25

简图

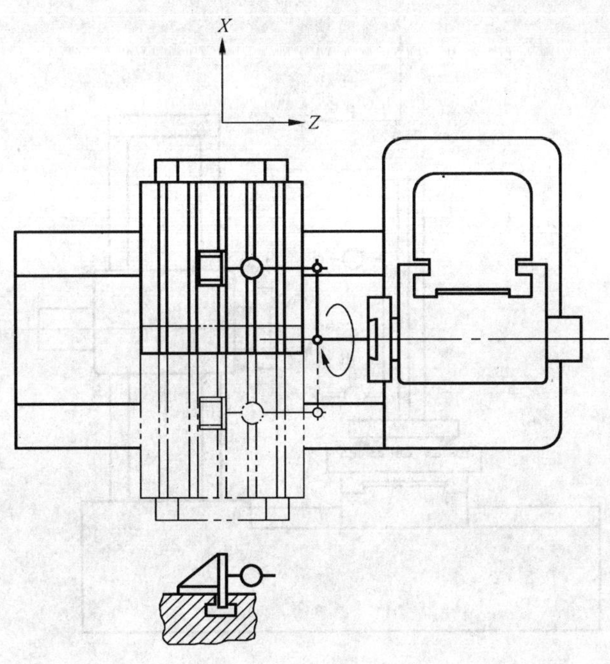

公差

0.02/500

(500 指两个测量接触点之间的距离)

检验工具

指示器/钢性支架和专用角尺

检验方法(按 GB/T 17421.1—1998 中 5.5.1.2.1 和 5.5.1.2.3.2)

工作台滑座(Z 轴)锁紧，主轴箱在行程(Y 轴)中间位置锁紧，主轴缩回。

将指示器固定在平旋盘上，测头触及工作台面上的专用角尺上。

转动平旋盘并移动工作台使指示器测头触及在专用角尺的同一点上。

误差以指示器在两测点读数差值计

检验项目 平旋盘回转轴线对主轴箱移动(Y 轴)的垂直度 注：仅适用于当平旋盘安装在镗轴轴承之外的轴承上的机床。	G26

简图

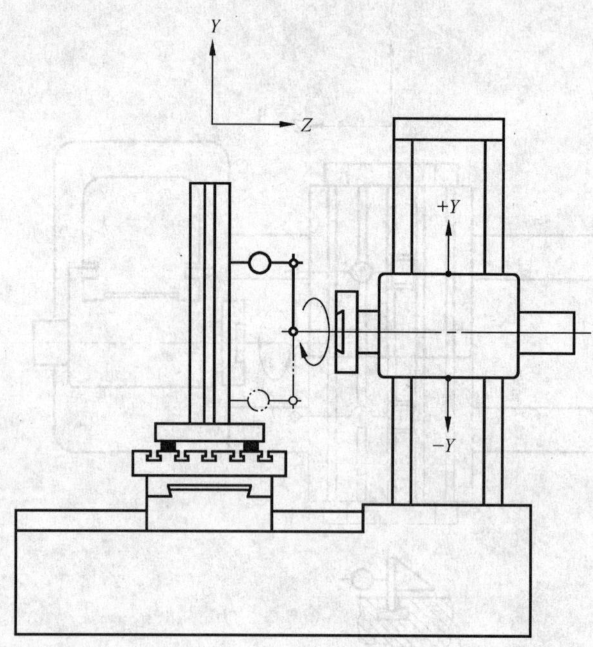

公差

0.02/500

(500 指两个测量接触点之间的距离)

检验工具

指示器/刚性支架、平板、量块和圆柱形直角尺

检验方法(按 GB/T 17421.1—1998 中 5.5.1.2.1 和 5.5.1.2.3.2)

主轴箱在行程中间位置锁紧，主轴缩回。

将圆柱形角尺放置在工作台上并与主轴箱(Y 轴)移动方向平行(指示器在角尺的两端读数相等)。

指示器固定在平旋盘上的钢性支架上，测头触及圆柱形角尺。

将平旋盘旋转 180°，使指示器测头触及圆柱形角尺。

误差以指示器在两测点读数的差值计

检验项目	G27

检验项目

a) 平旋盘滑块在水平平面内移动(U 轴)对工作台移动(X 轴)的平行度;

b) 平旋盘滑块在垂直平面内移动(U 轴)对工作台滑座移动(Z 轴)的垂直度

简图

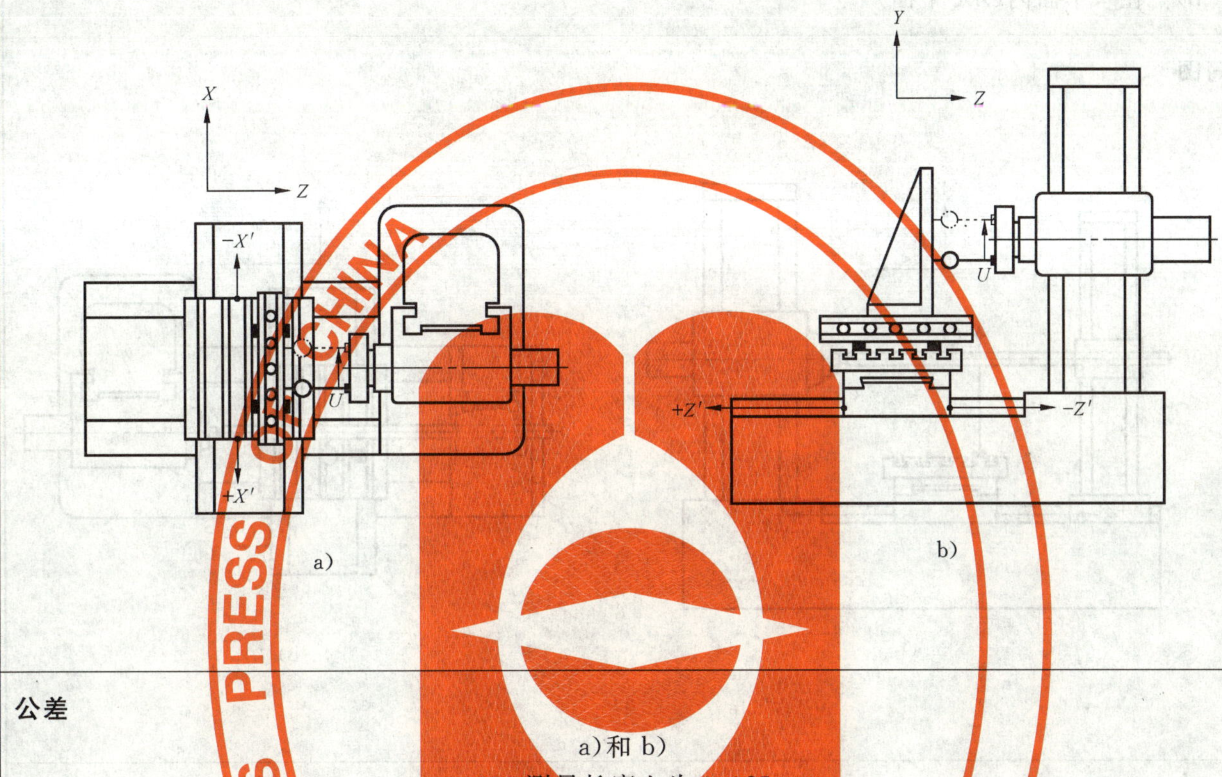

公差

a)和 b)

300 测量长度上为 0.025

检验工具

a) 平尺、量块和指示器/支架;

b) 平尺、量块、角尺和指示器/支架

检验方法(按 GB/T 17421.1—1998 中)

a) 5.4.2.2.2 和 5.4.2.2.5

平尺水平放置在工作台上,并与工作台移动方向(X 轴)平行(指示器在平尺两端读数相等),指示器固定在平旋盘径向滑块上。移动平旋盘径向滑块检验。

将平旋盘旋转 180°重复上述检验。

b) 5.5.2.2.4

平尺垂直放置在工作台上,使之与工作台滑座移动方向(Z 轴)平行(指示器在平尺两端读数相等),并在其上放一直角尺。指示器固定在径向滑块上,测头触及角尺的检验面,垂直移动平旋盘径向滑块检验。

将平旋盘旋转 180°重复上述检验。

a)、b)误差分别计算,误差以指示器读数的最大差值计

7.9 后立柱尾架

检验项目 G28

镗轴轴线与后立柱尾架孔轴线的重合度：

a) 在垂直平面内(YZ 平面)(适用于主轴箱和尾架同步移动的机床)；

b) 在水平面内(ZX 平面)

简图

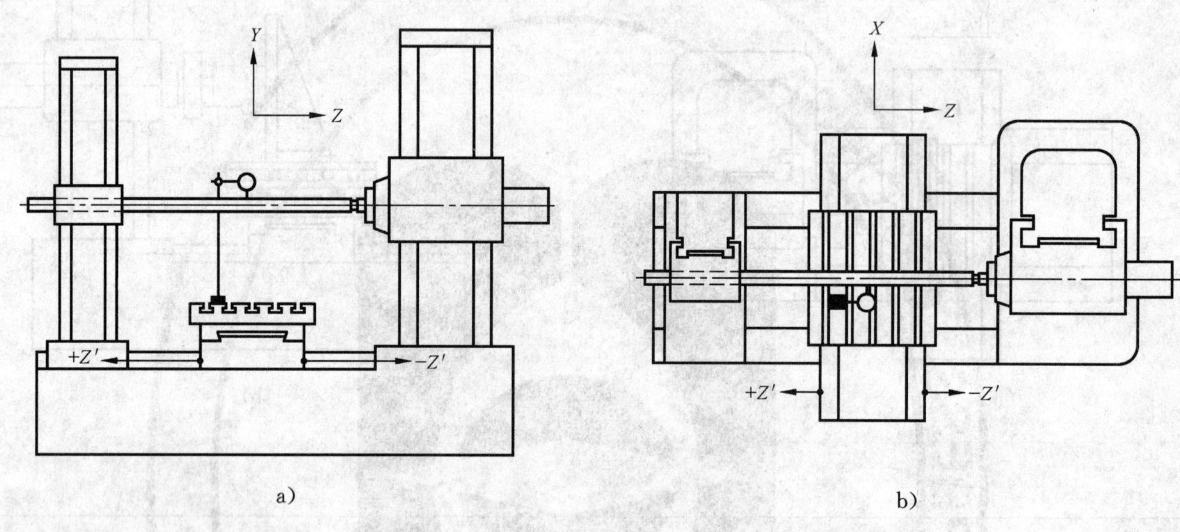

a) b)

公差

a) 1 000 测量长度上为 0.04；

b) 1 000 测量长度上为 0.03

检验工具

指示器和镗杆或检验棒

检验方法(按 GB/T 17421.1—1998 中)

镗轴处于缩回位置，后立柱位于床身末端。

由于支撑间的距离较大，所以，用一个刚性好的圆柱棒或检验棒，使其一端安装在镗轴上，另一端穿过后立柱尾架孔。

指示器放在工作台上，测头触及检验棒两端，工作台在其行程上移动，在主轴端和尾架端两个极限位置测量。

主轴伸出时，作同样的检验。

a) 主轴箱和尾架先在高位置然后在低位置，或先在低位置然后在高位置。

b) 主轴箱和尾架在其行程的中间位置锁紧，工作台和上下滑座置于行程的中间位置并锁紧。

对于大型机床检验，可用两个短的检验棒放置在主轴锥孔和尾架孔，代替一个长检验棒

8 工作精度检验

检验性质	M1
加工单个试件，包括： a） 镗内孔 a_1 和 a_2； b） 车外圆 b_1 和 b_2； c） 车端面 C 注：平面加工检验仅适用于有一个滑动镗轴和一个固定式的或可拆卸式的平旋盘或一个独立的铣轴的机床。	

试件简图，尺寸及安装（仅为例子）

镗削直径 d 应该等于或略大于镗轴直径；

车削直径为$(D-d)/2$ 应等于或略小于径向平旋盘滑块的最大行程

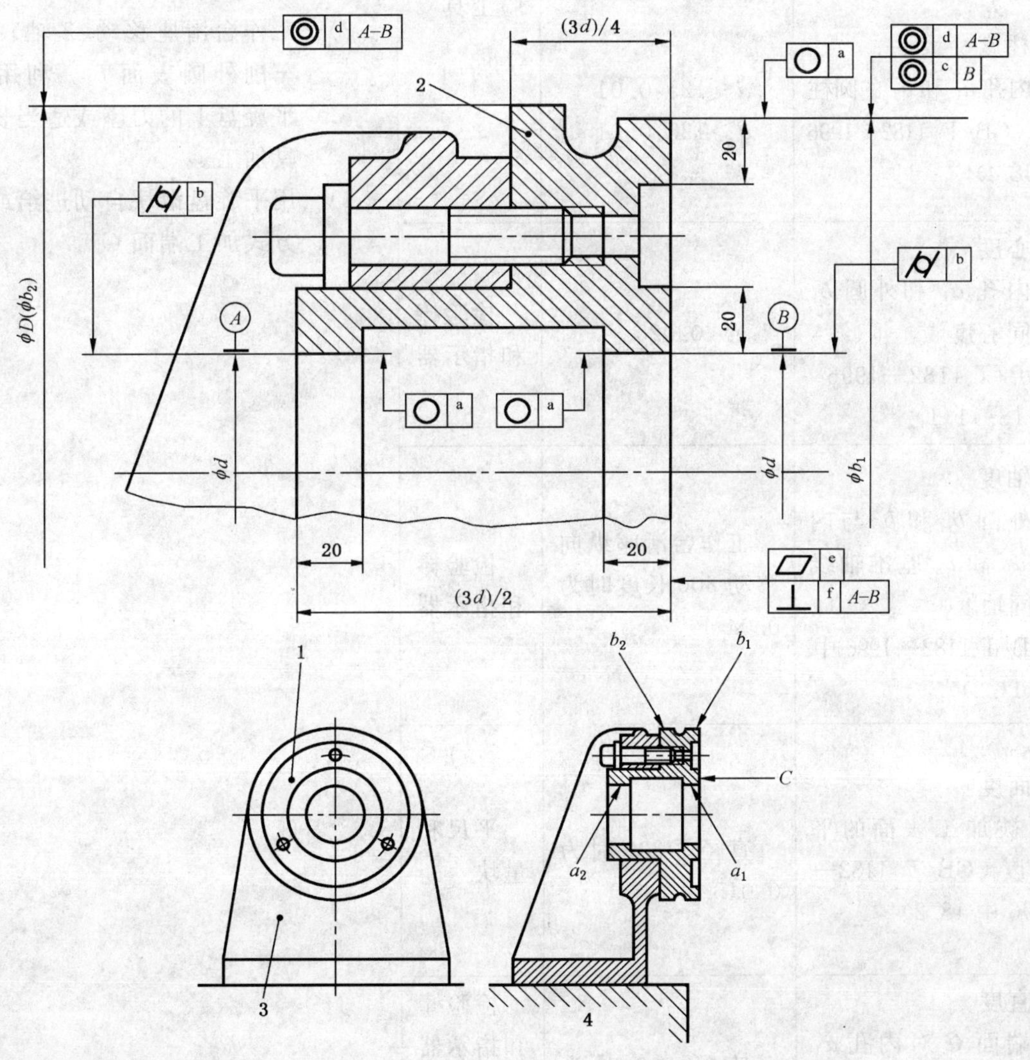

注：试件材料为铸铁。

说明：

1——试件；2——试件放大图；3—— 试件夹具；4——工作台。

[a] 见下页序号 1 中公差；[b] 见下页序号 2 中公差；[c] 见下页序号 3 中公差；

[d] 见下页序号 4 中公差；[e] 见下页序号 5 中公差；[f] 见下页序号 6 中公差。

序号	检验项目	公 差	检验工具	说明 按 GB/T 17421.1—1998 中
1	圆度[a] 内孔 a_1 和 a_2 及外圆 b_1 的圆度(GB/T 1182—1996 中 18.3): ——移动主轴加工; ——移动工作台加工	a_1 和 a_2: d≤125:0.007 5 d>125:0.01 b_1: D≤300:0.01 300<D≤600:0.015 直径每增加300 mm,公差增加0.005	孔径量规和千分尺或其他具相同分辨率的检验工具	3.1,3.2.2,4.1,4.2,5.4.4.2,5.5.1.2.4.2和5.6.1.1.3 开始之前,试件夹具底面应平直,夹具端面与试件轴线应垂直。 加工说明: 1) 镗和精镗两内孔 a_1 和 a_2。工作台锁紧,镗轴作轴向移动。 2) 车外圆表面 b_1。用装在平旋盘上的短刀杆加工,工作台滑座(Z轴)移动。 3) 工作台滑座移动(Z 轴)300 mm,车削外圆表面 b_2。利用安装在平旋盘上的刀座或适当长度的刀具加工。 4) 用平旋盘滑块自动进给或用铣削方式加工端面 C
2	圆柱度[a] 内孔 a_1 和 a_2 的圆柱度(GB/T 1182—1996 中18.4)	d≤125:0.01 d>125:0.015		
3	同心度 内孔 a_1 和外圆 b_1 的同心度(GB/T 1182—1996 中 18.11.1)	0.025	检验棒和指示器	
4	同轴度 外圆 b_1 和 b_2 与内孔 a_1 和 a_2 基准轴线的同轴度(GB/T 1182—1996 中 18.11.2)	工作台滑座纵向移动 300 长度时为 0.04	检验棒和指示器	
5	平面度 被加工表面的平面度(GB/T 1182—1996 中 18.2)	直径 D300 时为 0.015	平尺和量块	
6	垂直度 端面 C 对内孔 a_1 和 a_2 基准轴线的垂直度(GB/T 1182—1996 中 18.8)	直径 300 时为 0.025	检验棒和指示器或水平仪和专用支架	

[a] 圆度和圆柱度公差的定义在 GB/T 1182 中给出。

检验性质	M2
a) 通过工作台（*X* 轴）自动移动、主轴箱垂直移动和滑座（*Z* 轴）手动进给铣削 *A*、*C* 和 *D* 平面； b) 通过工作台（*X* 轴）自动移动、主轴箱垂直手动进给铣削 *B* 平面，至少两次进刀，加工重叠约 5 mm～10 mm	

试件简图和尺寸

$L \leqslant 1\,000$ mm 时，$l=h=150$ mm；

$L > 1\,000$ mm 时，$l=200$ mm

说明：

L——试件长度或两试件外侧面间的距离，*L*＝1/2 工作台 *X* 轴的行程；

[a] 见下页序号 1 中公差；

[b] 见下页序号 2 中公差；

[c] 见下页序号 3 中公差。

注：材料为铸铁。

序号	检验项目	公　差	检验工具	说明　按 GB/T 17421.1—1998 中
1	每个试件 *B* 面的平面度	0.02	平板、指示器和三坐标测量机	3.1,3.2.2,4.1,4.2,5.3.2.1 和 5.3.2.5
2	*A* 面、*C* 面和 *D* 面的相互垂直度及对 *B* 面的垂直度	测量长度在 100 时,为 0.02	角尺、量块和三坐标测量机	
3	两试件 *H* 的等高度	0.03	千分尺、三坐标测量机	

切削条件和刀具

对于 a),用装在主轴端部的一根适当长度的芯轴上的套式端铣刀。

对于 b),用同一把铣刀进行滚铣。

刀具应装在刀杆上刃磨,安装时符合下列公差:

1)　圆度(见 GB/T 1182)≤0.01;

2)　径向跳动≤0.02;

3)　端面跳动≤0.03

步骤

检验前应确保 *E* 面平直。

试件应调整成与工作台移动(*X* 轴)方向平行,使其长度 *L* 等分在工作台中心的两边,切削时,所有非工作的移动件均应锁紧

检验性质	M3
精镗相对安装在同一轴线上的两个试件，该轴线平行于工作台面，并且位于工作台回转中心同轴的垂直平面内	

试件简图和尺寸

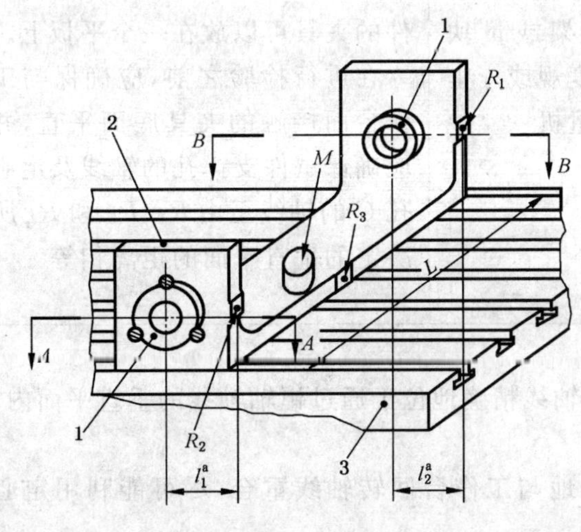

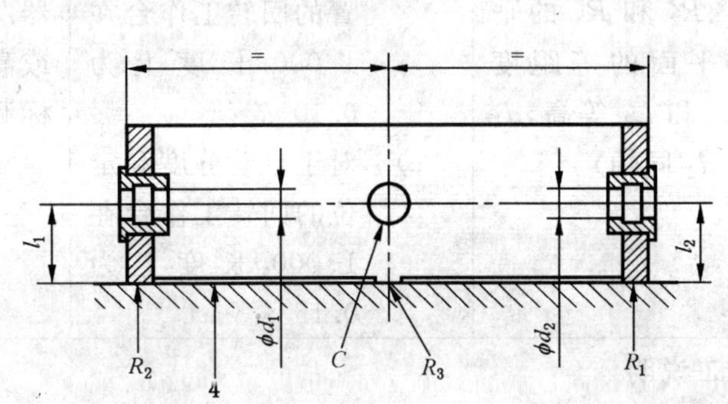

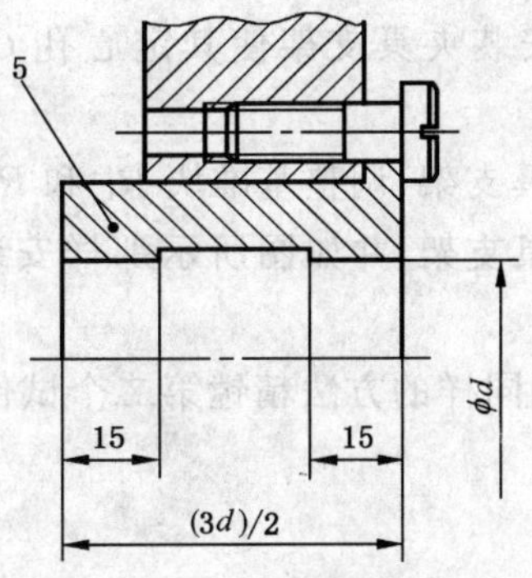

说明：

1——试件；

2——夹具支架；

3——工作台；

4——平台；

5——试件放大图。

夹具的长度 L 应该等于或略小于工作台的宽度。

孔的直径 d_1 和 d_2 应该等于或略大于镗轴直径的一半。

注：试件材料为铸铁。

[a] 见下页 a)、b)、c)。

检验项目	公　差	检验工具	说明 按 GB/T 17421.1—1998 中
检验孔 d_1 和 d_2 的轴线相对于通过 R_1、R_2 和 R_3 的垂直平面的等距度（L_1 和 L_2 等高，d_1 和 d_2 同轴）	a) 对于只有 4×90°定位的分度工作台在 1 000 长度上为 0.06 b) 对任意固定分度位置的回转工作台在 1 000 长度上为 0.10 c) 对于自动分度和定位的回转工作台在 1 000 长度上为 0.15	检验棒和指示器/支架或量块或高度规或三坐标测量机	3.1，3.2.2，4.1，4.2 和 5.4.3.2.1 进行本项检验时，试件不应从夹具（或支架）上卸下来。带有试件的夹具可以放在一个平板上。 在进行检验之前，应确保与工作台面接触的夹具底面平直，并应确保试件支撑孔的轴线及定心孔 C 的轴线至由 R_1、R_2 和 R_3 所决定的垂直平面的距离相等

加工说明

将夹具支架安装在工作台上之前，应确保工作台回转轴线精确地位于通过镗轴轴线的垂直平面内，然后将工作台底座在其导轨上锁紧。

在工作台上调整、安装夹具支架使其定心孔 C 精确地与工作台回转轴线重合，尽可能利用定心轴 M。

转动工作台上的夹具支架，调整基准块 R_1 和 R_2 至通过镗轴轴线的垂直平面内。

在工作台上锁紧夹具支架，并如图所示那样安装试件，用镗轴轴向移动精镗第一个试件的孔至直径 d。

回转工作台 180°，用同样的方法精镗第二个试件的孔

检验性质 M4

数控切削

试件简图和尺寸

序号	检验项目	公差	检验工具	检验方法 按 GB/T 17421.1—1998 中
1	正四方形 a 为侧面的直线度 b 为相邻面与基面 B 的垂直度 c 为相邻面对基面 B 的平行度	$a=0.02$ $b=0.04$ $c=0.04$	平尺、指示器或坐标测量机。 角尺、指示器或坐标测量机。 量块、指示器或坐标测量机	3.1,3.2.2,4.1,4.2 1) 如果可能,将试件放在坐标测量机上进行所要求的测量。 2) 对于直边(正方形、菱形)为获得直线度、垂直度和平行度偏差,测头至少在 10 个点处触及被测表面。 3) 对于圆度检验,如果测量是非连续的,则至少检验 15 个点
2	棱形 d 为侧面的直线度 e 为侧面对基面 B 的倾斜度	$d=0.02$ $e=0.02$	平尺、指示器或坐标测量机。 正弦规、指示器或坐标测量机	
3	圆 f 为圆度	$f=0.04$	指示器、圆度测量仪或坐标测量机	
4	镗孔 g 为孔相对于内孔 A 的位置度	$g=\phi 0.05$	坐标测量机	

加工说明

用机床的数控功能加工试件的轮廓表面。即:仅一个轴线进给,不同进给率的两轴线性插补和圆插补。

可使用同一把立铣刀加工全部轮廓试件表面。

切削速度:铸铁件 50 m/min,铝件 300 m/min。

切削深度:0.2 mm。

试件材料:铸铁

9 数控定位精度和重复定位精度的检验

下列检验仪适用于具有数控轴线和回转定位轴线的卧式铣镗床。

进行检验时应参照 GB/T 17421.2，尤其是环境条件、机床的升温、检验方法、结果的评定和表达。

检验项目 P1

数控工作台（X 轴）运动的定位精度和重复定位精度

简图

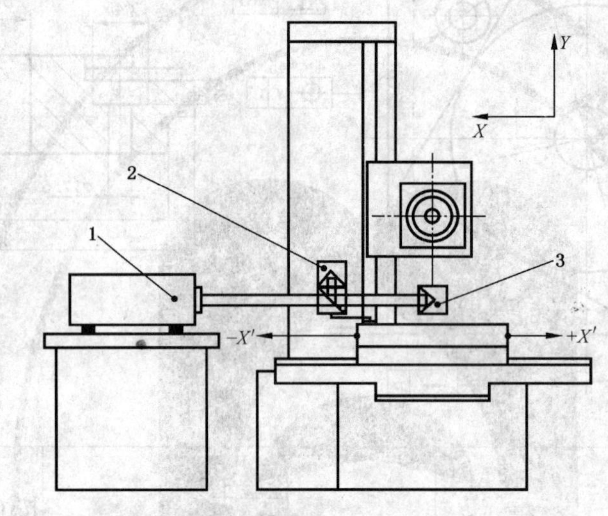

说明：

1——激光头；

2——干涉仪；

3——反射器

公差		测量长度		
		≤500	≤1 000	≤2 000
双向定位精度[a]	A	0.020	0.025	0.030
单向重复定位精度[a]	R↑或 R↓	0.010	0.013	0.015
双向重复定位精度	R	0.014	0.018	0.020
轴线的平均反向差值	B	0.005	0.006	0.008
双向定位系统偏差[a]	E	0.012	0.015	0.018
轴线的双向平均位置偏差的范围[a]	M	0.010	0.013	0.015

[a] 可作为机床验收时的依据

检验工具

标准长度尺和显微镜或激光测量装置

检验方法（按 GB/T 17421.2—2000 中第 2 章，4.3.2，4.3.3）

标准长度尺或激光测量装置的光束轴线应调整得与移动轴线平行。

原则上，用快速进给来定位，但如果用户和供方/制造厂协商同意，可用任意进给速度定位。

检验时应标明测量起始点的位置

P2

检验项目

数控主轴箱(Y 轴)运动的定位精度和重复定位精度

简图

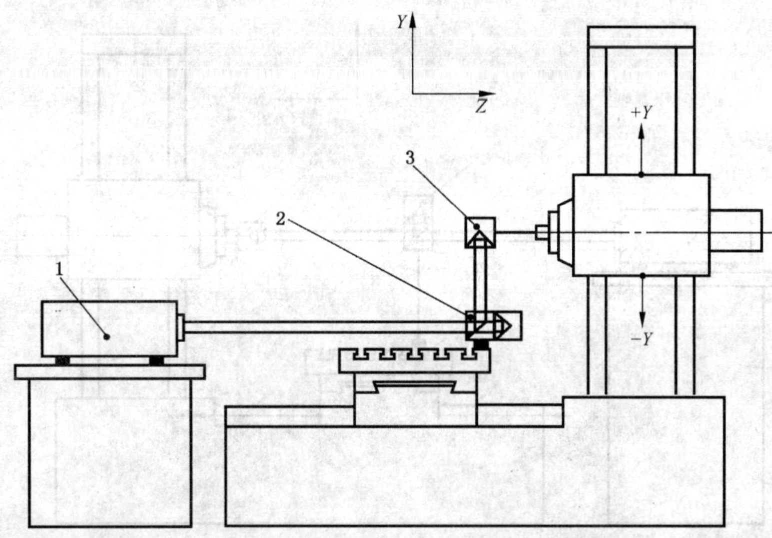

说明:

1——激光头;

2——干涉仪;

3——反射器

公差		测量长度		
		≤500	≤1 000	≤2 000
双向定位精度[a]	A	0.020	0.025	0.030
单向重复定位精度[a]	$R\uparrow$ 或 $R\downarrow$	0.010	0.013	0.015
双向重复定位精度	R	0.014	0.018	0.020
轴线的平均反向差值	$\overline{B}$	0.005	0.006	0.008
双向定位系统偏差[a]	E	0.012	0.015	0.018
轴线的双向平均位置偏差的范围[a]	M	0.010	0.013	0.015

[a] 可作为机床验收时的依据

检验工具

标准长度尺和显微镜或激光测量装置

检验方法(按 GB/T 17421.2—2000 中第 2 章,4.3.2,4.3.3)

标准长度尺或激光测量装置的光束轴线应调整得与移动轴线平行。

原则上,用快速进给来定位,但如果用户和供方/制造厂协商同意,可用任意进给速度定位。

检验时应标明测量起始点的位置

P3

检验项目

数控工作台(*Z* 轴)运动的定位精度和重复定位精度

简图

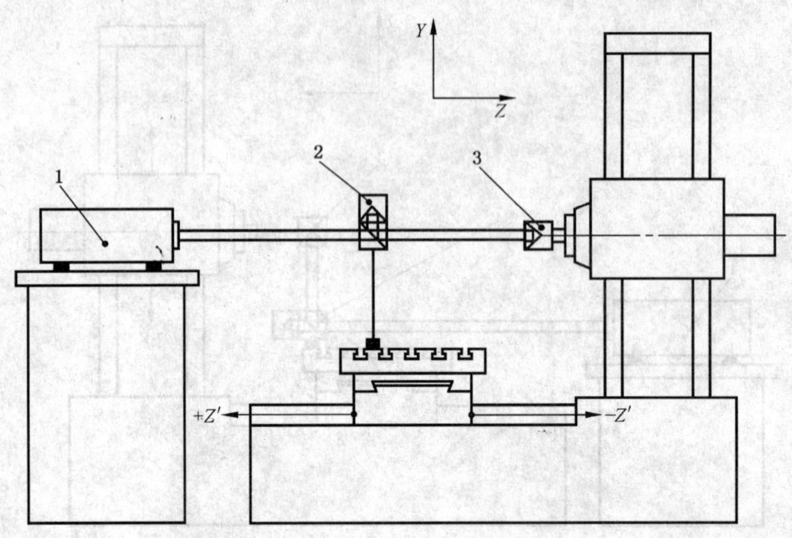

说明：

1——激光头；

2——干涉仪；

3——反射器

公差		测量长度		
		≤500	≤1 000	≤2 000
双向定位精度[a]	A	0.020	0.025	0.030
单向重复定位精度[a]	$R\uparrow$ 或 $R\downarrow$	0.010	0.013	0.015
双向重复定位精度	R	0.014	0.018	0.020
轴线的平均反向差值	$\overline{B}$	0.005	0.006	0.008
双向定位系统偏差[a]	E	0.012	0.015	0.018
轴线的双向平均位置偏差的范围[a]	M	0.010	0.013	0.015

[a] 可作为机床验收时的依据

检验工具

标准长度尺和显微镜或激光测量装置

检验方法(按 GB/T 17421.2—2000 中第 2 章,4.3.2,4.3.3)

标准长度尺或激光测量装置的光束轴线应调整得与移动轴线平行。

原则上,用快速进给来定位,但如果用户和供方/制造厂协商同意,可用任意进给速度定位。

检验时应标明测量起始点的位置

P4

检验项目

数控镗轴或滑枕(*W* 轴)运动的定位精度和重复定位精度

简图

说明：

1——激光头；

2——干涉仪；

3——反射器

公差		测量长度	
		≤500	≤1 000
双向定位精度[a]	A	0.020	0.025
单向重复定位精度[a]	$R\uparrow$ 或 $R\downarrow$	0.010	0.013
双向重复定位精度	R	0.014	0.018
轴线的平均反向差值	$\overline{B}$	0.005	0.008
双向定位系统偏差[a]	E	0.012	0.015
轴线的双向平均位置偏差的范围[a]	M	0.010	0.013

[a] 可作为机床验收时的依据

检验工具

标准长度尺和显微镜或激光测量装置

检验方法(按 GB/T 17421.2—2000 中第 2 章,4.3.2,4.3.3)

标准长度尺或激光测量装置的光束轴线应调整得与移动轴线平行。

原则上,用快速进给来定位,但如果用户和供方/制造厂协商同意,可用任意进给速度定位。

检验时应标明测量起始点的位置

检验项目 P5

数控平旋盘径向滑块(U 轴)运动的定位精度和重复定位精度

简图

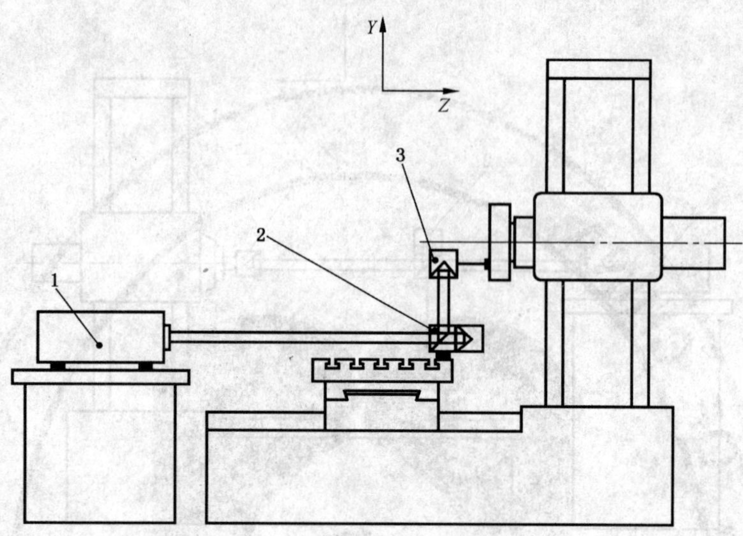

说明：
1——激光头；
2——干涉仪；
3——反射器

公　　差		测量长度
		≤500
双向定位精度[a]	A	0.025
单向重复定位精度[a]	$R\uparrow$ 或 $R\downarrow$	0.013
双向重复定位精度	R	0.018
轴线的平均反向差值	$\overline{B}$	0.008
双向定位系统偏差[a]	E	0.015
轴线的双向平均位置偏差的范围[a]	M	0.013

[a] 可作为机床验收时的依据

检验工具

标准长度尺和显微镜或激光测量装置

检验方法(按 GB/T 17421.2—2000 中第 2 章,4.3.2,4.3.3)

标准长度尺或激光测量装置的光束轴线应调整得与移动轴线平行。

原则上,用快速进给来定位,但如果用户和供方/制造厂协商同意,可用任意进给速度定位。

检验时应标明测量起始点的位置

检验项目	P6

检验项目

数控回转工作台的角度定位精度和重复定位精度：

a) 固定分度的回转工作台；

b) 任意角度定位的回转工作台

简图

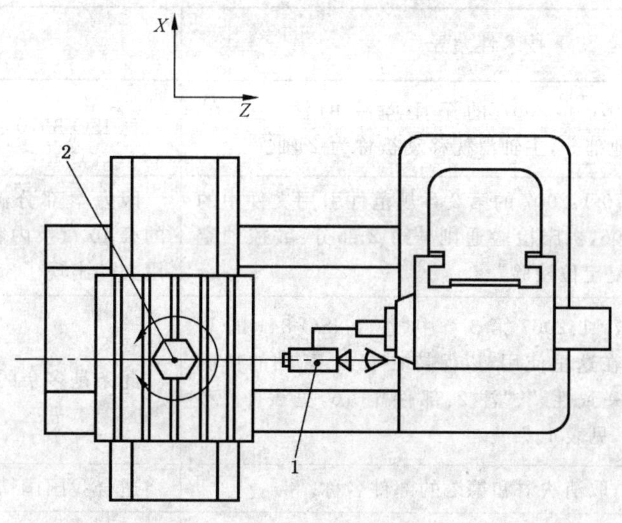

说明：

1——自准直仪；

2——多面体

公差/(″)		360° a)	360° b)
双向定位精度[a]	A	11	18
单向重复定位精度[a]	$R\uparrow$ 或 $R\downarrow$	6	10
双向重复定位精度	R	8	12
轴线的平均反向差值	$\overline{B}$	6	10
双向定位系统偏差[a]	E	6	14
轴线的双向平均位置偏差的范围[a]	M	4	6

a 可作为机床验收时的依据

检验工具

标准长度尺和显微镜或激光测量装置

检验方法(按 GB/T 17421.2—2000 中第 2 章，4.3.2，4.3.3)

将自准直仪安装在机床的固定部件上或与机床分开安装。将多角棱镜装在工作台附近，并在第一个回转位置处与自准直仪对正。

目标位置应以 30°或 45°为间隔。

角度定位进给速度为快速进给，但如果用户和供方制造厂协商同意，可用任意进给速度定位

附 录 A
（资料性附录）
本部分与 ISO 3070-1:2007 的技术性差异及其原因

表 A.1 给出了本部分与 ISO 3070-1:2007 的技术性差异及其原因的一览表。

表 A.1 本部分与 ISO 3070-1:2007 的技术性差异及其原因

本部分的章条编号	技术性差异	原　　因
1	删除 ISO 3070-1:2007 的第 1 章中的注"注：在 ISO 3070的其他部分，主轴滑枕移动被称为 Z 轴。"	见 ISO 3070 各部分的国产化标准
2	删除 ISO 3070-1:2007 的第 2 章规范性引用文件中的"ISO 230-2:2006，机床检验通则—第 2 部分：数控轴定位的精度与重复定位检验"	因为本部分删除了引用 ISO 230-2:2006 的第 10 章及内容，所以该标准也不能作为引用文件出现了
3	删除 ISO 3070-1:2007 第 3 章中"注 1:ISO 841 的 W 轴所用名称未在这里使用，以保持在有无 W 轴的情况下机床标准的一致性。"、"注 2：部件 1～6，见表 1。"和"注：部件 1～6，见表 1。"	此条是多余的
3.2	表 1、表 2 中，取消法语和德语的部件名称。	适合我国国情
5.5	G19 镗轴移动时的挠度的公差由"$2D$：＋0.015（向上）；$4D$：±0.02；$6D$：－0.06（向下）"，改为："$2D$：＋0.015（向上）；$4D$：＋0.02，－0.04；$6D$：－0.08（向下）"	适合我国国情
5.7	G22 在检验工具中增加"角尺"这一检验工具	符合图形及检验方法
6	增加 M4 检验项目	适合我国国情。 用于数控机床工作精度检验
7	"数控定位精度和重复定位精度的检验"的公差值作了技术性修改	适合我国国情。 与其他部分标准相协调
10	删除了第 10 章"工件夹持主轴回转轴的几何精度"	ISO 3070 的本部分在第 10 章中提出的 ISO 237-7:2006 尚没有相应的国家标准，检验方法无据可依。另外，很少生产厂家具备相关的检验工具和检验设备

ICS 13.120;ICS 97
A 12

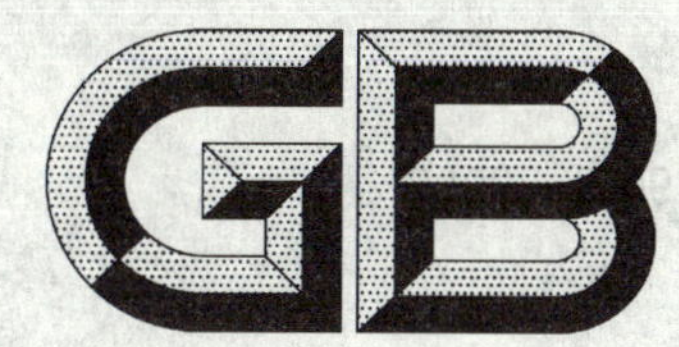

中华人民共和国国家标准

GB 5296.2—2008
代替 GB 5296.2—1999

消费品使用说明 第2部分：家用和类似用途电器

Instructions for use of products of consumer interest—Part 2: Household and similar electrical appliances

2008-11-13 发布 2009-05-01 实施

中华人民共和国国家质量监督检验检疫总局
中国国家标准化管理委员会 发布

前　言

GB 5296 的本部分规范性技术要素中 5.1.4、5.2.3 和 5.3.12 为推荐性的，其余章条为强制性的。

GB 5296《消费品使用说明》分为如下 7 部分：

——第 1 部分：总则；

——第 2 部分：家用和类似用途电器；

——第 3 部分：化妆品通用标签；

——第 4 部分：纺织品和服装；

——第 5 部分：玩具；

——第 6 部分：家具；

——第 7 部分：体育器材。

本部分为 GB 5296 的第 2 部分。

本部分是依据 GB 5296.1—1997《消费品使用说明　总则》的规定，对 GB 5296.2—1987 进行的第二次修订。本部分从实施之日起，代替 GB 5296.2—1999。

本次修订相对于上一版，主要有以下变化：

——增加了“术语和定义”一章；

——4.1 条增加下述内容：“其基本内容和总要求应符合 GB 5296.1 的规定”；

——将“产品主要技术规格”改为“产品安全指标”(原 4.1.3，现 5.1.3)；

——删除了“产品质量检验合格证明”和“产品安全认证”(原 4.1.7，4.1.8)；

——将产品“生产者”改为“制造商”(原 4.1.6、4.2.7 和 4.3.9 现 5.1.6、5.2.7 和 5.3.9)；

——将“图形标志”改为“储运标志”(原 4.2.5，现 5.2.5)；

——5.3.6 中，对“注意事项的标注应考虑如下内容”增加了下述条款：“有安全期限要求的产品，应以安全警示方式标明产品的安全使用期；”和“不当的处理，处置造成对环境的污染”等内容；

——在 6.3“随同产品提供的信息资料”对“提供纸质使用说明书包括的基本要求和注意事项”外，还包括“非纸质载体(如光盘、企业网站等)其他内容”。

本部分应与 GB 5296.1《消费品使用说明　总则》配合使用。

本部分由全国服务标准化技术委员会提出并归口。

本部分起草单位：中国标准化研究院、中国家用电器研究院、海尔集团、海信集团、小天鹅股份有限公司、美的集团、松下电器(中国)有限公司、飞利浦(中国)有限公司。

本部分主要起草人：左佩兰、朱焰、王世川、王海军、刘志旭、王亚力、陈子良、许分明、曹振尉。

本部分所代替标准的历次版本发布情况为：

——GB 5296.2—1999；

——GB 5296.2—1987。

消费品使用说明　第2部分：家用和类似用途电器

1　范围

GB 5296的本部分规定了家用和类似用途电器使用说明编制的基本原则、基本要求、标注内容和标注要求。

本部分适用于家用电器和类似用途电器使用说明的编制。

2　规范性引用文件

下列文件中的条款通过GB 5296的本部分的引用而成为本部分的条款。凡是注日期的引用文件，其随后所有的修改单(不包括勘误的内容)或修订版均不适用于本部分，然而，鼓励根据本部分达成协议的各方研究是否可使用这些文件的最新版本。凡是不注日期的引用文件，其最新版本适用于本部分。

GB/T 191　包装储运图示标志(GB/T 191—2008，ISO 780：1997，MOD)

GB 4706(所有部分)　家用和类似用途电器的安全

GB 5296.1—1997　消费品使用说明　总则

GB/T 5465.2　电气设备用图形符号

GB/T 16273.1　设备用图形符号　通用符号

3　术语和定义

下列术语和定义适用于GB 5296的本部分。

3.1

家用和类似用途电器　household and similar electrical appliance

在家庭、寓所及类似用途场合，由非专业人员使用的电器装置。

3.2

使用说明　instruction for use

向使用者传达如何正确、安全使用产品以及与之相关的产品功能、基本性能、特性的信息。它通常以使用说明书、标签、铭牌等形式表达。它可以用文件、词语、标志、符号、图表、图示以及听觉或视觉信息，采取单独或组合的方法表示。它们可以用于产品上[包括：设备操作器(键、钮)上的说明、设备操作中的电子显示说明]、包装上，也可作为随同文件或资料(如，活页资料、手册、录音带、录像带、光盘等)交付。

[GB 5296.1—1997，定义3.3]

4　基本原则

4.1　使用说明是交付产品的组成部分，其基本内容和总要求应符合GB 5296.1的规定。

4.2　使用说明应如实介绍产品，不应有夸大和虚假的内容，也不应借用使用说明掩盖产品设计上的缺陷。

4.3　使用说明的内容应简明、准确，易于阅读和理解。

4.4　使用说明应能指导使用者安全正确使用，以避免事故发生，减少产品的故障和损坏，并妥善安放和保养。

5 使用说明的内容

使用说明的内容除应符合本章的规定外，还应符合 GB 4706（所有部分）及相应产品标准的规定。

5.1 产品上标注的内容

5.1.1 产品名称

产品应标注名称，应表明产品的真实属性。

应与所执行的产品国家标准或行业标准以及企业标准的规定名称相一致。

5.1.2 产品型号

产品应标注型号。

5.1.3 产品安全指标

产品上应标明该产品所适用的安全标准规定标注的主要技术要求和规格。

5.1.4 图形符号

产品上的各种图形符号的标注应符合 GB/T 5465.2、GB/T 16273.1 以及其他有关标准的规定，便于使用者识别和理解。

5.1.5 安全警示

产品使用不当，容易造成产品本身损坏或者可能危及人身、财产安全时，应有安全警示。安全警示的标注应符合 GB 5296.1—1997 的规定。

5.1.6 制造商的名称

国内生产的产品上应标明产品制造商依法登记注册的名称。

进口产品可以不标注原制造商的名称，但应标注原产地（国家或地区）。

5.1.7 生产日期

产品上应标明产品的生产日期或生产批号。有产品安全使用期的产品，应注明。

5.2 产品销售包装上标注的内容

5.2.1 产品名称

产品包装上应标注名称且与产品上标注的一致（见 5.1.1）。

5.2.2 产品型号

产品包装上应标注型号且应与产品上标注的一致（见 5.1.2）。

5.2.3 色别指示

产品的包装上应标明该产品的色别指示。

5.2.4 包装外形尺寸、产品毛重

大型产品的包装上应标明产品包装箱的外形尺寸、产品毛重等。

注：大型产品如洗衣机、空调器、电冰箱等。

5.2.5 储运标志

运输、储存中有特殊要求的产品应标注图形标志，并应符合 GB/T 191 的规定。

5.2.6 包装开启指示

包装开启有特殊要求的产品，应标注包装开启指示。

5.2.7 制造商的名称和地址

国内生产并在国内销售的产品上应标明产品制造商依法登记注册的名称和地址。

进口产品可以不标注原制造商的名称，但应标注原产地（国家和地区）以及代理商或进口商或销售商在中国依法登记注册的名称和地址。

5.2.8 生产许可证编号

实行生产许可证管理的产品，应在包装上标注有效的生产许可证编号。

5.2.9 产品标准编号

国内生产并在国内销售的产品应标明所执行的国家标准、行业标准或企业标准的编号。

5.3 使用说明书标注的内容

5.3.1 产品名称

使用说明书上应标注名称。

5.3.2 产品型号

产品使用说明书上应标注产品型号。同一系列、不同型号、不同规格的产品如用同一版本使用说明书时,不同之处应以适当方式注明。

5.3.3 产品性能特点

产品使用说明书应根据产品特点和使用要求,概述产品结构、尺寸、用途、功能、使用性能、安全性能和主要技术指标。

5.3.4 产品部件介绍

使用说明书应采用图解和文字说明的方式,标明与使用有关的主要部件或功能单元的结构介绍,使用说明中多次出现的部件,其名称和功能术语应前后一致。

5.3.5 使用方法

使用说明书应按正确的使用程序,分步骤说明如何使用,必要时应在文字说明旁配图解。

5.3.6 注意事项

注意事项的标注应确保达到提示使用者注意的目的。为了方便使用者理解,可采取图解的形式。涉及到安全问题时,安全警示的标注应符合5.1.5的规定。

注意事项的标注应考虑如下内容:

——如何避免容易出现错误的使用方法或误操作;

——错误的使用方法或误操作可能造成的伤害;

——有安全期限要求的产品,应以安全警示方式标明产品的安全使用期;

——不当的处理,处置造成对环境的污染;

——对产品在使用时可能会出现的异常情况(如异常噪声、气味、温度升高、烟雾等)应采取的紧急措施;

——对特殊使用人群(如儿童、老年人、残障人等)应有安全警示;

——停电或移动等非正常工作情况下的注意事项。

5.3.7 保养和维护

使用说明书应提供产品的保养和维护方面的知识,应详细地指出产品在使用过程中可能会出现的故障,避免故障的方法以及故障的判断、检查和修理。

保养和维护的标注应考虑如下内容:

——故障种类和处理方法;

——允许使用者进行维护和保养的项目以及必须由专业人员拆卸、维修的项目;

——必要时,允许使用者可自行更换的易损元器件的型号、规格;

——保养和维护方面的注意事项;

——产品售后服务事项。

5.3.8 安放和安装

对需要给出安放和安装要求的产品应提供安装、安放的结构示意图以及文字说明,文字说明应包括以下内容:

——使用环境和安放、安装的位置要求;

——产品附件名称、数量、规格;

——安放、安装的操作说明;

——安放、安装的安全措施和注意事项；

——接地说明；

——必须由专业人员安装的产品应特别说明。

产品安装有国家相关强制性安装标准的，应符合相关要求。

5.3.9 **制造商的名称和地址**

国内生产并在国内销售的产品应标注产品制造商依法登记注册的名称和地址。

进口产品可以不标注原制造商的名称，但应标注原产地（国家和地区）以及代理商或进口商或销售商在中国依法登记注册的名称和地址。

5.3.10 **执行标准编号**

国内生产并在国内销售的产品应标明所执行的产品国家标准、行业标准或企业标准的编号。

5.3.11 **生产许可证和编号**

实行生产许可证管理的产品，应在使用说明书上标注有效的生产许可证编号。生产许可证编号应与使用说明书上标注的编号一致。

5.3.12 **其他要求**

中文使用说明书的封面或首页上，宜标注如“使用产品前请仔细阅读本使用说明书，并请妥善保管”等字样。

6 使用说明的形式

6.1 直接压印、粘贴或永久固定在产品上的使用说明。

6.2 印刷或粘贴在产品包装上的使用说明。

6.3 随同产品提供的信息资料，包括：

——随同产品提供的纸质使用说明书；

——其他内容可由非纸质载体（如光盘、企业网站等）提供。

7 编制使用说明的基本要求

7.1 文字

7.1.1 使用说明所用中文应是规范的汉字。

7.1.2 中文使用说明书或包装上还可以同时使用汉语拼音或外文，但汉语拼音和外文的字体高度应不大于相应的汉字。

7.1.3 可以提供与汉语相对照的其他外国语种的使用说明，每种语言的说明应清楚地分开。

必要时可提供与汉语相对照的少数民族文字的使用说明。

7.2 图示、表格

7.2.1 使用说明书中的图示、表格应与文字说明有对应关系，图示、表格应按顺序标出序号或箭头指示。

7.2.2 一个图示只能表达一个功能的相关信息，不应具有所需功能外的其他信息。

7.3 图形符号

使用说明中出现的图形符号、标志，应符合相关标准的规定。必要时应在使用说明书中用文字解释其含义。

7.4 目次

7.4.1 当使用说明书超过一页以上时，每页应有页码；使用说明书的章、条较多时，应编写目次。

7.4.2 目次中的标题应与正文中使用的标题相同。

7.5 文字要求

为便于使用者阅读、辨认，使用说明书所用文字应清晰：

——标题文字应不小于正文；

——正文，文字高度不小于 3.2 mm(9 点，小 5 号字)，在条件允许情况下，应采用较大字；

——安全警示应特别醒目，应采用黑体字。“危险”、“警告”、“注意”等安全警示词应明显大于正文。

8 使用说明的耐久性

8.1 使用说明的文字、标志、图形符号应在产品的使用寿命期内始终能够清晰、醒目。

8.2 产品上标注的使用说明应在产品的使用寿命期内始终牢固，不易脱落。

8.3 使用说明书应保证在产品的寿命期内，可供使用者频繁翻阅而不破损。

ICS 71.100.70
Y 42

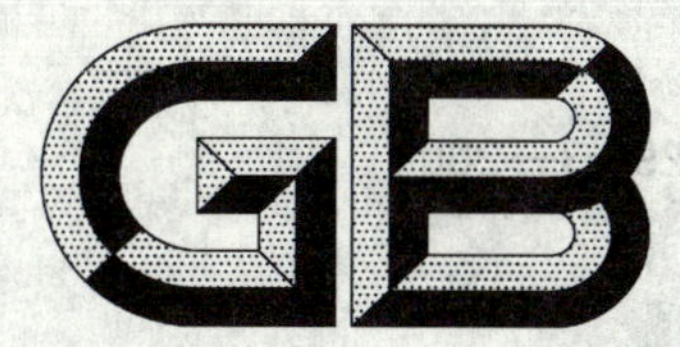

中华人民共和国国家标准

GB 5296.3—2008
代替 GB 5296.3—1995

消费品使用说明 化妆品通用标签

Instruction for use of consumer products—General labelling for cosmetics

2008-06-17 发布　　2009-10-01 实施

中华人民共和国国家质量监督检验检疫总局
中国国家标准化管理委员会　发布

前　言

GB 5296 的本部分除第 7 章为推荐性条款外，其余为强制性条款。

本部分代替 GB 5296.3—1995《消费品使用说明　化妆品通用标签》。

自本部分实施之日起，生产和进口的并在中华人民共和国境内销售的化妆品应符合本部分要求。

本部分与 GB 5296.3—1995 相比主要变化如下：

——增加了引用国家质量监督检验检疫总局令第 75 号《定量包装商品计量监督管理办法》；

——增加了引用国家质量监督检验检疫总局令第 80 号《中华人民共和国工业产品生产许可证管理条例实施办法》；

——3.1 的化妆品定义中删除了产品对使用部位可以有缓和作用的语句；

——补充了 3.5、3.6、3.7 的术语和定义；

——增加了第 4 章 b）的标签的形式；

——增加了标注化妆品成分的要求；

——增加了 8.2 可以免除标注的条款；

——增加了 9.3 化妆品标签中允许同时使用少数民族文字。

本部分由中国轻工业联合会提出。

本部分由全国香料香精化妆品标准化技术委员会归口。

本部分主要起草人：王寒洲、陈洪蕊、焦晨星、张昱、闫峻、姜宜凡。

本部分所代替标准的历次版本发布情况为：

——GB 5296.3—1987；

——GB 5296.3—1995。

消费品使用说明
化妆品通用标签

1 范围

GB 5296 的本部分规定了化妆品销售包装通用标签的形式、基本原则、标注内容和标注要求。

本部分适用于在中华人民共和国境内销售的化妆品。

2 规范性引用文件

下列文件中的条款通过 GB 5296 的本部分的引用而成为本部分的条款。凡是注日期的引用文件，其随后所有的修改单(不包括勘误的内容)或修订版均不适用于本部分，然而，鼓励根据本部分达成协议的各方研究是否可使用这些文件的最新版本。凡是不注日期的引用文件，其最新版本适用于本部分。

国家质量监督检验检疫总局令第 75 号《定量包装商品计量监督管理办法》

国家质量监督检验检疫总局令第 80 号《中华人民共和国工业产品生产许可证管理条例实施办法》

全国香料香精化妆品标准化技术委员会和卫生部化妆品标准化技术委员会联合编译《化妆品成分国际命名(INCI)中文译名》

3 术语和定义

下列术语和定义适用于 GB 5296 的本部分。

3.1

化妆品 cosmetics

以涂抹、洒、喷或其他类似方式，施于人体表面任何部位(皮肤、毛发、指甲、口唇等)，以达到清洁、芳香、改变外观、修正人体气味、保养、保持良好状态目的的产品。

3.2

标签 labelling

粘贴或连接或印在化妆品销售包装上的文字、数字、符号、图案和置于销售包装内的说明书。

3.3

销售包装 sales packaging

以销售为目的，与内装物一起交付给消费者的包装。

3.4

内装物 contents

包装容器内所装的产品。

3.5

展示面 display panels

化妆品在陈列时，除底面外能被消费者看到的任何面。

3.6

可视面 visible panels

化妆品在不破坏销售包装的情况下，消费者能够看到的任何面。

3.7

净含量 net content

去除包装容器和其他包装材料后，内装物的实际质量或体积或长度。

3.8

保质期　shelf life

在化妆品产品标准和标签规定的条件下，保持化妆品品质的期限。在此期限内，化妆品应符合产品标准和标签中所规定的品质。

4　标签的形式

根据化妆品的包装形状和/或体积，可以选择以下标签形式：

a）　印或粘贴在化妆品的销售包装上；

b）　印在与销售包装外面相连的小册子或纸带或卡片上；

c）　印在销售包装内放置的说明书上。

5　基本原则

5.1　化妆品标签所标注的内容应真实。所有文字、数字、符号、图案应正确。

5.2　化妆品标签所标注的内容应符合现行国家法律和法规的要求。

6　必须标注的内容

6.1　化妆品的名称

6.1.1　化妆品的名称应反映化妆品的真实属性，简明易懂。

6.1.2　化妆品的名称应标注在销售包装展示面的显著位置，如果因化妆品销售包装的形状和/或体积的原因，无法标注在销售包装的展示面位置上时，可以标注在其可视面上。

6.1.3　系列产品的序号或色标号允许标注在销售包装的可视面上。

6.2　生产者的名称和地址

6.2.1　应标注经依法登记注册、并承担化妆品质量责任的生产者名称和地址。

6.2.2　委托生产或加工化妆品的生产者名称和地址的标注按国家质量监督检验检疫总局令第 80 号规定执行。

6.2.3　进口化妆品应标注原产国或地区（指中国香港、澳门、台湾）的名称和在中国依法登记注册的代理商、进口商或经销商的名称和地址。可以不标注生产者的名称和地址。

6.2.4　生产者、代理商、进口商或经销商的名称和地址应标注在销售包装的可视面上。

6.3　净含量

6.3.1　定量包装的化妆品应按国家质量监督检验检疫总局令第 75 号规定标注净含量。

6.3.2　净含量应标注在化妆品销售包装的展示面上，如果因化妆品销售包装的形状和/或体积的原因，无法标注在销售包装的展示面位置上时，可以标注在其可视面上。

6.4　化妆品成分表[1)]

6.4.1　在化妆品销售包装的可视面上应真实地标注化妆品全部成分的名称。

6.4.2　成分表应以“成分：”的引导语引出。

6.4.3　成分名称的标注顺序

6.4.3.1　成分表中成分名称应按加入量的降序列出。如果成分表中同一行标注两种或两种以上的成分名称时，在各个成分名称之间用“、”予以分开。

6.4.3.2　如果成分的加入量小于和等于 1%时，可以在加入量大于 1%的成分后面按任意顺序排列成分名称。

6.4.3.3　多色号的化妆品在标注着色剂时，应在成分表的结尾插入“可能含有的着色剂：”作为引导语，

1）　自 GB 5296 的本部分发布之日起两年后生产的化妆品应执行本条款。

然后可以按任意顺序排列所有颜色范围的着色剂。

6.4.4 标注的成分名称

6.4.4.1 标注的成分名称应采用《化妆品成分国际命名(INCI)中文译名》中的成分名称。如果该成分为《化妆品成分国际命名(INCI)中文译名》中没有覆盖的名称,可依次采用中华人民共和国药典的名称、化学名称或植物学名称。

6.4.4.2 香精中的香料、辅助成分、载体可以不标注各自的成分名称,而采用“香精”这个词语列在成分表中。

6.4.4.3 着色剂的名称采用着色剂索引号(染料索引号)的英文缩写“CI”加上着色剂索引号,如:“CI 12010”,“CI 15630(3)”等。如果着色剂没有索引号,则可采用着色剂的中文名称。

6.4.5 由于化妆品销售包装的形状和/或体积的原因,无法标注成分表时,可以适当缩小字体,或采用 GB 5296 本部分第 4 章 b)、c)的形式标注。对净含量不大于 15 g 或 15 mL 的产品,按 8.1 执行。

6.5 保质期

6.5.1 保质期应按下列两种方式之一标注:

a) 生产日期和保质期;

b) 生产批号和限期使用日期。

6.5.2 标注方法

——生产日期的标注:采用“生产日期”或“生产日期见包装”等引导语,日期按 4 位数年份和 2 位数月份及 2 位数日的顺序。如标注:“生产日期 20020112”或“生产日期见包装”和包装上“20020112”,表示 2002 年 1 月 12 日生产;

——保质期的标注:“保质期×年”或“保质期××月”;

——生产批号的标注:由生产企业自定;

——限期使用日期的标注:采用“请在标注日期前使用”或“限期使用日期见包装”等引导语,日期按 4 位数年份和 2 位数月份和 2 位数日的顺序。如标注:“20051105”,表示在 2005 年 11 月 5 日前使用。日期也可以按 4 位数年份和 2 位数月份的顺序。如标注:“200505”,表示在 2005 年 5 月 1 日前使用。

6.5.3 除生产批号外,限期使用日期或生产日期和保质期应标注在化妆品销售包装的可视面上。

6.6 应标注企业的生产许可证号、卫生许可证号和产品标准号,其中产品标准号可以不标注年代号。没有实行生产许可证和/或卫生许可证的产品不需标注生产许可证号和/或卫生许可证号。生产许可证号、卫生许可证号应标注在化妆品销售包装的可视面上。

6.7 进口非特殊用途化妆品应标注进口化妆品卫生许可备案文号。

6.8 特殊用途化妆品应标注特殊用途化妆品批准文号。

6.9 凡国家有关法律和法规有要求或根据化妆品特点需要时,应在化妆品销售包装的可视面上标注安全警告用语。安全警告用语应以“注意:”或“警告:”等作为引导语。

7 宜标注的内容

7.1 必要时,应标注化妆品的使用指南或使用指南的图示。

7.2 必要时,应标注满足保质期或限期使用日期的储存条件。

8 其他

8.1 对净含量不大于 15 g 或 15 mL 的产品,只需标注 6.1、6.3、6.4、6.5 和 6.2 中生产者的名称的内容,其中 6.4 的内容可以标注在 GB 5296 本部分第 4 章 a)、b)、c)之外的说明性材料中。

8.2 供消费者免费使用并有相应标识(如赠品、非卖品等)的化妆品,可以免除标注 6.3 和 6.4 及 6.6～6.8 中的内容。

9 基本要求

9.1 化妆品标签的内容应清晰，应保证消费者在购买时醒目、易于辨认和阅读。

9.2 化妆品标签所用的文字除依法注册的商标外，应是规范的汉字。

9.3 本部分规定的标签内容允许同时使用汉语拼音或少数民族文字或外文，但应拼写正确。

ICS 03.080.30
A 12

中华人民共和国国家标准

GB 5296.7—2008

消费品使用说明
第7部分:体育器材

Instructions for use of products of consumer interest—
Part 7:Sports equipment

2008-09-19 发布　　　　2009-03-01 实施

中华人民共和国国家质量监督检验检疫总局
中国国家标准化管理委员会　发布

前　言

本部分 4.1、4.5、5.1、5.2、5.3、5.4、5.5、5.6、5.7、5.9、6.2 为强制性条款，其余为推荐性条款。

GB 5296《消费品使用说明》分为七部分：

——第 1 部分：总则；

——第 2 部分：家用和类似用途电器；

——第 3 部分：化妆品；

——第 4 部分：纺织品和服装；

——第 5 部分：玩具；

——第 6 部分：家具；

——第 7 部分：体育器材。

本部分为 GB 5296 的第 7 部分。

本部分由全国服务标准化技术委员会提出并归口。

本部分起草单位：中国标准化研究院、中国体育用品联合会、青岛英派斯集团、天津市春合体育用品厂、上海天祥质量技术服务有限公司。

本部分主要起草人：柳成洋、张小晶、袁义龙、陈宝生、陈晓巍、于海龙、王鹏、王世川、左佩兰、林希。

消费品使用说明
第7部分:体育器材

1 范围

GB 5296的本部分规定了编写体育器材使用说明的基本原则,使用说明的标注内容、安放位置和形式、字体、字号等。

本部分适用于各类体育器材的使用说明。

2 规范性引用文件

下列文件中的条款通过GB 5296的本部分的引用而成为本部分的条款。凡是注日期的引用文件,其随后所有的修改单(不包括勘误的内容)或修订版均不适用于本部分,然而,鼓励根据本部分达成协议的各方研究是否可使用这些文件的最新版本。凡是不注日期的引用文件,其最新版本适用于本部分。

GB 5296.1—1997 消费品使用说明 总则

3 术语和定义

下列术语和定义适用于GB 5296的本部分。

3.1

体育器材 sports equipment

各项体育运动中使用的各种器具、器械。

3.2

使用说明 instruction for use

是向使用者传达如何正确、安全使用产品的信息工具。它通常以使用说明书、标签、标志等形式表达。它可以用文件、词语、标牌、符号、图表、图示以及听觉或视觉信息,采取单独或组合的方法使用。它们可以用于产品上、包装上,也可作为随同资料。如,活页资料、手册、录音带、录像带以及计算机用资料交付。

[GB 5296.1—1997,定义3.2]

4 基本原则

4.1 使用说明是交付产品的组成部分。

4.2 使用说明应能指导消费者正确、安全地使用产品。

4.3 使用说明应如实介绍产品,不应借助使用说明来弥补产品设计上的缺陷。

4.4 使用说明的内容应简明、准确,易于阅读和理解。

4.5 在使用中可能存在潜在危险的,应有安全警示说明和警示标志。

4.6 使用说明的编制、安全警示、使用说明的耐久性要求应符合GB 5296.1的规定。

5 使用说明的内容

5.1 产品名称

产品名称应能表明产品真实属性,有相应国家标准、行业标准的应与国家标准、行业标准相一致。

5.2 **产品型号、规格、参数**

应说明产品的型号或规格或参数,型号或规格或参数应与产品本身的型号或规格或参数相一致。

5.3 **生产者的名称和地址**

5.3.1 应说明生产者依法登记注册的名称和地址。

5.3.2 进口体育器材应标注该产品的原产地(国家/地区)以及代理商或进口商或销售商在中国依法登记注册的名称和地址。

5.4 **产品执行标准**

应标明产品所执行产品标准的编号。

5.5 **使用方法**

因使用方法不当易造成伤害的产品应通过文字、图示等方式标注正确的使用方法。

5.6 **安全警示**

5.6.1 对使用人数有限制的产品,应标注同时使用人数的上限值。

5.6.2 对使用者有限制的产品应标注不适用的人群。

5.6.3 应标注产品最大的承受载荷。

5.6.4 应在产品具有潜在危险的特定位置上标注安全警示信息。

5.6.5 需要限定使用期限的产品,应标注生产日期和安全使用期限。

5.7 **安装**

5.7.1 产品安装环境应明确说明,如:承载面、周围环境、电源接地等。

5.7.2 需安装的产品,应给出清晰、正确的安装说明或图示,同时应提供必须的工具及所有的配件列表及数量。

5.7.3 需由专业人员安装的产品,应明确告知消费者。安装说明材料应单独编制和交付并适当标明。在不影响使用情况下,这些说明材料不需随产品提供。

5.8 **使用前的检查**

产品使用前的检查程序应予以说明。

5.9 **注意事项**

5.9.1 应标注使用前后的注意事项。

5.9.2 对使用者有着装限制的应予以告知。

5.10 **维护和保养**

5.10.1 如果使用者能对一些故障进行判断和修理,而不会对自己或别人或产品造成危害,那么使用说明应提供产品的维护和保养方法,明示产品在使用过程中可能出现的一般故障,以及故障的判断、检查和修理。

5.10.2 宜说明如下内容:

a) 故障种类和处理方法;

b) 允许使用者进行维护和保养的项目;

c) 必须由专业人员拆卸、维修的项目;

d) 允许使用者自行更换的易损零件的型号、规格;

e) 维护和保养方法的注意事项;

f) 产品售后服务事项。

6 安放位置和形式

6.1 根据产品的特点和实际使用需要,使用说明的形式可采用以下之一或它们的组合:

——直接压印、粘贴或永久固定在产品上;

——印刷或粘贴在产品包装上;

——随同产品提供的文字资料；

——根据需要而提供的其他形式。

6.2 产品上的标签、标志应安装在明显可视，便于识别的位置。安全警示的标注应采用耐久性标签，并且应永久地附在产品和/或包装上。

7 字体、字号

7.1 中国境内销售的产品，应使用规范的汉字。

7.2 “危险”、“警告”、“注意”等安全警示应醒目清晰，字号不小于四号，字体为黑体。

ICS 25.140.30
J 47

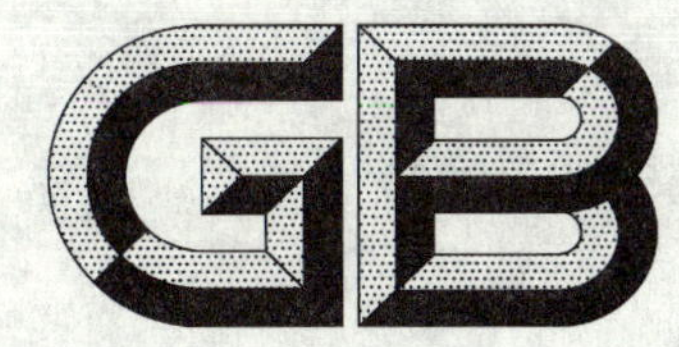

中华人民共和国国家标准

GB/T 5305—2008
代替 GB/T 5305—1985

手工具包装、标志、运输与贮存

Packaging, marking, transportation and storage of hand tools

2008-12-30 发布　　　　2009-09-01 实施

中华人民共和国国家质量监督检验检疫总局
中国国家标准化管理委员会　发布

前　言

本标准代替 GB/T 5305—1985《手工具包装、标志、运输与贮存》。

本标准与 GB/T 5305—1985 相比主要变化如下：

——修改和调整了包装原则(1985 版的第 2 章，本版的第 4 章)；

——增加了包装方式和防护包装方法(本版的第 5 章)；

——修改和调整了包装技术要求(1985 版的第 3 章，本版的第 6 章)；

——由于在有关章节中引用了相关的国家标准，删除了有关包装件试验的试验条件和试验步骤(1995 版的 3.4)；

——删除了“出口包装箱的材质”(1985 版的附录 B)。

本标准的附录 A 和附录 B 为资料性附录。

本标准由中国轻工业联合会提出。

本标准由全国五金制品标准化技术委员会工具五金分技术委员会归口。

本标准由宁波长城精工实业有限公司、杭州钱江五金工具有限责任公司、上海市工具工业研究所负责起草，文登威力工具集团有限公司、江苏舜天国际集团江都工具有限公司、江苏宏宝五金股份有限公司、江苏金鹿集团有限公司、上海田野(集团)工具有限公司、山东泰工工贸有限责任公司、浙江万达实耐宝工具有限公司参加起草。

本标准主要起草人：吴祖训、陈立海、陈国苗、刘玉信、鞠家平、邹家平、王竹鸣、蒋燕花、潘宇杰、叶郁蓬、李亮、顾青。

本标准所代替标准的历次版本发布情况为：

GB/T 5305—1985。

手工具包装、标志、运输与贮存

1 范围

本标准规定了手工具包装、标志、运输与贮存。

本标准适用于作业用手工具产品。

2 规范性引用文件

下列文件中的条款通过本标准的引用而成为本标准的条款。凡是注日期的引用文件，其随后所有的修改单(不包括勘误的内容)或修订版均不适用于本标准，然而，鼓励根据本标准达成协议的各方研究是否可使用这些文件的最新版本。凡是不注日期的引用文件，其最新版本适用于本标准。

GB/T 153 针叶树锯材

GB/T 191 包装储运图示标志

GB/T 2934 联运通用平托盘 主要尺寸及公差

GB/T 4857.3 包装 运输包装件基本试验 第3部分:静载荷堆码试验方法

GB/T 4857.5 包装 运输包装件 跌落试验方法

GB/T 4879 防锈包装

GB/T 4995 联运通用平托盘 性能要求

GB/T 5048 防潮包装

GB/T 6543 运输包装用单瓦楞纸箱和双瓦楞纸箱

GB/T 6544 瓦楞纸板

YB/T 5002 一般用途 圆钢钉

3 术语和定义

本标准的术语和定义参见附录A。

4 包装原则

4.1 产品的包装应符合科学、经济、牢固、美观和适销的要求。在正常的储运、装卸条件下，应保证产品自制造厂发货日起，至少一年内不因包装不善而产生产品锈蚀、损坏、散失等现象。包装的特殊要求按供需双方协议执行。

4.2 包装设计应根据产品特点、流通环境条件和用户要求进行。包装应防护合理、安全可靠。

4.3 产品应经检验合格，方可进行包装并附有产品合格证书或其他随机文件。

4.4 包装件外尺寸和质量应符合储运要求。

4.5 产品包装不应使用法规禁止的物质。

4.6 产品包装环境应清洁、干燥、无有害介质。

5 包装方式和防护包装方法

5.1 根据产品的特点和储运条件，可选内包装、外包装、销售包装。

5.2 包装方式主要为箱装，原则上采用瓦楞纸箱包装，也可采用木箱或其他适合于产品的包装方式。根据储运情况和用户要求也可以采用托盘包装等方式。其典型结构参见附录B。

5.3 防护包装方法主要为防潮包装、防锈包装等，应根据产品特点和储运、装卸条件选用适当的防护包装方法。

6 包装技术要求

6.1 材质

6.1.1 瓦楞纸板

包装用瓦楞纸板应根据产品储运条件和用户要求，选择符合 GB/T 6544 要求的瓦楞纸板。

6.1.2 木材

6.1.2.1 包装木箱用木材应在保证包装箱强度的前提下，合理选择材质，应符合 GB/T 153 的规定。

6.1.2.2 箱板、箱档的木材含水率一般为 8%～20%，框架木材的含水率一般不大于 25%。

6.1.3 其他材料

根据产品的储运和用户的要求，也可采用其他包装材料，但都应符合相关标准以及确保包装箱的强度和储运、装卸要求。

6.2 制箱要求

6.2.1 瓦楞纸箱

瓦楞纸箱的制箱应根据产品储运和用户要求，应符合 GB/T 6543 的规定。

6.2.2 木箱

6.2.2.1 木箱的内尺寸和箱板厚度应根据包装箱内装物品的外尺寸和质量而选定。

6.2.2.2 制箱时应采用锯齿形布钉。箱板表面不应显露钉头、钉尖，钢钉不得中途弯曲或钉在箱板与框架的接缝处。

6.2.2.3 根据箱板、箱档的厚度以及框架结构中的尺寸和制箱材料的性能，选择 YB/T 5002 规定的钢钉和合理确定钢钉间的距离。

6.2.2.4 木箱制箱应符合产品储运的相关标准规定。

6.2.3 其他材料的制箱要求

选择其他材料制作包装箱，应满足产品储运和用户的要求，应符合相关标准的规定。

6.3 装箱要求

6.3.1 产品应经防锈处理后，方能进行包装。

6.3.2 根据产品储运和用户的要求，可选择内外包装或其他多重包装。

6.3.3 直接采用内包装的产品，应用中性包装纸或塑料袋包裹。

6.3.4 产品装箱时应尽量使其重心位置居中靠下，重心偏高的产品应尽可能采用卧式包装，重心偏离中心较明显的产品应采取相应的平衡措施。

6.3.5 为减小包装体积和便利储运，组装产品在不影响产品使用性能的条件下，产品上的凸出部件应尽可能拆下后另行包装。

6.3.6 产品与包装箱内的空隙，应采用缓冲材料充填，以防产品在储运中窜动。

6.4 托盘包装

6.4.1 托盘的尺寸应符合 GB/T 2934 的规定。

6.4.2 托盘的技术要求应符合 GB/T 4995 的规定。

6.4.3 托盘包装件的质量一般应不大于 1 000 kg，体积不大于 1 m^3。组装托盘包装件时托盘的平面尺寸应与托盘上包装件底部尺寸基本一致。

6.5 防护包装

6.5.1 防潮包装

根据产品储运条件和用户要求，可选择防潮包装，应符合 GB/T 5048 的规定。

6.5.2 防锈包装

根据产品储运条件和用户要求，可选择防锈包装，应符合 GB/T 4879 的规定。

6.5.3 **其他防护包装**

根据产品储运条件和用户要求,可选择其他防护包装,应符合相关标准的规定。

6.6 **包装箱强度**

6.6.1 **包装箱加固**

瓦楞纸箱采用捆扎带捆扎加固,木箱采用氧化钢带加固箱体。应符合产品储运和用户要求。

6.6.2 **包装箱强度要求**

包装应具有足够的强度,根据包装件的质量和特点,以及实际储运环境条件可适当选择有关的项目试验,但至少应该进行 GB/T 4857.3 中规定的运输包装件静载荷堆码试验方法和 GB/T 4857.5 运输包装件跌落试验方法中的一项。

6.6.3 **包装箱强度试验方法**

6.6.3.1 包装箱静载荷堆码试验根据产品储运条件和用户要求,按照 GB/T 4857.3 中规定的运输包装件静载荷堆码试验方法的有关部分执行。

6.6.3.2 包装箱跌落试验根据产品储运条件和用户要求,按照 GB/T 4857.5 运输包装件跌落试验方法的有关部分执行。

7 标志

7.1 **标志分类**

标志分为产品标志和包装标志(包括收发货标志和储运指示标志)。各类产品可根据其特点,正确选用标志内容。

7.2 **标志内容**

7.2.1 产品标志内容:

a) 产品名称或代号;

b) 规格;

c) 制造厂名称或商标;

d) 标准编号。

7.2.2 包装标志的内容:

a) 产品名称或代号;

b) 规格;

c) 产品数量;

d) 产品执行标准;

e) 包装外尺寸(长×宽×高);

f) 制造厂名称或商标、厂址或联系方式;

g) 净重与毛重;

h) 出厂编号或包装号;

i) 发货日期;

j) 到站(港)及收货单位;

k) 发站(港)及发货单位;

l) 储运指示标志,按 GB/T 191 的规定正确选用。

7.3 **包装箱标志部位的原则规定**

7.3.1 产品标志应在包装箱的侧面。

7.3.2 包装标志应在包装箱的端面。

7.3.3 标志应准确、清晰、牢固地显示在箱面上。

8 运输和贮存

8.1 产品的运输规定

8.1.1 装运产品的车厢、船舱应保持清洁、无污染。

8.1.2 严禁与化学物品和潮湿物品混装。

8.1.3 敞车运输时，应用苫布覆盖，以防止雨(雪)水浸入。

8.1.4 产品的装卸应根据包装上的储运指示标志，采用合理的装卸方式，防止货损事故的发生。

8.1.5 产品在中转时，应堆放在库房内，临时露天堆放时应用苫布覆盖，同时堆码的下面应有不少于200 mm的垫木。

8.2 产品的贮存规定

8.2.1 产品应贮存于干燥、清洁、通风的库房内，库房内的相对湿度不大于60%，堆码的下面应有不小于100 mm的垫木。

8.2.2 产品入库后，及时检查包装是否完好以及内装物有无锈蚀等现象。

8.2.3 对破损和浸水受潮的包装应立即更换。

8.2.4 严禁将化学物品和潮湿物品同库贮存。

附 录 A
（资料性附录）
包装通用术语

下列包装通用术语和定义适用于本标准。

A.1

包装 package,packaging

为在流通过程中保护产品，方便储运，促进销售，按一定技术方法而采用的容器、材料及辅助物等的总体名称。也指为了达到上述目的而采用容器、材料和辅助物的过程中施加一定技术方法等的操作活动。

A.2

内包装 contents

包装件内所装的产品或物品。

A.3

运输包装 transport package,shipping package

以运输贮存为主要目的的包装。它具有保障产品的安全，方便储运装卸，加速交接、点验等作用。

A.4

销售包装 consumer package,sales package

以销售为主要目的，与内装物一起到达消费者手中的包装。它具有保护、美化、宣传产品，促进销售的作用。

A.5

包装设计 package design

对产品的包装进行选型、结构和装潢设计。

A.6

外尺寸 outside dimension,external dimension

包装容器的外部最大尺寸。

A.7

内尺寸 inside dimension,inner dimension

包装容器的内部最大尺寸。

A.8

包装件 package

产品经过包装所形成的总体。

A.9

侧面 side panel

由箱子的高和长构成的面。

A.10

端面 end panel

由箱子的高和宽构成的面。

A.11

含水率 moisture content

木材所含水分的重量和木材全干时的重量的比率。

A. 12

净重　net weight

内装物的净装量。

A. 13

毛重　gross weight

运输包装件的质量或重量。

A. 14

捆扎　strapping, tying, binding

将产品或包装件用适当材料扎紧、固定或增强的操作。

A. 15

包装检验　package inspection

对产品包装的特性进行检查、测量、计量，并将这些特性与规定的要求进行比较和评价的过程。

A. 16

包装试验　package examination

对包装材料和包装容器的防护质量及包装方法作出评价而进行的各种专门的试验。

A. 17

包装标准　package standard

为了保证物品在储藏、运输和销售中的安全及科学管理的需要，以包装的有关事项为对象所制定的标准。

A. 18

托盘运输　pallet traffic

以托盘承载货物、使用机械设备进行装卸、搬运作业，便于成件包装物的装卸、搬运和堆码作业实现机械化和托盘化。

A. 19

托盘　pallet

用于集装、堆放、搬运和运输的放置做为单元负荷的货物和制品的水平平台装置。

A. 20

防潮包装　water vapour proof packaging

为防止因潮气浸入包装件而影响内装物质量采取一定防护措施的包装。如用防潮包装材料密封产品，或在包装容器内加适量干燥剂以吸收残存潮气和通过包装材料透入的潮气，也可在密封包装容器内抽真空等。

A. 21

防锈包装　rust proof packaging, rust preventive packaging

为防止内装物锈蚀采取一定防护措施的包装。如在产品表面涂刷防锈油(脂)或用气相防锈塑料薄膜或气相防锈纸包封产品等。

A. 22

运输包装件基本试验　basic tests of transport package

用以评定运输包装件在流通过程中各种性能的试验。

A. 23

堆码试验　stacking test

在包装件或包装容器上放置重物，评定包装件或包装容器承受堆积静载的能力和包装对内装物保护能力的试验。

A.24

跌落试验　drop test

将包装件按规定高度跌落于坚硬、平整的水平面上，评定包装件承受垂直冲击的能力和包装对内装物保护能力的试验。

A.25

瓦楞纸箱　corrugated box

用瓦楞纸板制成的箱。

A.26

木箱　wooden case,wooden boxes

用木材或竹材等制成的有一定刚性的包装容器，通常为长方体。

A.27

装卸　handling

指明物品在指定地点以人力或机械进行搬上或卸下、装入或移动的作业。

A.28

运输　transportation

用各种运输设备将物品从一地点运往另一地点，包括集中、搬运、中转、装卸等一系列作业。

A.29

包装储运指示标志　indicative mark

在储存、运输过程中，为使存放、搬运适当，按规定的标准以简单醒目的图案和文字，表明在包装一定位置上的标志。

A.30

收发货标志　shipping mark

通常由简单的任何图形和字母、数字及文字组成，表明在运输包装的一定位置上，主要供收发货人识别产品的标志。内销产品的收发货标志包括：品名、货号、规格、颜色、毛重、净重、体积、生产厂、收货单位、发货单位等。出口产品的收发货标志包括：目的地名或代号、收货人或发货人的代用简字或代号、件号、体积、重量以及原产国等等。

A.31

相对湿度　relative humidity

在相同的压力和温度下，大气的绝对湿度与饱和湿度之间的比率。

附 录 B
（资料性附录）
包装方法典型示例

B.1 外包装木箱

外包装木箱的结构型式如图 B.1 所示，端面和侧面均用箱档加固的封闭型箱。

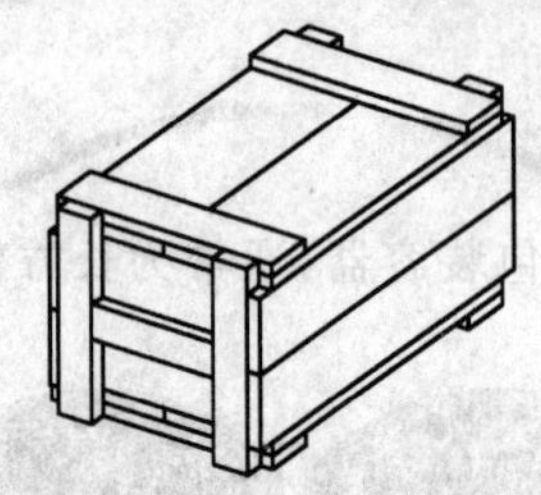
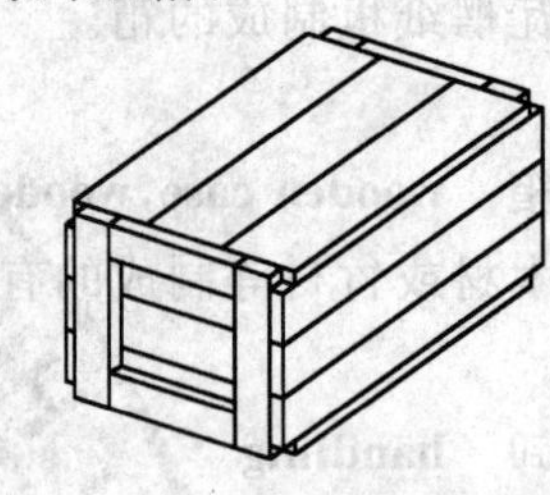

图 B.1 外包装木箱示意图

B.2 外包装瓦楞纸箱

外包装瓦楞纸箱结构型式如图 B.2 所示。

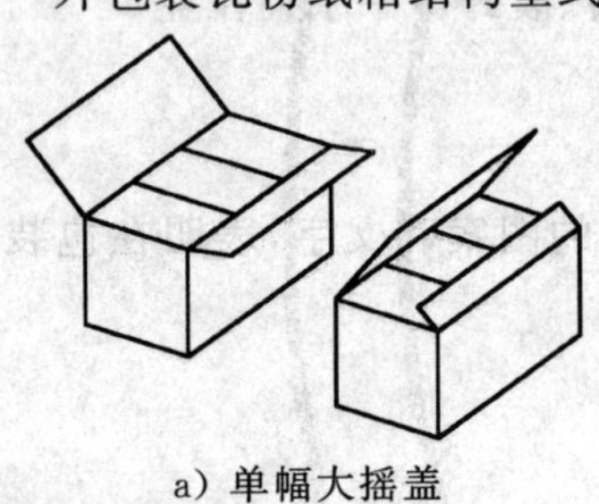

a) 单幅大摇盖

b) 双幅大摇盖

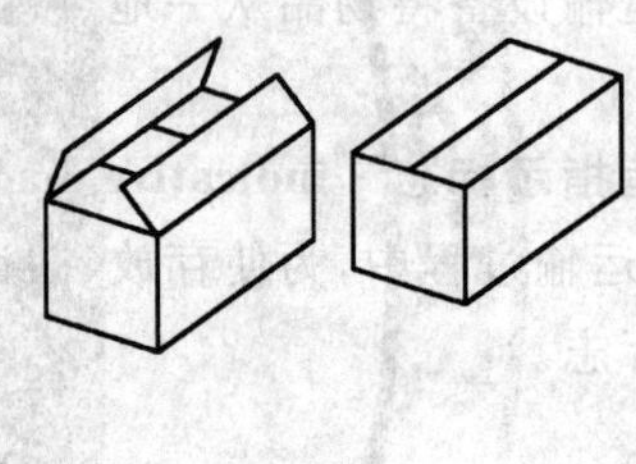

c) 双幅对口摇盖

图 B.2 外包装瓦楞纸箱示意图

B.3 托盘包装

托盘包装如图 B.3 所示，由外包装木箱或外包装纸箱组合在托盘上并用捆扎带捆扎，以利于机械化装卸。

图 B.3 托盘包装示意图

ICS 77.140.75
H 48

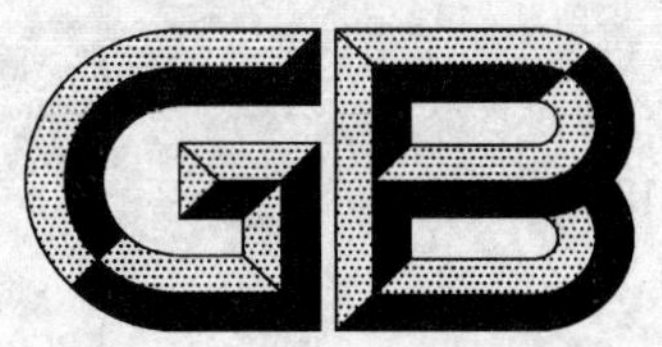

中华人民共和国国家标准

GB 5310—2008
代替 GB 5310—1995

高压锅炉用无缝钢管

Seamless steel tubes and pipes for high pressure boiler

2008-10-24 发布　　2009-10-01 实施

中华人民共和国国家质量监督检验检疫总局
中国国家标准化管理委员会　发布

前　言

本标准参照EN 10216-2:2002《压力用途的无缝钢管　交货技术条件　第2部分:规定高温性能的非合金钢和合金钢钢管》、EN 10216-5:2004《压力用途的无缝钢管　交货技术条件　第5部分:不锈钢管》及《ASME锅炉及压力容器规范　第Ⅱ卷　A篇　铁基材料》2004版中的SA-106《高温用碳素钢无缝钢管规范》、SA-192M《高压用碳素钢无缝锅炉管规范》、SA-209M《锅炉和过热器用碳钼合金钢无缝钢管规范》、SA-210M《锅炉和过热器用中碳钢无缝钢管规范》、SA-213M《锅炉、过热器和换热器用铁素体和奥氏体合金钢无缝钢管规范》和SA-335M《高温用铁素体合金钢无缝钢管规范》修订。

本标准自实施之日起,GB 5310—1995《高压锅炉用无缝钢管》作废。本标准与GB 5310—1995相比,主要变化如下:

——增加了分类和代号;

——取消了尺寸规格表;

——增加了按最小壁厚或公称内径的尺寸交货方式;

——修改了钢管的尺寸允许偏差;

——删除了标记示例;

——增加了10个钢牌号,删除了1个钢牌号,修改了钢的化学成分;

——修改了钢的冶炼方法;

——修改了钢管的热处理制度;

——修改了钢管的力学性能;

——修改了钢管的压扁试验方法及要求;

——增加了钢管弯曲试验要求及其试验方法;

——修改了钢管的扩口试验要求;

——修改了钢管的非金属夹杂物、晶粒度、显微组织和脱碳层要求;

——增加了钢管的晶间腐蚀试验要求;

——修改了钢管的无损探伤检验验收等级;

——修改了钢管拉伸试验、冲击试验的试样要求;

——修改了钢管的高温力学性能。

本标准的附录A、附录C和附录D为资料性附录,附录B为规范性附录。

本标准中条款5.1、5.2、5.3、5.4、5.6、6.4.4、6.4.5、6.4.6、6.6.3、6.12、附录A、附录B、附录C、附录D为推荐性的,其余均为强制性的。

本标准由中国钢铁工业协会提出。

本标准由全国钢标准化技术委员会归口。

本标准起草单位:攀钢集团成都钢铁有限责任公司、冶金工业信息标准研究院、宝山钢铁股份有限公司、湖南衡阳钢管(集团)有限公司、上海发电设备成套设计研究院、西安热工研究院有限公司、苏州热工研究院有限公司。

本标准主要起草人:李奇、成海涛、晏如、黄颖、许晴、陈绍林、吾之英、刘树涛、赵彦芬、郭元蓉、李志。

本标准所代替标准的历次版本发布情况为:

GB 5310—1985、GB 5310—1995。

高压锅炉用无缝钢管

1 范围

本标准规定了高压锅炉用无缝钢管的分类、代号、尺寸、外形、重量、技术要求、试样、试验方法、检验规则、包装、标志和质量证明书。

本标准适用于制造高压及其以上压力的蒸汽锅炉、管道用无缝钢管。

2 规范性引用文件

下列文件中的条款通过本标准的引用而成为本标准的条款。凡是注日期的引用文件，其随后所有的修改单(不包括勘误的内容)或修订版均不适用于本标准，然而，鼓励根据本标准达成协议的各方研究是否可使用这些文件的最新版本。凡是不注日期的引用文件，其最新版本适用于本标准。

GB/T 222 钢的成品化学成分允许偏差

GB/T 223.5 钢铁 酸溶硅和全硅含量的测定 还原型硅钼酸盐分光光度法

GB/T 223.10 钢铁及合金化学分析方法 铜铁试剂分离-铬天青 S 光度法测定铝含量

GB/T 223.11 钢铁及合金化学分析方法 过硫酸铵氧化容量法测定铬量

GB/T 223.12 钢铁及合金化学分析方法 碳酸钠分离-二苯碳酰二肼光度法测定铬量

GB/T 223.13 钢铁及合金化学分析方法 硫酸亚铁铵滴定法测定钒含量

GB/T 223.14 钢铁及合金化学分析方法 钽试剂萃取光度法测定钒含量

GB/T 223.16 钢铁及合金化学分析方法 变色酸光度法测定钛量

GB/T 223.17 钢铁及合金化学分析方法 二安替比林甲烷光度法测定钛量

GB/T 223.18 钢铁及合金化学分析方法 硫代硫酸钠分离-碘量法测定铜量

GB/T 223.23 钢铁及合金 镍含量的测定 丁二酮肟分光光度法

GB/T 223.25 钢铁及合金化学分析方法 丁二酮肟重量法测定镍量

GB/T 223.26 钢铁及合金化学分析方法 硫氰酸盐直接光度法测定钼量

GB/T 223.30 钢铁及合金化学分析方法 对-溴苦杏仁酸沉淀分离-偶氮胂Ⅲ分光光度法测定锆量

GB/T 223.36 钢铁及合金化学分析方法 蒸馏分离-中和滴定法测定氮量

GB/T 223.37 钢铁及合金化学分析方法 蒸馏分离-靛酚蓝光度法测定氮量

GB/T 223.40 钢铁及合金 铌含量的测定 氯磺酚 S 分光光度法

GB/T 223.43 钢铁及合金 钨含量的测定 重量法和分光光度法

GB/T 223.58 钢铁及合金化学分析方法 亚砷酸钠-亚硝酸钠滴定法测定锰量

GB/T 223.59 钢铁及合金 磷含量的测定 铋磷钼蓝分光光度法和锑磷钼蓝分光光度法

GB/T 223.60 钢铁及合金化学分析方法 高氯酸脱水重量法测定硅含量

GB/T 223.62 钢铁及合金化学分析方法 乙酸丁酯萃取光度法测定磷量

GB/T 223.63 钢铁及合金化学分析方法 高碘酸钠(钾)光度法测定锰量

GB/T 223.64 钢铁及合金 锰含量的测定 火焰原子吸收光谱法

GB/T 223.67 钢铁及合金化学分析方法 还原蒸馏-次甲基蓝光度法测定硫量

GB/T 223.68 钢铁及合金化学分析方法 管式炉内燃烧后碘酸钾滴定法测定硫含量

GB/T 223.69 钢铁及合金 碳含量的测定 管式炉内燃烧后气体容量法

GB/T 223.71 钢铁及合金化学分析方法 管式炉内燃烧后重量法测定碳含量

GB/T 223.72 钢铁及合金 硫含量的测定 重量法

GB/T 223.76 钢铁及合金化学分析方法 火焰原子吸收光谱法测定钒量

GB/T 223.78 钢铁及合金化学分析方法 姜黄素直接光度法测定硼含量(GB/T 223.78—2000,idt ISO 10153:1997)

GB/T 224 钢的脱碳层深度测定法(GB/T 224—2008,ISO 3887:2003,MOD)

GB/T 226 钢的低倍组织及缺陷酸蚀检验法

GB/T 228 金属材料 室温拉伸试验方法(GB/T 228—2002, eqv ISO 6892:1998)

GB/T 229 金属材料 夏比摆锤冲击试验方法(GB/T 229—2007,ISO 148-1:2006,MOD)

GB/T 230.1 金属洛氏硬度试验 第1部分:试验方法(A、B、C、D、E、F、G、H、K、N、S标尺)(GB/T 230.1—2004,ISO 6508-1:1999,MOD)

GB/T 231.1 金属布氏硬度试验 第1部分:试验方法(GB/T 231.1—2002, eqv ISO 6506-1:1999)

GB/T 232 金属材料 弯曲试验方法(GB/T 232—1999,eqv ISO 7438:1985)

GB/T 241 金属管 液压试验方法

GB/T 242 金属管 扩口试验方法(GB/T 242—2007,ISO 8493:1998,IDT)

GB/T 246 金属管 压扁试验方法(GB/T 246—2007,ISO 8492:1998,IDT)

GB/T 1979 结构钢低倍组织缺陷评级图

GB/T 2102 钢管的验收、包装、标志和质量证明书

GB/T 2975 钢及钢产品力学性能试验取样位置及试样制备(GB/T 2975—1998,eqv ISO 377:1997)

GB/T 4336 碳素钢和中低合金钢 火花源原子发射光谱分析方法(常规法)

GB/T 4338 金属材料 高温拉伸试验(GB/T 4338—2006,ISO 783:1999,MOD)

GB/T 4340.1 金属维氏硬度试验 第1部分:试验方法(GB/T 4340.1—1999,eqv ISO 6507-1:1997)

GB/T 5777—2008 无缝钢管超声波探伤检验方法(ISO 9303:1989(E),MOD)

GB/T 6394 金属平均晶粒度测定方法

GB/T 7735 钢管涡流探伤检验方法(GB/T 7735—2004,ISO 9304:1989,MOD)

GB/T 10561 钢中非金属夹杂物含量的测定 标准评级图显微检验法(GB/T 10561—2005,ISO 4967:1998,IDT)

GB/T 11170 不锈钢的光电发射光谱分析方法

GB/T 12606 钢管漏磁探伤方法(GB/T 12606—1999,eqv ISO 9402:1989、ISO 9598:1989)

GB/T 13298 金属显微组织检验方法

GB/T 17395 无缝钢管尺寸、外形、重量及允许偏差(GB/T 17395—2008,ISO 1127:1992、ISO 4200:1991、ISO 5252:1991,MOD)

GB/T 20066 钢和铁 化学成分测定用试样的取样和制样方法(GB/T 20066—2006,ISO 14284:1996,IDT)

GB/T 20123 钢铁 总碳硫含量的测定 高频感应炉燃烧后红外吸收法(常规方法)(GB/T 20123—2006,ISO 15350:2000,IDT)

GB/T 20124 钢铁 氮含量的测定 惰性气体熔融热导法(常规方法)(GB/T 20124—2006,

ISO 15351:1999,IDT)

YB/T 4149 连铸圆管坯

YB/T 5137 高压用热轧和锻制无缝钢管圆管坯

3 分类和代号

3.1 本标准的无缝钢管按产品制造方式分为两类,其类别和代号如下:

a) 热轧(挤压、扩)钢管,代号为 W-H;

b) 冷拔(轧)钢管,代号为 W-C。

3.2 下列代号适用于本标准:

D	外径或公称外径
S	壁厚
S_{min}	最小壁厚
d	公称内径
Dc	计算外径

4 订货内容

按本标准订购钢管的合同或订单应包括但不限于下列内容:

a) 标准编号;

b) 产品名称;

c) 钢的牌号;

d) 订购的数量(总重量或总长度);

e) 尺寸规格;

f) 特殊要求。

5 尺寸、外形及重量

5.1 外径和壁厚

5.1.1 除非合同中另有规定,钢管按公称外径和公称壁厚交货。根据需方要求,经供需双方协商,钢管可按公称外径和最小壁厚、公称内径和公称壁厚或其他尺寸规格方式交货。

5.1.2 钢管的公称外径和壁厚应符合 GB/T 17395 的规定。根据需方要求,经供需双方协商,可供应 GB/T 17395 规定以外尺寸的钢管。

当钢管按公称内径和公称壁厚交货时,其尺寸规格由供需双方协商确定。

注:如无特殊说明,本标准中所述"壁厚(S)"包括公称壁厚和最小壁厚,所述"外径(D)"包括公称外径和计算外径。

5.1.3 钢管按公称外径和公称壁厚交货时,其公称外径和公称壁厚的允许偏差应符合表 1 的规定。

钢管按公称外径和最小壁厚交货时,其公称外径的允许偏差应符合表 1 的规定,壁厚的允许偏差应符合表 2 的规定。

钢管按公称内径和公称壁厚交货时,其公称内径的允许偏差为±1.0%d,公称壁厚的允许偏差应符合表 1 的规定。

5.1.4 当需方未在合同中注明钢管尺寸允许偏差级别时,钢管外径和壁厚的允许偏差应符合普通级的规定。

根据需方要求,经供需双方协商,并在合同中注明,可供应表 1 和表 2 规定以外尺寸允许偏差的钢管,或其他内径允许偏差的钢管。

表 1　钢管公称外径和公称壁厚允许偏差　　单位为毫米

分类代号	制造方式	钢管尺寸			允许偏差	
					普通级	高级
W-H	热轧（挤压）钢管	公称外径（D）	≤54		±0.40	±0.30
			>54～325	S≤35	±0.75%D	±0.5%D
				S>35	±1%D	±0.75%D
			>325		±1%D	±0.75%D
		公称壁厚（S）	≤4.0		±0.45	±0.35
			>4.0～20		+12.5%S −10%S	±10%S
			>20	D<219	±10%S	±7.5%S
				D≥219	+12.5%S −10%S	±10%S
W-H	热扩钢管	公称外径（D）	全部		±1%D	±0.75%D
		公称壁厚（S）	全部		+20%S −10%S	+15%S −10%S
W-C	冷拔（轧）钢管	公称外径（D）	≤25.4		±0.15	—
			>25.4～40		±0.20	—
			>40～50		±0.25	—
			>50～60		±0.30	—
			>60		±0.5%D	—
		公称壁厚（S）	≤3.0		±0.3	±0.2
			>3.0		±10%S	±7.5%S

表 2　钢管最小壁厚的允许偏差　　单位为毫米

分类代号	制造方式	壁厚范围	允许偏差	
			普通级	高级
W-H	热轧（挤压）钢管	S_{min}≤4.0	$^{+0.90}_{0}$	$^{+0.70}_{0}$
		S_{min}>4.0	$^{+25\%S_{min}}_{0}$	$^{+22\%S_{min}}_{0}$
W-C	冷拔（轧）钢管	S_{min}≤3.0	$^{+0.6}_{0}$	$^{+0.4}_{0}$
		S_{min}>3.0	$^{+20\%S_{min}}_{0}$	$^{+15\%S_{min}}_{0}$

5.2　长度

5.2.1　通常长度

钢管的通常长度为 4 000 mm～12 000 mm。

经供需双方协商，并在合同中注明，可交付长度大于 12 000 mm 或短于 4 000 mm 但不短于 3 000 mm 的钢管；长度短于 4 000 mm 但不短于 3 000 mm 的钢管，其数量应不超过该批钢管交货总数量的 5%。

5.2.2 定尺长度和倍尺长度

根据需方要求，经供需双方协商，并在合同中注明，钢管可按定尺长度或倍尺长度交货。钢管的定尺长度允许偏差为$^{+15}_{0}$ mm。每个倍尺长度应按下述规定留出切口余量：

a) D≤159 mm时，切口余量为5 mm～10 mm；

b) D>159 mm时，切口余量为10 mm～15 mm。

5.3 弯曲度

5.3.1 钢管的每米弯曲度应符合如下规定：

a) S≤15 mm时，弯曲度不大于1.5 mm/m；

b) S>15 mm～30 mm时，弯曲度不大于2.0 mm/m；

c) S>30 mm时，弯曲度不大于3.0 mm/m。

5.3.2 D≥127 mm的钢管，其全长弯曲度应不大于钢管长度的0.10%。

5.3.3 根据需方要求，经供需双方协商，并在合同中注明，钢管的每米弯曲度和全长弯曲度可采用其他规定。

5.4 不圆度和壁厚不均

根据需方要求，经供需双方协商，并在合同中注明，钢管的不圆度和壁厚不均应分别不超过外径和壁厚公差的80%。

5.5 端头外形

钢管两端端面应与钢管轴线垂直，切口毛刺应予清除。

5.6 重量

5.6.1 交货重量

钢管按公称外径和公称壁厚或公称内径和公称壁厚交货时，钢管按实际重量交货，亦可按理论重量交货。

钢管按公称外径和最小壁厚交货时，钢管按实际重量交货；供需双方协商，并在合同中注明，钢管亦可按理论重量交货。

5.6.2 理论重量的计算

钢管理论重量的计算按GB/T 17395的规定（钢的密度按7.85 kg/dm³），不锈（耐热）钢钢管的理论重量为按GB/T 17395规定计算理论重量的1.015倍。

按公称外径和最小壁厚交货钢管，应采用平均壁厚计算理论重量，其平均壁厚是按壁厚及其允许偏差计算出来的壁厚最大值与最小值的平均值；按公称内径和公称壁厚交货钢管，应采用计算外径计算理论重量，其计算外径是按公称内径和公称壁厚计算出来的外径值。

5.6.3 重量允许偏差

根据需方要求，经供需双方协商，并在合同中注明，交货钢管实际重量与理论重量的偏差应符合如下规定：

a) 单根钢管：±10%；

b) 每批最小为10 t的钢管：±7.5%。

6 技术要求

6.1 钢的牌号和化学成分

6.1.1 钢的牌号和化学成分（熔炼成分）应符合表3的规定。

附录A列出了表3规定钢牌号与其他相近钢牌号的对照，供参考。

6.1.2 钢中残余元素的含量应符合表4的规定。

表 3 钢的牌号和化学成分

钢类	序号	牌号	化学成分(质量分数)[a]/%															
			C	Si	Mn	Cr	Mo	V	Ti	B	Ni	Alt	Cu	Nb	N	W	P	S
																	不大于	
优质碳素结构钢	1	20G	0.17~0.23	0.17~0.37	0.35~0.65	—	—	—	—	—	—	[b]	—	—	—	—	0.025	0.015
	2	20MnG	0.17~0.23	0.17~0.37	0.70~1.00	—	—	—	—	—	—	—	—	—	—	—	0.025	0.015
	3	25MnG	0.22~0.27	0.17~0.37	0.70~1.00	—	—	—	—	—	—	—	—	—	—	—	0.025	0.015
合金结构钢	4	15MoG	0.12~0.20	0.17~0.37	0.40~0.80	—	0.25~0.35	—	—	—	—	—	—	—	—	—	0.025	0.015
	5	20MoG	0.15~0.25	0.17~0.37	0.40~0.80	—	0.44~0.65	—	—	—	—	—	—	—	—	—	0.025	0.015
	6	12CrMoG	0.08~0.15	0.17~0.37	0.40~0.70	0.40~0.70	0.40~0.55	—	—	—	—	—	—	—	—	—	0.025	0.015
	7	15CrMoG	0.12~0.18	0.17~0.37	0.40~0.70	0.80~1.10	0.40~0.55	—	—	—	—	—	—	—	—	—	0.025	0.015
	8	12Cr2MoG	0.08~0.15	≤0.50	0.40~0.60	2.00~2.50	0.90~1.13	—	—	—	—	—	—	—	—	—	0.025	0.015
	9	12Cr1MoVG	0.08~0.15	0.17~0.37	0.40~0.70	0.90~1.20	0.25~0.35	0.15~0.30	—	—	—	—	—	—	—	—	0.025	0.010
	10	12Cr2MoWVTiB	0.08~0.15	0.45~0.75	0.45~0.65	1.60~2.10	0.50~0.65	0.28~0.42	0.08~0.18	0.002 0~0.008 0	—	—	—	—	—	0.30~0.55	0.025	0.015
	11	07Cr2MoW2VNbB	0.04~0.10	≤0.50	0.10~0.60	1.90~2.60	0.05~0.30	0.20~0.30	—	0.000 5~0.006 0	—	≤0.030	—	0.02~0.08	≤0.030	1.45~1.75	0.025	0.010
	12	12Cr3MoVSiTiB	0.09~0.15	0.60~0.90	0.50~0.80	2.50~3.00	1.00~1.20	0.25~0.35	0.22~0.38	0.005 0~0.011 0	—	—	—	—	—	—	0.025	0.015
	13	15Ni1MnMoNbCu	0.10~0.17	0.25~0.50	0.80~1.20	—	0.25~0.50	—	—	—	1.00~1.30	≤0.050	0.50~0.80	0.015~0.045	≤0.020	—	0.025	0.015

表 3（续）

钢类	序号	牌 号	化学成分(质量分数)[a]/%														
			C	Si	Mn	Cr	Mo	V	Ti	B	Ni	Alt	Cu	Nb	N	W	P 不大于	S 不大于
合金结构钢	14	10Cr9Mo1VNbN	0.08～0.12	0.20～0.50	0.30～0.60	8.00～9.50	0.85～1.05	0.18～0.25	—	—	≤0.40	≤0.020	—	0.06～0.10	0.030～0.070	—	0.020	0.010
	15	10Cr9MoW2VNbBN	0.07～0.13	≤0.50	0.30～0.60	8.50～9.50	0.30～0.60	0.15～0.25	—	0.001 0～0.006 0	≤0.40	≤0.020	—	0.04～0.09	0.030～0.070	1.50～2.00	0.020	0.010
	16	10Cr11MoW2VNbCu1BN	0.07～0.14	≤0.50	≤0.70	10.00～11.50	0.25～0.60	0.15～0.30	—	0.000 5～0.005 0	≤0.50	≤0.020	0.30～1.70	0.04～0.10	0.040～0.100	1.50～2.50	0.020	0.010
	17	11Cr9Mo1W1VNbBN	0.09～0.13	0.10～0.50	0.30～0.60	8.50～9.50	0.90～1.10	0.18～0.25	—	0.000 3～0.006 0	≤0.40	≤0.020	—	0.06～0.10	0.040～0.090	0.90～1.10	0.020	0.010
不锈（耐热）钢	18	07Cr19Ni10	0.04～0.10	≤0.75	≤2.00	18.00～20.00	—	—	—	—	8.00～11.00	—	—	—	—	—	0.030	0.015
	19	10Cr18Ni9NbCu3BN	0.07～0.13	≤0.30	≤1.00	17.00～19.00	—	—	—	0.001 0～0.010 0	7.50～10.50	0.003～0.030	2.50～3.50	0.30～0.60	0.050～0.120	—	0.030	0.010
	20	07Cr25Ni21NbN	0.04～0.10	≤0.75	≤2.00	24.00～26.00	—	—	—		19.00～22.00	—	—	0.20～0.60	0.150～0.350	—	0.030	0.015
	21	07Cr19Ni11Ti	0.04～0.10	≤0.75	≤2.00	17.00～20.00	—	—	4C～0.60		9.00～13.00	—	—	—	—	—	0.030	0.015
	22	07Cr18Ni11Nb	0.04～0.10	≤0.75	≤2.00	17.00～19.00	—	—	—	—	9.00～13.00	—	—	8C～1.10	—	—	0.030	0.015
	23	08Cr18Ni11NbFG	0.06～0.10	≤0.75	≤2.00	17.00～19.00	—	—	—	—	9.00～12.00	—	—	8C～1.10	—	—	0.030	0.015

注 1：Alt 指全铝含量。

注 2：牌号 08Cr18Ni11NbFG 中的“FG”表示细晶粒。

[a] 除非冶炼需要，未经需方同意，不允许在钢中有意添加本表中未提及的元素。制造厂应采取所有恰当的措施，以防止废钢和生产过程中所使用的其他材料把会削弱钢材力学性能及适用性的元素带入钢中。

[b] 20G 钢中 Alt 不大于 0.015%，不作交货要求，但应填入质量证明书中。

表 4 钢中残余元素含量

钢类	残余元素(质量分数)/%						
	Cu	Cr	Ni	Mo	V[a]	Ti	Zr
	不大于						
优质碳素结构钢	0.20	0.25	0.25	0.15	0.08	—	—
合金结构钢	0.20	0.30	0.30	—	0.08	[b]	[b]
不锈(耐热)钢	0.25	—	—	—	—	—	—

[a] 15Ni1MnMoNbCu 的残余 V 含量应不超过 0.02%。

[b] 10Cr9Mo1VNbN、10Cr9MoW2VNbBN、10Cr11MoW2VNbCu1BN 和 11Cr9Mo1W1VNbBN 的残余 Ti 含量应不超过 0.01%,残余 Zr 含量应不超过 0.01%。

6.1.3 成品钢管的化学成分允许偏差应符合表 5 的规定。成品化学成分的相关术语、定义和判定方法应符合 GB/T 222 的规定。

表 5 成品化学成分允许偏差

元素	规定的熔炼化学成分上限值	允许偏差/%	
		上偏差	下偏差
C	≤0.27	0.01	0.01
Si	≤0.37	0.02	0.02
	>0.37~1.00	0.04	0.04
Mn	≤1.00	0.03	0.03
	>1.00~2.00	0.04	0.04
P	≤0.030	0.005	—
S	≤0.015	0.005	—
Cr	≤1.00	0.05	0.05
	>1.00~10.00	0.10	0.10
	>10.00~15.00	0.15	0.15
	>15.00~26.00	0.20	0.20
Mo	≤0.35	0.03	0.03
	>0.35~1.20	0.04	0.04
V	≤0.10	0.01	—
	>0.10~0.42	0.03	0.03
Ti	≤0.01	0	—
	>0.01~0.38	0.01	0.01
Ni	≤1.00	0.03	0.03
	>1.00~1.30	0.05	0.05
	>1.30~10.00	0.10	0.10
	>10.00~22.00	0.15	0.15

表 5（续）

元素	规定的熔炼化学成分 上限值	允许偏差/% 上偏差	下偏差
Nb	≤0.10	0.005	0.005
	>0.10～1.10	0.05	0.05
W	≤1.00	0.04	0.04
	>1.00～2.50	0.08	0.08
Cu	≤1.00	0.05	0.05
	>1.00～3.50	0.10	0.10
Al	≤0.050	0.005	0.005
B	≤0.005 0	0.000 5	0.000 1
	>0.005 0～0.011 0	0.001 0	0.000 3
N	≤0.100	0.005	0.005
	>0.100～0.350	0.010	0.010
Zr	≤0.01	0	—

6.2 制造方法

6.2.1 钢的冶炼方法

钢应采用电弧炉加炉外精炼并经真空精炼处理，或氧气转炉加炉外精炼并经真空精炼处理，或电渣重熔法冶炼。

经供需双方协商，并在合同中注明，可采用其他较高要求的冶炼方法。需方指定某一种冶炼方法时，应在合同中注明。

6.2.2 管坯的制造方法及要求

管坯可采用连铸、模铸或热轧(锻)方法制造。

连铸管坯应符合 YB/T 4149 的规定，其中低倍组织缺陷中心裂纹、中间裂纹、皮下裂纹和皮下气泡的级别应分别不大于 1 级，也可采用经相关各方认可的其他更高质量要求；热轧(锻)管坯应符合 YB/T 5137 的规定；模铸管坯(钢锭)可参照热轧(锻)管坯的规定执行。

6.2.3 钢管的制造方法

钢管应采用热轧(挤压、扩)或冷拔(轧)无缝方法制造。牌号为 08Cr18Ni11NbFG 的钢管应采用冷拔(轧)无缝方法制造。热扩钢管应是指坯料钢管经整体加热后扩制变形而成的更大口径的钢管。

6.3 交货状态

钢管应以热处理状态交货。钢管的热处理制度应符合表 6 的规定。

表 6 钢管的热处理制度

序号	牌号	热处理制度
1	20G[a]	正火：正火温度 880 ℃～940 ℃
2	20MnG[a]	正火：正火温度 880 ℃～940 ℃
3	25MnG[a]	正火：正火温度 880 ℃～940 ℃
4	15MoG[b]	正火：正火温度 890 ℃～950 ℃
5	20MoG[b]	正火：正火温度 890 ℃～950 ℃
6	12CrMoG[b]	正火加回火：正火温度 900 ℃～960 ℃，回火温度 670 ℃～730 ℃

表 6（续）

序号	牌号	热处理制度
7	15CrMoG[b]	正火加回火：正火温度 900 ℃～960 ℃；回火温度 680 ℃～730 ℃
8	12Cr2MoG[b]	S≤30 mm 的钢管正火加回火：正火温度 900 ℃～960 ℃；回火温度 700 ℃～750 ℃。 S>30 mm 的钢管淬火加回火或正火加回火：淬火温度不低于 900 ℃，回火温度 700 ℃～750 ℃；正火温度 900 ℃～960 ℃，回火温度 700 ℃～750 ℃，但正火后应进行快速冷却
9	12Cr1MoVG[b]	S≤30 mm 的钢管正火加回火：正火温度 980 ℃～1 020 ℃，回火温度 720 ℃～760 ℃。 S>30 mm 的钢管淬火加回火或正火加回火：淬火温度 950 ℃～990 ℃，回火温度 720 ℃～760 ℃；正火温度 980 ℃～1 020 ℃，回火温度 720 ℃～760 ℃，但正火后应进行快速冷却
10	12Cr2MoWVTiB	正火加回火：正火温度 1 020 ℃～1 060 ℃；回火温度 760 ℃～790 ℃
11	07Cr2MoW2VNbB	正火加回火：正火温度 1 040 ℃～1 080 ℃；回火温度 750 ℃～780 ℃
12	12Cr3MoVSiTiB	正火加回火：正火温度 1 040 ℃～1 090 ℃；回火温度 720 ℃～770 ℃
13	15Ni1MnMoNbCu	S≤30 mm 的钢管正火加回火：正火温度 880 ℃～980 ℃；回火温度 610 ℃～680 ℃。 S>30 mm 的钢管淬火加回火或正火加回火：淬火温度不低于 900 ℃，回火温度 610 ℃～680 ℃；正火温度 880 ℃～980 ℃，回火温度 610 ℃～680 ℃，但正火后应进行快速冷却
14	10Cr9Mo1VNbN	正火加回火：正火温度 1 040 ℃～1 080 ℃；回火温度 750 ℃～780 ℃。S>70 mm 的钢管可淬火加回火，淬火温度不低于 1 040 ℃，回火温度 750 ℃～780 ℃
15	10Cr9MoW2VNbBN	正火加回火：正火温度 1 040 ℃～1 080 ℃；回火温度 760 ℃～790 ℃。S>70 mm 的钢管可淬火加回火，淬火温度不低于 1 040 ℃，回火温度 760 ℃～790 ℃
16	10Cr11MoW2VNbCu1BN	正火加回火：正火温度 1 040 ℃～1 080 ℃；回火温度 760 ℃～790 ℃。S>70 mm 的钢管可淬火加回火，淬火温度不低于 1 040 ℃，回火温度 760 ℃～790 ℃
17	11Cr9Mo1W1VNbBN	正火加回火：正火温度 1 040 ℃～1 080 ℃；回火温度 750 ℃～780 ℃。S>70 mm 的钢管可淬火加回火，淬火温度不低于 1 040 ℃，回火温度 750 ℃～780 ℃
18	07Cr19Ni10	固溶处理：固溶温度≥1 040 ℃，急冷
19	10Cr18Ni9NbCu3BN	固溶处理：固溶温度≥1 100 ℃，急冷
20	07Cr25Ni21NbN[c]	固溶处理：固溶温度≥1 100 ℃，急冷
21	07Cr19Ni11Ti[c]	固溶处理：热轧（挤压、扩）钢管固溶温度≥1 050 ℃，冷拔（轧）钢管固溶温度≥1 100 ℃，急冷
22	07Cr18Ni11Nb[c]	固溶处理：热轧（挤压、扩）钢管固溶温度≥1 050 ℃，冷拔（轧）钢管固溶温度≥1 100 ℃，急冷
23	08Cr18Ni11NbFG	冷加工之前软化热处理：软化热处理温度应至少比固溶处理温度高 50 ℃；最终冷加工之后固溶处理：固溶温度≥1 180 ℃，急冷

[a] 热轧（挤压、扩）钢管终轧温度在相变临界温度 A_{r3} 至表中规定温度上限的范围内，且钢管是经过空冷时，则应认为钢管是经过正火的。

[b] D≥457 mm 的热扩钢管，当钢管终轧温度在相变临界温度 A_{r3} 至表中规定温度上限的范围内，且钢管是经过空冷时，则应认为钢管是经过正火的；其余钢管在需方同意的情况下，并在合同中注明，可采用符合前述规定的在线正火。

[c] 根据需方要求，牌号为 07Cr25Ni21NbN、07Cr19Ni11Ti 和 07Cr18Ni11Nb 的钢管在固溶处理后可接着进行低于初始固溶处理温度的稳定化热处理，稳定化热处理的温度由供需双方协商。

6.4 力学性能

6.4.1 交货状态钢管的室温力学性能应符合表7的规定。$D \geqslant 76$ mm，且 $S \geqslant 14$ mm 的钢管应做冲击试验。

表7 钢管的力学性能

序号	牌号	拉伸性能				冲击吸收能量(KV_2)/J		硬度		
		抗拉强度 R_m/MPa	下屈服强度或规定非比例延伸强度 R_{eL} 或 $R_{P0.2}$/MPa	断后伸长率 A/%		纵向	横向	HBW	HV	HRC或HRB
				纵向	横向					
		不小于						不大于		
1	20G	410～550	245	24	22	40	27	—	—	—
2	20MnG	415～560	240	22	20	40	27	—	—	—
3	25MnG	485～640	275	20	18	40	27	—	—	—
4	15MoG	450～600	270	22	20	40	27	—	—	—
5	20MoG	415～665	220	22	20	40	27	—	—	—
6	12CrMoG	410～560	205	21	19	40	27	—	—	—
7	15CrMoG	440～640	295	21	19	40	27	—	—	—
8	12Cr2MoG	450～600	280	22	20	40	27	—	—	—
9	12Cr1MoVG	470～640	255	21	19	40	27	—	—	—
10	12Cr2MoWVTiB	540～735	345	18	—	40	—	—	—	—
11	07Cr2MoW2VNbB	≥510	400	22	18	40	27	220	230	97HRB
12	12Cr3MoVSiTiB	610～805	440	16	—	40	—	—	—	—
13	15Ni1MnMoNbCu	620～780	440	19	17	40	27	—	—	—
14	10Cr9Mo1VNbN	≥585	415	20	16	40	27	250	265	25HRC
15	10Cr9MoW2VNbBN	≥620	440	20	16	40	27	250	265	25HRC
16	10Cr11MoW2VNbCu1BN	≥620	400	20	16	40	27	250	265	25HRC
17	11Cr9Mo1W1VNbBN	≥620	440	20	16	40	27	238	250	23HRC
18	07Cr19Ni10	≥515	205	35	—	—	—	192	200	90HRB
19	10Cr18Ni9NbCu3BN	≥590	235	35	—	—	—	219	230	95HRB
20	07Cr25Ni21NbN	≥655	295	30	—	—	—	256	—	100HRB
21	07Cr19Ni11Ti	≥515	205	35	—	—	—	192	200	90HRB
22	07Cr18Ni11Nb	≥520	205	35	—	—	—	192	200	90HRB
23	08Cr18Ni11NbFG	≥550	205	35	—	—	—	192	200	90HRB

6.4.2 表7中的冲击吸收能量为全尺寸试样夏比V型缺口冲击吸收能量要求值。当采用小尺寸冲击试样时，小尺寸试样的最小夏比V型缺口冲击吸收能量要求值应为全尺寸试样冲击吸收能量要求值乘以表8中的递减系数。

表 8 小尺寸试样冲击吸收能量递减系数

试样规格	试样尺寸(高度×宽度)/(mm×mm)	递减系数
标准试样	10×10	1.00
小试样	10×7.5	0.75
小试样	10×5	0.50

6.4.3 表 7 中规定了硬度值的钢管,其硬度试验应符合以下要求:

a) $S\geqslant 5.0$ mm 的钢管,应做布氏硬度试验或洛氏硬度试验;

b) $S<5.0$ mm 的钢管,应做洛氏硬度试验;

c) 根据需方要求,经供需双方协商,并在合同中注明,钢管可做维氏硬度试验代替布氏硬度试验或洛氏硬度试验。当合同规定了钢管维氏硬度试验时,其值应符合表 7 的规定。

6.4.4 根据需方要求,经供需双方协商,表 7 中未做硬度要求的钢管可做硬度试验,其值由供需双方协商确定。

6.4.5 根据需方要求,经供需双方协商,并在合同中注明试验温度,供方可做钢管的高温规定非比例延伸强度($R_{P0.2}$)试验。当合同规定了钢管高温规定非比例延伸强度试验时,其值应符合附录 B 的规定。

6.4.6 成品钢管的 100 000 h 持久强度推荐数据参见附录 C。

6.5 **液压试验**

钢管应逐根进行液压试验。液压试验压力按式(1)计算,最大试验压力为 20 MPa。在试验压力下,稳压时间应不少于 10 s,钢管不允许出现渗漏现象。

$$P = 2SR/D \qquad \cdots\cdots(1)$$

式中:

P——试验压力,单位为兆帕(MPa),当 $P<7$ MPa 时,修约到最接近的 0.5 MPa,当 $P\geqslant 7$ MPa 时,修约到最接近的 1 MPa;

S——钢管壁厚,单位为毫米(mm);

D——钢管公称外径或计算外径,单位为毫米(mm);

R——允许应力,优质碳素结构钢和合金结构钢为表 7 规定屈服强度的 80%,不锈钢和耐热钢为表 7 规定屈服强度的 70%,单位为兆帕(MPa)。

供方可用涡流探伤或漏磁探伤代替液压试验。涡流探伤时,对比样管人工缺陷应符合 GB/T 7735 中验收等级 B 的规定;漏磁探伤时,对比样管外表面纵向人工缺陷应符合 GB/T 12606 中验收等级 L2 的规定。

6.6 **工艺性能**

6.6.1 **压扁试验**

6.6.1.1 $D>22$ mm~400 mm,且 $S\leqslant 40$ mm 的钢管应做压扁试验。

6.6.1.2 压扁试验按以下两步进行:

a) 第一步是延性试验,将试样压至两平板间距离为 H。H 按式(2)计算。

$$H = \frac{(1+\alpha)S}{\alpha + S/D} \qquad \cdots\cdots(2)$$

式中:

H——两平板间的距离,单位为毫米(mm);

S——钢管壁厚,单位为毫米(mm);

D——钢管公称外径或计算外径,单位为毫米(mm);

α——单位长度变形系数,优质碳素结构钢和合金结构钢为 0.08,不锈(耐热)钢为 0.09;当 $S/D>0.1$ 时,优质碳素结构钢的 α 可减小 0.01。

试样压至两平板间距离为 H 时,试样上不允许存在裂缝或裂口。

b) 第二步是完整性试验(闭合压扁)。压扁继续进行,直到试样破裂或试样相对两壁相碰。在整个压扁试验期间，试样不允许出现目视可见的分层、白点、夹杂。

6.6.1.3 下述情况不能作为压扁试验合格与否的判定依据：

a) 试样表面缺陷引起的无金属光泽的裂缝或裂口；

b) 当 $S/D>0.1$ 时，试样 6 点钟(底)和 12 点钟(顶)位置处内表面的裂缝或裂口。

6.6.2 弯曲试验

$D>400$ mm 或 $S>40$ mm 的钢管应做弯曲试验。弯曲试验分别为正向弯曲(靠近钢管外表面的试样表面受拉变形)和反向弯曲(靠近钢管内表面的试样表面受拉变形)。

弯曲试验的弯芯直径为 25 mm，试样应在室温下弯曲 180°。

弯曲试验后，试样弯曲受拉表面及侧面不允许出现目视可见的裂缝或裂口。

6.6.3 扩口试验

根据需方要求，并在合同中注明，$D\leqslant76$ mm 且 $S\leqslant8$ mm 的钢管可做扩口试验。

扩口试验在室温下进行，顶芯锥度为 60°。扩口后试样的外径扩口率应符合表 9 的规定，扩口后试样不允许出现裂缝或裂口。

表 9 钢管外径扩口率

钢类	钢管外径扩口率/%		
	内径[a]/外径		
	≤0.6	>0.6～0.8	>0.8
优质碳素结构钢	10	12	17
合金结构钢	8	10	15
不锈(耐热)钢	12	15	20

[a] 内径为试样计算内径。计算内径是按公称外径和公称壁厚(当钢管按最小壁厚交货时为平均壁厚)计算出来的内径值。

6.7 低倍检验

采用钢锭直接轧制的钢管应做低倍检验，钢管低倍检验横截面酸浸试片上不允许有目视可见的白点、夹杂、皮下气泡、翻皮和分层。

6.8 非金属夹杂物

用钢锭和连铸圆管坯直接轧制的钢管应做非金属夹杂物检验，钢管的非金属夹杂物按GB/T 10561中的 A 法评级，其 A、B、C、D 各类夹杂物的细系级别和粗系级别应分别不大于 2.5 级，DS 类夹杂物应不大于 2.5 级；A、B、C、D 各类夹杂物的细系级别总数与粗系级别总数应各不大于 6.5 级。

根据需方要求，经供需双方协商，并在合同中注明，成品钢管的非金属夹杂物可要求更严级别。

6.9 晶粒度

成品钢管的晶粒度应符合表 10 的规定。

表 10 成品钢管的晶粒度

序号	钢类(钢的牌号)	晶粒度级别	两个试片上晶粒度最大级别与最小级别差
1	优质碳素结构钢和本表序号 2 所列牌号以外的合金结构钢	4～10 级	不超过 3 级
2	10Cr9Mo1VNbN、10Cr9MoW2VNbBN、10Cr11MoW2VNbCu1BN 和 11Cr9Mo1W1VNbBN	≥4 级	不超过 3 级
3	07Cr19Ni10、07Cr25Ni21NbN、07Cr19Ni11Ti、07Cr18Ni11Nb	4～7 级	—
4	10Cr18Ni9NbCu3BN、08Cr18Ni11NbFG	7～10 级	—

6.10 显微组织

优质碳素结构钢和合金结构钢成品钢管的显微组织应符合如下规定：

a) 优质碳素结构钢应为铁素体加珠光体；

b) 15MoG、20MoG、12CrMoG 和 15CrMoG 应为铁素体加珠光体，允许存在粒状贝氏体，不允许存在相变临界温度 A_{C1}～A_{C3}之间的不完全相变产物(如黄块状组织)；

c) 12Cr2MoG 和 12Cr1MoVG 应为铁素体加粒状贝氏体或铁素体加珠光体或铁素体加粒状贝氏体加珠光体，允许存在索氏体，不允许存在相变临界温度 A_{C1}～A_{C3}之间的不完全相变产物(如黄块状组织)；15Ni1MnMoNbCu 应为铁素体加贝氏体；

d) 12Cr2MoWVTiB、12Cr3MoVSiTiB 和 07Cr2MoW2VNbB 应为回火贝氏体，允许存在索氏体或回火马氏体，不允许存在自由铁素体；

e) 10Cr9Mo1VNbN、10Cr9MoW2VNbBN、10Cr11MoW2VNbCu1BN 和 11Cr9Mo1W1VNbBN 应为回火马氏体或回火索氏体。

6.11 脱碳层

D≤76 mm 的冷拔(轧)优质碳素结构钢和合金结构钢成品钢管应检验全脱碳层，其外表面全脱碳层深度应不大于 0.3 mm，内表面全脱碳层深度应不大于 0.4 mm，两者之和应不大于 0.6 mm。

6.12 晶间腐蚀试验

根据需方要求，经供需双方协商，并在合同中注明，不锈(耐热)钢钢管可做晶间腐蚀试验，晶间腐蚀试验方法由供需双方协商确定。

6.13 表面质量

6.13.1 钢管的内外表面不允许有裂纹、折叠、结疤、轧折和离层。这些缺陷应完全清除，缺陷清除深度应不超过壁厚的 10%，缺陷清除处的实际壁厚应不小于壁厚所允许的最小值。

钢管内外表面上直道允许的深度应符合如下规定：

a) 冷拔(轧)钢管：不大于壁厚的 4%，且最大为 0.2 mm；

b) 热轧(挤压、扩)钢管：不大于壁厚的 5%，且最大为 0.4 mm。

不超过壁厚允许负偏差的其他局部缺陷允许存在。

6.13.2 钢管内外表面的氧化铁皮应清除，但不妨碍检查的氧化薄层允许存在。

6.14 无损检验

钢管应按 GB/T 5777—2008 的规定逐根全长进行超声波探伤检验。超声波探伤检验对比样管纵向刻槽深度等级为 L2。当钢管壁厚与外径之比大于 0.2 时，除非合同中另有规定，钢管内壁人工缺陷深度按 GB/T 5777—2008 中附录 C 的 C.1 规定执行。当钢管按最小壁厚交货时，对比样管刻槽深度按钢管平均壁厚计算。

根据需方要求，经供需双方协商，并在合同中注明，可增做其他无损检验。

7 试样

7.1 拉伸试验试样

D<219 mm 的钢管，拉伸试验应沿钢管纵向取样。

D≥219 mm 的钢管，当钢管尺寸允许时，拉伸试验应沿钢管横向截取直径为 10 mm 的圆形横截面试样；当钢管尺寸不足以截取 10 mm 试样时，则应采用直径为 8 mm 或 5 mm 中可能的较大尺寸横向圆形横截面试样；当钢管尺寸不足以截取 5 mm 圆形横截面试样时，拉伸试验应沿钢管纵向取样。横向圆形横截面试样应取自未经压扁的管端。

7.2 冲击试验试样

D<219 mm 的钢管，冲击试验沿钢管纵向或横向取样；如合同中无特殊规定，仲裁试样应沿钢管纵向截取。

D≥219 mm 的钢管，冲击试验应沿钢管横向取样。

无论沿钢管纵向截取还是沿钢管横向截取，冲击试样均应为标准尺寸、宽度 7.5 mm 或宽度 5 mm 中可能的较大尺寸试样。

7.3 弯曲试验试样

7.3.1 试样制备

弯曲试验的试样应沿钢管的一端横向截取，试样的制备应符合 GB/T 232 的规定。试样截取时，正向弯曲试样应尽量靠近外表面，反向弯曲试样应尽量靠近内表面。试样弯曲受拉变形表面不允许有明显伤痕和其他缺陷。

7.3.2 试样尺寸

试样加工后的截面尺寸为 12.5 mm×12.5 mm 或 25 mm×12.5 mm（宽度×厚度）；截面上的四个角应倒成圆角，圆角半径不大于 1.6 mm；试样长度不大于 150 mm。

8 检验和试验方法

8.1 钢管的尺寸和外形应采用符合精度要求的量具逐根测量。

8.2 钢管的内外表面应在充分照明条件下逐根目视检查。

8.3 钢管的其他检验应符合表 11 的规定。

表 11 钢管的检验项目、试验方法、取样方法和取样数量

序号	检验项目	试验方法	取样方法	取样数量
1	化学成分	GB/T 223 GB/T 4336 GB/T 11170 GB/T 20123 GB/T 20124	GB/T 20066	每炉取 1 个试样
2	室温拉伸试验	GB/T 228	GB/T 2975、7.1	每批在两根钢管上各取 1 个试样
3	冲击试验	GB/T 229	GB/T 2975、7.2	每批在两根钢管上各取一组 3 个试样
4	硬度试验	GB/T 230.1 GB/T 231.1 GB/T 4340.1	GB/T 2975	每批在两根钢管上各取 1 个试样
5	高温拉伸试验	GB/T 4338	GB/T 2975	每批在两根钢管上各取 1 个试样
6	液压试验	GB/T 241	—	逐根
7	涡流探伤检验	GB/T 7735	—	逐根
8	漏磁探伤检验	GB/T 12606	—	逐根
9	压扁试验	GB/T 246	GB/T 246	每批在两根钢管上各取 1 个试样
10	弯曲试验	GB/T 232	GB/T 232、7.3	每批在两根钢管上各取一组 2 个试样
11	扩口试验	GB/T 242	GB/T 242	每批在两根钢管上各取 1 个试样
12	低倍检验	GB/T 226 GB/T 1979	GB/T 226	每炉在两根钢管上各取 1 个试样
13	非金属夹杂物	GB/T 10561	GB/T 10561	每炉在两根钢管上各取 1 个试样
14	晶粒度	GB/T 6394	GB/T 6394	每批在两根钢管上各取 1 个试样
15	显微组织	GB/T 13298	GB/T 13298	每批在两根钢管上各取 1 个试样
16	脱碳层	GB/T 224	GB/T 224	每批在两根钢管上各取 1 个试样
17	晶间腐蚀试验	供需双方协商	供需双方协商	每批在两根钢管上各取 1 组试样
18	超声波探伤检验	GB/T 5777—2008	—	逐根

9 检验规则

9.1 检查和验收

钢管的检查和验收由供方质量技术监督部门进行。

9.2 组批规则

钢管的化学成分、低倍检验和非金属夹杂物检验可按熔炼炉检查和验收，钢管的其余检验项目应按批检查和验收。每批应由同一牌号、同一炉号、同一规格和同一热处理制度(炉次)的钢管组成。每批钢管的数量应不超过如下规定：

a) $D\leqslant76$ mm，且 $S\leqslant3.0$ mm：400 根；

b) $D>351$ mm：50 根；

c) 其他尺寸：200 根。

9.3 取样数量

每批钢管各项检验的取样数量应符合表 11 的规定。

9.4 复验与判定规则

钢管的复验与判定规则应符合 GB/T 2102 的规定。

10 包装、标志和质量证明书

钢管的包装、标志和质量证明书应符合 GB/T 2102 的规定。

附　录　A
（资料性附录）
相近钢牌号对照表

表 A.1 列出了本标准钢的牌号与其他相近牌号的对照，供参考。

表 A.1　本标准规定钢牌号与其他相近钢牌号对照表

序号	本标准钢的牌号	其他相近的钢牌号			
		ISO	EN	ASME/ASTM	JIS
1	20G	PH26	P235GH	A-1、B	STB 410
2	20MnG	PH26	P235GH	A-1、B	STB 410
3	25MnG	PH29	P265GH	C	STB 510
4	15MoG	16Mo3	16Mo3	—	STBA 12
5	20MoG	—	—	T1a	STBA 13
6	12CrMoG	—	—	T2/P2	STBA 20
7	15CrMoG	13CrMo4-5	10CrMo5-5、13CrMo4-5	T12/P12	STBA 22
8	12Cr2MoG	10CrMo9-10	10CrMo9-10	T22/P22	STBA 24
9	12Cr1MoVG	—	—	—	—
10	12Cr2MoWVTiB	—	—	—	—
11	07Cr2MoW2VNbB	—	—	T23/P23	—
12	12Cr3MoVSiTiB	—	—	—	—
13	15Ni1MnMoNbCu	9NiMnMoNb5-4-4	15NiCuMoNb5-6-4	T36/P36	—
14	10Cr9Mo1VNbN	X10CrMoVNb9-1	X10CrMoVNb9-1	T91/P91	STBA 26
15	10Cr9MoW2VNbBN	—	—	T92/P92	—
16	10Cr11MoW2VNbCu1BN	—	—	T122/P122	—
17	11Cr9Mo1W1VNbBN	—	E911	T911/P911	—
18	07Cr19Ni10	X7CrNi18-9	X6CrNi18-10	TP304H	SUS 304H TB
19	10Cr18Ni9NbCu3BN	—	—	(S30432)	—
20	07Cr25Ni21NbN	—	—	TP310HNbN	—
21	07Cr19Ni11Ti	X7CrNiTi18-10	X6CrNiTi18-10	TP321H	SUS 321H TB
22	07Cr18Ni11Nb	X7CrNiNb18-10	X7CrNiNb18-10	TP347H	SUS 347H TB
23	08Cr18Ni11NbFG	—	—	TP347HFG	—

附 录 B
（规范性附录）
高温规定非比例延伸强度

表 B.1 列出了钢管的高温规定非比例延伸强度($R_{P0.2}$)，其要求仅当合同有规定时才适用。

表 B.1 高温规定非比例延伸强度

序号	牌号	高温规定非比例延伸强度 $R_{P0.2}$/MPa 不小于										
		温度/℃										
		100	150	200	250	300	350	400	450	500	550	600
1	20G	—	—	215	196	177	157	137	98	49	—	—
2	20MnG	219	214	208	197	183	175	168	156	151	—	—
3	25MnG	252	245	237	226	210	201	192	179	172	—	—
4	15MoG	—	—	225	205	180	170	160	155	150	—	—
5	20MoG	207	202	199	187	182	177	169	160	150	—	—
6	12CrMoG	193	187	181	175	170	165	159	150	140	—	—
7	15CrMoG	—	—	269	256	242	228	216	205	198	—	—
8	12Cr2MoG	192	188	186	185	185	185	185	181	173	159	—
9	12Cr1MoVG	—	—	—	—	230	225	219	211	201	187	—
10	12Cr2MoWVTiB	—	—	—	—	360	357	352	343	328	305	274
11	07Cr2MoW2VNbB	379	371	363	361	359	352	345	338	330	299	266
12	12Cr3MoVSiTiB	—	—	—	—	403	397	390	379	364	342	—
13	15Ni1MnMoNbCu	422	412	402	392	382	373	343	304	—	—	—
14	10Cr9Mo1VNbN	384	378	377	377	376	371	358	337	306	260	198
15	10Cr9MoW2VNbBN[a]	619	610	593	577	564	548	528	504	471	428	367
16	10Cr11MoW2VNbCu1BN[a]	618	603	586	574	562	550	533	511	478	433	371
17	11Cr9Mo1W1VNbBN	413	396	384	377	373	368	362	348	326	295	256
18	07Cr19Ni10	170	154	144	135	129	123	119	114	110	105	101
19	10Cr18Ni9NbCu3BN	203	189	179	170	164	159	155	150	146	142	138
20	07Cr25Ni21NbN[a]	573	523	490	468	451	440	429	421	410	397	374
21	07Cr19Ni11Ti	184	171	160	150	142	136	132	128	126	123	122
22	07Cr18Ni11Nb	189	177	166	158	150	145	141	139	139	133	130
23	08Cr18Ni11NbFG	185	174	166	159	153	148	144	141	138	135	132

[a] 表中所列牌号 10Cr9MoW2VNbBN、10Cr11MoW2VNbCu1BN 和 07Cr25Ni21NbN 的数据为材料在该温度下的抗拉强度。

附 录 C
（资料性附录）
100 000 h 持久强度推荐数据

表 C.1 列出了钢管的 100 000 h 持久强度推荐数据。

表 C.1 100 000 h 持久强度推荐数据

序号	牌号	100 000 h 持久强度推荐数据/MPa 不小于																														
		温度/℃																														
		400	410	420	430	440	450	460	470	480	490	500	510	520	530	540	550	560	570	580	590	600	610	620	630	640	650	660	670	680	690	700
1	20G	128	116	104	93	83	74	65	58	51	45	39	—	—	—	—	—	—	—	—	—	—	—	—	—	—	—	—	—	—	—	—
2	20MnG	—	—	—	110	100	87	75	64	55	46	39	31	—	—	—	—	—	—	—	—	—	—	—	—	—	—	—	—	—	—	—
3	25MnG	—	—	—	120	103	88	75	64	55	46	39	31	—	—	—	—	—	—	—	—	—	—	—	—	—	—	—	—	—	—	—
4	15MoG	—	—	—	—	—	245	209	174	143	117	93	74	59	47	38	31	—	—	—	—	—	—	—	—	—	—	—	—	—	—	—
5	20MoG	—	—	—	—	—	—	—	—	145	124	105	85	71	59	50	40	—	—	—	—	—	—	—	—	—	—	—	—	—	—	—
6	12CrMoG	—	—	—	—	—	—	—	—	144	130	113	95	83	71	—	—	—	—	—	—	—	—	—	—	—	—	—	—	—	—	—
7	15CrMoG	—	—	—	—	—	—	—	—	—	168	145	124	106	91	75	61	—	—	—	—	—	—	—	—	—	—	—	—	—	—	—
8	12Cr2MoG	—	—	—	—	—	172	165	154	143	133	122	112	101	91	81	72	64	56	49	42	36	31	25	22	18	—	—	—	—	—	—
9	12Cr1MoVG	—	—	—	—	—	—	—	—	—	—	184	169	153	138	124	110	98	85	75	64	55	—	—	—	—	—	—	—	—	—	—
10	12Cr2MoWVTiB	—	—	—	—	—	—	—	—	—	—	—	—	—	—	176	162	147	132	118	105	92	80	69	59	50	—	—	—	—	—	—
11	07Cr2MoW2VNbB	—	—	—	—	—	—	—	—	—	—	—	184	171	158	145	134	122	111	101	90	80	69	58	43	28	14	—	—	—	—	—
12	12Cr3MoVSiTiB	—	—	—	—	—	—	—	—	—	—	—	—	—	—	148	135	122	110	98	88	78	69	61	54	47	—	—	—	—	—	—
13	15Ni1MnMoNbCu	373	349	325	300	273	245	210	175	139	104	69	—	—	—	—	—	—	—	—	—	—	—	—	—	—	—	—	—	—	—	—
14	10Cr9Mo1VNbN	—	—	—	—	—	—	—	—	—	—	—	—	—	—	166	153	140	128	116	103	93	83	73	63	53	44	—	—	—	—	—
15	10Cr9MoW2VNbBN	—	—	—	—	—	—	—	—	—	—	—	—	—	—	—	—	171	160	146	132	119	106	93	82	71	61	—	—	—	—	—

表 C.1（续）

序号	牌号	100 000 h 持久强度推荐数据/MPa 不小于 温度/℃																									
		500	510	520	530	540	550	560	570	580	590	600	610	620	630	640	650	660	670	680	690	700	710	720	730	740	750
16	10Cr11MoW2VNbCu1BN	—	—	—	—	—	—	157	143	128	114	101	89	76	66	55	47	—	—	—	—	—	—	—	—	—	—
17	11Cr9Mo1W1VNbBN	—	—	—	187	181	170	160	148	135	122	106	89	71	—	—	—	—	—	—	—	—	—	—	—	—	—
18	07Cr19Ni10	—	—	—	—	—	—	—	—	—	—	96	88	81	74	68	63	57	52	47	44	40	37	34	31	28	26
19	10Cr18Ni9NbCu3BN	—	—	—	—	—	—	—	—	—	—	—	—	137	131	124	117	107	97	87	79	71	64	57	50	45	39
20	07Cr25Ni21NbN	—	—	—	—	—	—	—	—	—	—	160	151	142	129	116	103	94	85	76	69	62	56	51	46	—	—
21	07Cr19Ni11Ti	—	—	—	—	—	—	123	118	108	98	89	80	72	66	61	55	50	46	41	38	35	32	29	26	24	22
22	07Cr18Ni11Nb	—	—	—	—	—	—	—	—	—	—	132	121	110	100	91	82	74	66	60	54	48	43	38	34	31	28
23	08Cr18Ni11NbFG	—	—	—	—	—	—	—	—	—	—	—	—	132	122	111	99	90	81	73	66	59	53	48	43	—	—

附 录 D
（资料性附录）
本标准与 GB 5310—1995 牌号对照表

表 D.1 本标准与 GB 5310—1995 牌号对照表

序号	本标准	GB 5310—1995
1	20G	20G
2	20MnG	20MnG
3	25MnG	25MnG
4	15MoG	15MoG
5	20MoG	20MoG
6	12CrMoG	12CrMoG
7	15CrMoG	15CrMoG
8	12Cr2MoG	12Cr2MoG
9	12Cr1MoVG	12Cr1MoVG
10	12Cr2MoWVTiB	12Cr2MoWVTiB
11	07Cr2MoW2VNbB	—
12	12Cr3MoVSiTiB	12Cr3MoVSiTiB
13	15Ni1MnMoNbCu	—
14	10Cr9Mo1VNbN	10Cr9Mo1VNb
15	10Cr9MoW2VNbBN	—
16	10Cr11MoW2VNbCu1BN	—
17	11Cr9Mo1W1VNbBN	—
18	07Cr19Ni10	—
19	10Cr18Ni9NbCu3BN	—
20	07Cr25Ni21NbN	—
21	07Cr19Ni11Ti	—
22	07Cr18Ni11Nb	1Cr19Ni11Nb
23	08Cr18Ni11NbFG	—

ICS 71.100.40
G 72

中华人民共和国国家标准

GB/T 5327—2008/ISO 862:1984,amd.1993
代替 GB/T 5327—1985

表面活性剂 术语

Surface active agents—Terms

(ISO 862:1984,amd.1993,IDT)

2008-05-28 发布　　　　2008-12-01 实施

中华人民共和国国家质量监督检验检疫总局
中国国家标准化管理委员会　发布

前　言

本标准等同采用ISO 862:1984《表面活性剂　词汇》(英文版)及1993年4月1日发布的修改单。

本标准在采用国际标准时为便于使用进行了如下编辑性修改:

a)　将“本国际标准”改为“本标准”;

b)　删除国际标准的前言;

c)　按GB/T 1.1—2000的要求增加国家标准的封面;

d)　按GB/T 1.1—2000的要求增加国家标准的前言;

e)　从范围开始进行标准的章条编号。

本标准代替GB/T 5327—1985《表面活性剂名词术语》。

本标准由中国轻工业联合会提出。

本标准由全国表面活性剂和洗涤用品标准化技术委员会归口。

本标准起草单位:国家洗涤用品质量监督检验中心(太原)、中国日用化学工业研究院。

本标准主要起草人:王万绪、耿馘。

本标准首次发布于1985年,本次为第一次修订。

表面活性剂　术语

1　范围

本标准规定了在表面活性剂领域内常用的术语。

注：有些术语按其用法或表示方式出现在商业术语中，不论与定义有无偏离，在任何情况下都不得用为商业术语的参考定义。

另一些非表面活性剂专用的术语，也广泛用于本领域中。

本标准特别提出了纺织、干洗等方面应用的专用术语，还可增补其他方面应用的术语。

2　产品名称

1　表面活性剂

surface active agent (surfactant, tenside)

一种具有表面活性(165)的化合物，它溶于液体特别是水中，由于在液/气表面或其他界面的优先吸附，使表面张力(14)或界面张力(15)显著降低。

注：表面活性剂是指在其分子中至少含有一个对显著极性表面具有亲和性的基团(以保证它在大多数情况下的水溶性)和一个对水几乎没有亲和性的非极性基团(162)的化合物。

2　洗涤剂

detergent

通过洗净(89)过程用于清洗的专门配制的产品。

注：洗涤剂通常包括主要组分[表面活性剂(1)]和辅助组分[助洗剂(77)等]。

3　肥皂

soap

肥皂是一种阴离子表面活性剂(4)，它与水作用呈现可逆水解(186)现象，因此，水溶性皂或“真皂”有其特有的性质，反应通常呈碱性。

注：① 至少含有8个碳原子的脂肪酸或混合脂肪酸的盐(无机或有机的)。

② 生产中，脂肪酸可部分地以松香酸代替。

③ 在目前使用的术语“金属皂”指脂肪酸的非碱金属盐。这些盐实际上不溶于水，不具有洗涤的性质。

3　表面活性剂的特性

3.1　结构性质

4　阴离子表面活性剂

anionic surface active agent (anionics)

在水溶液中电离产生带负电荷并呈现表面活性(165)的有机离子的表面活性剂。

5　阳离子表面活性剂

cationic surface active agent (cationics)

在水溶液中电离产生带正电荷并呈现表面活性(165)的有机离子的表面活性剂。

6　非离子表面活性剂

non-ionic surface active agent (non-ionics)

在水溶液中不产生离子的表面活性剂。非离子表面活性剂在水中的溶度是由于分子中具有强亲水性的官能团。

7　两性表面活性剂

ampholytic surface active agent (amphoterics)

具有两个或几个官能团的表面活性剂,它在水溶液中能被电离,由于介质的条件不同,而使该化合物具有阴离子(4)或阳离子表面活性剂(5)的特征。

广义上,两性表面活性剂的离子性能与两性化合物的相似。

8　两亲物

amphiphilic product (amphiphile)

分子中同时含有一个或几个亲水基(158)和一个或几个亲油基(160)的产物。

注:表面活性剂是两亲化合物。

3.2　连续体系

3.2.1　一般物理性质

9　混浊温度

cloud temperature

高于此温度时,某些非离子表面活性剂(6)的水溶液由于分离成两个液相而变成非均相[聚凝(39)]。

注:混浊温度值取决于溶液的浓度。

10　澄清温度

temperature of clarification

呈现混浊温度(9)的某些非离子表面活性剂(6)水溶液的两液相混合物,冷却至变成均相时的温度。

注:澄清温度常按"浊点"来测定。

11　克拉夫特温度

Krafft temperature

离子型表面活性剂的溶度陡增时的温度(实际上是在一个窄的温度范围内)。在此温度时,其溶度等于临界胶束浓度(c.m.c.)(38)。

在肥皂工业中,"克拉夫特点"以某个温度表示,低于该温度时透明的肥皂溶液变成混浊。

3.2.2　表面性质

12　表面活性剂吸附层

adsorption layer of surface active agent

在溶液中的表面活性剂层,或多或少伸展穿过界面,其厚度由该层中的任何随机位置上被吸附物的浓度大于每个邻近相的浓度所决定。

13　毛细活性

capillary activity

表面活性剂在溶液中由于界面上吸附引起的作用,通常使表面张力(14)或界面张力(15)降低。

14　表面张力

surface tension

作用于一个相表面并指向相内部的张力(169),它是由表面上的分子与表面下的分子间引力所引起的。

注:表面张力专指液相与气相之间界面上的力,以毫牛顿每米(mN/m)表示。

15　界面张力

interfacial tension

两相间界面上的张力(169)。

注:界面张力以毫牛顿每米(mN/m)表示。

16　铺展能力

spreading ability

专指表面活性剂溶液的一种性质,它能使一滴这种液体自发地覆盖于另一种液体或固体表面上。

3.3　分散体系

3.3.1　一般胶体性质

17　分散体

dispersion

由两个或几个相组成的体系。其中一个为连续相,至少还有一个是很细的分散相。

18　分散相

dispersed phase

分散体(17)中的不连续相。

19　分散介质

dispersion medium

分散体(17)中的连续相。

20　乳状液

emulsion

两个或几个液相的非均相体系。其中一个为连续液相,至少还有一个以小液滴状分散在其中的液相。

21　胶溶

peptization

由絮凝物或聚集体所形成的稳定的分散体(17)。

3.3.2　分散相的性质

22　沉降

sedimentation

在重力或离心力的影响下,分散于流体介质中的粒子的积聚。

23　絮凝

flocculation

(在研究中)

24　絮凝物

flocculate;floc

被絮凝的物质。

25　聚结

coalescence

两个互相接触的液滴之间或一液滴与体相之间的边界消失,随之形状改变,导致总表面积的减少。

26　保护胶体

protective colloid

在一定浓度范围内作为亲液胶体的物质,它能延迟或阻止疏液分散体中粒子的聚集。

3.4　分子间作用

3.4.1　表面活性剂/溶剂分子

27　亲和性

endophilicity

分子的全部或部分渗透或保持在一个相内的结构倾向,用分子中的官能团表征,当物质分子从理想气体状态变至考察相时,在分子中引入这种基团会引起化学势变化的减小。

注:由引入官能团而引起的化学势变化减小的值是浓度和温度的函数。根据这些变量,这种基团可具有亲和或疏远的特征。

28 疏远性

exophilicity

分子全部或部分离开或不渗透至一个相内的结构倾向,用分子中的官能团表征。当物质分子从理想气体状态变至考察相时,在分子中引入这种基团会引起化学势变化的增大。

注:由引入官能团而引起的化学势变化增大的值是浓度和温度的函数。根据这些变量,这种基团可具有亲和或疏远的特征。

29 亲水性

hydrophily

对水的亲和性(27)。

30 疏水性

hydrophoby

对水的疏远性(28)。

31 亲油性

lipophilicity

对非气态非极性有机相的亲和性(27)。

32 疏油性

lipophobicity

对非气态非极性有机相的疏远性(28)。

33 亲液性

lyophily

对液相的亲和性(27)。

34 疏液性

lyophoby

对液相的疏远性(28)。

35 助溶性

lyotropy

通过加入第三种物质使仅微溶于一种溶剂的物质的溶度增大。此第三种物质称为"助溶物"或"助溶剂"。

36 水助溶性

hydrotropy

通过加入第三种物质使仅微溶于水的物质的溶度增大。此第三种物质称为"水助溶物"或"水助溶剂"。

3.4.2 表面活性剂/表面活性剂

37 胶束

micelle

在高于一定的临界浓度的表面活性剂溶液中,由分子或离子组成的聚集体。

38 临界胶束浓度(c.m.c.)

critical micellization concentration(c.m.c.)

表面活性剂在溶液中的特定浓度(实际上是在一个窄的浓度范围内),在高于此浓度时,胶束(37)的出现和增大会引起浓度和溶液的某些物理化学性质之间关系的突然变化。

临界胶束浓度是以代表在临界浓度以上和以下关系的两条曲线外推的交点来测定的,见图1。图1表明其物理化学性质(电导率)随浓度的平方根变化。

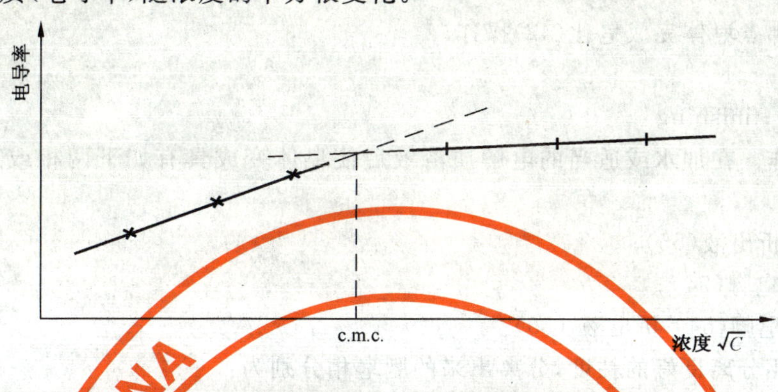

图1 电导率和浓度平方根的关系

注:临界胶束浓度值在一定程度上取决于考察时的性质和测定此性质所选择的方法。

39 聚凝

coacervation

分离成含相同组分但不同比例的处于平衡中的液态胶体相。

40 聚凝层;聚凝相

coacervate;coacervated phase

已聚凝(39)体系中的较浓的相。

41 聚凝体系

coacervated system

已聚凝(39)体系中相的总和。

4 表面活性剂的制造

4.1 肥皂的制造

(系技术术语不能用作商业、贸易术语。)

42 皂化(肥皂用)

saponification(for soaps)

将脂肪与碱反应转化为肥皂的化学反应。

注:① 肥皂工业上用的术语"脂肪"是指甘油三酸酯(三甘油酯,油脂);

② 在脂肪皂化时同时生成甘油;

③ 术语"皂化"有时用来描述脂肪酸的简单中和。

又见197。

43 预皂化

first change;killing

脂肪物经皂化(42)转化生成具有均匀外观的皂体。

44 析皂

graining out

加电解质(盐或苛性碱)至肥皂中,得到与无皂析出液(55)平衡的粒皂(48),并排出水使甘油分离。

45 洗涤

washing

相继加水和电解质溶液使粒皂(48)转换成净皂(51),再转换成粒皂随后移去析出液。在连续工艺中,净皂用碱性稍强于极限析出液(56)的碱液洗涤。

46　沸煮;补充皂化

boiling;strong change

用过量苛性碱沸煮皂体完成皂化(42)操作。

47　整理

fitting;pitching;finishing

煮皂的最后操作。在加水或适当的电解质溶液后使皂体变成具有如下两相或三相中的一种平衡状态:

a)　粒皂(48)-析出液(55);

b)　净皂(51)-皂脚(54);

c)　净皂(51)-皂脚(54)-析出液 (55)。

为达到使这些相分离良好的粘度,分离出来的肥皂相分别为:

a)　析出液上层皂(50);

b)　和 c)皂脚上层皂(52)。

48　粒皂

grained soap;curd soap

在煮皂锅中外观呈"絮状或粒状"浓缩皂的一种状态,它与电解质含量等于或高于析皂点(49)所规定的析出液呈平衡。

49　析皂点(三元相图上的 PG 点)

graining point

出现粒皂(48)时析出液的最低浓度。

50　析出液上层皂

soap on lye

经析皂(44)、沸煮(46)和洗涤(45)后得到肥皂的状态,与稍大于极限析出液(56)浓度的析出液呈平衡,这种肥皂呈粒皂(48)状态。

51　净皂(皂基)

neat soap

含有少量电解质的片状结构的肥皂相。

52　整理皂;皂脚上层皂

finished soap; soap on nigre

与皂脚(54)平衡的净皂(51),通常含有 62%～65%的总脂肪酸,并含少量的氢氧化钠、氯化钠和甘油。

53　中间皂;胶皂

middle soap;gum soap

浓度低于净皂(51)的呈塑性粘稠状的一种各向异性的肥皂相。它几乎是透明的,外观如紧密的、流动性差的胶状稠性的物体。

注:通常不希望形成中间皂,它是由于皂化时碱用量不足或用过量的水稀释,使电解质浓度太低而造成的。

中间皂的生成会引起皂体过分稠厚,从而变得难以处理或再溶。

54　皂脚

nigre

在整理(47)后,从净皂(51)分出的含电解质的各向同性的皂液。

55　析出液

lye

经析皂(44)和洗涤(45),从粒皂(48)分出的几乎不含皂的电解质溶液。

56 极限析出液(三元相图上的E点)

limiting lye

析出液不再溶解肥皂时的最低浓度。此浓度取决于煮皂中确定的温度(90℃～100℃),也取决于皂化的脂肪物和电解质的性质。这是制皂用脂肪的特征。

57 整理析出液

fitting lye

在整理(47)中与净皂(51)呈平衡的对应于皂脚(54)的析出液。电解质含量易于用快速冷却皂脚分离出电解质来测定。

注:分析整理析出液的组成可用来控制整理。

58 半沸煮皂

semi-boiled soap

脂肪与刚足量的苛性碱沸煮,使皂化(42)反应完成而不经析皂(44)制成的肥皂。

注:来自脂肪的甘油保留在皂体内。

59 软钾皂

soft potassium soap

由适当的相对不饱和的油脂或脂肪酸与氢氧化钾反应得到的稠浆状的半沸煮皂(58)。

60 冷法皂

cold-process soap

以冷法皂化(42)所得到的肥皂,是由熔融的脂肪与冷的浓碱液混合,靠放热反应产生的热使反应完成。与常规的较高温度的工艺不同,本工艺能在50℃时进行,常有部分脂肪未被皂化。

61 斑纹皂

mottled soap

带有着色斑纹的肥皂。

62 固体皂:α"相"

solid soap:alpha "phase"

一种半水合物肥皂的晶型。

注:① 这种晶型在通常制皂条件下并不出现。

② "相"字加上引号,因它不是指热力学意义上的相。

63 固体皂:β"相"

solid soap:beta "phase"

通过冷却净皂(51)至低于42℃,或在低于此温度施加机械作用于固体皂得到的肥皂物理状态。

β"相"含量比ω"相"含量高的肥皂坚硬,具声明显的高溶解速率,从而易发泡。

分子量较低的肥皂(如由椰子油、棕榈仁油等制得的)均不转化为β"相",或很缓慢地形成β"相"。

64 固体皂:ω"相"

solid soap:omega "phase"

缓慢固化净皂(51)得到的肥皂物理状态;这种状态在高于70℃时是稳定的。ω"相"含量比β"相"含量高的肥皂具有较低的溶解速率,且不太坚硬。

65 不变区

invariant zone

在三元相图中三相平衡共存的区域。

此区域以一个三角形来代表,在不变区内的只有相的比例变化的各不同点,相当于恒组分的三相平衡。

图2为肥皂的典型相图,这些相的编号为1～5。在图中,对制皂业有意义的不变区是A和B两个窄三角形。

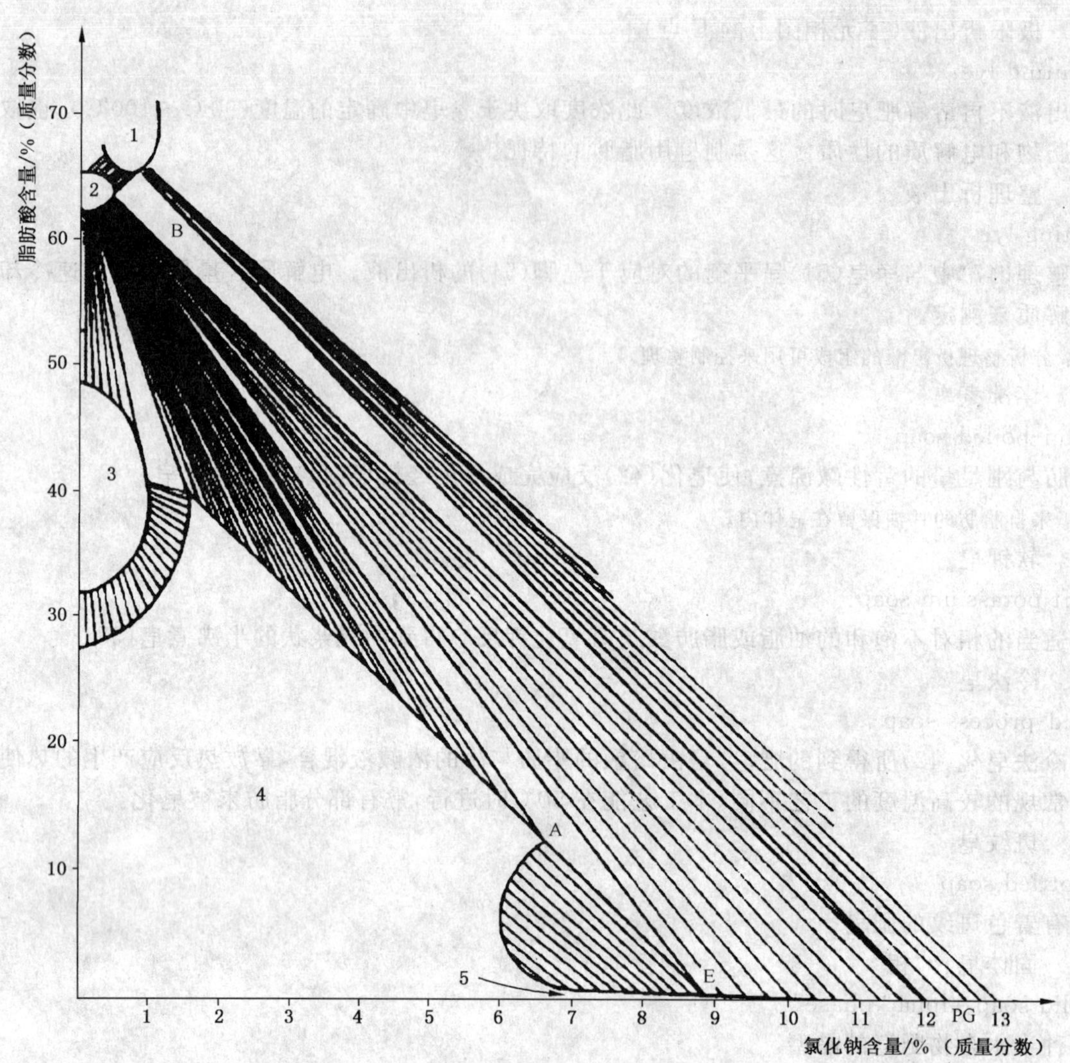

1——粒皂;

2——净皂;

3——中间皂;

4——皂脚;

5——析出液。

不变区:A——净皂-皂脚-析出液;B——净皂-粒皂-析出液。

图 2 肥皂的相图

4.2 合成表面活性剂的制造

66 酰胺的生成

amide formation

由氨、伯胺或仲胺作用于酸、酰卤或酯生成酰胺的化学反应。

67 酯化

esterification

在表面活性剂的特定情况下,由酸和醇、烯醇或酚脱水生成酯的化学反应。

68 乙氧基化

ethoxylation

表面活性剂的特定情况下,对含有不稳定氢的化合物加成一个或多个环氧乙烷分子的化学反应。

69 水解

hydrolysis

化合物与水反应被离解。在表面活性剂的特定情况下,水解特别是指酯化或生成酰胺的逆反应,特征是生成酸和醇、烯醇或酚,或生成氨或胺。

脂肪水解得到脂肪酸和甘油;肥皂水解得到脂肪酸和碱。

70 磷酸化

phosphation

在表面活性剂的特定情况下,生成磷酸酯的化学反应。

71 膦酸化

phosphonation

将一个或几个膦基以直接的碳磷键引入分子内的化学反应或一系列化学反应。

72 丙氧基化

propoxylation

在表面活性剂的特定情况下,对含有不稳定氢的化合物加成一个或多个环氧丙烷分子的化学反应。

73 硫酸化

sulphation

生成硫酸酯的化学反应(实际上得到硫酸单酯)。

74 磺化

sulphonation

将磺酰基以直接的碳硫键引入分子内的化学反应。

75 亚硫酸盐加成

sulphite addition

用二氧化硫或通常用其衍生物(亚硫酸盐、亚硫酸氢盐)与亲电子基团反应所引起的磺化。

4.3 配制洗涤剂用的原料

76 添加剂(洗涤剂用)

ancillary (for detergents)

洗涤剂(2)的辅助组分。它给予与洗涤作用无关的性质。

例如:荧光增白剂、腐蚀抑制剂、抗静电剂、色料、香料、杀菌剂,添加剂通常用量很小。

77 助洗剂(洗涤剂用)

builder (for detergents)

洗涤剂(2)的辅助组分,通常为无机物,它在洗涤作用上是增强主要组分的洗涤特性。

78 抗再沉积剂

anti-redeposition agent

洗涤剂(2)的辅助组分,通常为有机物,它给予洗涤剂以防止再沉积(95)的性质。

79 活性物(洗涤剂用)

active matter (for detergents)

在配方中显示规定活性的全部表面活性剂。

80 化学漂白剂

chemical bleaching agent

在控制条件下,它作用于织物或其他物料,通过氧化或还原的化学作用,把对物料外观色泽有不利影响的物质转变为浅色物质的产品。

81 螯合剂

chelating agent

具有几个电子给予体基团分子结构的物质,它能够通过螯合作用(190)与金属离子结合。

82 分散剂

dispersing agent

能够促进形成分散体(17)的物质。

83 胶溶剂

peptizing agent;peptizer

能够促进胶溶(21)的物质。

84 多价螯合剂

sequestering agent;sequestrant

具有官能特征的物质,它既能抑制金属离子的活性又确保这些金属离子保留在溶液中。

85 填料(洗涤剂用)

filler (for detergents)

通常为惰性的有机或无机产品。用以获得洗涤剂所需的外观形式和(或)浓度。

86 增效剂(洗涤剂用)

booster (for detergents)

洗涤剂中的辅助组分,通常为有机物,它能增强主要成分的有关特性。

5 表面活性剂的应用

5.1 洗涤

87 污垢

soil

在基体表面和(或)内部不该有的沉积物。它改变了清洁表面的外观或感觉的某些特征。

88 人造污垢

artificial soil

为洗净(89)试验用选择组成制备的污垢。

89 洗净;去污

detergency;detergence

使污垢(87)从基体上移去并带入溶液中或被分散的过程。按通常的含义,洗净具有清洗表面的效果。

它是某些物理化学作用的结果。

90 清洗;净洗

detersion;cleaning

使洗净现象生效的作用。

91 洗涤力(去污力)

washing power

表面活性剂或洗涤剂促进洗净(89)的效能。

92 悬浮力

suspending power

在表面活性剂溶液的情况下,某些物质使不溶性粒子保持在悬浮体中的效能。

注:根据这些粒子的本性,悬浮力可有很大变化。

93 增溶力

solubilizing power

溶解的表面活性剂通过形成胶束,使某些在纯溶剂中溶度低的物质具有明显溶度的效能。

94　分散力

dispersing power

形成分散体(17)的效能。

95　抗再沉积力

anti-redepositing power

阻止不溶性粒子再沉积到洗涤过的表面上的效能。

5.2　润湿

96　润湿倾向

wetting tendency

液体铺展于表面的倾向。溶液和表面间的接触角(171)减小表明润湿增加,零接触角相当于自发铺展(16)。

97　润湿力

wetting power

润湿表面的效能。

98　润湿剂

wetting agent

加入液体中能增加液体润湿倾向(96)的物质。

99　可润湿性

wettability

使表面变湿的能力。

100　润湿

wetting

在表面活性剂溶液的特定情况下,实现润湿性(99)和润湿倾向(96)的作用。

5.3　发泡

101　泡沫

foam

由薄的液膜隔开和并列的气泡(190)形成的气泡群,是一种气体在液体中以大体积比分散的分散体。

102　发泡力

foaming power

产生泡沫(101)的效能。

103　发泡剂

foaming agent;foamer

加入液体中能使液体具有产生泡沫(101)能力的物质。

104　泡沫持久性

foam persistence

泡沫持久的能力。

105　泡沫稳定剂

foam stabilizer

增加泡沫(101)稳定性的产品。

注:根据试验或使用条件或根据发泡产品的性质,稳定效应会引起泡沫体积增加,因而产生较好的持久性的泡沫。

106　泡沫增效剂

foam booster

增加发泡力(102)的产品。

107　消泡剂

anti-foaming agent; I anti-foamer

阻止泡沫形成或显著地降低泡沫持久性(104)的物质。

108　发泡

foaming

使泡沫(101)生成的作用。

109　泡沫排液

foam drainage

在发泡(108)时被气泡(196)携带的液体部分地回到本体液相。

5.4　乳化作用

110　乳化剂

emulsifying agent;emulsifier

能使或促使乳状液(20)形成的物质。

111　乳化作用

emulsification

使乳状液(20)生成的作用。

112　水乳状液(符号 O/W,水包油)

aqueous emulsion

连续相是水的乳状液。

113　油乳状液(符号 W/O,油包水)

oil emulsion

连续相是与水不溶混的液体的乳状液。

114　可乳化液体

emulsifiable liquid

适于构成乳状液(20)分散相的液体。

115　乳化液体

emulsifying liquid

适于构成乳状液(20)连续相的液体。

116　乳化力

emulsifying power

促使乳状液(20)形成的效能。

117　乳状液持久性

emulsion persistence

乳状液持久的能力。

5.5　浮选

(在研究中)

5.6　纺织上的应用

5.6.1　纺丝助剂

118　纺丝浴添加剂

spinning bath additive

主要指用于澄清纺丝浴并能防止喷嘴堵塞的产品。

注:这类产品通常是表面活性剂或含有表面活性剂的制剂,例如:硫酸化油、烷基磺酸盐、脂肪酸缩合物、乙氧基化烷基胺、季铵衍生物。

119　纺丝液添加剂

spinning solution additive

在制备纺丝溶液时加入的产品,用以改进纺丝溶液对纺丝的适应性并可能改善长丝的质量。

注:这类产品通常是表面活性剂或含有表面活性剂的制剂,例如:硫酸化油、烷基磺酸盐、脂肪酸缩合物、乙氧基化烷基胺、季铵衍生物。

120　纤维保湿剂

fibre humectant

旨在整个纺织操作中控制和保持纱线所需的湿度,并最终增加纱线强度的产品。

注:这类产品通常是加有吸湿剂和(或)防腐剂的润湿剂(146)溶液。

121　纺丝油[1)]

spinning oil

准备纺丝时施用于纤维的产品,它使纤维更光滑、柔韧,并可使之具有其他所需的表面性质(例如内聚性),以适于精梳、拉伸、纺丝操作。

根据使用的目的,纺丝油还可具有润湿剂(98)和缩绒助剂(136)的性质,以及其他辅助性质,例如:促使硬纤维或韧皮纤维疏松[2)]。

注:1)　纺丝油是专门为纺丝设计的配方产品。

2)　这类产品主要是基于油或脂的制剂,可能配有乳化剂(143)或专用的表面活性剂。

5.6.2　织造助剂

122　上浆助剂

sizing assistant

加在上浆料中,使经纱在随后的织造操作中更柔韧、滑润的产品。

注:这类产品可能是硫酸化的或乳化的蜡和脂,可能加有润湿剂(146)。

5.6.3　印染助剂

123　还原抑制剂

reduction inhibitor

这种产品减轻外来物质对染料的还原作用,因而阻止了对染料的破坏。

注:这类产品是缓冲物质、氧化剂与表面活性剂(例如降解蛋白质、脂肪酸和蛋白质的缩合物、烷基硫酸铵和烷基磺酸铵)的制剂。

124　褪色剂(部分或全部)

stripping agent(partial or total)

部分褪色剂的作用是消除浮色使太暗的染色鲜艳,匀染剂(126)也适用于这种操作。

全部褪色剂或染料去除剂是用来消除染过织物上的染料,通常还原剂适用于此工艺,常与匀染剂(126)联合使用。

125　染料或颜料的增溶剂或分散剂

solubilizing or dispersing agent for dyestuffs or pigments

促进染料或颜料溶解或在水中分散的产品,从而改善其染色性能(效率、渗透等)。

注:这类产品为加或不加溶剂的表面活性剂,例如硫酸化脂肪酸的酯和胺、脂肪酸缩合物、烷基芳基磺酸盐、聚乙二醇酯和醚、脂肪胺衍生物等。

126　匀染剂

levelling agent

促进纺织品染色均匀而设计的产品。

注:这类产品是表面活性剂或者含有表面活性剂的制剂,例如硫酸化油、脂肪酸的酯和酰胺、脂肪酸缩合物、烷基硫酸盐、烷基芳基磺酸盐、烷基和烷基芳基聚乙二醇醚、脂肪酸聚乙二醇酯、胺衍生物等,亦可使用具有保护胶体性质的制剂,例如脂肪酸缩合物和蛋白质缩合物。

127　固色剂

dye fixing agent

从某种观点看,这是一类改善染色牢度的产品,为了提高耐摩擦(色)牢度,纺织工业上用洗涤剂来消除未固着的染料。

为了提高湿牢度,将这类产品与染料一起使用,使生成不易溶解的稳定化合物。

注:在后一种情况,这类产品包括胺和胺衍生物等阳离子物质。例如季铵盐和乙氧基化胺。

128　润湿剂和染色油

wetting agent and dyeing oil

促使和加强染液对纤维的润湿力,并确保染液稳定性的产品。染色油通常对染过的物件有附加的增艳作用。

注:这类产品是表面活性剂或者含有表面活性剂的制剂,例如:烷基硫酸盐、烷基磺酸盐、烷基芳基磺酸盐、脂肪酸缩合物、硫酸化油、磺基琥珀酸酯、烷氧基化产品及其衍生物。

129　拔染剂

discharging agent

当染料难以拔染时,将这种产品加在拔染印花浆中,使之能很好地拔色。

注:这类产品主要是季铵盐及乙氧基化胺的衍生物。

130　印花后处理剂

after-treating agent for prints

与固色剂(127)定义范围相当的产品。

5.6.4　整理助剂

131　整理助剂

finishing assistant

加在整理物料中用来改进流动性、稠度或稳定性的产品,按要求来改善整理。

注:这类产品中包括硫酸化油和脂,以及在准备剂(144)中所提及的产品。

132　丝光助剂

mercerizing assistant

改进丝光碱液润湿力,从而加速它们均匀地渗入纤维的产品。

注:这类产品是在高浓度碱液中稳定的润湿剂(见146);它们部分地是由碱液中起表面活性剂乳化剂作用的组分(低分子量的烷基硫酸盐、深度硫酸化油、甲酚、二甲酚),和部分地是由起消泡剂和润湿剂作用的组分组成,这种消泡剂和润湿剂本身不溶于碱液,但靠水助溶剂(36)(例如T二醇、乙氧基胺等)可使其溶解。

133　抗静电剂

antistatic agent

纺织品船工或后加工使用的产品,它使纺织品能消除因静电现象而引起的麻烦。

注:这类产品通常是表面活性剂,例如烷基磺酸盐、烷基磷酸盐、烷基胺及其衍生物,以及脂肪酸、脂肪醇、脂肪胺、烷基酚和季铵盐的乙氧基化产品。

134　柔软剂

softening agent

这类产品使加工过的纺织品更柔软,从而达到所要求的手感。也用作上浆浴、整理浴和染浴的添加剂。

注:这类产品通常是表面活性剂或配以适当的乳化剂(110)的油和脂的制剂,也可使用增艳剂(135)。

135　增艳剂

scrooping agent

给予纺织品在手感和光泽方面以所需整理的产品。

注:这类产品通常在准备剂(144)中提及。

136　缩绒助剂

fulling assistant

促使和调节形成缩绒的产品。

注：使纤维更光滑的制剂。通常是表面活性剂或含有表面活性剂的制剂，例如肥皂、烷基硫酸盐和脂肪酸缩合物，可能加有无机或有机溶胀剂。

5.6.5　其他纺织助剂

137　漂白助剂

bleaching assistant

加速漂白操作并使之更均匀的产品。

注：这类产品通常是表面活性剂，主要是在漂白浴中稳定的润湿剂(146)。

138　碳化助剂

carbonizing assistant

促使和加速碳化剂(酸或产酸物)渗透到羊毛中的植物性杂质内，以促进这些杂质在随后的热处理时被破坏掉。

注：这类产品是对酸有足够稳定性的润湿剂(146)。

139　煮炼助剂

kier boiling assistant

提高加工纤维素纤维物料的效能和速率的产品，它含有强碱液、水、盐溶液或酸溶液。

它用于煮炼本棉(加或不加压力)和亚麻，使制品在连续工艺中亲水等。

注：这类产品通常是专用的润湿剂(146)，常混有溶剂。

140　印花增稠剂退浆和去除的助剂

assistant for desizing and for removal of printing thickeners

能加速去除印花增稠剂和去除可能配有亚麻仁油的淀粉浆料或基于亚麻仁油的其他浆料的产品。为此，适当的表面活性剂，如润湿剂(146)或洗涤剂可加至含酶的制剂中。

同样，可用配有溶剂和(或)氧化剂的上述表面活性剂，来促使去除亚麻仁油和(或)基于亚麻仁油的浆料。

141　纺织工业消泡剂

anti-foaming agent for the textile industry

能阻止泡沫形成或显著地降低泡沫持久性的产品。在纺织工业中，特别用于上浆、整理和染浴，以及印花浆等。

注：这类产品中包括某种表面活性剂或含表面活性剂的制剂，例如，油、磷酸酯和高碳醇的制剂。

142　纺织工业去斑剂

spotting agent for the textile industry

去除织物上的局部污垢(87)的产品。“干”、“湿”去斑剂之间的区别取决于究竟它们是在溶剂中还是在水中起作用。

注：这类产品主要是溶剂和表面活性剂的制剂，具有乳化剂和洗涤剂的性质。例如胺皂、烷基硫酸盐、烷基磺酸盐、脂肪酸缩合物、烷基芳基磺酸盐、聚乙二醇酯和醚等。

143　纺织工业乳化剂

emulsifying agent for the textile industry

能使或促使乳状液(20)形成的产品。在纺织工业中，它通常用于纺丝油(121)、增艳剂(135)和准备剂(144)、绕纱油(147)等的制备，以便得到特殊的效果。

注：这类产品是表面活性剂或含有表面活性剂的制剂，例如肥皂、烷基硫酸盐、烷基磺酸盐、脂肪酸缩合物、烷基芳基磺酸盐、聚乙二醇酯和醚以及脂肪酸和多羟基化合物的酯等。

144　准备剂;预处理剂

preparation agent,pre-processing agent

通常使纺织原料更好地适应以后的纺丝、卷绕、编织等工序操作的产品,其中有些产品在整理工艺中还用作增艳剂(135)。

注:这类产品通常是表面活性剂或表面活性剂与油和脂的配制品。所用的表面活性剂包括:硫酸化油和脂、烷基硫酸盐、脂肪酸酯和胺、脂肪胺缩合物,还有脂肪酸和脂肪醇的乙氧基化物、脂肪酰胺或脂肪胺缩合物等。

145　纤维保护剂

fibre-protecting agent

在漂白、染色和褪色时用于保护纤维,特别是保护动物纤维的产品。

注:这类产品是基于降解蛋白质、脂肪酸和蛋白质的缩合物、烷基硫酸铵、烷基磺酸铵和木质素磺酸盐等的制剂。

146　纺织工业润湿剂

wetting agent for the textile industry

这类产品加于溶液时能增加溶液的润湿力(97),在纺织工业中,它促进水或水溶液对纺织品的润湿和渗透。专用的润湿剂见128、132、138等。

注:这类产品是表面活性剂或含有表面活性剂的制剂,例如硫酸化油、脂肪酸酯和酰胺,以及烷基硫酸盐、烷基磺酸盐、脂肪酸缩合物、磺基琥珀酸酯、聚乙二醇酯和醚等。

147　绕纱油

winding oil

使纱线适用于卷绕和随后的编织等纺织操作的产品,它使纱线更柔韧和光滑。

注:这类产品是油,或在水中可乳化的油,可用表面活性剂如油溶性聚乙二醇酯或醚来配制。

148　纺织工业洗涤剂

detergent for the textile industry

在制造和整理中用来消除纺织品上的脂肪和污染物的产品,其组成或配方能符合不同工序的要求,例如洗涤原毛、纱线或布匹,和染色、印花织物的复洗。

注:这类产品是表面活性剂或含表面活性剂的混合物,例如肥皂、烷基硫酸盐、烷基磺酸盐、脂肪酸缩合物、烷基芳基磺酸盐、聚乙二醇酯和醚等。

5.7　干洗

149　干洗洗涤剂

dry cleaning detergent

用于增强和扩大有机溶剂的清洗(90)范围的产品。由于将水引入有机介质中,因而扩展了体系对亲水污垢的洗净力。

150　水分散力

water-dispersing power

干洗洗涤剂(149)通过增溶或乳化作用使水在有机溶剂中形成均匀分散体的效能。

151　水增溶力

water-solubilizing power

干洗洗涤剂(149)在有机溶剂中能增溶的最大水量。

152　水乳化力

water-emulsifying power

干洗洗涤剂(149)在形成足够稳定的W/O(油包水)乳状液时,能乳化的最大水量。

注:这种乳状液如能按要求至少保持15 min,即认为是足够稳定的。

153　去斑剂

spotting agent

用来消除经干洗或湿洗尚未消除的污渍的产品。

154　预去斑剂

prespotting agent

在大多数情况下是含表面活性剂的产品,可用来预处理纺织品、裘皮和皮革制品上的特殊污渍。

155　预刷剂

prebrushing agent

这是一类含表面活性剂的制剂,可以用浓缩的,也可与水或溶剂混合使用,在机器洗涤前,用刷子或喷洒的方法,来预处理织物、皮革制品和裘皮上的污渍或重垢面。预刷剂必须可以在随后的洗净浴中从处理过的物品上完全冲掉。

5.8　造纸上的应用

(在研究中)

5.9　皮革上的应用

(在研究中)

5.10　石油上的应用

(在研究中)

5.11　其他方面的应用

156　切削油

cutting oil

这是一类可乳化或不可乳化的润滑制剂,有利于机具加工以及热量的散发。

注:它可能含有防锈性能的添加剂。

157　清净剂润滑油

detergent lubricating oil

通常是配有表面活性剂的矿物油润滑剂,它能促使内燃机运转时生成的固体粒子悬浮或再悬浮。

6　表面活性剂的特性

6.1　结构性质

158　亲水基

hydrophilic group

对水具有亲和性(27)的分子基团。

159　疏水基

hydrophobic group

对水具有疏远性(28)的分子基团。

160　亲油基

lipophilic group

对非气态非极性有机相具有亲和性(27)的分子基团。

161　极性基团

polar group

分子中的电子分布产生显著电偶极矩的官能团。这种基团对显著极性表面尤其对水呈现亲和性,并决定了分子的亲水特征。

162　非极性基团

non-polar group

分子中的电子分布不产生显著电偶极矩的有机部分。这种基团对低极性有机溶剂呈现亲和性,并决定了分子的亲油特征。

163 亲水-亲油比

hydrophilic-lipophilic ratio

极性基团(161)(或多极性基团)和非极性部分的相对重要程度。分别影响分子对水和对低极性有机溶剂的亲和性。此术语也称作亲水-亲油平衡(HLB)。

注:该术语仅与乳化剂有关。

164 极性非极性结构

polar non-polar structure

至少包括一个极性基团(161)和一个大的非极性基团(162)的分子结构。这种结构呈现分子的亲水性(29)和亲油性(31)特征。

6.2 连续体系

6.2.1 界面性质

165 表面活性

surface activity

改变表面或界面的物理性质(力学、电学、光学等)并降低其表面张力(14)或界面张力(15)的作用。

166 表面现象

surface phenomena

在两相的界面上(液-气、液-固、液-液或气-固),力学、电学、光学等效应变得明显的现象。

167 单分子层;单层

monomolecular layer;monolayer

所有被吸附的分子均与吸附剂的表面层相接触的表面活性剂吸附层。

168 膜

film

均匀或不均匀的物料薄层(大多数情况下厚度小于几个微米)。

6.2.1.1 液-气界面

169 (微分)表面功

(differential) surface work

在等温、等压和可逆条件下,增加液体表面的面积 dS 所需的功 dW_s。这个功相当于使分子从液体内部转移到表面所需的吉布斯(Gibbs)自由能;它与增加面积 dS 和系数 γ 的乘积成正比。

$$dW_s = \gamma dS$$

表面功的系数 γ 以焦耳每平方米表示,它与表面张力(14)以毫牛顿每米表示的数值相同。

表面张力是增加液体面积所需功的微分式中的强度变量。

注:① 表面张力和(微分)表面功可以说明如下:假设有一个薄液膜在一个长度为 l 的可移动边的框架内伸展。为了保持这条边的位置固定,必须在薄膜平面内施加一个向外并垂直于 l 的力。

该力的大小为:$F=2\gamma l$

式中,γ 为表面张力。系数 2 是由于薄膜有两个面。

在 l 的位移为 dx 的情况下,由于 l 在其平行方向内位移,表面上所做的功应为:

$$dW = F dx = 2\gamma l \cdot dx = \gamma dS$$

式中,dS 是薄膜的两个面的总增加面积,因此,单位面积表面功的系数等于:

$$\frac{dW}{dS} = \gamma$$

它与表面张力数值相同。

② 当表面张力[或界面张力(15)]在不平衡的条件下测定时,称为动态表面(或界面)张力,这与在平衡条件下测定的所谓静态表面(或界面)张力不同。

6.2.1.2 液-液界面

170 单位面积内聚功

work of cohesion per unit area

在等温、等压条件下,使一种液体(或固体)柱垂直于其轴线可逆地分离,并生成两个新的表面时,单位面积所做的功。功的数值等于表面张力(14)的两倍:

$$W_c^{\alpha} = 2\gamma_{\alpha}$$

6.2.1.3 液-固界面

171 接触角

contact angle

在至少有两个是凝聚相的三相接触线的一点上,与接触线垂直的平面和三相中每个相相交而得到的曲线的切线所形成的角(见图 3)。

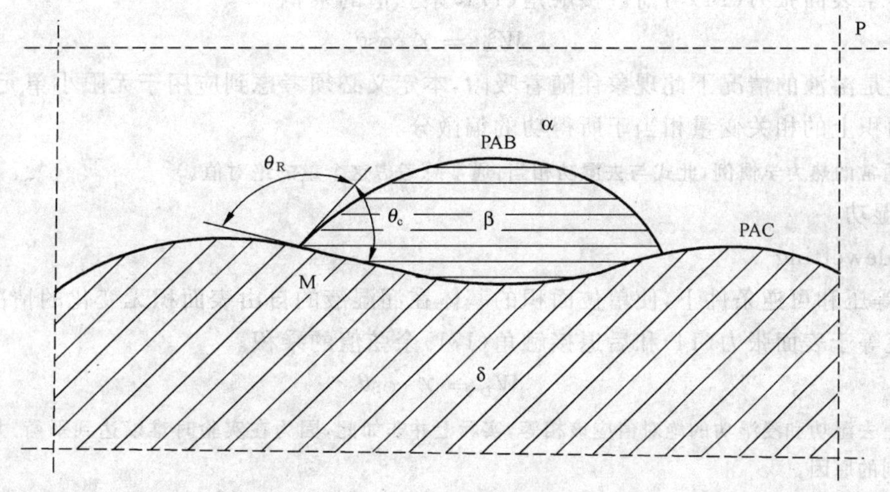

图 3 接触角示意图

注:① 在考虑 α、β 和 δ 三相时,有三个接触面为 αβ、βδ 和 αδ 三对。

有一条公共分离线,在任一随机点 M 上只有一个平面与公共线垂直,即平面 P。

这个平面沿曲线 PAB 与表面 αβ 相交;沿曲线 PAC 与表面 αδ 相交。

在平面 P 上,曲线 PAB 和 PAC 所对的角 θ_c,是 β 相与 α、δ 相在 M 点的接触角。

② 图 3 表明:

其中一相 β 相必须是液体,另一相 δ 相可以是固体或液体,第三相 α 相,可以是气体或液体。

液相与固相接触时,形成两个互补角;液相和其他两个相之间的接触角 θ_c 和有时称为液相和固相之间的连接角 θ_R。

当一液相与一固相和另一相接触时,通常在试验中可观察到接触角并不立即达到其平衡值。当液体与固体在接触中位移时也如此,因此分别用前进接触角和后退接触角予以区别。

172 单位面积附着功或分离功

work of adhesion or of separation per unit area;

在等温、等压和可逆条件下,当具有单位面积界面的两种凝聚相 α 和 β 被分离成每一相的单位面积时对体系所做的功。

在两种液体 L_1 和 L_2 的情况下,附着功与 L_1 和 L_2 的表面张力(14)和界面张力(15)的杜普勒(Dupre)关系式为:

$$W_A^{L_1L_2} = \gamma^{L_1} + \gamma^{L_2} - \gamma^{L_1L_2}$$

式中：

γ^{L_1}、γ^{L_2}——液体 L_1、L_2 的表面张力；

$\gamma^{L_1L_2}$——两种液体 L_1 和 L_2 的界面张力。

在固-液体系的情况下，液体不完全润湿固体时，单位面积的附着功与接触角 θ_c(171)和液体的表面张力的关系按杨氏(Young)方程：

$$W_A^{LS}=\gamma^L\cos\theta_c+\gamma^L=\gamma^L(1+\cos\theta_c)$$

173　单位面积浸湿功；润湿张力

work of immersional wetting per unit area; wetting tension

在等温、等压和可逆条件下，使单位面积的基体在润湿液的自由表面不变的情况下润湿时所得的功。这个功等于润湿基体的表面能与基体和润湿液间的界面能之间的差：

$$W_W^{SL}=\gamma^S-\gamma^{SL}$$

其数值等于表面张力(14)与前进接触角(171)余弦值的乘积。

$$W_W^{SL}=\gamma^L\cos\theta_a$$

在润湿液是溶液的情况下此现象伴随着吸附，本定义必须考虑到应用于无限小单元表面的润湿，于是有关润湿面积上的相关变量相当于所得功的偏微分。

注：按照通常的热力学惯例，此式与去湿功相当，通常总考虑这个量的绝对值。

174　去湿功

work of dewetting

在等温、等压和可逆条件下，使单位面积的基体在润湿液的自由表面积无变化的情况下去湿时所需的功。其数值等于表面张力(14)和后退接触角(171)余弦值的乘积。

$$W_D=\gamma^L\cos\theta_r$$

注：理论上去湿功和浸湿功的绝对值应该相等，实际上并非如此，因为在实验时难以达到平衡，尤其滞后现象是产生差别的原因。

175　润湿滞后

wetting hysteresis

在固态基体单元所观察到的润湿和去湿间的滞后。

这种现象可以用去湿功(174)与浸湿功(173)之间的差，和用前进接触角(171)与后退接触角(171)的不同来定量地表征。它可用方程表示：

$$\Delta W=W_D-W_W-\gamma^L\cos(\theta_r-\theta_a)$$

式中：

W_D——去湿功；

W_W——浸湿功；

θ_r——后退接触角；

θ_a——前进接触角。

注：因为所考虑的现象是不可逆的，由此方程给出的值因润湿和去湿的条件而异。

176　单位面积铺展功；铺展张力

work of spreading per unit area; spreading tension

在等温、等压和可逆条件下，当一种液体放在另一种液体或固体上铺展，使上层液体的界面面积和表面面积都增加一个单位时所得的功。

这个功等于两个存在的凝聚相的附着功(172)与铺展液体的内聚功(170)之差。

$$W_{spr}=W_A^{\alpha\beta}-W_C^{\alpha}=\gamma^\alpha+\gamma^\beta-\gamma^{\alpha\beta}-2\gamma^\alpha=\gamma^\beta-\gamma^\alpha-\gamma^{\alpha\beta}$$

当表达式的值为正时将发生铺展(16)。

6.3 分散体系

6.3.1 流变性质

177 剪切稀化

shear thinning

在等温可逆条件下,表观粘度或稠度无滞后地随剪切速率的增加而减小。

178 搅胀性

dilatancy

在等温可逆条件下,表观粘度或稠度无滞后地随剪切速率的增加而增大。

179 触变性

thixotropy

在等温可逆条件下,由于剪切作用使粘度或稠度从静止值(开始剪切的一瞬间)减小至最终值(取决于剪切速率的大小)。当中断剪切时,静止粘度或稠度应于一定时间内恢复,这个时间称为"触变恢复时间"。

180 震凝现象

rheopexy

在相对高的剪切速率中断后,用小的剪切速率缩短触变恢复时间的现象。

181 反触变性

anti-thixotropy

在等温可逆条件下,由于剪切作用使粘度或稠度从静止值(开始剪切的一瞬间)增大至最终值(取决于剪切速率的大小)。

当中断剪切时,静止粘度必须于一定时间内恢复,这个时间称为"触变恢复时间"。

182 流变滞后

rheological hysteresis

在等温可逆条件下,如剪切速率随时间从零线性地增大至一极大值(上行线),然后以同样方式减小(下行线),剪切速率图呈现一种滞后回路,可用它来检定和表征触变性(179)或反触变性(181)。

183 可塑性

plasticity

当可塑体受到一个小于临界值 τ_0 的应力——"屈服应力"作用时,表现为一种弹性体,在此极限值以上会发生流动。当 $\tau \geqslant \tau_0$,函数 $D=f(\tau)$(D 是剪切速率)呈直线时,该物质可谓遵循 Bingham 模型。

6.4 分子间作用

6.4.1 表面活性剂/溶剂分子

184 亲液基

lyophilic group

对于液相具有亲和性(27)的分子基团。

185 疏液基

lyophobic group

对于液相具有疏远性(28)的分子基团。

7 非表面活性剂

186 可逆水解

reversible hydrolysis

水作用于已溶解盐的离子,建立起离子与能生成盐的酸或碱分子共存的平衡状态。当介质条件改变时,酸或碱分子能回复至离子状态。含有大的疏水基的弱有机酸盐或弱有机胺盐,更会发生可逆水解。

187 自氧化

autoxidation

氧分子与有机或无机化合物快速或慢速地自发偶合的化学反应。

188 脱水

dehydration

1) 除去产品中部分或全部结合水的物理操作;

2) 除去化合物中一个或多个水分子的化学反应。

189 金属离子螯合物

chelate of a metal ion

通过金属离子螯合作用(190)生成络合物抑制了金属离子的活性。

190 金属离子螯合作用

chelation of a metal ion

金属离子被保持在一种环状结构中生成络合物,这种结构是包括一个或多个具有几个电子给予体基团的分子。

191 金属离子络合

complexing of a metal ion

由于至少具有一个电子给予体基团分子的作用,使金属离子变成一种新的络合离子。

192 多价螯合作用

sequestration

对溶解在介质中的金属离子的“掩蔽”作用。这些离子在存有某些如表面活性剂等试剂时,通常会生成沉淀。这种“掩蔽”通常是由生成留在介质溶液中的络合物来完成的。

193 对金属离子的螯合力

chelating power for metal ions

某些分子与金属离子生成螯合物(189)的效能。

194 对金属离子的络合力

complexing power for metal ions

某些分子使金属离子变成一种失去原来离子本性的新的络合离子的效能。

195 多价螯合力

sequestering power

某些物质在不太稳定的条件下,保持阳离子于溶液中的效能,而使大部分阳离子反应被掩蔽。

196 气泡

bubble

由薄的液囊包围的一定量的气体。

197 皂化

saponification

碱与酯作用分离成酯的组成部分,酸与醇或是酚,碱再与酸生成盐的化学反应。

198 未皂化物

unsaponified matter

经皂化反应(197)后残存的可皂化物。

199 不皂化物

unsaponifiable matter

可溶于脂肪物而不溶于水,经皂化反应不能变成盐的所有组分。

注:在实际分析测定中是指在被分析物中存在的所有产物,经与碱金属的氢氧化物皂化,并用特定的溶剂萃取后,在规定的试验条件下残余的不挥发物。

200 不硫酸化物

unsulphatable matter

不能进行硫酸化反应(73)的组分。

201 未硫酸化物

unsulphated matter

在硫酸化反应(73)中未变为硫酸化物或在此反应中已转化为不硫酸化物的可硫酸化物。

202 不磺化物

unsulphonatable matter

不能进行磺化反应(74)的组分。

203 未磺化物

unsulphonated matter

在磺化反应(74)中未变为磺化物或在此反应中已转化为不磺化物的可磺化物。

204 表观密度

apparent density

单位表观体积的质量。

205 表观体积

apparent volume

试验条件下,在外部界限内所测得的一定量物质的体积,此体积可能包括气泡(196)、细孔和空隙。

206 加和、协同和对抗效应

additive,synergistic and antagonistic effect

给定比例的两种组分的混合物,在进行测量的介质中于各自浓度的某种限度内,给定浓度呈现给定的效能。

为达到相同的效能,当混合物的浓度低于每个组分以相同比例,线性组合分别考察时所需的浓度,存在着协同效应。

反之,若混合物的浓度高于线性组合的浓度,存在着对抗效应。

若混合物的效能与线性组合的效能相同,存在着加和效应。

上述的这些组分本身可以是混合物。

注:A和B两种组分的混合物,如每种组分的浓度分别为 C_A 和 C_B 时得到一个给定的效能,而取A和B单独的浓度分别为 C'_A 和 C'_B 时能得到相同的效应,这时A和B的效能:

$$C_A/C'_A+C_B/C'_B$$

如其和等于1,称为加和效应;

如其和小于1,称为协同效应;

如其和大于1,称为对抗效应。

中 文 索 引

（以汉语拼音字母为序）

英 文 索 引

A

B

C

D

E

F

G

N

O

P

R

S

T

U

W

ICS 43.040.40
T 24

中华人民共和国国家标准

GB/T 5335—2008
代替 GB/T 5335—1985

汽车液压制动装置
压力测试连接器技术要求

Automobile pressure test connection for Hydraulic braking equipment

(ISO 3803:1984, Road vehicles—Hydraulic pressure test connection for braking equipment, MOD)

2008-10-22 发布 2009-04-01 实施

中华人民共和国国家质量监督检验检疫总局
中国国家标准化管理委员会 发布

前 言

本标准修改采用 ISO 3803:1984《道路车辆 制动装置的液压试验连接器》(英文版)。

本标准与 ISO 3803:1984 主要差异参见附录 A。

本标准代替 GB/T 5335—1985《汽车制动装置液压试验的连接器》。

本标准与 GB/T 5335—1985 相比,主要变化如下:

——增加了规范性引用文件;

——增加防腐性能要求,按 GB/T 10125—1997 执行。

本标准附录 A 为资料性附录。

本标准由国家发展和改革委员会提出。

本标准由全国汽车标准化技术委员会(SAC/TC 114)归口。

本标准起草单位:中国第一汽车集团公司技术中心。

本标准主要起草人:商艳春、巨建辉、刘兆英。

本标准所代替标准的历次版本发布情况为:

——GB/T 5335—1985。

汽车液压制动装置
压力测试连接器技术要求

1 范围

本标准规定了用于检查汽车(乘用车及其变型车除外)液压制动装置的反应时间和压力值的压力测试连接器的主要尺寸、周围应留有的自由空间及防腐性能要求。

本标准仅适用于液压制动系统。

2 规范性引用文件

下列文件中的条款通过本标准的引用而成为本标准的条款。凡是注日期的引用文件，其随后所有的修改单(不包括勘误的内容)或修订版均不适用于本标准，然而，鼓励根据本标准达成协议的各方研究是否可使用这些文件的最新版本。凡是不注日期的引用文件，其最新版本适用于本标准。

GB/T 10125—1997 人造气氛腐蚀试验 盐雾试验(eqv ISO 9227:1990)

3 尺寸要求

3.1 图1规定了压力测试连接器接口的主要尺寸。

单位为毫米

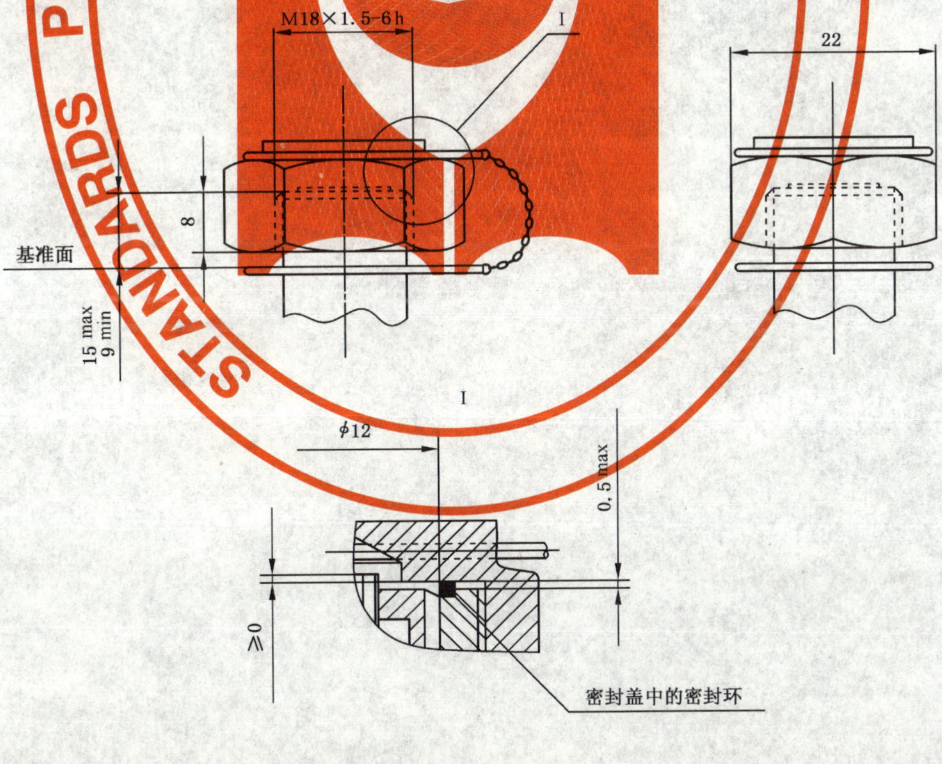

注:未规定的尺寸由制造部门按使用情况确定。

图1 压力测试连接器的主要尺寸

3.2 安装试验仪器的连接器螺纹应位于制动管路接头上方(即螺纹应朝上)。试验连接器可以按要求安置在轮缸和主缸之间。

4 压力测试连接器周围应留有的自由空间

压力测试连接器应易于连接。连接时避免软管过度扭挠,防止在使用连接器时伤害测试人员。

5 防腐要求

压力测试连接器应进行防腐处理,按 GB/T 10125—1997 中的中性盐雾试验要求连续喷雾至少 96 h,基体金属应无腐蚀。

附　录　A
（资料性附录）
本标准与 ISO 3803:1984 标准技术性差异及原因

表 A.1 给出了本标准与 ISO 3803:1984 标准的技术性差异及原因。

表 A.1　本标准与 ISO 3803:1984 标准技术性差异及原因

本标准的章条编号	技术性差异	原因
1	将 ISO 3803:1984 第 2 章的内容合并到本章	该内容与我国标准的本章内容相同
2	增加了引导语； 用 GB/T 10125—1997 代替 ISO 3768	以符合 GB/T 1.1 要求。 便于标准使用。因为 ISO 3768 已被 ISO 9227:1990 标准取代，而 GB/T 10125—1997 标准为等效采用 ISO 9227:1990 标准
3	增加了 3.1。将 ISO 3803:1984 的说明变为本标准的 3.2	以符合 GB/T 1.1 要求
5	用 GB/T 10125—1997 代替 ISO 3768	原因同第 2 章

ICS 43.040.40
T 24

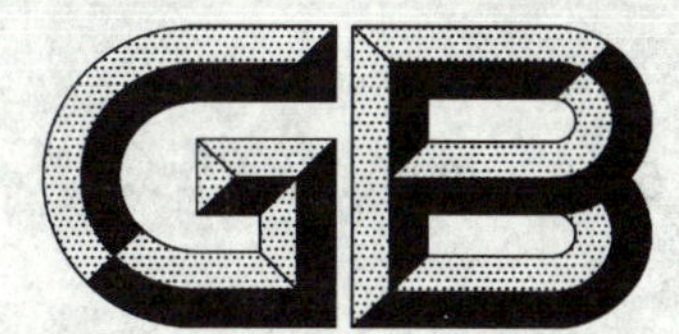

中华人民共和国国家标准

GB/T 5345—2008
代替 GB/T 5345—1985，GB/T 14168—1993

道路车辆　石油基或非石油基制动液容器的标识

Road vehicles—Labelling of containers for petroleum-based or non-petroleum-based brake fluid

（ISO 3871:2000，NEQ）

2008-12-31 发布　　2009-07-01 实施

中华人民共和国国家质量监督检验检疫总局
中国国家标准化管理委员会　发布

前 言

本标准对应于 ISO 3871:2000《道路车辆　石油基或非石油基制动液容器的标识》，本标准与ISO 3871:2000的一致性程度为非等效。

本标准代替 GB/T 5345—1985《制动液容器的标记》和 GB/T 14168—1993《汽车制动液类别图形标志》。

本标准与 GB/T 5345—1985 相比主要变化如下：

——将 GB/T 14168—1993 的技术内容纳入本标准，将图形标识的形状、尺寸和颜色作为本标准的附录 A，将其他内容纳入本标准的正文；

——增加了车辆上的制动液盛装容器上的标识；

——增加了规范性引用文件；

——增加了术语和定义；

——增加了标注“最低湿平衡回流沸点”性能指标；

——增加了制动液图形标识；

——取消了“馏出 10%温度”及“初溜点”的标注；

——增加了标注生产制动液所依据标准；

——增加了标注分装企业及制动液生产企业的名称和地址；

——取消了经销单位的提法；

——增加了标注生产许可证编号；

——增加了标注贮存条件及推荐使用期限。

本标准的附录 A 为规范性附录。

本标准由国家发展和改革委员会提出。

本标准由全国汽车标准化技术委员会归口。

本标准起草单位：中国汽车技术研究中心。

本标准主要起草人：高峰、李功清、金约夫。

本标准所代替标准的历次版本发布情况为：

——GB/T 5345—1985；

——GB/T 14168—1993。

道路车辆　石油基或非石油基制动液容器的标识

1　范围

本标准规定了识别道路车辆（含摩托车和轻便摩托车）制动系统和液压系统制动液(石油基或非石油基)的标识。

本标准适用于制动液商品盛装容器和车辆上的制动液盛装容器上的标识。

2　规范性引用文件

下列文件中的条款通过本标准的引用而成为本标准的条款。凡是注日期的引用文件，其随后所有的修改单(不包括勘误的内容)或修订版均不适用于本标准，然而，鼓励根据本标准达成协议的各方研究是否可以使用这些文件的最新版本。凡是不注日期的引用文件，其最新版本适用于本标准。

GB 12981　机动车辆制动液(GB 12981—2003，ISO 4925:1978，MOD)

3　术语和定义

下列术语和定义适用于本标准。

3.1

石油基制动液　petroleum-based brake fluid

由多种烃类为原料加工而成的制动液。

3.2

非石油基制动液　non-petroleum-based brake fluid

以合成液体为基础液并加有多种添加剂制成的制动液。

4　标识

4.1　总体要求

用于制动液商品盛装容器上的标识应符合4.2、4.3、4.4、4.5.1、4.5.3和4.6的要求；用于车辆上的制动液盛装容器上的标识应符合4.2.1、4.5.2、4.5.3和4.6.2的要求。

4.2　制动液类别

4.2.1　容器上应有制动液的代号和符合附录A的图形标识。

4.2.2　容器上应有制动液的执行标准。

4.2.3　装用非石油基制动液的容器上，应以摄氏度标注产品的最低平衡回流沸点和最低湿平衡回流沸点。

4.3　企业信息

4.3.1　容器上应有分装企业和制动液生产企业的名称和地址。

4.3.2　容器上应有包装批号或包装日期。

4.3.3　容器上应有生产许可证编号。

4.4　安全警告

4.4.1　容器上应有如下安全警告：

a)　“按汽车制造厂的推荐加注制动液。”

b) “保持制动液清洁。尘土、水或其他物质的污染会引起制动失效或增加车辆维修费用。”

c) “只许在原来的容器内存储制动液。保持容器的清洁和密封。不准在容器内添加液体或装用其他液体。”

注：如容器容量大于 19 L，4.4.1c)的最后一句话不适用。

4.4.2 仅用于石油基制动液的容器上还应有如下安全警告：

“石油基制动液不能用于按 GB 12981 设计的用于非石油基制动液制动系统和液压系统的橡胶部件。”

4.5 位置和可视性

4.5.1 用于制动液商品盛装容器的标识应位于容器上(不包括容器盖)。

4.5.2 用于车辆上的制动液盛装容器的标识可位于贮液罐盖上或距其 100 mm 范围内。

4.5.3 标识内容应鲜明地、永久地标注在容器上易见的主要表面上，字体的高度应不小于 3.2 mm。

4.6 附加信息

4.6.1 容器上应有贮存条件及推荐使用期限。

4.6.2 必要时，应在容器上注明毒性警告和易燃性警告等说明。也可补充其他附加信息。

附　录　A
（规范性附录）
制动液类别图形标识

A.1　石油基制动液图形标识的形状、尺寸和颜色

石油基制动液的图形标识，为一绿色等边三角形，其边缘套以红色边框，三角形中心位置有一白色油滴状的图形，见图A.1。

图A.1的尺寸为最小尺寸，实际使用可按比例放大，应尽量采用较大尺寸的标识。

单位为毫米

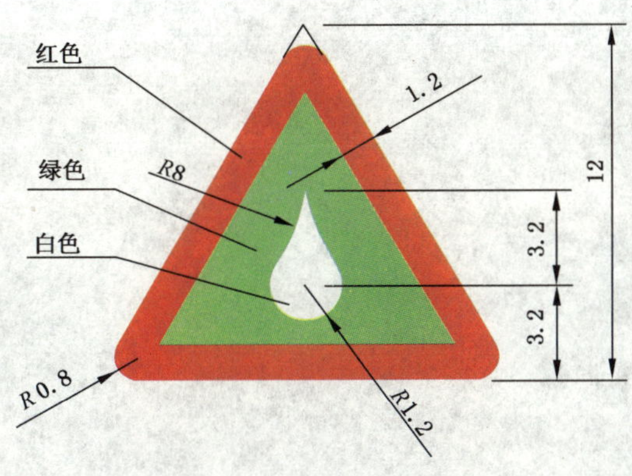

图A.1　石油基制动液图形标识

A.2　非石油基制动液图形标识的形状、尺寸和颜色

非石油基制动液的图形标识，为一黄色正八边形，其边缘套以黑色边框，八边形中心位置有一表示制动器的黑色图形，见图A.2。

图A.2的尺寸为最小尺寸，实际使用可按比例放大，应尽量采用较大尺寸的标识。

单位为毫米

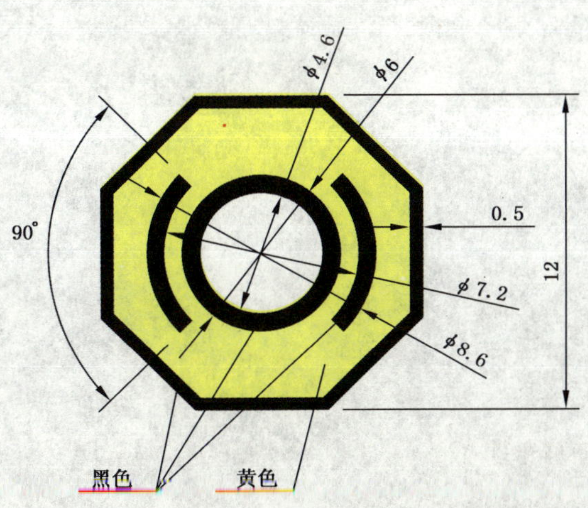

图A.2　非石油基制动液图形标识

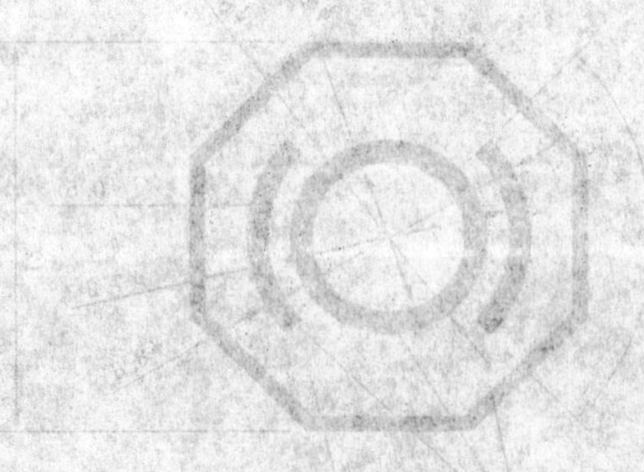

ICS 25.140.30
J 47

中华人民共和国国家标准

GB/T 5356—2008
代替 GB/T 5356—1998

内 六 角 扳 手

Hexagon socket screw keys

(ISO 2936:2001,Assembly tools for screws and nuts—
Hexagon socket screw keys,MOD)

2008-12-30 发布　　2009-09-01 实施

中华人民共和国国家质量监督检验检疫总局
中国国家标准化管理委员会　发布

前　言

本标准修改采用ISO 2936:2001《螺钉和螺母装配工具　内六角扳手》(英文版)。

本标准根据ISO 2936:2001重新起草。附录A中列出了本标准条款和国际标准条款的对照一览表。

考虑到我国国情,在采用ISO 2936:2001时,本标准作了一些修改。有关技术性差异已编入正文中,并在他们所涉及的条款的页边空白处用垂直单线标识。在附录B中给出了这些技术性差异及其原因的一览表以供参考。

本标准与ISO 2936:2001的主要差异如下:

——将一些适用于国际标准的表述改为适用于我国标准的表述;

——引用了采用国际标准的我国标准(本版的第2章);

——根据我国国情增加了产品的表面质量要求(本版的4.3);

——增加了尺寸的试验方法(本版的5.1、5.2、5.3、5.4);

——增加了表面质量检验(本版的5.5);

——增加了硬度的测试方法(本版的5.6);

——增加了检验规则(本版的第6章);

——增加了包装、标志、运输与贮存的规定(本版的第7章)。

本标准代替GB/T 5356—1998《内六角扳手》。

本标准与GB/T 5356—1998相比主要变化如下:

——增加了s为0.7 mm、0.9 mm、1.3 mm、1.5 mm、3.5 mm、4.5 mm、9 mm、11 mm、13 mm、15 mm、16 mm、18 mm、21 mm、23 mm、29 mm、30 mm的产品(1998版的3.2,本版的3.2);

——对基本尺寸作了相应的修改(1998版的3.2,本版的3.2);

——对端面的倒角作了规定(本版的4.1);

——对弯角作了规定(本版的4.2.2);

——对硬度和最小试验扭矩作了相应的调整(1998版的4.6,本版的4.4);

——取消普通级和增强级的等级规定(1998版的3.1);

——增加了产品标志的规定(本版的7.1)。

本标准的附录A、附录B为资料性附录。

本标准由中国轻工业联合会提出。

本标准由全国五金制品标准化技术委员会工具五金分技术委员会归口。

本标准由上海鸣皋五金工具制造有限公司、上海欧唯斯工具制造有限公司、上海市工具工业研究所负责起草,文登威力工具集团有限公司、江苏舜天国际集团江都工具有限公司、宁波长城精工实业有限公司、上海民星劳动工具有限公司、杭州钱江五金工具有限责任公司参加起草。

本标准主要起草人:吴祖训、朱建明、韩晓东、刘玉信、鞠家平、邹家平、陈立海、徐曙光、陈国苗、顾青。

本标准所代替标准的历次版本发布情况为:

——GB 5356—1985;GB/T 5356—1998。

内 六 角 扳 手

1 范围

本标准规定了内六角扳手的产品分类、技术要求、试验方法、检验规则及包装、标志、运输与贮存。

本标准适用于扳拧内六角螺钉的内六角扳手。

2 规范性引用文件

下列文件中的条款通过本标准的引用而成为本标准的条款。凡是注日期的引用文件，其随后所有的修改单(不包括勘误的内容)或修订版均不适用于本标准，然而，鼓励根据本标准达成协议的各方研究是否可使用这些文件的最新版本。凡是不注日期的引用文件，其最新版本适用于本标准。

GB/T 230.1 金属洛氏硬度试验 第1部分：试验方法(A、B、C、D、E、F、G、H、K、N、T标尺)(GB/T 230.1—2004，ISO 6508-1:1999，MOD)

GB/T 2828.1 计数抽样检验程序 第1部分：按接收质量限(AQL)检索的逐批检验抽样计划(GB/T 2828.1—2003，ISO 2859-1:1999，IDT)

GB/T 5305 手工具包装、标志、运输与贮存

3 产品分类

3.1 型式

内六角扳手的型式如图1所示。

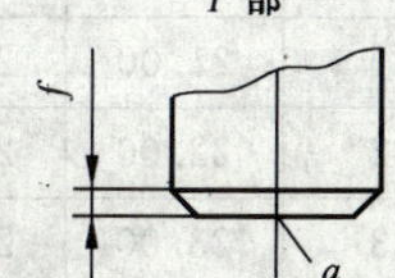

图1 内六角扳手

3.2 基本尺寸

内六角扳手的基本尺寸按表1规定。

表 1　基本尺寸

单位为毫米

对边尺寸 s			对角宽度 e		长度 l_1				长度 l_2	
标准	max	min	max	min	标准长	长型 M	加长型 L	公差	长度	公差
0.7	0.71	0.70	0.79	0.76	33	—	—		7	
0.9	0.89	0.88	0.99	0.96	33	—	—		11	
1.3	1.27	1.24	1.42	1.37	41	63.5	81	$^{0}_{-2}$	13	
1.5	1.50	1.48	1.68	1.63	46.5	63.5	91.5		15.5	
2	2.00	1.96	2.25	2.18	52	77	102		18	
2.5	2.50	2.46	2.82	2.75	58.5	87.5	114.5		20.5	
3	3.00	2.96	3.39	3.31	66	93	129		23	
3.5	3.50	3.45	3.96	3.91	69.5	98.5	140		25.5	
4	4.00	3.95	4.53	4.44	74	104	144	$^{0}_{-4}$	29	
4.5	4.50	4.45	5.10	5.04	80	114.5	156		30.5	$^{0}_{-2}$
5	5.00	4.95	5.67	5.58	85	120	165		33	
6	6.00	5.95	6.81	6.71	96	141	186		38	
7	7.00	6.94	7.94	7.85	102	147	197		41	
8	8.00	7.94	9.09	8.97	108	158	208		44	
9	9.00	8.94	10.23	10.10	114	169	219		47	
10	10.00	9.94	11.37	11.23	122	180	234	$^{0}_{-6}$	50	
11	11.00	10.89	12.51	12.31	129	191	247		53	
12	12.00	11.89	13.65	13.44	137	202	262		57	
13	13.00	12.89	14.79	14.56	145	213	277		63	
14	14.00	13.89	15.93	15.70	154	229	294		70	
15	15.00	14.89	17.07	16.83	161	240	307		73	
16	16.00	15.89	18.21	17.97	168	240	307	$^{0}_{-7}$	76	$^{0}_{-3}$
17	17.00	16.89	19.35	19.09	177	262	337		80	
18	18.00	17.89	20.49	20.21	188	262	358		84	
19	19.00	18.87	21.63	21.32	199	—	—		89	
21	21.00	20.87	23.91	23.58	211	—	—		96	
22	22.00	21.87	25.05	24.71	222	—	—		102	
23	23.00	22.87	26.16	25.86	233	—	—		108	
24	24.00	23.87	27.33	26.97	248	—	—		114	
27	27.00	26.87	30.75	30.36	277	—	—	$^{0}_{-12}$	127	$^{0}_{-5}$
29	29.00	28.87	33.03	32.59	311	—	—		141	
30	30.00	29.87	34.17	33.75	315	—	—		142	
32	32.00	31.84	36.45	35.98	347	—	—		157	
36	36.00	35.84	41.01	40.50	391	—	—		176	

3.3 标记示例

内六角扳手的标记由产品名称、标准编号、对边尺寸 s、长度型式组成。

示例 1：对边尺寸 s 为 12 mm 的标准型内六角扳手标记为：内六角扳手 GB/T 5356-12。

示例 2：对边尺寸 s 为 10 mm 的长型内六角扳手标记为：内六角扳手 GB/T 5356-10M。

示例 3：对边尺寸 s 为 8 mm 的加长型内六角扳手标记为：内六角扳手 GB/T 5356-8L。

4 技术要求

4.1 端面倒角

内六角扳手的两端面 a 如不影响使用功能，则可不倒角加工；若需倒角，则倒角后的 f_{max} 见式(1)。

$$f_{max} = \frac{e_{max} - s_{min}}{2} \qquad \cdots\cdots(1)$$

式中：

e_{max}、s_{min} 见表 1。

4.2 尺寸公差

4.2.1 内六角扳手的两端面 a 应与柄部垂直，公差为 ±1°。

4.2.2 内六角扳手的弯角 c 为直角，其公差：

a) 当 $s \leqslant 17$ mm，公差为 $90°^{+2°}_{-1°}$；

b) 当 $s > 17$ mm，公差为 $90°^{+3°}_{-1°}$。

弯角半径 $r \geqslant s$，且 r 不应小于 1.5 mm。

4.2.3 内六角扳手在每 50 mm 长度内，其直线度公差为 0.5 mm。

4.3 表面质量

4.3.1 内六角扳手表面应光滑，不应有裂纹、毛刺等影响使用性能的缺陷。

4.3.2 内六角扳手表面应发黑处理或进行其他表面处理。

4.4 硬度和最小试验扭矩

内六角扳手的硬度和最小试验扭矩应符合表 2 的规定。

表 2 硬度和最小试验扭矩

对边尺寸 s/ mm	最小硬度[a]/ HRC	最小试验扭矩[b] M_d/ N·m	套筒接头对边宽度[c]/mm		啮合深度[d]/mm	
			max	min	啮合深度 t	允许偏差
0.7	52	0.08	0.724	0.711	1.5	$^{+1}_{0}$
0.9		0.18	0.902	0.889	1.7	
1.3		0.53	1.295	1.270	2	
1.5		0.82	1.545	1.520	2	
2		1.9	2.045	2.020	2.5	
2.5		3.8	2.560	2.520	3	
3		6.6	3.080	3.020	3.5	
3.5		10.3	3.595	3.520	4.5	
4		16	4.095	4.020	5	
4.5		22	4.595	4.520	5.5	
5		30	5.095	5.020	6	
6		52	6.095	6.020	8	

表 2（续）

对边尺寸 s/mm	最小硬度[a]/HRC	最小试验扭矩[b] M_d/N·m	套筒接头对边宽度[c]/mm		啮合深度[d]/mm	
			max	min	啮合深度 t	允许偏差
7	52	80	7.115	7.025	9	$^{+1}_{0}$
8		120	8.115	8.025	10	
9	48	165	9.115	9.025	11	$^{+2}_{0}$
10		220	10.115	10.025	12	
11		282	11.142	11.032	13	
12		370	12.142	12.032	15	
13		470	13.142	13.032	16	
14		590	14.142	14.032	17	
15	45	725	15.230	15.050	18	
16		880	16.230	16.050	19	
17		980	17.230	17.050	20	
18		1 158	18.230	18.050	21.5	
19		1 360	19.275	19.065	23	
21		1 840	21.275	21.065	25	
22		2 110	22.275	22.065	26	
23		2 414	23.275	23.065	27.5	
24		2 750	24.275	24.065	29	
27		3 910	27.275	27.065	32	
29		4 000	29.275	29.065	35	
30		4 000	30.330	30.080	36	
32		4 000	32.330	32.080	38	
36		4 000	36.330	36.080	43	

[a] 内六角扳手应整体淬硬。

[b] $M_d = 0.85(0.7\,R_m)(0.224\,5s^3)$，此处 R_m 为抗拉强度。该公式不适于对边宽度 s 为 29 mm$\leqslant s \leqslant$36 mm 的扳手。

[c] 测试用六角套筒接头的硬度：$s \leqslant 17$ 不低于 60 HRC；$s > 17$ 不低于 55 HRC。

六角套筒接头的对角宽度：$e_{min} = e_{max}$（表 1）+0.05

[d] $t \approx 1.2\,s$（$t \approx 1.5\,s$ 适用于尺寸小于 1.5 mm），此数值只适用于测试用，实用中，扳手啮合尺寸要小些。

5 试验方法

5.1 内六角扳手基本尺寸用通用量具检验，应符合表 1 和 4.1 的规定。

5.2 端面垂直度用角度样板测量，应符合 4.2.1 的规定。

5.3 内六角扳手的弯角用角度样板和半径样板测量，应符合 4.2.2 的规定。

5.4 内六角扳手的直线度用刀口形直尺和塞尺检验，应符合 4.2.3 的规定。

5.5　表面质量用目测检验，应符合4.3的规定。

5.6　内六角扳手的硬度按GB/T 230.1的规定进行，应符合表2的规定。

5.7　内六角扳手的扭矩试验如图2所示，按表2和表3的规定将六角扳手短柄部分插入六角套筒中，然后在距长柄端面 m 处（$m=l_1/3$，±2 mm）垂直缓慢施加载荷至最小试验载荷。卸载后，内六角扳手不应出现任何影响使用性能的损坏。

1——六角套筒接头。

图2　扭矩试验

表3　载荷施加区域

单位为毫米

对边尺寸 s （标准）	载荷施加区域 b
0.7≤s≤5	10±1
5<s≤17	20±1
s>17	50±1

6　检验规则

6.1　产品应检验合格后方能出厂并附有产品合格证。

6.2　产品的检验按GB/T 2828.1规定的二次抽样方案逐项进行。

6.3　交收检验的不合格分类、检验项目、接收质量限（AQL）和检查水平按表4的规定。

表4　不合格分类、检验项目、接收质量限和检查水平

序号	不合格分类	检验项目	接收质量限	检查水平
1	B	扭矩	4.0	S-2
2		硬度		
3		对边尺寸 s		

表 4（续）

序号	不合格分类	检验项目	接收质量限	检查水平
4	C	对角宽度	6.5	Ⅱ
5		长度		
6		端面倒角		
7		尺寸公差		
8		表面质量		

6.4 对交收检验中发现的不合格品及进行破坏试验后的样本，制造厂应予调换。

6.5 经检验拒收产品，可由制造厂重新分类修整后，再提交验收。

7 包装、标志、运输与贮存

7.1 规格 $s \geqslant 3$ mm 的产品，在产品或最小包装物上应有产品规格和制造厂商的名称或商标。

7.2 产品的包装、标志、运输与贮存按 GB/T 5305 的规定。

附　录　A
（资料性附录）
本标准与 ISO 2936:2001 技术性差异的章条编号对照

表 A.1 给出了本标准与 ISO 2936:2001 技术性差异章条编号对照的一览表。

表 A.1　本标准与 ISO 2936:2001 技术性差异章条编号对照

本标准章条编号	ISO 2936:2001 章条编号
2	2
4.2.3	无
4.3	无
5.1～5.4	无
5.5	无
5.6	无
6	无
7.2	无

附 录 B
（资料性附录）
本标准与 ISO 2936:2001 技术性差异及其原因

表 B.1 给出了本标准与 ISO 2936:2001 技术性差异及其原因的一览表。

表 B.1 本标准与 ISO 2936:2001 技术性差异及其原因

本标准章条编号	技术性差异	原 因
2	引用了采用国际标准的我国标准，增加引用了GB/T 230.1、GB/T 2828.1 和 GB/T 5305	以适合我国国情和产品现状
4.2.3	增加了直线度公差的要求	以适合我国国情和产品现状
4.3	增加了表面质量要求	以适合我国国情和产品现状
5.1～5.4	增加了基本尺寸和尺寸公差的试验方法	以适合我国国情和产品现状
5.5	增加了表面质量检验	以适合我国国情和产品现状
5.6	增加了硬度的测试方法	以适合我国国情和产品现状
6	增加了检验规则	以适合我国国情和产品现状
7.2	增加了包装、包装标志、运输与贮存的要求	以适合我国国情和产品现状

ICS 43.140
T 80

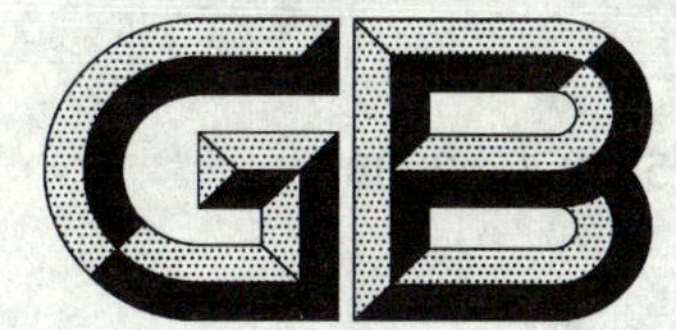

中华人民共和国国家标准

GB/T 5359.1—2008
代替 GB/T 5359.1—1996

摩托车和轻便摩托车术语 第1部分:车辆类型

Term for motorcycles and mopeds—
Part 1:Types of vehicles

2008-11-28 发布　　2009-06-01 实施

中华人民共和国国家质量监督检验检疫总局
中国国家标准化管理委员会　发布

前言

GB/T 5359《摩托车和轻便摩托车术语》分为4个部分；

——第1部分：车辆类型；

——第2部分：车辆性能；

——第3部分：两轮车和三轮车尺寸；

——第4部分：两轮车和三轮车质量。

本部分为GB/T 5359的第1部分，本部分参照国际标准ISO/CD 3833：2000《道路车辆　类型　名词和定义》(英文版)的摩托车部分。

本部分代替GB/T 5359.1—1996《摩托车和轻便摩托车术语　车辆类型》。

本部分与GB/T 5359.1—1996相比，主要修订内容如下：

——增加了电动摩托车和电动轻便摩托车的车辆类型；

——增加了混合动力(电动)摩托车和混合动力(电动)轻便摩托车的车辆类型；

——2.1.1参照ISO/CD 3833：2000规定了正三轮轻便摩托车的发动机最大净功率不大于4 kW；

——2.2.5.3与2.2.6.2车型的整车整备质量不受400 kg的限制。

本部分由国家发展和改革委员会提出。

本部分由全国汽车标准化技术委员会归口。

本部分起草单位：上海摩托车研究所、金城集团有限公司。

本部分主要起草人：赵丽娜、姜卫海、李文军、王荣。

本部分所代替标准的历次版本发布情况为：

——GB 5359.1—1985，GB/T 5359.1—1996。

摩托车和轻便摩托车术语
第1部分:车辆类型

1 范围

GB/T 5359 的本部分规定了摩托车和轻便摩托车车辆类型的术语。

本部分适用于公路、城市道路行驶与越野用摩托车和轻便摩托车。

2 术语和定义

2.1 关于轻便摩托车的术语

2.1.1

轻便摩托车 moped

最高设计车速不大于 50 km/h,若使用发动机,其排量不大于 50 mL 的两轮或三轮车辆,且发动机的最大净功率不大于 4 kW、整车整备质量不超过 400 kg 相对于纵向中心平面,三轮对称布置的车辆。

2.1.2

电动轻便摩托车 electric moped

由电力驱动的,分为下列电动两轮轻便摩托车和电动三轮轻便摩托车:

a) 电动两轮轻便摩托车:由电力驱动的,具备下列条件之一的两轮摩托车:
——最高设计车速大于 20 km/h 且不大于 50 km/h;
——整车整备质量大于 40 kg 且最高设计车速不大于 50 km/h;

b) 电动三轮轻便摩托车:由电力驱动的,最高设计车速不大于 50 km/h 且整车整备质量不超过 400 kg 的三轮轻便摩托车。

注:对于电动三轮轻便摩托车,整车整备质量应不包含动力蓄电池的质量。

2.1.3

混合动力(电动)轻便摩托车 hybrid electric moped

混合动力(电动)轻便摩托车分为下列两类形式:

a) 能够至少从下述两类车载储存的能量中获得动力的轻便摩托车:
——可消耗的燃料;
——可再充电能/能量储存装置;

b) 若使用发动机时应符合 2.1.1 的规定,由电力驱动时应符合 2.1.2 的规定。

2.1.4

两轮轻便摩托车(L_1) moped with two wheels

装有一个驱动轮和一个从动轮的轻便摩托车,一般用于公路或城市道路上行驶。

2.1.4.1

普通两轮轻便摩托车 moped

采用骑式车架的两轮轻便摩托车。

2.1.4.2

踏板式两轮轻便摩托车 scooter

采用坐式车架的两轮轻便摩托车。

2.1.5

正三轮轻便摩托车(L_2)　right three-wheeled moped

装有三个车轮,其中一个车轮在纵向中心平面上,另外两个车轮对称于纵向中心平面布置的轻便摩托车。

2.1.5.1

普通正三轮轻便摩托车　general right three-wheeled moped

用于载运乘员或货物的正三轮轻便摩托车。

2.1.5.2

专用正三轮轻便摩托车　right three-wheeled moped for specific purpose

装有专用设备,用于完成指定任务或在特定场地上使用的正三轮轻便摩托车。

2.2　关于摩托车的术语

2.2.1

摩托车　motorcycle

最高设计车速大于 50 km/h,若使用发动机,其排量大于 50 mL,整车整备质量不超过 400 kg 的三轮车辆。

2.2.2

电动摩托车　electric motorcycle

由电力驱动的摩托车,分为下列电动两轮摩托车和电动三轮摩托车:

a)　电动两轮摩托车:由电力驱动的,最高设计车速大于 50 km/h 的两轮摩托车;

b)　电动三轮摩托车:由电力驱动的,最高设计车速大于 50 km/h,整车整备质量不超过 400 kg 的三轮摩托车。

注:对于电动三轮摩托车,整车整备质量应不包含动力蓄电池的质量。

2.2.3

混合动力(电动)摩托车　hybrid electric motorcycle

混合动力(电动)摩托车分为下列两类形式:

a)　能够至少从下述两类车载储存的能量中获得动力的摩托车;

——可消耗的燃料;

——可再充电能/能量储存装置;

b)　若使用发动机时应符合 2.2.1 的规定,由电力驱动时应符合 2.2.2 的规定。

2.2.4

两轮摩托车(L_3)　motorcycle with two wheels

装有一个驱动轮和一个从动轮的摩托车。

2.2.4.1

普通两轮摩托车　street bike

采用骑式车架的,适合在公路或城市道路上行驶的两轮摩托车。

2.2.4.2

踏板式两轮摩托车　motor-scooter

采用坐式车架的,适合在公路和城市道路上行驶的两轮摩托车。

2.2.4.3

两轮公路越野摩托车　dual-purpose bike

采用骑式车架、越野型车轮的,主要用于公路,也可用于崎岖路面行驶的两轮摩托车。

2.2.4.4

两轮越野摩托车　off-road bike

采用骑式车架、越野型车轮的,主要用于崎岖路面行驶的两轮摩托车。

2.2.4.5

两轮跑道赛车　general racer bike

用于在特定跑道上比赛车速的两轮摩托车。

2.2.4.6

两轮公路赛车　road racer bike

用于在封闭公路上比赛车速的两轮摩托车。

2.2.4.7

两轮越野赛车　motor-crosser racer bike

用于在崎岖路面比赛车速的两轮摩托车。

2.2.4.8

两轮拉力赛车　trial bike

用于比赛驾驶员耐力和车辆耐久性能的两轮摩托车。

2.2.4.9

特种两轮摩托车　motorcycle with two wheels for specific purpose

装有特种装备，用于完成特殊任务的两轮摩托车。

2.2.5

边三轮摩托车(L_4)　motorcycle with sidecar

相对于纵向中心平面，三轮非对称布置的摩托车。

2.2.5.1

普通边三轮摩托车　general motorcycle with sidecar

用于载运乘员或货物的边三轮摩托车。

2.2.5.2

边三轮赛车　motorcycle with sidecar for motor-crosser racer

具有越野性能，用于竞赛和军事训练的边三轮摩托车。

2.2.5.3

特种边三轮摩托车　motorcycle with sidecar for specific purpose

装有特种装备，用于完成特殊任务的边三轮摩托车。

注：对于特种边三轮摩托车，整车整备质量不受 400 kg 的限制。

2.2.6

正三轮摩托车(L_5)　right three-wheeled motorcycle

装有三个车轮，其中一个车轮在纵向中心平面上，另外两个车轮对称于纵向中心平面布置的摩托车。

2.2.6.1

普通正三轮摩托车　general right three-wheeled motorcycle

用于载运乘员或货物的正三轮摩托车。

2.2.6.2

专用正三轮摩托车　right three-wheeled motorcycle for specific purpose

装有专用设备，用于完成指定任务的正三轮摩托车。

注：对于专用正三轮摩托车，整车整备质量不受 400 kg 的限制。

中 文 索 引

英 文 索 引

D

E

G

H

M

O

R

S

T

ICS 43.140
T 80

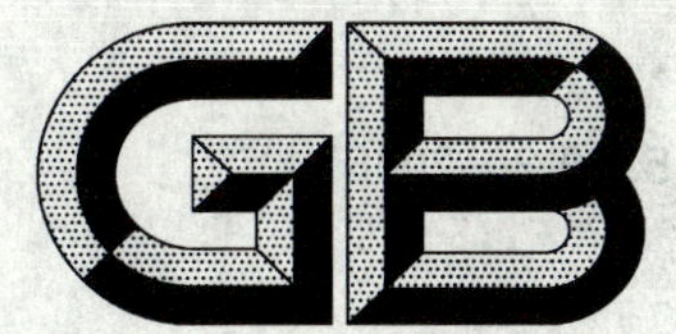

中华人民共和国国家标准

GB/T 5359.2—2008
代替 GB/T 5359.2—1996

摩托车和轻便摩托车术语 第2部分:车辆性能

**Term for motorcycles and mopeds—
Part 2:Performance of vehicles**

2008-11-28 发布　　　　2009-06-01 实施

中华人民共和国国家质量监督检验检疫总局
中国国家标准化管理委员会　发布

前　言

GB/T 5359《摩托车和轻便摩托车术语》分为4个部分：

——第1部分：摩托车类型；

——第2部分：摩托车性能；

——第3部分：两轮车和三轮车尺寸；

——第4部分：两轮车和三轮车质量。

本部分为GB/T 5359的第2部分，本部分代替GB/T 5359.2—1996《摩托车和轻便摩托车术语　车辆性能》。

本部分与GB/T 5359.2—1996相比主要变化如下：

——增加了3.1.4　制动减速度；

——增加了3.1.5　热衰退；

——增加了3.1.6　水衰退；

——增加了3.1.7　防抱死；

——增加了3.1.8　制动通道；

——增加了3.2.3　热态起动；

——增加了3.2.4　低温起动；

——增加了3.3.4　定置噪声；

——增加了3.4.2　工况污染物；

——增加了3.4.3　燃料蒸发污染物；

——增加了3.4.4　曲轴箱污染物；

——增加了3.4.5　排放烟度；

——增加了3.5.1　电磁兼容性(EMC)；

——增加了3.5.2　电磁骚扰；

——增加了3.5.3　电磁干扰(EMI)；

——增加了3.5.4　电磁抗扰性；

——增加了3.5.5　电磁敏感性(EMS)；

——增加了3.6.8　首次故障里程；

——增加了3.6.9　平均首次故障里程；

——增加了3.6.10　平均故障间隔里程；

——增加了3.8.4　百公里燃料消耗量；

——增加了3.9.9　净功率；

——增加了3.9.10　最大净功率；

——增加了3.9.11　最大扭矩。

本部分由国家发展和改革委员会提出。

本部分由全国汽车标准化技术委员会归口。

本部分起草单位：金城集团有限公司、上海机动车检测中心。

本部分主要起草人：姜君旺、李文军、赵丽娜、王荣。

本部分所代替标准的历次版本发布情况为：

——GB/T 5359.2—1996；

——GB 4731—1984。

摩托车和轻便摩托车术语
第2部分:车辆性能

1 范围

GB/T 5359的本部分规定了与摩托车和轻便摩托车性能有关的术语。

本部分适用于GB/T 5359.1所定义的摩托车和轻便摩托车(以下简称"摩托车")。

2 规范性引用文件

下列文件中的条款通过GB/T 5359的本部分的引用而成为本部分的条款。凡是注日期的引用文件,其随后所有的修改单(不包括勘误的内容)或修订版均不适用于本部分,然而,鼓励根据本部分达成协议的各方研究是否可使用这些文件的最新版本。凡是不注日期的引用文件,其最新版本适用于本部分。

GB/T 5359.1 摩托车和轻便摩托车术语 车辆类型

GB/T 19596 电动汽车术语

3 术语和定义

3.1 与制动性能有关的术语

3.1.1

制动性能 stopping ability

在规定的行驶速度下操纵制动器迫使摩托车瞬间停车,这一过程的敏捷程度。

3.1.2

制动距离 stopping distance

在规定的试验条件下,在规定的通道内,从操纵制动器到摩托车完全停止,期间摩托车的位移。

3.1.3

制动力 braking force

在规定的试验条件下,摩托车处于制动状态时沿轮胎切线方向阻止车轮滚动的力。

3.1.4

制动减速度 braking deceleration

在规定的试验条件下,由于制动系的作用,摩托车在一定的时间内获得的减速度。

3.1.5

热衰退 heat fade

在规定的试验条件下,摩托车制动器在连续工作后,由于摩擦热的影响,使制动器制动效能暂时降低的程度。

3.1.6

水衰退 water fade

在规定的试验条件下,制动器的摩擦片表面在潮湿和浸水的环境下,制动器制动效能暂时降低的程度。

3.1.7

防抱死 anti-lock braking

在制动过程中防抱死装置可以自动控制摩托车一个或多个车轮在旋转方向上的打滑程度。

3.1.8

制动通道 braking channels

在规定的试验条件下，摩托车在进行制动性能试验时，产生偏离的通道宽度。

3.2 与起动性能有关的术语

3.2.1

起动性能 start ability

在规定的试验条件下，在规定的时间内，成功起动的能力。

3.2.2

常温起动 starting normal temperature

在发动机温度与环境温度相同的前提下起动。

3.2.3

热态起动 starting heat

发动机停止运行后，温度尚未降到与环境温度平衡时再次起动。

3.2.4

低温起动 starting low temperature

发动机在低温环境下起动(一般在－15 ℃)。

3.3 与噪声有关的术语

3.3.1

背景噪声 background noise

受试摩托车噪声不存在时周围环境的噪声(包括风噪声)。

3.3.2

合成噪声 combined noise

背景噪声和被测对象的噪声同时存在时的噪声。

3.3.3

最大噪声 maximum noise

摩托车在规定的行驶条件下和规定的测量条件下测得的最大合成噪声。

3.3.4

定置噪声 fixation noise

摩托车在规定的发动机转速下和规定的测量条件下测得的合成噪声。

3.4 与污染物排放有关的术语

3.4.1

怠速污染物 idle emission

摩托车在怠速工况下排出的各种有害物质。

3.4.2

工况污染物 driving cycle emission

摩托车按规定的循环工况行驶时排出的各种有害物质。

3.4.3

燃料蒸发污染物 evaporative pollutants

摩托车在规定的试验条件下，除排气管排放以外，从摩托车的燃料系统蒸发损失的碳氢化合物。

3.4.4

曲轴箱污染物 crankcase pollutants

指从发动机曲轴箱通气孔或润滑系的开口处排放到大气中的气态污染物。

3.4.5

排放烟度 exhaust smoke

在规定的试验条件下，摩托车排气的烟浓度，用不透光度 N(%)表示。

3.5 与电磁兼容有关的术语

3.5.1

电磁兼容性(EMC) Electro-Magnetic Compatibility

设备或系统在其电磁环境中能正常工作且不对该环境中任何事务构成不能承受的电磁骚扰的能力。

3.5.2

电磁骚扰 Electro-Magnetic Disturbance

任何可能引起装置、设备或系统性能降低或者对生命或无生命物质造成有损害影响的电磁现象(产生影响，可能无影响结果)。

3.5.3

电磁干扰(EMI) Electro-Magnetic Interference

电磁骚扰引起的设备、传输通道或系统性能的下降(产生影响并有影响结果)。

3.5.4

电磁抗扰性 Electro-Magnetic Immunity

装置、设备或系统面临电磁骚扰不降低运行性能的能力。

3.5.5

电磁敏感性(EMS) Electro-Magnetic Susceptibility

在存在电磁骚扰的情况下，装置、设备或系统不能避免性能降低的能力(敏感性就是缺乏抗扰性)。

3.6 与可靠性、耐久性有关的术语

3.6.1

可靠性 reliability

摩托车在规定使用条件下和规定时间内，保证规定功能和技术经济指标的能力。

3.6.2

耐久性 durability

摩托车在规定的使用和维修条件下，保证规定功能直至某种技术经济指标极限的能力。

3.6.3

故障 failure

摩托车丧失规定功能的现象。

3.6.4

致命故障 fatal failure

涉及车辆行驶安全，可能导致人身伤亡或引起主要总成报废，对周围环境造成严重污染，达不到法规要求。

3.6.5

严重故障 serious failure

导致主要总成、零部件损坏或性能下降，且不能用随车工具和易损备件在短时间内修复。

3.6.6

一般故障 general failure

造成停驶或性能下降，但一般不会导致主要总成、零部件损坏，并能用随车工具和易损备件在短时

间内修复。

3.6.7

轻微故障　slight failure

一般不会导致性能下降，不需要更换零件，用随车工具在短时间(5 min)内能轻易排除。

3.6.8

首次故障里程　mileage first failure

按规定的试验要求，摩托车在进行可靠性和耐久性试验时，发生首次故障的里程。

3.6.9

平均首次故障里程　average mileage first failure

按规定的试验要求，数辆车在进行可靠性和耐久性试验时，摩托车首次发生故障的平均里程。

3.6.10

平均故障间隔里程　average mileage interval failure

按规定的试验要求，数辆车在进行可靠性和耐久性试验中，发生故障的间隔里程的平均估值。

3.7　与车速有关的术语

3.7.1

最高车速　top speed

在规定的试验条件下，摩托车以最短时间通过规定距离时的速度。

3.7.2

最低稳定车速　lowest stabilized speed

在规定的试验条件下，在规定的距离内，摩托车能稳定行驶的最小速度。

3.7.3

平均技术车速　average technological speed

在规定的试验条件下，按实际行驶距离、时间计算得出的速度。

3.7.4

经济车速　economical speed

摩托车在规定的试验条件下，在规定的距离内，以各种不同的车速作等速行驶，其中燃油消耗量最小时的车速。

3.8　与燃料消耗有关的术语

3.8.1

燃料消耗率(能量)　fuel energy consumption

摩托车在规定的试验条件下，在规定的距离内，按设定工况作续驶里程试验的燃料(能量)消耗量。

3.8.2

定速燃料消耗量　steady speed consumption of fuel energy

在规定的试验条件下和规定的距离内，摩托车按指定的车速等速行驶时的燃料消耗量。

3.8.3

多工况循环燃料消耗量　cycle for multiple working consumption of fuel energy

在规定的试验条件下，摩托车以规定的工况和程序连续循环行驶的燃料消耗量。

3.8.4

百公里燃料消耗量　per hundred kilometre consumption of fuel energy

在规定的行驶条件下和规定的距离内，摩托车按经济车速行驶时，每百公里的燃料消耗量。

3.9 与动力性能有关的术语

3.9.1

起步加速性能 starting acceleration capability

在规定的行驶条件下，摩托车从静止迅速加速到指定车速的能力。

3.9.2

超越加速性能 passing acceleration capability

在规定的行驶条件下，摩托车从指定的初速度迅速加速到另一个指定车速的能力。

3.9.3

加速时间 accelerating time

在规定的行驶条件下，摩托车从静止加速到指定车速或从指定的初速度加速到另一指定车速时所经历的时间。

3.9.4

加速区间 acceleration area

在规定的行驶条件下，摩托车从静止加速到指定车速或从指定的初速度加速到另一指定车速时所通过的距离。

3.9.5

滑行距离 coasting distance

在规定的行驶条件下，从切断动力源（脱开离合器，挂空挡）到摩托车完全停止时所通过的距离。

3.9.6

最大爬坡能力 grade ability

在规定的行驶条件下，摩托车所能通过的最大坡度的坡道的坡度。

3.9.7

总传动比 total drive ratio

发动机曲轴（或电动机主轴）的转速与摩托车驱动轮转速之比。

3.9.8

比功率 ratio of power

发动机的最大净功率与摩托车的厂定最大总质量之比。

3.9.9

净功率 net power

发动机带有试验所需配件，在制造厂规定的转速下，从试验台架上曲轴末端获得的功率。如果功率只能通过发动机的变速箱测量，则变速箱的效率也要考虑在内。

3.9.10

最大净功率 maximum net power

发动机在全负荷下测得的最大输出功率。

3.9.11

最大扭矩 maximum torque

发动机在全负荷下测得的最大扭矩。

3.10 与走合有关的术语

3.10.1

走合 breaking-in

新装配的摩托车按规定的条件和工况循环行驶，以磨合各摩擦副表面。

3.10.2

走合里程 breaking-in distance

新装配摩托车在走合阶段所行驶的全部里程。

3.10.3

走合期 breaking-in period

新装配的摩托车在走合阶段所行驶的总时间。

中 文 索 引

英 文 索 引

A

B

C

D

E

F

检21